国家精品在线开放课程配套教材

新型工单式教材

光纤通信工程

（第2版）

主　编　曾庆珠

副主编　黄先栋　张志友　杨前华

周　波　丁秀峰　李　洁

北京理工大学出版社

BEIJING INSTITUTE OF TECHNOLOGY PRESS

图书在版编目（CIP）数据

光纤通信工程／曾庆珠主编．—2版．—北京：北京理工大学出版社，2019.9（2023.7重印）

ISBN 978-7-5682-7576-7

Ⅰ.①光… Ⅱ.①曾… Ⅲ.①光纤通信-通信工程-高等学校-教材 Ⅳ.①TN929.11

中国版本图书馆CIP数据核字（2019）第206848号

出版发行／北京理工大学出版社有限责任公司
社　　址／北京市海淀区中关村南大街5号
邮　　编／100081
电　　话／（010）68914775（总编室）
　　　　　（010）82562903（教材售后服务热线）
　　　　　（010）68948351（其他图书服务热线）
网　　址／http：//www.bitpress.com.cn
经　　销／全国各地新华书店
印　　刷／涿州市新华印刷有限公司
开　　本／787毫米×1092毫米　1/16
印　　张／21.25
字　　数／496千字
版　　次／2019年9月第2版　2023年7月第3次印刷
定　　价／53.00元

责任编辑／钟　博
文案编辑／钟　博
责任校对／周瑞红
责任印制／施胜娟

前言 Preface

党的二十大报告中指出，“教育、科技、人才是全面建设社会主义现代化国家的基础性、战略性支撑。必须坚持科技是第一生产力、创新是第一动力。”坚持以推动高质量发展为主题，服务构建新发展格局，坚持继承巩固、创新发展，加速新型基础设施建设，加快建设网络强国。本教材的编写以党的二十大精神为指引，按照“以光纤通信工程施工为主线，以理论与实践相结合为原则，以光纤通信工程岗位职业技能培养为重点”，使学生的知识、技能、职业素质更贴近光纤通信工程职业岗位要求。本书与江苏省通信服务有限公司合作，按照光纤通信工程规划、设计、施工、验收的工作流程设计典型工作任务，将理论、实践、实训内容、职业技能鉴定内容融为一体，通过团队合作，让学生参与整个工作过程，是“教、学、做一体化”的教材。教材注重工作过程和实境教学。本书使用以实际需求为题材制作的各种经典案例，开展工程项目，每个项目设置若干任务。教材的编写遵循“任务驱动、项目导向”，以“简单任务到复杂任务设计，再到项目设计”的能力发展过程为指导，按照工作复杂度“由浅入深”的原则设置教学单元；以光纤通信工程规划、设计、施工、验收为主线，串联各个任务及综合项目，便于教师采用项目教学法引导学生开展自主学习，便于学生学习、构建和内化知识与技能，强化自学能力。项目式教学强调以模块化的项目为中心进行阶段技能训练，以综合性的项目加强训练和考核，注重过程控制，有利于“教中学、学中做、做中学”三阶段的推进，能力的逐步提升，素质的逐步形成，知识的内化。

本教材是一本适合高职高专院校学生使用的通信类教材，针对通信专业领域人才培养目标，借助校企合作，以光纤通信工程规划、设计、施工、验收为主线，把课堂知识、工程应用、隐性知识融入其中，有效整合资源，给学习者打开了一个广阔的天地。微课、MOOC 等数字资源（利用数字二维码将其引入课程）和纸质教材互补，在纸质教材中进行教学资源的系统性标注，资源关联细致，无缝链接，形成一个全方位的、更加适合学生学习的“一体化”“立体化”教材体系。

学习单元 1“光纤通信工程”，主要介绍光纤通信和光纤通信工程，由沈敏、曾庆珠和杨前华编写；学习单元 2“光缆”，主要介绍光纤光缆、皮线光缆和海底光缆，由曾庆珠编写；学习单元 3“光器件及设备”，主要介绍光有源器件、光无源器件和光端机，由曾庆珠编写；学习单元 4“光缆工程施工”，主要介绍光缆工程施工、光缆单盘检测、路由复测、光缆配盘、光缆敷设、光纤熔接、光缆接头盒的制作、光缆 ODF 成端、光缆线路竣工和光缆接入工程项目，由曾庆珠编写；学习单元 5“工程测试”，主要介绍 OTDR 测试和光缆线路测试，由曾庆珠编写；学习单元 6“PTN 技术”，主要介绍 PTN 原理及设备、PTN 业务配置和保护，由黄先栋和杜庆波编写；学习单元 7“OTN 技术”，主要介绍 OTN 原理及设备、OTN 设备组网连接、功率调整和保护，由丁秀峰和张志友编写。周波和李洁等老师参与编写了部分内容，全书由曾庆珠负责统稿。

由于编者水平有限，书中错误之处在所难免，恳请广大读者批评指正。

编　者

目录 Contents

任务1-1 光纤通信（系统）认知

教学内容

（1）光纤通信的发展历史；
（2）光纤通信系统的结构与分类；
（3）光纤通信的特点；
（4）光纤通信的器件与产品；
（5）光纤通信的应用及发展趋势。

技能要求

（1）能画出光纤通信的组成；
（2）能分析光纤通信的应用。

任务描述

本任务以国家级“网络与通信”实训基地或教师提供的光纤通信系统图纸为对象，进行实地考察，以配合理论知识的学习，完成对光纤通信（系统）的认识。

本任务旨在让学习者理解光纤通信工程的具体工作内容以及各阶段的基本工作任务。

任务分析

通过任务训练，让学生巩固光纤通信（系统）的内容；通过观察和分析光纤通信系统，进一步巩固以下知识：

（1）光纤通信；

（2）光纤通信系统的组成；

（3）光纤通信的特点；

（4）光纤通信的应用。

知识准备

1. 光纤通信的概念

三千多年前，在周朝人们就利用烽火台的火光传送敌情消息。到了近现代，战争中用信号弹指挥作战、城市中使用信号灯指挥交通等传递信息的方式均可称为目视光通信。

视频 1-1　光纤通信中质量和大小

光纤通信是以光波作为信息载体，以光纤作为传输媒介的一种通信方式（“有线”光通信）。如今，光纤的传输频带宽、抗干扰性高、信号衰减小，远优于电缆、微波通信，已成为世界通信中的主要传输方式。光纤通信如视频 1-1 所示。

光纤通信的关键是合适的光源和合适的传输介质。光纤通信、卫星通信和无线电通信是现代通信网的三大支柱。其中光纤通信是主体，这是因为光纤通信具有许多突出的发展优势，其必将成为 21 世纪最重要的战略性产业。

2. 光纤通信系统的组成

光纤通信系统的基本组成如图 1-1 所示，主要包括光端机（光发送机、光接收机）、光中继器、光无源器件和光纤光缆（广义信道）四大部分。

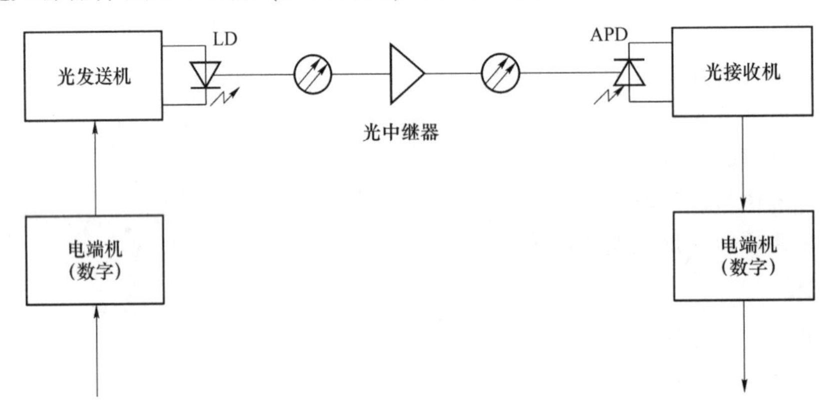

图 1-1　光纤通信系统的基本组成

动画 1-1　光在电磁波谱中的位置

（1）光发送机。光发送机是实现电/光转换的光端机（发射）。它由光源、驱动器和调制器组成。其功能是将来自电端机的电信号对光源发出的光波进行调制，产生已调光波，然后再将已调的光信号耦合到光纤或光缆中去传输。电端机就是常规的电子通信设备。光在电磁波谱中的位置如动画 1-1 所示。

（2）光接收机。光接收机是实现光/电转换的光端机（接收）。它由光检测器和光放大器组成。其功能是将光纤或光缆传输来的光信号，经光检测器转变为电信号，然后再将这微弱的电信号经放大电路放大到足够的电平，送到接收端的电端机去。光电话如图 1-2、动画 1-2 所示。

（3）光纤光缆。光纤光缆构成光的传输通路（信道）。其功能是将发送端发出的已调光信号，经过光纤或光缆的远距离传输后，耦合到接收端的光检测器上，完成传送信息的任务。

（4）中继器。中继器由光检测器、光源和判决再生电路组成。它的作用有两个：一个是补偿光信号在光纤中传输时受到的衰减；另一个是对波形失真的脉冲进行整形。

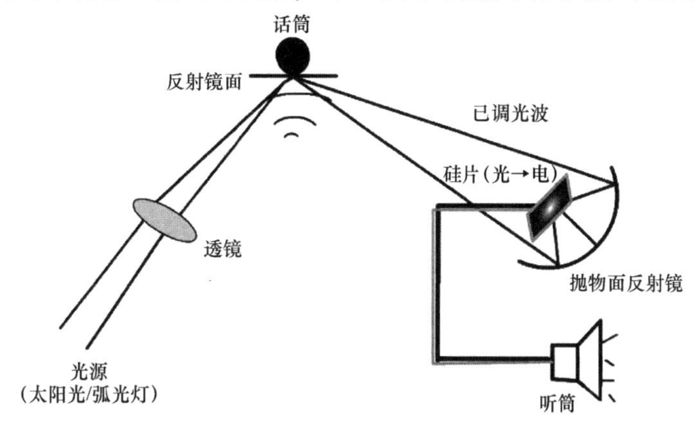

图 1-2　光电话

（5）光纤连接器、耦合器等无源器件。由于光纤或光缆的长度受光纤拉制工艺和光缆施工条件的限制，且光纤的拉制长度也是有限度的（如 1 ~2 km），因此一条光纤线路可能由多根光纤连接而成。于是，光纤间的连接、光纤与光端机的连接及耦合，对光纤连接器、耦合器等无源器件的使用是必不可少的。

动画 1-2　光电话

3. 光纤通信系统的分类（见表 1-1）

表 1-1　光纤通信系统的分类

分类形式	分类	备注
按波长分类	①短波长光纤通信系统，其工作波长为 0. 85 μm	中继距离较短
	②长波长光纤通信系统，其工作波长为 1. 31 μm 和 1. 55 μm	中继距离较长
	③超长波长光纤通信系统，其工作波长大于 2 μm	可实现 1 000 km 无中继传输
按光纤模式分类	①多模光纤通信系统	多用于广播、电视（彩色）、工业监视、交通监控
	②单模光纤通信系统	多用于 PCM 数字信号的传输，使用广泛
按调制方式分类	①直接强度调制光纤通信系统	设备较简单、价廉、调制效率较高，但会使光谱有所增宽，影响速率的提高
	②外调制光纤通信系统	光源谱线影响小，适合高速率的通信
按应用范围分类	①公用光纤通信系统	多用于电信运营商
	②专用光纤通信系统	多用于电力、铁路、交通、军事等方面

续表

分类形式	分类	备注
按传输信道数目分类	①单信道系统	一根光纤传送一个光波长，采用时分复用（TDM）来提高系统传输容量
	②粗波分复用系统（CWDM）	多用于以一根光纤传送少量不同光波（信道间隔>20 nm）、业务类型繁杂、传输容量多变的城域网
	③密集波分复用系统（DWDM）	用一根光纤传送多个不同波长的光信号（信道间隔<8 nm），采用时分复用提高每一波长的传输速率，可大大提高系统容量

4. 光纤通信的特点

光纤通信作为一门新兴技术，近年来发展速度之快、应用面之广是通信史上罕见的，它也是世界新技术革命的重要标志和未来信息社会中各种信息的主要传送工具。其特点如下所述：

（1）光纤通信的优点。

①通信容量大、传输距离远，无中继传输距离可达几十甚至上百千米；

②信号干扰小、保密性能好；

③不受电磁干扰、传输质量佳；

④光纤尺寸小、质量轻，便于施工和运输；

⑤原材料来源丰富，环境保护好，有利于节约有色金属（铜）；

⑥无辐射，难以窃听，保密性能好；

⑦光缆适应性强，寿命长。

（2）光纤通信的缺点。

①质地脆，机械强度差；

②光纤光缆切割和接续需要一定的工具、设备和技术；

③分路、耦合不灵活；

④光纤光缆的弯曲半径不能过小（>20 cm）；

⑤电力传输困难。

5. 光纤通信的发展及应用

1）光纤通信的发展历史

烽火和狼烟、望远镜、旗语和信号灯等是早期人类使用光传递信息的方式，其特点是传输的容量极其有限。光纤通信发展事件见表1-2。

表1-2　光纤通信发展事件

序号	年份	事件	备注
1	1880	美国科学家贝尔发明光电话，如图1-2所示	其应用较少
2	1960	美国梅曼发明第一台红宝石激光器，如图1-3所示，其输出功率为10 000 W，发出的激光强度为阳光的1 000万倍	其缺点是不易耦合

续表

序号	年份	事件	备注
3	1966	光纤之父高锟博士发表了一篇题为《光频率介质纤维表面波导》的论文，说明只要解决好玻璃纯度和成分等问题，就能够利用玻璃制作光学纤维，从而高效传输信息	—
4	1970	美国康宁（Corning）公司成功研制损耗率为 20 dB/km 的石英光纤；半导体激光器研制成功	其推动了光纤通信的发展
5	1976	美国亚特兰大建成了速率为 44.736 Mb/s、传输距离约 10 km 的多模光纤通信系统，其采用 GaAlAs 激光器作为光源	实用化迈出了第一步
6	1977	芝加哥投入使用速率为 45 Mb/s 的光纤通信系统	第一个商用
7	1980	第一代光纤通信系统投入使用	市话网局间
8	1988	美、日、英、法发起第一条横跨大西洋的 TAT－8 海底光缆通信系统	实现了海底通信
9	1989	第一个横跨太平洋的 TPC－3/HAW－4 海底光缆通信系统建成，全长 132 000 km	实现了全球通信

我国从 20 世纪 70 年代初就开始了光纤通信的基础研究，并在几年之内取得了阶段性研究成果；我国在 20 世纪 70 年代末进行了光纤通信系统现场试验；20 世纪 90 年代初期，我国开始光纤通信系统的大量建设，光缆逐渐取代电缆，并完成了“八纵八横”国家干线。这些干线主要采用 PDH140 Mb/s 系统。此外，我国生产的光器件产品在国际市场也具有较强的竞争力。由此可见，我国已具有大力发展光纤通信的综合实力。

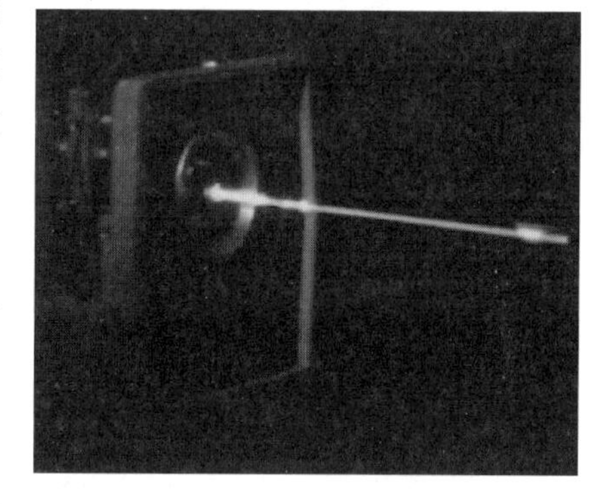

图 1-3　红宝石激光器

2）光纤通信的发展趋势

光纤通信技术已经成为我国科技领域的重要研发方向，其技术设备水平在不断进步。现从光纤通信技术的全局出发，结合信息科技领域的技术发展方向，对光纤通信的发展趋势进行分析如下：

（1）光孤子通信。光孤子是一种特殊的 ps 数量级的超短光脉冲，由于它在光纤的反常色散区，群速度色散和非线性效应相互平衡，因而经过光纤长距离传输后，波形和速度都保持不变。光孤子通信就是利用光孤子作为载体实现长距离无畸变的通信，在零误码的情况下信息传递可达万里之遥。

光孤子技术未来的前景：在传输速度方面采用超长距离的高速通信，时域和频域的超短脉冲控制技术以及超短脉冲的产生和应用技术使现行速率 10～20 Gb/s 提高到 100 Gb/s 以上；在增大传输距离方面采用重定时、整形、再生技术，光学滤波使传输距离提高到 100 000 km以上；在高性能 EDFA 方面获得低噪声高输出 EDFA。当然实际的光孤子通信仍然存在许多技术难题，但目前已取得的突破性进展使人们相信，光孤子通信在超长距离、高速、大容量的全光通信中，尤其在海底光通信系统中，有着较好的发展前景。

（2）光网络智能化。作为信息技术的两大载体，计算机技术和通信技术对人们生活的影响十分大，在提倡智能化的现代社会，实现光纤通信技术的智能化是一直科技工作者研发的方向。人们在通信技术中接入智能化载体的计算机技术，促使通信技术向智能化的方向进步。现代光网络系统在完成传输功能的同时，光网络智能化能够赋予其自动发现功能、连续控制功能和自我保护和恢复功能。未来，实现更高级、更高效的智能化光网络是光纤通信系统的重点研发目标之一。

（3）全光网络。光纤通信技术的最高发展阶段就是实现全光网络，这是光纤技术的最理想化的实现形式。全光网络是光纤通信技术进步和革新的终极发展目标，未来的通信网络将会进入全光阶段。

（4）光器件集成化。光器件集成化是光电子器件发展一直追求的目标，即将激光器、检测器、调制器等分散的芯片集成到一个芯片中。光器件集成化对全光网络的实现非常重要，是其核心技术之一。

3）光纤通信的应用（中国）

光纤通信技术在我国的发展不是一帆风顺的，它凝聚了几代科技工作者的智慧结晶。我国光纤通信技术的发展势头非常好，人才队伍的建设卓有成效，技术创新也步入了快车道。我国光纤通信系统主要有以下几种模式：

（1）单模光纤。单模光纤在光纤通信系统中的应用十分普遍，是最常见的光纤类型，它拥有很细的中心玻璃芯。其一般主要用来传输稳定性比较好且谱带窄的单一模式的光。对于其他类型的光源，其传输效果比较差。

（2）光纤接入网。光纤接入网就是利用光纤作为实现接入网信息传输介质的网络信息系统。光纤接入网为了实现比较高的通信容量，一般都会增加光纤的芯数，其传输距离比较短，分支比较多，分叉比较频繁。对于光纤接入网，在市内布设网络通道时，增加光纤芯数必然会增大光纤的装填密度，但由于管道内径是给定的，因此采取一定的技术手段缩小光纤直径、降低光纤重量是非常有必要的。目前，我国使用最广泛的接入网光纤是 G652 单模光纤。

（3）室内光纤。室内光纤需要满足各种室内信息传输和发送活动的需求，因此必须具备多功能特点。IEC 在对光纤进行分类时，划分了室内光纤。室内光纤的主要功能是传输和发送语音、数据和视频信号等，包括局内光纤和综合布线两个组成部分。局内光纤一般有其固定的布设位置，主要是中心局和各类电信机房内部；综合布线就是提供给用户使用的光纤，一般布设在室内用户端，且应选用不易损耗的光纤，以防止在使用过程中损耗较快。

（4）通信光纤。光纤可以作为一种完全不含有磁性和金属成分的全介质使用，这种特性使其具备很强的抗干扰能力。这种类别的全介质光纤将会成为电力系统最合适的传输材料，在数据传输上具备较好的优势，但是传输容量相对而言比较小。因此，其产品的性能和结构还有待进一步开发和提升。

（5）塑料光纤。塑料光纤是一种比较新颖的光纤材料，其制造成本低、传输速度快，目前其在通信领域的发展速度很快。作为一种短距离的信息传输介质，其具备很多性能优势，在汽车传输系统和数据智能系统中具有良好的应用前景。

任务实施

(1) 据光纤通信（系统）的概念、组成、特点、发展及应用等知识，通过实地参观去认识学校中的光纤通信系统。在实践过程中，按照光纤通信系统地点的不同分别进行记录。对实践过程中有疑问的地方进行备注并分析讨论。

动画 1-3　光纤通信介绍

(2) 分析光纤通信系统。进行实地调查、参观，或由教师提供光纤通信系统图，对照光纤通信系统的组成，分析所参观的对象包含哪个或哪些组成部分及功能，并试找出参观过程中看到的设备或者材料；也可观看动画 1-3，进行表 1-3 的数据填写。

表 1-3　认识光纤通信系统

序号	参观地点	系统机构示意图	设备及耗材	功能
1	光纤实训室			
2	交换实训室			
3				
4				
5				
…				

任务总结（拓展）

(1) 了解光纤通信系统的组网结构。
(2) 绘制光端机的框图（发射系统、接收系统）。

任务 1－2　光纤通信工程

教学内容

(1) 光纤通信工程的主要内容；
(2) 光纤通信工程的主要流程。

技能要求

(1) 能画出光纤通信工程的流程；
(2) 能分析光纤通信工程。

任务描述

本任务旨在让学习者进一步熟悉光纤通信工程的流程，熟悉其各阶段的主要工作内容和要求。

任务引导

假如你是某通信公司的技术负责人，负责工程项目招标或投标，请问你该如何编制招标或投标文件？

知识准备

我国通信工程项目建设分为建设前期（立项阶段）、建设期（实施阶段）和生产期（验收投产阶段）三个阶段。建设前期主要包括编制项目建议书、可行性研究、评估决策和初步设计；建设期主要包括施工准备、建设实施和竣工验收；生产期主要包括成产运营、设计回访和总结评价。具体如图 1-4 所示。

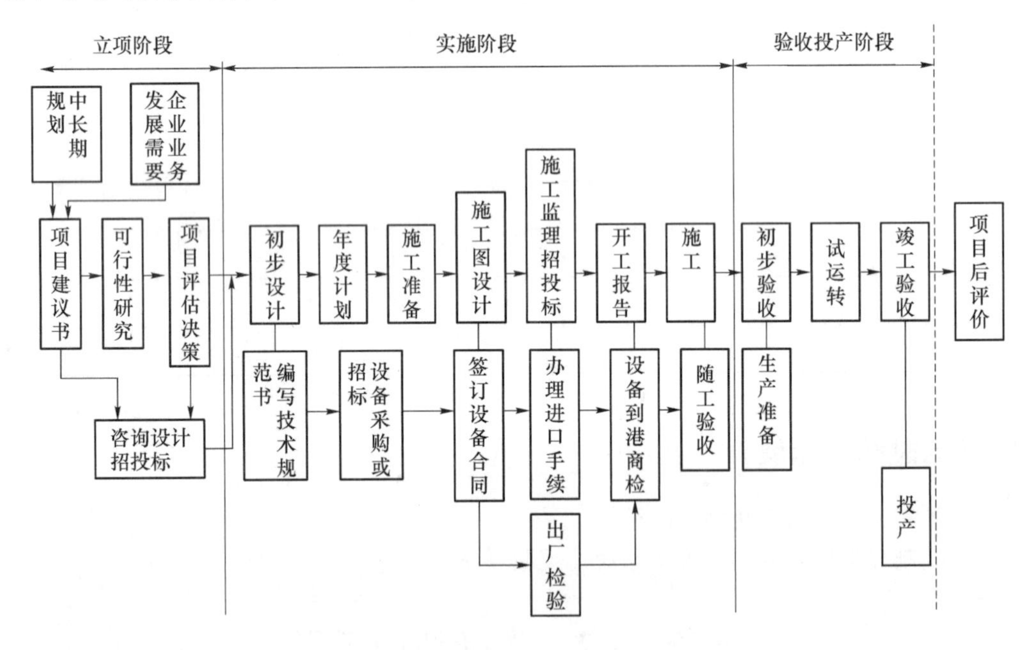

图 1-4　通信工程的基本建设程序

1. 编制项目建议书

项目建议书是对某一具体项目的建议文件，编制项目建议书是基本建设程序中最初阶段的工作，是投资决策前对拟建项目的轮廓设想，内容是论述项目建设的必要性、条件的可行性和获得的可能性。项目建议书经有审批权限的部门批准后，可以进行可行性研究工作，但这并不表明项目非上不可，项目建议书不是项目的最终决策。

2. 可行性研究

可行性研究是项目前期工作的重要内容。在项目决策前，需对项目有关的工程、技术、经济、市场等各方面条件和情况进行调查、研究和分析；对各种可能的建设方案和技术方案进行比较论证；对项目建成后的经济效益、风险状况进行预测和评价。可行性研究是一种科学分析方法，考查项目技术上的先进性和适应性、经济上的营利性和合理性、建设上的可能性和可行性。其目的是回答是否有必要建设、是否可能建设和如何进行建设的问题，其结论为投资者对项目的最终决策提供直接的依据。最后在可行性研究的基础上编制可行性研究报告。

3. 建设项目评估、决策

在可行性研究报告提出后，由具有一定资质的咨询评估单位对拟建项目本身及可行性研究报告进行技术上和经济上的评价论证。可行性研究报告的审查主要是根据市场的需求，经过经济、财务评价，从方案和造价的合理性等方面来进行的。这种评价论证是站在客观的角度，对项目进行分析评价，判断项目可行性研究报告提出的方案是否可行、科学、客观、公正，为决策部门、单位或业主对项目的审批决策提供依据。报告经评审后按项目审批权限由各级审批部门进行审批。报告批准后，即国家或企业同意对该项目进行投资后，可将其列入预备项目计划。

4. 初步设计

一般的，通信建设项目的设计过程分为初步设计和施工图纸设计两个阶段。对技术复杂而又缺乏经验的项目，可增加技术设计阶段；对规模不大、技术成熟的项目，经主管部门同意，可不分阶段一次完成设计（一阶段设计）。

初步设计是根据已批准的可行性研究报告，以及有关的设计标准、规范，通过现场勘察工作所取得的可靠的实际基础资料进行编制。

5. 年度计划

年度计划包括基本建设拨款计划，设备和主材采购、储备计划，贷款计划，工期组织配合计划等。

6. 施工准备

施工准备是基本建设程序中的重要环节，是衔接基本建设和生产的桥梁。建设单位应根据建设项目或单项工程的技术特点来适时组织机构。

7. 施工图设计

施工图设计的主要内容是根据批准的初步设计和主要设备订货合同，绘制出正确、完整和尽可能详细的施工图。施工图完成后，必须由施工图设计审查单位进行审批并加盖审查专用章后才可使用。审查单位必须是取得审查资格且符合审查权限要求的设计咨询单位。

8. 施工、监理招投标

施工、监理招投标是建设单位将建设工程发包，鼓励施工企业投标竞争，从中标定出技术、管理水平高，信誉可靠且报价合理的中标企业。工程施工和监理必须由持有通信工程施工和监理资质的企业承担。建设单位组织编制标书，公开向社会招标，通过签订合同组成合作关系。

9. 项目开工审批

在签订了施工及监理合同，建设单位落实了年度资金拨款、主材供应和工程管理组织等各项准备工作就绪后，建设项目在开工前由建设单位会同施工单位提出开工报告。

10. 组织施工

施工单位应按照已批准的施工图进行施工，施工监理代表建设单位对施工过程中的工程质量、进度、资金使用进行全过程管理控制，做到随工验收或单项验收。

11. 初步验收

初步验收是由施工企业在完成施工承包合同工程量后，依据合同条款向建设单位申请完成验收。

12. 试运行

试运行由建设单位负责组织，由厂商、设计、施工和维护部门参加，对建设系统的性能、功能和各项技术指标以及设计和施工质量等进行全面考核。

13. 竣工验收

竣工验收是工程建设过程的最后一个环节，是全面考核建设成果、检验设计和工程质量是否符合要求、审查投资使用是否合理的重要步骤。

14. 项目后评价

项目后评价是工程项目竣工投产、生产运营一段时间后，再对项目的立项决策、设计施工、竣工投产、生产运营等全面过程进行系统评价的一种技术经济活动。

任务实施

1. 认识光纤通信工程

根据光纤通信工程的基本建设程序，查询资料，完成各个组成部分的功能，并整理好各部分的功能。

2. 完成学院学生公寓光纤通信工程（文档）

以学生公寓为例，整理出光纤通信工程的建设程序内容。

任务总结（拓展）

（1）完成通信设备安装资料整理（流程图、各部分的作用）；

（2）完成通信工程施工资料整理（流程图、各部分的作用）。

习　题

一、填空题

1. 光纤通信是以________作为信息载体，以________作为传输媒介的一种通信方式。

2. 光纤通信系统的基本组成主要包括光端机（光发射机、光接收机）、光中继器、光无源器件和____________（广义信道）四大部分。

3. 美国科学家________发明了光电话，________博士（“光纤之父”，曾获诺贝尔奖）

发表了一篇题为《光频率介质纤维表面波导》的论文。

4. 我国通信工程项目建设程序分为建设前期、________和生产期三个阶段，建设前期主要包括编制项目建议书、可行性研究、评估决策、初步设计；建设期主要包括施工准备、________和竣工验收；生产期主要包括成产运营、设计回访和总结评价。

5. 短波长光纤通信系统的工作波长为 0.85 μm；长波长光纤通信系统的工作波长为________和________。

二、简单题

1. 光纤通信的特点（优点和缺点）是什么？

2. 光纤通信系统由哪几部分组成？各部分的功能是什么？

3. 画出通信工程的基本建设程序。

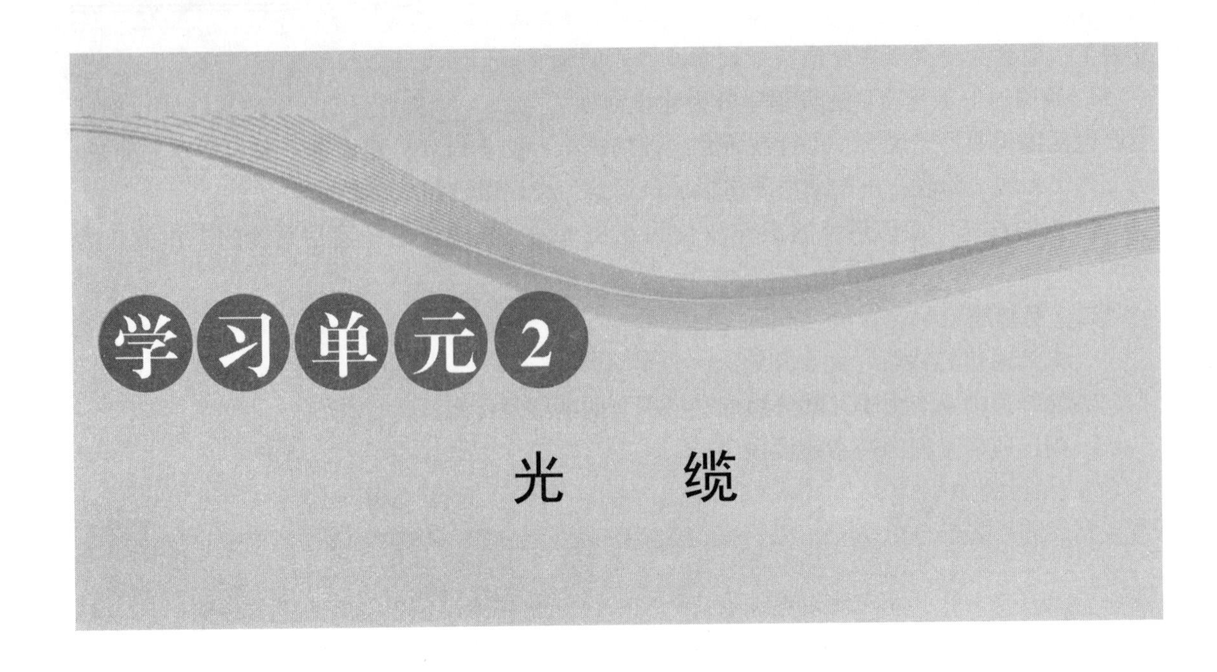

任务2-1 光纤光缆

教学内容

(1) 光纤的结构及分类;

(2) 光缆的结构及分类;

(3) 光缆的型号(难点);

(4) 光缆的线序、色谱(重点、难点);

(5) 光缆的端别。

技能要求

(1) 会开剥光缆;

(2) 会识别光纤光缆的型号;

(3) 会识别光缆的线序;

(4) 会识别光缆的端别。

任务描述

团队(4~6人)完成1~2段光缆型号识别和开剥训练,通过观察光缆实物,掌握光缆的结构、色谱和端别。

任务分析

通过光缆开剥技能训练,让学生巩固光纤光缆结构和型号;通过观察和分析光缆,进一步巩固光缆的色谱和端别的知识。

（1）光缆的型号识别；

（2）光缆的开剥训练；

（3）光缆的结构、色谱和端别识别。

知识准备

1. 光纤概述

在光通信中，长距离传输光信号所需要的光波导是叫作光导纤维（简称光纤）的圆柱体介质波导。所谓“光纤”（Optical Fiber，OF），就是工作在光频下的一种介质波导，它能引导光沿着轴线进行平行方向的传输。

1）光纤的结构

光纤就是用来导光的透明介质纤维，一根实用化的光纤是由多层透明介质构成的。一般光纤的结构如图 2-1 所示，它可以分为三层：折射率较大的为纤芯；折射率较低的为包层和涂覆层。纤芯和包层的结构满足导光要求，控制光波沿纤芯传播；涂覆层主要起保护作用（因不作导光用，故可染成各种颜色）。动画 2-1 所示为光纤结构示意。

动画 2-1 光纤结构示意

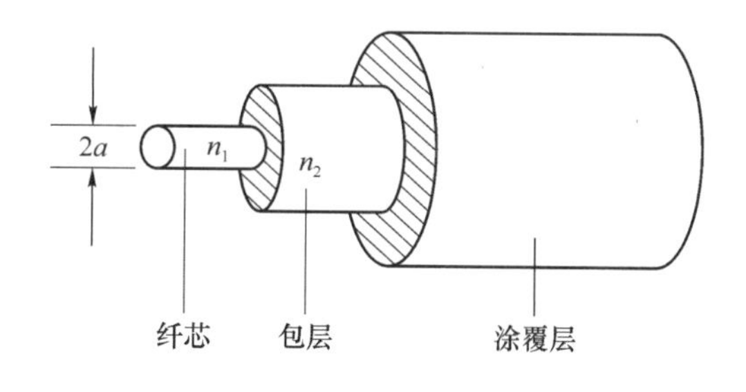

图 2-1 一般光纤的结构

（1）纤芯。纤芯位于光纤的中心部位（直径 d_1 为 5 ~ 80 μm）。其成分是高纯度的二氧化硅，此外还掺有极少量的掺杂剂如二氧化锗、五氧化二磷等。掺有少量掺杂剂的目的是适当提高纤芯的光折射率（n_1）。通信用的光纤，其纤芯的直径为 5 ~ 10 μm（单模光纤）或 50 ~ 80 μm（多模光纤）。

（2）包层。包层位于纤芯的周围（其直径 $d_2 \approx 125$ μm）。其成分也是含有极少量掺杂剂的高纯度二氧化硅。而掺杂剂（如三氧化二硼）的作用则是适当降低包层的光折射率（n_2），使之略低于纤芯的折射率。为满足不同的导光要求，包层可做成单层，也可做成多层。

（3）涂覆层。光纤的最外层是由丙烯酸酯、硅橡胶和尼龙组成的涂覆层。其作用是增加光纤的机械强度与可弯曲性。涂覆层一般分为一次涂覆层和二次涂覆层。二次涂覆层是在一次涂覆层的外面再涂上一层热塑材料，故又称为套塑。一般涂覆后的光纤外径约为 1. 5 cm。

纤芯的粗细、纤芯材料的折射率分布和包层材料的折射率对光纤的传输特性起着决定性的作用。包层材料通常为均匀材料，其折射率为常数，如为多层包层，则各包层的折射率不同。纤芯的折射率可以是均匀的，也可以随纤芯半径 r 的不同而不同。因此，常用折射率沿

半径的分布函数 $n_1(r)$ 来表征纤芯折射率的变化。

2）光纤的分类

光纤的种类繁多，但就其分类方法而言大致有四种：阶跃型光纤与渐变型光纤（按折射率分布）、多模光纤与单模光纤（按传播模式）、短波长光纤与长波长光纤（按工作波长）、紧套光纤与松套光纤（按套塑类型）。

（1）按传播模式分类可分为多模光纤与单模光纤。

众所周知，光是一种频率极高的电磁波，当它在波导-光纤中传播时，根据波动光学理论和电磁场理论，需要用麦氏方程组来解决其传播方面的问题。而通过烦琐地求解麦氏方程组之后就会发现，当光纤纤芯的几何尺寸远大于光波波长时，光在光纤中会以几十种乃至几百种传播模式进行传播。

在工作波长一定的情况下，光纤中存在多个传输模式，这种光纤就称为多模光纤。多模光纤横截面的折射率分布有均匀分布和非均匀分布两种。前者也叫阶跃型多模光纤，后者称为渐变型多模光纤。多模光纤的传输特性较差，带宽较窄，传输容量较小。

在工作波长一定的情况下，光纤中只有一种传输模式，这种光纤就称为单模光纤。单模光纤只能传输基模（最低阶模），不存在模间的传输时延差，具有比多模光纤大得多的带宽，这对于高速传输是非常重要的。

（2）按工作波长分类可分为短波长光纤和长波长光纤。

短波长光纤：在光纤通信发展的初期，人们使用的光波波长在0.6～0.9 μm范围内（典型值为0.85 μm），习惯上把在此波长范围内呈现低衰耗的光纤称作短波长光纤。短波长光纤属早期产品，目前很少使用。

长波长光纤：随着研究工作的不断深入，人们发现在波长1.31 μm和1.55 μm附近，石英光纤的衰耗急剧下降。不仅如此，而且在此波长范围内石英光纤的材料色散也大大减小。因此，人们又研制出在此波长范围内衰耗更低、带宽更宽的光纤。习惯上把工作在1.0～2.0 μm波长范围内的光纤称为长波长光纤。

长波长光纤具有衰耗低、带宽宽等优点，特别适用于长距离、大容量的光纤通信。

（3）按套塑类型分类可分为紧套光纤与松套光纤。

紧套光纤是指二次、三次涂覆层与涂覆层及光纤的纤芯、包层等紧密地结合在一起的光纤。目前此类光纤使用得较多。

未经套塑的光纤，其衰耗与温度特性本是十分优良的，但经过套塑之后其温度特性下降。这是因为套塑材料的膨胀系数比石英高得多，在低温时收缩较厉害，压迫光纤发生微弯曲，增加了光纤的衰耗。

松套光纤是指经过涂覆后的光纤松散地放置在一塑料管之内，不再进行二次、三次涂覆。松套光纤的制造工艺简单，其衰耗、温度特性与机械性能也比紧套光纤好，因此越来越受到人们的重视。

光纤的机械特性是非常重要的。由于通信用的石英光纤是外径约为125 μm的细玻璃丝，玻璃是一种硬度很高、无延展性的易碎材料，其强度极限由材料结构内的Si-O键的键合力所决定，从理论上估算折断Si-O原子键所需应力为2 000～2 500 kg/mm^2，因此外径为

125 μm的光纤所能承受的抗张力将达 30 kg。然而，实际的光纤表面或内部总是不可避免地存在裂纹，在光纤受到外力作用时，一个非常小的微裂会扩大、传播，引起崩溃性的断裂，这使得光纤的断裂强度大为降低（约为理论值的 1/4）。因此，从光纤开发到大量应用，人们花费了大量精力、物力、财力进行攻关。目前，光纤的研究、制造以及成缆、施工等部门，都在进一步研究如何提高光纤的抗张强度和使用寿命。

光纤的低温性能十分重要，对于架空光缆及北方地区线路，如低温特性不良，其将会严重影响通信质量。因此，制造光纤时必须选择光纤的涂覆、套塑的材料及改进工艺。在工程设计时，务必选用特性良好的光纤。

3）光纤的导光原理

光是一种频率极高的电磁波，而光纤本身是一种介质波导，因此光在光纤中的传输理论是十分复杂的。要想全面地了解它，需要应用电磁场理论、波动光学理论，甚至量子场论方面的知识。光知识的具体内容见文档 2-1。

文档 2-1　光知识

为了便于理解，可从几何光学的角度来讨论光纤的导光原理，这样会更加直观、形象、易懂。更何况对多模光纤而言，由于其几何尺寸远远大于光波波长，所以可把光波看作一条光线来处理，这正是几何光学处理问题的基本出发点。

由于 n_1 与 n_2 差别较小，所以光纤的数值孔径（Numerical Aperture，NA）定义为

$$\mathrm{NA} = \sin \varphi_0 = n_1 \sqrt{2\Delta} = \sqrt{n_1^2 - n_2^2}$$

光纤产生全反射时光纤端面最大入射角的正弦值 $\sin\varphi_0$ 称为光纤的数值孔径，一般用 NA 表示，此式表示了光纤收集光的能力。凡是入射角小于圆锥角 φ_0 的光线都可以满足全反射条件，将被束缚在纤芯中沿轴向传播。可见，光纤的数值孔径与相对折射率差的平方根成正比，也就是说光纤纤芯与包层的折射率相差越大，则光纤的数值孔径越大，其集光能力越强。

（1）光在阶跃光纤中的传播。为了便于理解，先用射线法对光纤中光波的传播作简单的描述。当一束光线从光纤端面耦合进光纤时，光纤中可能有不同形式的光射线：子午线和斜射线。

阶跃光纤是指在纤芯与包层区域内，其折射率分布是均匀的，其值分别为 n_1 与 n_2，但在纤芯与包层的分界处，其折射率的变化是阶跃的。阶跃光纤的折射率分布如图 2-2 所示。

由此可见，只要光纤端面的入射角 $\varphi_i \leqslant \varphi_0$，光线就能在纤芯中全反射传输，$\varphi_0$ 称为光纤端面的最大入射角，则 $2\varphi_0$ 为光纤对光线的最大可接收角，见动画 2-2 和动画 2-3。

（2）光在渐变光纤中的传播。渐变光纤是指光纤轴心处的折射率最大（n_1），而沿剖面径向的增加而逐渐变小，其变化规律一般符合抛物线规律，到了纤芯与包层的分界处，正好降到与包层区域的折射率 n_2 相等的数值；在包层区域中，其折射率的分布是均匀的，为 n_2。渐变光纤的折射率分布如图 2-3 所示。

要分析渐变光纤中光线的传播，可以采用与数学中“积分定义”相同的办法。先将光纤纤芯分成无数多个同心的薄圆柱层，每一层的厚度很薄，折射率在每一层中近似地看为常

数，邻层的折射率有一阶跃差，但相差很小，见动画2-4。

动画2-2　光在阶跃光纤中的传播（1）

动画2-3　光在阶跃光纤中的传播（2）

动画2-4　光在渐变光纤中的传播

综上所述，光纤之所以能够导光，就是利用了纤芯折射率略高于包层折射率的特点，使落于数值孔径角（φ_0）内的光线都能被收集到光纤中，并能在纤芯包层界面以内形成全反射，从而将光限制在光纤中传播。这就是光纤的导光原理。

文档2-2　光纤主要特性

4）光纤的主要特性

光信号经过一定距离的光纤传输后会产生衰减和畸变，因而使输入的光信号脉冲和输出的光信号脉冲不同，其表现为光脉冲的幅度衰减和波形的展宽。产生该现象的原因是光纤中存在损耗和色散。损耗和色散是描述光纤传输特性的最主要的参数，它们限制了系统的传输距离和传输容量。光纤损耗和色散等特性见文档2-2。

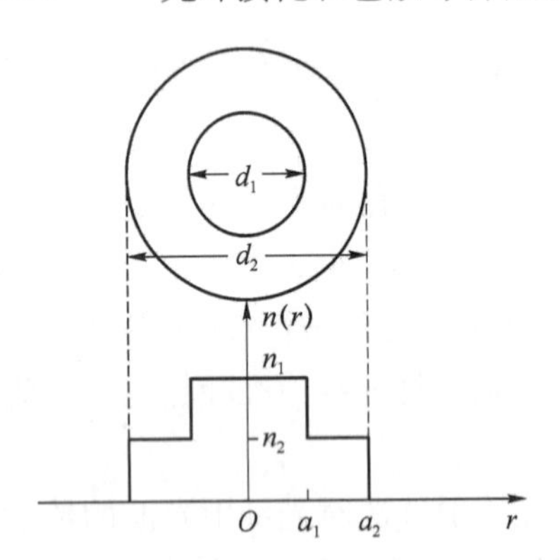

图2-2　阶跃光纤的折射率分布

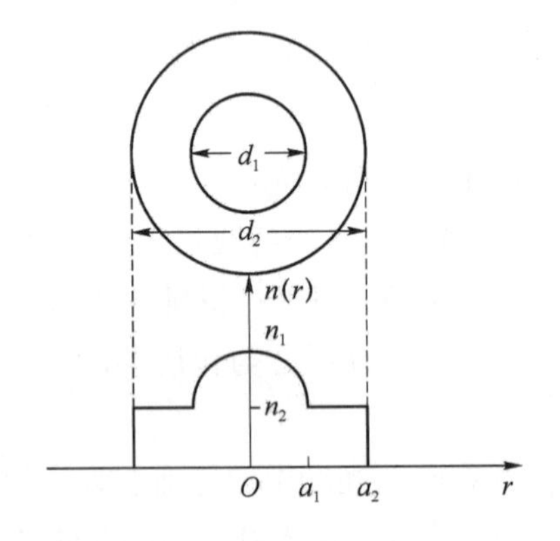

图2-3　渐变光纤的折射率分布

2. 光缆概述

1）光缆的结构

光缆一般由缆芯、加强元件、填充物和护层等几部分构成，另外，根据需要还包括防水层、缓冲层、绝缘金属导线等。光缆的分类见表2-1所示。

表2-1　光缆的分类

分类方式	光缆的分类
按光纤传输模式分类	可分为单模光缆和多模光缆（阶跃多模光缆、渐变多模光缆）
按光纤状态分类	可分为紧结构光缆、松结构光缆和半松半紧结构光缆
按缆芯结构分类	可分为层绞式光缆、骨架式光缆和束管式光缆（中心管式光缆）

续表

分类方式	光缆的分类
按外护套结构分类	可分为无铠装光缆、钢带铠装光缆和钢丝铠装光缆
按光缆材料有无金属分类	可分为有金属光缆（包括缆芯内无金属光缆）和无金属光缆
按光纤芯数分类	可分为单芯光缆和多芯（带式）光缆
按敷设方式分类	可分为直埋光缆、水底光缆、海底光缆、架空光缆和管道光缆
按特殊使用环境分类	可分为高压输电线采用的光缆、室内光缆、应急光缆和野战光缆

室外光缆主要有层绞式、中心管式和骨架式三种。

（1）层绞式光缆。层绞式光缆端面如图 2-4 所示。层绞式光缆由多根二次被覆光纤松套管（或部分填充绳）绕中心金属加强件绞合而成的圆形缆芯、缆芯外先纵包复合铝带并挤上聚乙烯内的护套、再纵包阻水带和双面覆膜皱纹钢（铝）带再加上一层聚乙烯外护层组成。

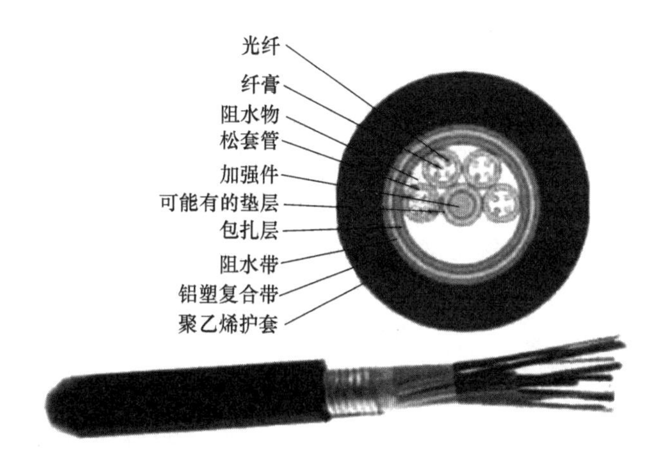

图 2-4　GYSTA 型层绞式光缆（金属加强构件松套层绞填充式铝－聚乙烯黏结护套通信用室外光缆）

层绞式光缆的结构特点为：光缆中容纳的光纤数量多，光缆中光纤余长易控制，光缆的机械性能和环境性能好，适宜于直埋和管道敷设，也可用于架空敷设。

（2）中心管式光缆。中心管式光缆如图 2-5 所示，它是由一根二次光纤松套管或螺旋形光纤松套管（无绞合直接放在缆的中心位置）、纵包阻水带和双面涂塑钢（铝）带、两根平行加强圆磷化碳钢丝或玻璃钢圆棒（位于聚乙烯护层中）组成的。按松套管中放入的是分离光纤、光纤束还是光纤带，中心管式光缆可分为分离光纤的中心管式光缆或光纤带中心管式光缆等。

中心管式光缆的优点为：光缆结构简单、制造工艺简捷，光缆截面小、质量轻，很适合架空敷设，也可用于管道或直埋敷设；其缺点为：缆中光纤芯数不宜过多（如分离光纤为 12 芯、光纤束为 36 芯、光纤带为 216 芯），松套管挤塑工艺中松套管冷却不够，成品光缆中松套管会出现后缩，光缆中光纤余长不易控制等。

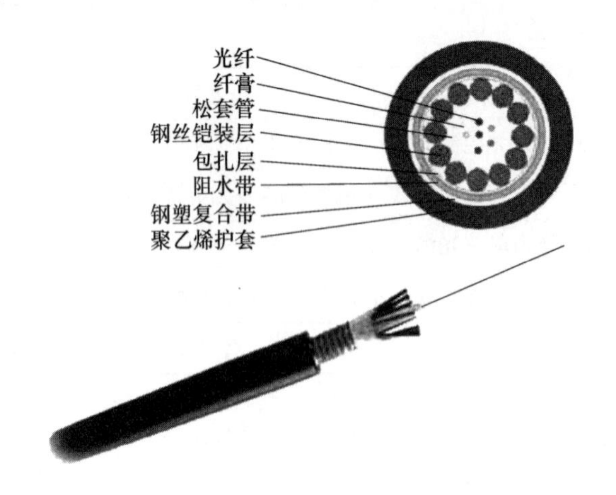

图 2-5　GYXTS 型中心管式光缆［金属加强构件钢 - 聚乙烯黏结护套中心束管式全填充型通信用光缆（细钢丝铠装）］

中心管式带状光缆的结构为大芯数光缆提供了最经济有效的配置，以 4、6、8、12 光纤带为基带，可生产 48～216 芯各种芯数、不同规格的带状光缆。光纤带号由数字 1～18 和字母喷印在光纤带上予以识别。

（3）骨架式光缆。目前，骨架式光缆在国内仅限于干式光纤带光缆，即将光纤带以矩阵形式置于 U 形螺旋骨架槽或 SZ 螺旋骨架槽中，将阻水带以绕包方式缠绕在骨架上，使骨架与阻水带形成一个封闭的腔体，如图 2-6 所示。当阻水带遇水后，吸水膨胀产生一种阻水凝胶屏障。阻水带外再纵包双面覆塑钢带，钢带外涂上聚乙烯外护层。

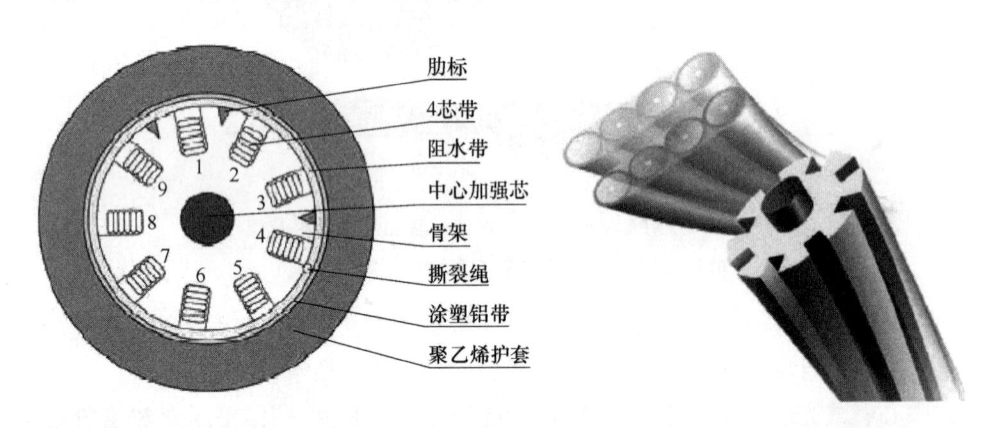

图 2-6　GYDGA - 216Xn - 4F 型骨架式光缆（骨架式 9 槽 4 层 4 芯光纤带 A 护套光缆）

骨架式光纤带光缆的优点为：结构紧凑、缆径小、纤芯密度大（上千芯至数千芯），接续时无须清除阻水油膏，接续效率高；其缺点为：制造设备复杂（需要专用的骨架生产线）、工艺环节多、生产技术难度大等。

每种基本结构中既可放置分离光纤，也可放置带状光纤，如视频 2-1 所示。

视频 2-1　光缆的结构

2）光缆的型号及识别

光缆的型号是识别光缆规格、形式和用途的代号，如图 2-7 所示。

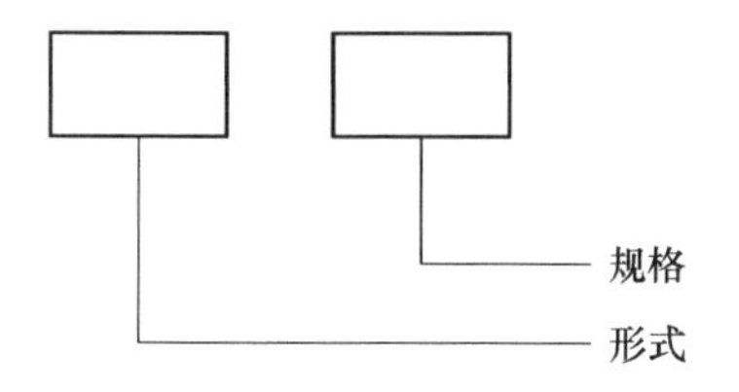

图 2-7 光缆型号的格式

（1）光缆的型号。光缆的型号由分类、加强构件、派生、护套和外护套五个部分组成，如图 2-8 所示。

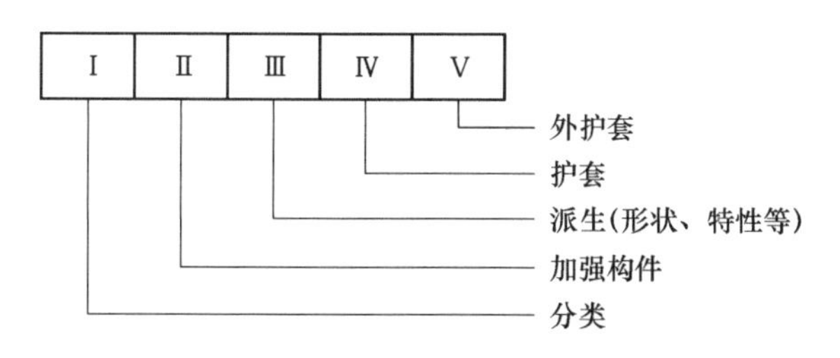

图 2-8 光缆的型号组成

下面对各部分代号所表示的内容作详细说明。

①分类代号见表 2-2。

表 2-2 分类代号

GY：通信用室（野）外光缆	GR：通信用软光缆
GJ：通信用室（局）内光缆	GS：通信设备内光缆
GH：通信用海底光缆	GT：通信用特殊光缆
GW：通信用无金属光缆	GM：通信用移动式光缆

②加强构件的代号见表 2-3。

表 2-3 加强构件的代号

无符号：金属加强构件	F：非金属加强构件
G：金属重型加强构件	H：非金属重型加强构件

③派生特征的代号见表 2-4。

表 2-4 派生特征的代号

B：扁平式结构	C：自承式结构
D：光纤带结构	E：椭圆结构
G：骨架槽结构	J：光纤紧套被覆结构
R：充气式结构	T：填充式结构
X：缆中心管（被覆）结构	Z：阻燃结构

④护套的代号见表 2-5。

表 2-5　护套的代号

Y：聚乙烯护套	V：聚氯乙烯护套
U：聚氨酯护套	A：铝－聚乙烯黏结护套
L：铝护套	G：钢护套
Q：铅护套	S：钢－铝－聚乙烯综合护套
W：夹带平行钢丝的钢－聚乙烯黏结护套(称为 W 护套)	—

⑤外护套的代号见表 2-6。

表 2-6　外护套的代号

代号	铠装层（方式）	代号	被覆层（材料）
0	无	0	无
1	—	1	纤维层
2	双钢带	2	聚氯乙烯套
3	细圆钢丝	3	聚乙烯套
4	粗圆钢丝	4	聚乙烯套加覆尼龙套
5	单钢带皱纹纵包	5	聚乙烯保护管
33	双细圆钢丝	—	—
44	双粗圆钢丝	—	—

（2）光缆的规格。光缆的规格是由光纤和导电芯线的有关规格组成的。

①光缆的规格的构成格式如图 2-9 所示。光纤的规格与导电芯线的规格之间用“＋”号连接。

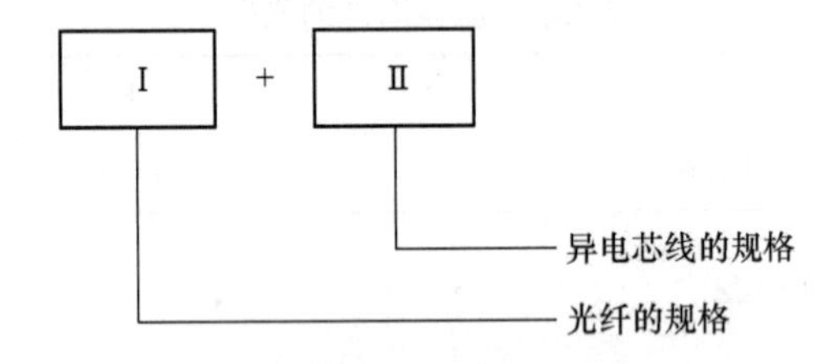

图 2-9　光缆的规格的构成格式

②光纤的规格的构成：光纤的规格由光纤数和光纤类别组成。如果同一根光缆中含有两种或两种以上规格（光纤数和类别）的光纤，中间应用“＋”号连接。

a. 光纤数的代号用光缆中同类别光纤的实际有效数目的数字表示。

b. 光纤类别的代号应采用光纤产品的分类代号表示。按 IEC60792－2（1998）《光纤第 2 部分：产品规范》等标准的规定，用大写字母 A 表示多模光纤，用大写字母 B 表示单模光纤，再以数字和小写字母表示不同类型的光纤。多模光纤见表 2-7，单模光纤见表 2-8。

表 2-7　多模光纤

分类代号	特性	纤芯直径/μm	包层直径/μm	材料
A1a	渐变折射率	50	125	二氧化硅
A1b	渐变折射率	62.5	125	二氧化硅
A1c	渐变折射率	85	125	二氧化硅
A1d	渐变折射率	100	140	二氧化硅
A2a	突变折射率	100	140	二氧化硅

表 2-8　单模光纤

分类代号	名称	材料
B1.1	非色散位移型	二氧化硅
B1.2	截止波长位移型	
B2	色散位移型	
B4	非零色散位移型	二氧化硅

注："B1.1"可简化为"B1"。

③导电芯线的规格：导电芯线的规格构成应符合有关通信行业标准中铜芯线规格构成的规定。

例如："2×1×0.9"表示2根线径为0.9 mm的铜导线单线。

"3×2×0.5"表示3根线径为0.5 mm的铜导线线对。

"4×2.6/9.5"表示4根内导体直径为2.6 mm、外导体内径为9.5 mm的同轴对。

（3）实例。

例 2-1　金属加强构件、松套层绞、填充式、铝－聚乙烯黏结护套、皱纹钢带铠装、聚乙烯护层的通信用室外光缆，包含12根50/125 μm二氧化硅系列渐变多模光纤和5根用于远供电及监测的铜线径为0.9 mm的4线组，光缆的型号应表示为GYTA53 12A1a+4×0.9。

例 2-2　金属加强构件、光纤带、松套层绞、填充式、铝－聚乙烯黏结护套通信用室外光缆，包含24根"非零色散位移型"单模光纤，光缆的型号应表示为GYDTA24B4。

例 2-3　非金属加强构件、光纤带、扁平型、无卤阻燃聚乙烯烃护层通信用室内光缆，包含12根常规或"非色散位移型"单模光纤，光缆的型号应表示为GJD-BZY12B1。

光缆的色谱及端别

3）光缆中光纤的色谱

光纤排列以12芯为一束，每束光纤按表2-9所列颜色顺序区分。

表 2-9　光纤的色谱

光纤序号	光纤颜色	光纤序号	光纤颜色
1	蓝（BL）	7	红（RD）
2	橙（OR）	8	黑（BK）
3	绿（GR）	9	黄（YL）
4	棕（BR）	10	紫（VI）
5	灰（SL）	11	玫瑰（RS）
6	白（WH）	12	天蓝（AQ）

多芯光缆把不同颜色的光纤放在同一束管中成为一组，这样一根多芯光缆里就可能有好几个束管。正对光缆横截面，把红束管看作光缆的第一束管，顺时针依次为白一、白二、白三……最后一根是绿束管，如图2-10所示。

图2-10　光缆中光纤的色谱

(a) B端（绿色封头）；(b) A端（红色封头）

4）光缆的端别和光纤纤序

要正确地对光缆工程进行接续、测量和维护工作，必须首先掌握判别光缆的端别和缆内光纤纤序的方法，因为这是提高施工效率、方便日后维护所必需的。

光缆中的单元光纤、单元内的光纤，均采用全色谱或领示色来标识光缆的端别与光纤序号。其色谱排列和所加标志色，各个国家的产品不完全一致，这在各国产品标准中有规定。我国生产的光缆已完全能满足工程需要，所以在这里只对目前使用最多的全色谱光缆进行介绍。

通信光缆的端别判断和通信电缆有些类似。

(1) 对于新光缆：红点端为A端，绿点端为B端；光缆外护套上的长度数字小的一端为A端，另外一端为B端。

(2) 对于旧光缆：因为是旧光缆，此时红、绿点及长度数字均有可能看不到了（施工过程中摩擦掉了），其判断方法是：面对光缆端面，若同一层中的松套管颜色按蓝、橙、绿、棕、灰、白顺时针排列，则为光缆的A端，反之则为B端。

(3) 通信光缆中的纤序排定。光缆中的松套管单元光纤色谱分为两种，一种是6芯的，另一种是12芯的。前者的色谱排列顺序为蓝、橙、绿、棕、灰、白；后者的色谱排列顺序为蓝、橙、绿、棕、灰、白、红、黑、黄、紫、玫瑰、天蓝。

若为6芯单元松套管，则蓝色松套管中的蓝、橙、绿、棕、灰、白6根纤对应1～6号纤；紧扣蓝色松套管的橙色松套管中的蓝、橙、绿、棕、灰、白6根纤对应7～12号纤，……，依此类推，直至排完所有松套管中的光纤为止。

若为12芯单元松套管，则蓝色松套管中的蓝、橙、绿、棕、灰、白、红、黑、黄、紫、玫瑰、天蓝12根纤对应1～12号纤；紧扣蓝色松套管的橙色松套管中的蓝、橙、绿、棕、灰、白、红、黑、黄、紫、玫瑰、天蓝12根纤对应12～24号纤，……，依此类推，直至排完所有松套管中的光纤为止。

从这个过程中可以看到，光缆、电缆的色谱走向统一，均采用构成全色谱全塑电缆芯线绝缘层色谱的十种颜色（白、红、黑、黄、紫、蓝、橙、绿、棕、灰）来形成，但有一点不同：在全色谱全塑电缆中，颜色的最小循环周期是5种（组），如白/蓝、白/橙、白/绿、白/棕、白/灰，而在光缆里面是6种——蓝、橙、绿、棕、灰、白，它的每根松套管里的光纤数量也是6根，而不是5根，这一点要特别注意。

端别判断和纤序排定举例如下。

例2-4 图2-11所示为某光缆端面，请解答下列问题：

（1）判断光缆的端别。

（2）排定纤序并说明填充绳的主要作用。

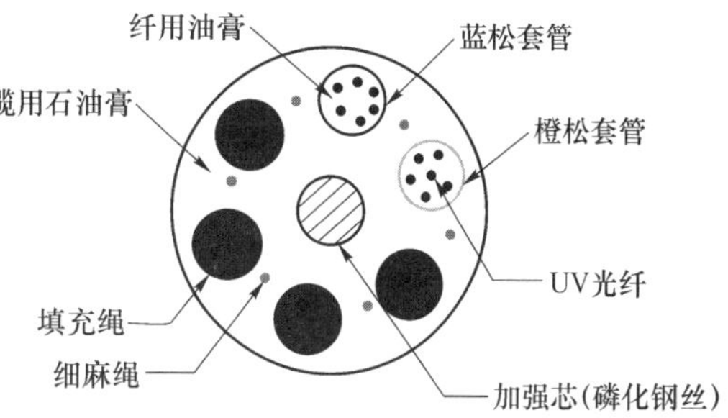

图2-11 光缆端别示意

解：（1）端别判别：因为蓝、橙松套管是顺时针排列的，所以这是光缆的A端。

（2）排定纤序：因为它是以6芯为基本单元的，所以，蓝色松套管中的蓝、橙、绿、棕、灰、白分别为1～6号纤，橙色松套管中的蓝、橙、绿、棕、灰、白分别为7～12号纤，所以这是一条12芯的松套层绞式光缆，其中填充绳的主要作用是稳固缆芯结构，提高光缆的抗侧压能力。

例2-5 图2-12所示为某光缆端面，请解答下列问题：

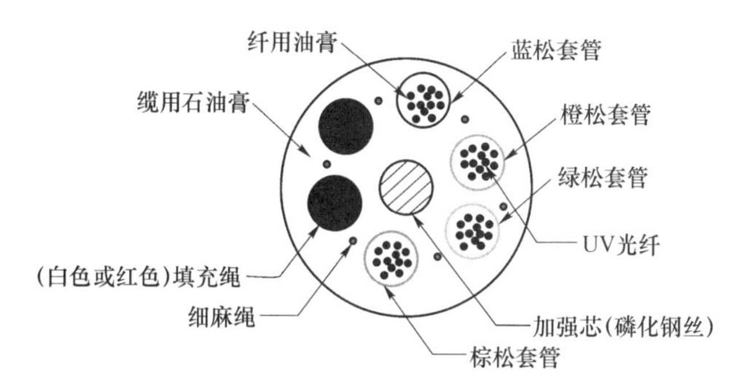

图2-12 端别判别与纤序排定

（1）判断光缆的端别。

（2）排定纤序并说明加强芯的主要作用。

解：（1）端别判别：因松套管颜色在统一层中按照蓝、橙、绿、棕顺时针方向排列，故这是光缆的A端。

（2）排定纤序：这是一条以12芯为基本单元的层绞式光缆，所以其基本色谱为蓝、橙、绿、棕、灰、白、红、黑、黄、紫、玫瑰、天蓝，因此，蓝色套管中的蓝、橙、绿、棕、灰、白、红、黑、黄、紫、玫瑰、天蓝12纤对应1～12号纤；紧扣蓝松套管的白橙松套管中的蓝、橙、绿、棕、灰、白、红、黑、黄、紫、玫瑰、天蓝对应12～24号纤，……，依此类推，直至棕松套管中的天蓝色光纤为第48号光纤。光缆中的加强芯为避免产生氢损，一般采用磷化钢丝，其主要作用有两个：一是增强光缆的机械强度，二是在施工时承受施工拉力。

任务实施

1. 任务器材

光缆、开缆工具（开缆刀、电工刀、剪刀）、抽纸和笔，如图2-13所示。

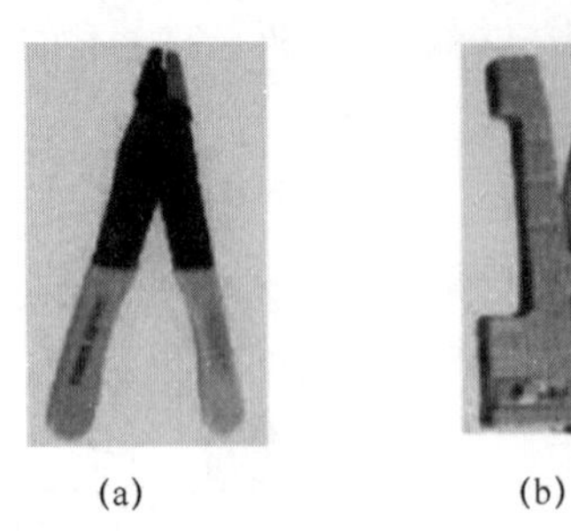
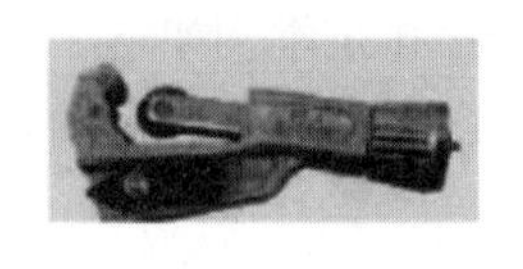

(a)　　(b)　　(c)

图 2-13　缆工具

（a）米勒钳；（b）松套管割刀；（c）管子割刀

2. 任务

（1）识别光缆的型号。依据光缆生产厂家的说明书、光缆盘标记或光缆外护层上的白色印记（教师提供光缆），请将型号、容量、长度和时间等内容记录在空白处并说明其含义。

（2）光缆开剥。

①正确使用开缆刀开剥光缆，注意开口长度（一定要谨慎，注意不要伤及束管和光纤芯线）。

②剪断填充线、加强件（预留 4 ~ 10 cm），留下光纤套管，用光纤剥线钳剥去套管，观察套管内的光纤。

（3）判断光缆的端别（A/B 端）。画出光缆端面（A 端和 B 端截面图），判断光缆的端别，描述判断原理。

（4）正确识别套管顺序，芯线色谱及纤序，达到熟练程度，并填写表 2-10。

表 2-10　记录数据

光纤纤序	1	2	3	4	5	6	7	8	9	10	11	12	…	48
束管序号														
束管颜色														
束管内的光纤纤序														
光纤颜色														

注意：“束管序号”行填写数字，例如 1 号束管、2 号束管；“束管内的光纤纤序”行填写数字，注意与束管的对应关系。本表设计 1 ~ 48 芯光缆，请根据实际光缆的对数设备表格并填写数据。

任务总结（拓展）

（1）光知识拓展。

按照波长或频率的顺序把电磁波排列起来，就是电磁波谱。如果把每个波段的频率由低至高依次排列的话，它们是无线电波、红外线、可见光、紫外线、X射线及γ射线。其中无线电的波长最长，宇宙射线的波长最短。电磁波为横波，可用于探测、定位、通信等。目前光纤通信的实用工作波长在近红外区，即0.8～1.8 μm的波长区，如图2-14所示，对应的频率为167～375 THz。光纤通信有850 nm、1 310 nm和1 550 nm三个工作窗口。

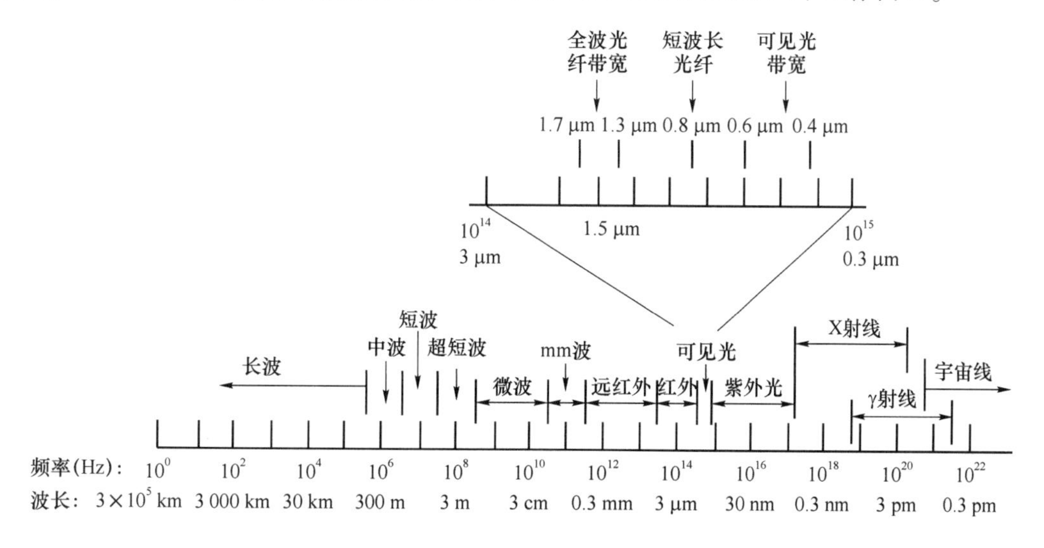

图2-14 光通信中使用的电磁波范围

①光的传播。

光通常指可见光，即能刺激人的视觉的电磁波，发射（可见）光的物体叫作（可见）光源。例如太阳、萤火虫和白炽灯等都是光源。光是有能量的，光能可以与化学能、电能等其他形式的能相互转换。

a. 光的直线传播。光在同一种均匀物质中是沿直线传播的。日食、月食、人影、小孔成像、隧道掘进机的工作原理（激光准直）等就是光的直线传播。光（电磁波）在真空中的传播速度目前公认值为 $c=299\ 792\ 458$ m/s（精确值），它是重要的物理常数之一。除真空外，光所通过的水、玻璃等物质叫作（光）介质，光在介质中传播的速度小于它在真空中传播的速度。光在水中的传播速度为 2.25×10^8 m/s；在玻璃中的传播速度为 2.0×10^8 m/s；在冰中的传播速度为 2.30×10^8 m/s；在空气中的传播速度为 3.0×10^8 m/s；在酒精中的传播速度为 2.2×10^8 m/s。

b. 光的传播规律。光的传播规律主要有：

❶光的直线传播规律如上述。测量技术也是以此为依据的。

❷光的反射、折射和全反射。光在传播途中遇到两种不同介质的分界面时，一部分反射，一部分折射，还可能发生全反射。反射光线遵循反射定律，折射光线遵循折射定律。

光线在均匀介质中传播时是以直线方向进行的，但在到达两种不同介质的分界面时，会发生反射与折射现象。光的反射与折射如图2-15所示。

根据光的反射定律，反射角等于入射角。

光的折射定律为

$$n_1\sin\theta_1=n_2\sin\theta_2$$

式中，n_1为纤芯的折射率；n_2为包层的折射率。

显然，若$n_1>n_2$，则会有$\theta_2>\theta_1$。如果n_1与n_2的比值增大到一定程度，其就会使折射角$\theta_2\geqslant 90°$，此时的折射光线不再进入包层（光疏介质），而会在纤芯（光密介质）与包层的分界面上掠过（$\theta_2=90°$时），或者重返纤芯中进行传播（$\theta_2>90°$时）。这种现象叫作光的全反射现象，如图2-16所示。可见，入射角不断增大，折射光的能量越来越少，反射光的能量逐渐增大，最后折射光消失。

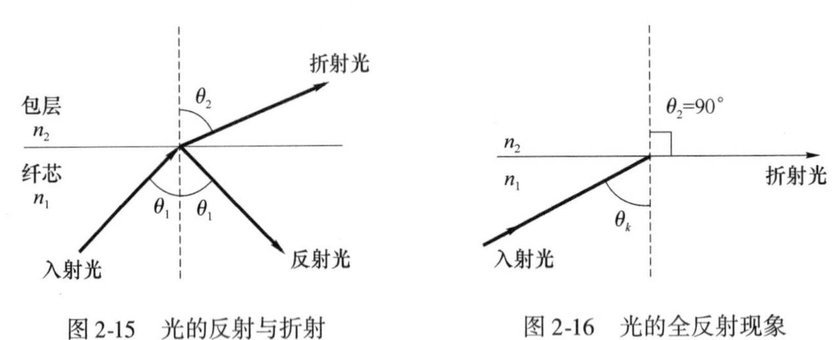

图2-15　光的反射与折射　　　　图2-16　光的全反射现象

（2）光的色散及散射。

①光的色散。

在物理学中，色散是指不同颜色的光经过透明介质后被分散开的现象。一束白光经三棱镜后被分为七色光带。这是因为玻璃对不同颜色（不同频率或不同波长）的光具有不同的折射率：波长越长（或频率越低），玻璃呈现的折射率就越小；波长越短（或频率越高），玻璃呈现的折射率就越大。换句话说，玻璃的折射率是光波频率（或波长）的函数。当由不同颜色组合而成的白光以相同的入射角θ_1入射时，根据折射定律$n_1\sin\theta_1=n_2\sin\theta_2$，不同颜色的光因$n_2$不同会有不同的折射角，这样不同颜色的光就会被分开，出现色散。如图2-17所示，紫色光折射率大，红色光折射率小。由于$v=c/n$，很显然不同颜色的光在玻璃中传播的速度也不相同。

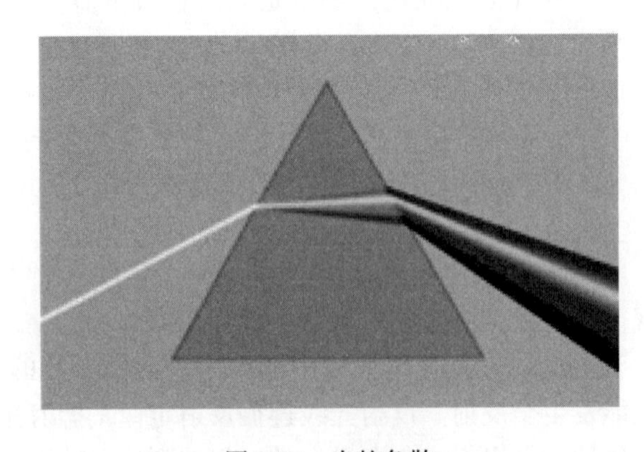

图2-17　光的色散

在光纤中，信号是由很多不同模式或频率的光波携带传输的，当信号达到终端时，不同模式或不同频率的光波出现了传输时延差，从而引起信号畸变，这种现象就称为色散。对于数字信号，经光纤传播一段距离后，色散会引起光脉冲展宽，严重时，前后脉冲将互相重叠，形成码间干扰。因此，色散决定了光纤的传输带宽，限制了系统的传输速率或中继距离。色散和带宽是从不同的领域来描述光纤的同一特性的。

②光的散射。

物质中存在的不均匀杂质使进入物质的光偏离入射方向而向四面八方散开，这种现象称为光的散射，向四面八方散开的光，就是散射光。与光的吸收一样，光的散射也会使通过物质的光的强度减弱。这是由于介质中存在着其他物质的微粒，或者由于介质本身的密度不均匀（即密度涨落），从而引起光的散射。

一般来说，瑞利散射是微弱的。由于瑞利散射光强与 $1/\lambda^4$ 成正比，当观察晴天时，进入人眼的是阳光经过大气时的侧向散射光，其主要包含着短波成分，所以天空呈蓝色；而观察落日时，直视太阳所看到的是在大气层（包括微尘层）中经过较长路程的散射后的阳光，剩余的长波成分较强，所以落日呈红色。

如果物质中存在折射率分布的不均匀性，例如物质中有杂质微粒（如细微的悬浮物、细微气泡等），这些细微的不均匀性区域成为散射中心，它们的散射光是非相干的，各散射光束的光强直接相加，这时即可观察到散射光。当微粒线度远小于光的波长时，就产生瑞利散射。此外，通常的纯净物质中各处总有密度的起伏，这也构成折射率分布的不均匀性。斯莫卢霍夫斯基（1908）与爱因斯坦（1910）的研究表明，这种密度起伏是一般纯净透明物质中产生瑞利散射的原因。这种由密度起伏导致的散射也称为分子散射。

（3）光的其他现象。

①光电效应。

赫兹于1887年发现光电效应，1905年，爱因斯坦提出光子假设，成功解释了光电效应，因此获得1921年诺贝尔物理奖。光照射到金属上，引起物质的电性质发生变化。这类光变致电的现象被人们统称为光电效应（Photoelectric Effect）。光电效应分为光电子发射、光电导效应和阻挡层光电效应。前一种现象发生在物体表面，又称外光电效应；后两种现象发生在物体内部，称为内光电效应。光波波长小于某一临界值时方能发射电子，此波长即极限波长，对应的光的频率叫作极限频率。临界值取决于金属材料，而发射电子的能量取决于光的波长。而与光的波动性相矛盾，即光电效应的瞬时性，按波动性理论，如果入射光较弱，照射的时间要长一些，金属中的电子才能积累足够的能量，飞出金属表面。可事实是，只要光的频率高于金属的极限频率，光的亮度无论强弱，光子的产生都几乎是瞬时的，不超过 10^{-9} s。

光电效应里电子的射出方向不是完全确定的，但大部分都垂直于金属表面射出，与光照方向无关。光是电磁波，但是光是高频震荡的正交电磁场，振幅很小，不会对电子的射出方向产生影响。

光电效应说明了光具有粒子性。相对应的，光的波动性最典型的例子就是光的干涉和衍射。

只要光的频率超过某一极限频率，受光照射的金属表面就会立即逸出光电子，发生光电效应。当在金属外面加一个闭合电路和正向电源时，这些逸出的光电子全部到达阳极便形成所谓的光电流。在入射光一定时，增大光电管两极的正向电压，提高光电子的动能，光电流会随之增大。但光电流不会无限增大，要受到光电子数量的约束，有一个最大值，这个值就是饱和电流。所以，当入射光强度增大时，根据光子假设，入射光的强度（即单位时间内通过单位垂直面积的光能）决定单位时间里通过单位垂直面积的光子数，单位时间里通过金属表面的光子数也就增多，于是，光子与金属中的电子碰撞次数也增多，因而单位时间里从金属表面逸出的光电子也增多，饱和电流也随之增大。

②光的波粒二象性。

光的波粒二象性简单说就是光既具有波动特性，又具有粒子特性。

（4）海底光缆的结构及功能展示（制作课件或文档，记录文件的链接网址）。

（5）根据团队训练结果，写出本次任务的缺点和优点。

任务2－2　皮线光缆

教学内容

（1）皮线光缆的结构及分类；

（2）皮线光缆的型号；

（3）皮线光缆的色谱及端别。

技能要求

（1）会开剥皮线光缆；

（2）会识别皮线光缆的型号；

（3）会识别皮线光缆的色谱。

任务描述

团队（4～6人）完成1～2段皮线光缆的型号识别和开剥训练，通过皮线光缆实物展示，掌握皮线光缆的结构。

任务分析

通过皮线光缆开剥技能训练，让学生巩固皮线光缆的结构和型号的知识；通过观察和分析皮线光缆，进一步巩固皮线光缆的色谱和端别的知识。

（1）皮线光缆的型号识别；

（2）皮线光缆的开剥训练；

（3）皮线光缆的结构、色谱和端别识别。

知识准备

1. 皮线光缆的结构及分类

皮线光缆由外护套、裸光纤和加强件组成。皮线光缆外护层一般采用黑色或白色、PVC（聚氯乙烯）材料或LSZH（阻燃聚烯烃）材料，见表2-11。

表2-11　皮线光缆的分类

皮线光缆的分类		
加强件材料	金属加强件	抗拉强度好，适合较远距离室内水平布线或短距离的室内垂直布线
	非金属加强件	FRP为加强件，可以实现全非金属入户，防雷击性能优越，适合户外到户内的引入
	复合材料	纤维强化塑料——玻璃钢
应用范围（应用）	架空（自承式）	适用农村、架空敷设或室外架空入户场合
	管道	室外别墅场合
	皮线光缆	室内场合
外护层材料	LSZH材料	LSZH材料的阻燃性性能高于PVC材料，同时，采用黑色LSZH材料可阻挡紫外线侵蚀，防止开裂，适用于室外到室内的引入
	PVC材料	

皮线光缆多为单芯、2芯结构，也可做成4芯结构，横截面呈“8”字形，加强件位于两圆中心，可采用金属或非金属结构，光纤位于“8”字形的几何中心。皮线光缆内光纤采用G. 657小弯曲半径光纤，可以以20 mm的弯曲半径敷设，适合在楼内以管道方式或布明线方式入户，如图2-18所示。

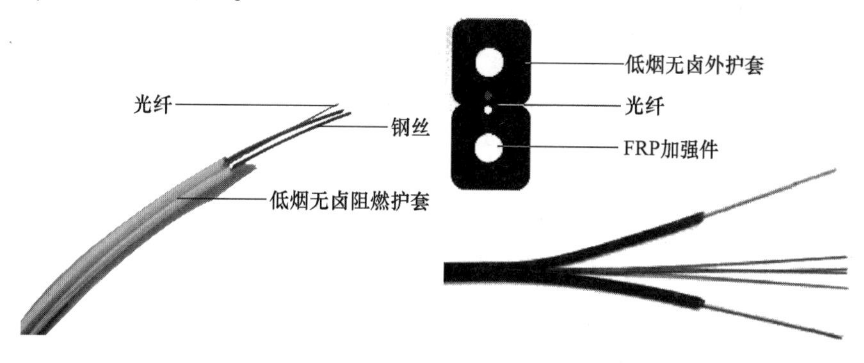

图2-18　皮线光缆

图2-19所示为2芯单模管道皮线光缆，将250 μm光纤两侧放置两根平行钢丝（或FRP）加强件后挤制蝶形低烟无卤外护套成缆，加无纺布（或铝带）纵包后挤制聚乙烯护套成缆。管道皮线光缆主要用于建筑物管道货架空引入缆。

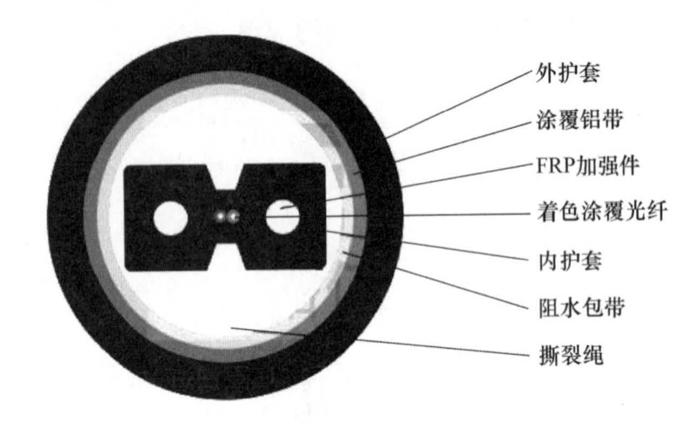

图2-19　2芯单模管道皮线光缆

其特点为：特种耐弯曲光纤，提供更大的带宽，增强网络传输特性，轻易达到100 m/s，实现宽带、有线电视和电话三网合一；两根平行加强件使光缆具有良好的抗压性能，从而保护光纤；光缆结构简单，质量轻，实用性强；有独特的凹槽设计，易分离，方便接续，可简化安装和维护；低烟无卤外护套，环保实用。

自承式皮线光缆也是皮线光缆，又叫接入网用蝶形引入光缆，只是在结构上与普通光缆有点不一样，光缆的加强构件为2根，平行对称于光缆中，侧面有一个粗钢丝吊线，如图2-20所示。光缆中含1~4根有涂覆层的二氧化硅系光纤，其类别可以为ITU－T G.657A（C1）或G.652D（B1.3），同批产品应采用由相同的设计及相同的材料和工艺所制造出来的光纤，光纤应置于光缆的中心。

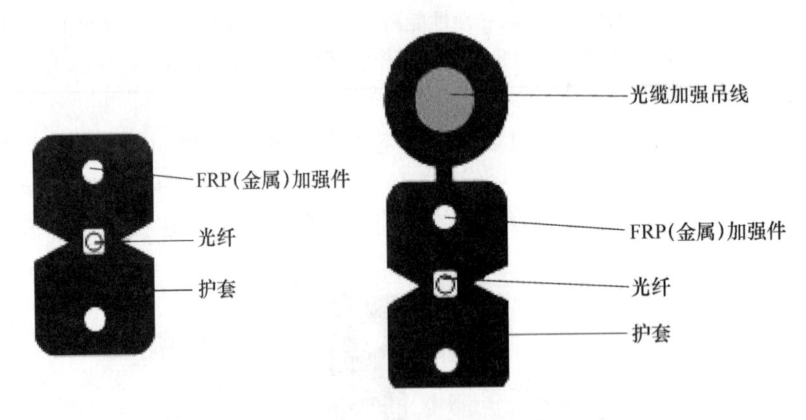

图2-20　自承式皮线光缆

2. 皮线光缆的色谱

光纤的识别用全色谱颜色识别，皮线光缆中光纤涂覆层可着色，着色层颜色应符合GB 6995.2（2008）的规定，在没有特殊要求时，光纤的颜色应按蓝、橙、绿、棕、灰、白、红、黑、黄、紫、玫瑰或青绿色排列，单纤可为本色，也可以用本色替代其中一种颜色。

任务实施

1. 任务器材

不同型号的皮线光缆、开缆工具（剥线钳、电工刀、剪刀）、抽纸和笔，如图2-21所示。

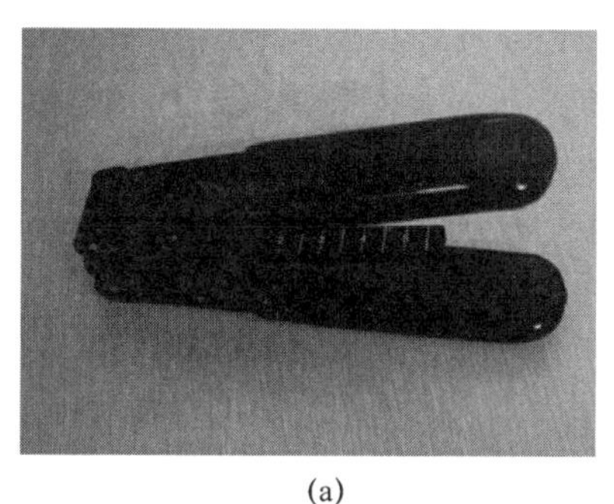

(a)

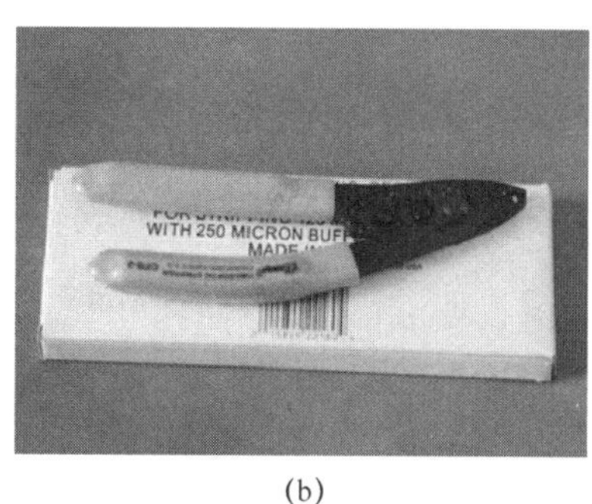

(b)

图2-21　开缆工具

(a) 剥线钳（皮缆开剥器）；(b) 米勒钳

剥线钳的使用方法：根据缆线的粗细型号，选择相应的剥线刀口；将准备好的电缆放在剥线钳的刀刃中间，选择好要剥线的长度，一般为40～60 mm；握住剥线钳的手柄，将电缆夹住，缓缓用力，使电缆外表皮慢慢剥落；松开工具手柄，取出电缆线，这时电缆金属整齐露出外面，其余绝缘塑料完好无损，可开剥1 000次。

2. 任务

1）识别皮线光缆的型号

依据皮线光缆厂家的说明书、皮线光缆盘标记或皮线光缆外护层上的白色印记（教师提供光缆），请将型号、容量、应用范围等内容记录在空白处并说明其含义。

2）皮线光缆的开剥

(1) 正确使用剥线钳（图2-21）开剥皮线光缆，注意开口长度。画出皮线光缆的结构并标出各部分作用。

(2) 利用米勒钳剥去涂覆层，观察光纤涂覆层的颜色和纤芯，并记录光纤的色谱。

任务总结（拓展）

（1）皮线光缆应用场景分析（小组制作PPT，并将其上传到课程网站或优酷网站，写好网址）。

（2）皮线光缆如何接续？

任务2－3　海底光缆

教学内容

（1）海底光缆的结构及分类；

（2）海底光缆的型号；

（3）海底光缆的色谱及端别。

技能要求

（1）会开剥海底光缆；

（2）会海底光缆的敷设；

（3）会海底光缆的维护。

任务描述

团队（4～6人）完成海底光缆的结构、型号识别和开剥训练，完成海底光缆敷设及抢修知识的学习。

任务分析

通过海底光缆开剥技能训练，让学生掌握海底光缆的结构和型号；通过观察和分析海底光缆，使学生进一步巩固海底光缆的色谱和端别的识别知识。

（1）海底光缆的型号识别；

（2）海底光缆的开剥训练；

（3）海底光缆的结构、色谱和端别识别。

知识准备

海底光缆（Submarine Optical Fiber Cable），又称海底通信电缆，是用绝缘材料包裹的导线，铺设在海底，用以完成国家之间的电信传输。

1. 海底光缆的结构

光纤设在U形槽塑料骨架中，槽内填满油膏或弹性塑料体形成纤芯。纤芯周围用高强度的钢丝绕包，在绕包过程中要把所有缝隙都用防水材料填满，再在钢丝周围绕包一层铜带并焊接搭缝，使钢丝和铜管形成一个抗压和抗拉的联合体。在钢丝和铜管的外面还要再加一层聚乙烯护套。这样严密多层的结构是为了保护光纤、防止断裂以及防止海水的侵入。在有鲨鱼出没的地区，在海底光缆外面还要再加一层聚乙烯护套。图2-22所示为海底光缆的结构示意。

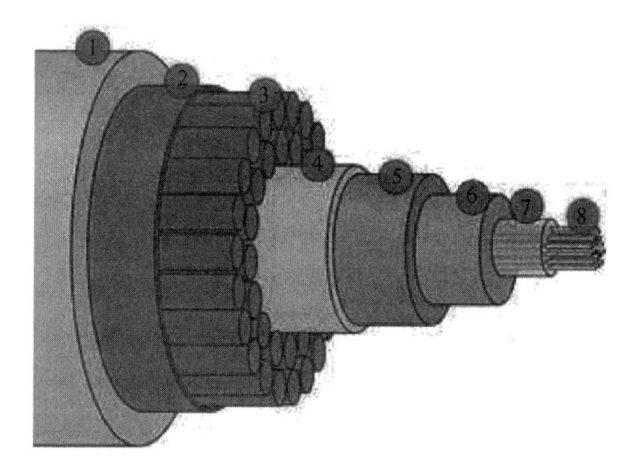

图2-22 海底光缆的结构示意

1—聚乙烯层；2—聚酯树脂或沥青层；3—钢绞线层；4—铝制防水层；
5—聚碳酸酯层；6—铜管或铝管；7—石蜡，烷烃层；8—光纤束

2. 海底光缆的分类

海底光缆根据不同的海水深度和海洋环境，可分为深海光缆和浅海光缆。相应的，在光缆结构上表现为单层铠装层和双层铠装层。在产品型号表示方法上用DK表示单层铠装，用SK表示双层铠装。规格由光纤数量和类别表示。

3. 海底光缆的特点

海底光缆的结构坚固、材料轻。海底光缆不能用轻金属铝，因为铝和海水会发生电化学反应而产生氢气，氢分子会扩散到光纤的玻璃材料中，使光纤的损耗变大。因此海底光缆既要防止内部产生氢气，同时还要防止氢气从外部渗入光缆。为此，在20世纪90年代初期，人们开发出一种涂碳或涂钛层的光纤，其能阻止氢的渗透和防止化学腐蚀。光纤接头需是高强度的，要求接续时保持原有光纤的强度和原有光纤的表面不受损伤。

海底光缆断裂一般有两大原因：一是地震、海啸等不可抗力；二是人为原因。海底光缆一旦断缆，在国际通信上会造成巨大影响，其造成的损失更是无法估算。

例如，2001年9月20日10点30分左右，中美海缆南段（汕头到美国slo）、西段（汕头到上海崇明），亚欧海缆的S2段（汕头到新加坡tuas）三段在汕头海缆站附近20 km处发

生中断，造成四个至北美的155M Internet电路受到了影响。2003年10月24日，一艘渔船起锚时的拉拽，致使通往崇明的海底光缆被意外拉断。这一意外事件造成崇明岛上至少3万有线电视用户信号接收受阻，且这一情况持续了近4天时间。

4. 海底光缆的修复

海底光缆的修复流程示意如图2-23所示。

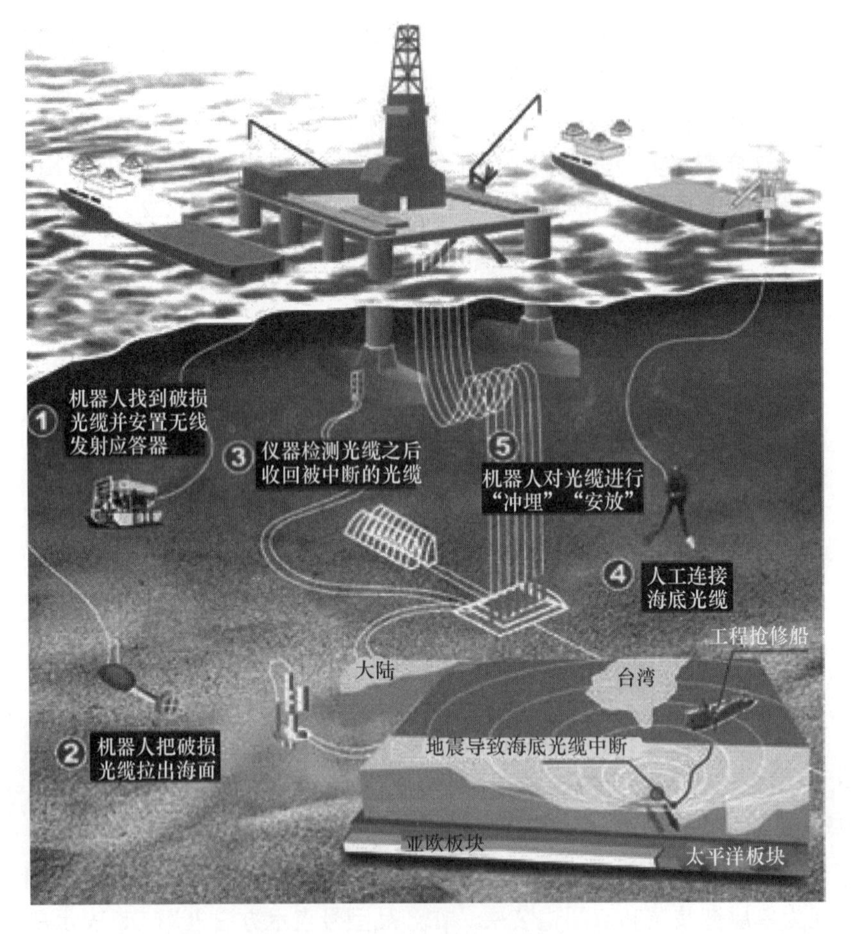

图2-23　海底光缆的修复流程示意

首先，使用扩频时域反射仪来定位大致故障位置；其次，通过潜水机器人找到受损海底光缆的精确位置，切断故障位置，并将剩余两端拖回维修厂（敷设船）进行修复；再次，用备用海底光缆连接受损光缆的两个断点并保护接点；最后，经测试后再放回海底。

（1）机器人潜下水后，通过扫描检测，找到破损海底光缆的精确位置。

（2）机器人将浅埋在泥中的海底光缆挖出，用电缆剪刀将其切断。从船上放下绳子，由机器人系在光缆一头，然后将其拉出海面。同时，机器人在切断处安置无线发射应答器。

（3）用相同办法将另一段光缆也拉出海面。和检修电话线路一样，船上的仪器分别接上光缆两端，通过两个方向的海底光缆登录站，检测出光缆受阻断的部位究竟在哪一端。之后，收回较长一部分有阻断部位的海底光缆，然后剪下。另一段装上浮标，暂时任其漂在海上。

（4）接下来靠人工将备用海底光缆接上海底光缆的两个断点。连接光缆接头是“技术含量”极高的工作，非一般人能够胜任，相关人员必须是经过专门的严格训练，并拿到国际有关组织的执照后才能上岗操作。像这样的“接头工”，上海电信方面目前只有三四名。

（5）备用海底光缆接上后，经反复测试，通信正常后，就抛入海水。这时，水下机器人又要“上阵”了：对修复的海底光缆进行“冲埋”，即用高压水枪将海底的淤泥冲出一条沟，将修复的海底光缆“安放”进去。

任务实施

1. 任务器材

不同型号的海底光缆、开缆工具（剥线钳、电工刀、剪刀）、抽纸和笔。

2. 任务

1）识别海底光缆的型号

依据光缆厂家的说明书、海底光缆盘标记或海底光缆外护层上的白色印记（教师提供光缆），请将型号、容量、应用范围等内容记录在空白处并说明其含义。

2）海底光缆的开剥

（1）在开剥海底光缆时需注意开口长度。试画出海底光缆的结构并标出各部分的作用。

（2）观察图2-24所示海底光缆实物（教师可以提供实物），说出光缆各部分的名称及作用；利用米勒钳剥去涂覆层，观察光纤涂覆层的颜色和纤芯，并记录光纤的色谱。

图2-24　海底光缆实物

3）各团队用PPT汇报完成海底光缆敷设的过程

海底光缆敷设过程：把光缆放在海底光缆敷设船上，在船慢慢开动的同时把光缆平铺沉入海底。海底光缆敷设主要包括勘察清理、光缆敷设和冲埋保护三个阶段。海底光缆敷设由挖掘海底的缆线埋设机来完成，其很像耕田时使用的犁，由海底光缆敷设船拖行前进，并通过工作光缆给出各种指令。其底部有几排喷水孔，作业时，每个孔同时向海低喷出高压水柱，将海底泥沙冲开，形成光缆沟。设备上部有一导缆孔，用来引导光缆到光缆沟底部。具体敷设过程见视频2-2。

视频2-2　海底光缆敷设

任务总结（拓展）

（1）海底光缆应用场景分析（小组制作PPT，并将其上传到课程网站或优酷网站，写好网址）。

（2）海底光缆如何修复（各小组以团队形式进行汇报）？

习　题

一、填空题

1. 光波是电磁波，其范围包括________、可见光、紫外线。

2. 光波的波长和频率间的关系是（　　）。

A. $\lambda = c/f$　　B. $\lambda = c/n$　　C. $\lambda = c/v$　　D. $\lambda = f/c$

3. 光波的真空传播速度是（　　）。

A. 3×10^7 m/s　　B. 3×10^9 m/s　　C. 3×10^8 m/s　　D. 3×10^6 m/s

4. 光纤由________、包层和涂覆层组成。

5. 光缆的基本结构一般由________、加强元件、填充物和护层等几部分构成。

6. 光缆中光纤的颜色有________、橙、绿、棕、灰、________、红、黑、黄、紫、玫瑰、天蓝12种。

7. GYTS 12B1中有________芯光纤，如果有2个束管，每个束管________芯光纤，其光纤颜色分别是________________________。

8. 皮线光缆多为单芯、2芯结构，也可做成4芯结构，横截面呈________字形，加强件位于两圆中心，可采用金属或非金属结构，光纤位于“8”字形的几何中心。

9. 海底光缆敷设主要包括勘察清理、________和冲埋保护三个阶段。

二、选择题

1. 光缆敷设方式有（　　）。

A. 直埋光缆　　B. 水底光缆　　C. 海底光缆　　D. 架空光缆　　E. 管道光缆

2. 金属加强构件、松套层绞、填充式、铝－聚乙烯黏结护套、皱纹钢带铠装、聚乙烯护层的通信用室外光缆，包含 12 根 50/125 μm 二氧化硅系列渐变多模光纤和 5 根用于远端供电及监测的铜线径为 0.9 mm 的 4 线组，光缆的型号应表示为 GYTA53 12Ala＋4×0.9。（　　）。

A. 对　　B. 错

3. 海底光缆根据不同的海水深和海洋环境，可分为深海光缆和浅海光缆（　　）。

A. 对　　B. 错

三、简单题

1. 光纤是由哪几部分组成的？各部分有何作用？

2. 光纤是如何分类的？阶跃光纤和渐变光纤的折射率分布是如何表示的？

四、计算题

1. 均匀光纤纤芯和包层的折射率分别为 $n_1=1.50$，$n_2=1.45$，光纤的长度 $L=10$ km。试求：

（1）光纤的相对折射率差 Δ；

（2）数值孔径 NA；

（3）若将光纤的包层和涂敷层去掉，求裸光纤的 NA 和相对折射率差 Δ。

2. 当光在一段长为 10 km 的光纤中传输时，输出端的光功率减小至输入端光功率的一半，求光纤的损耗系数 α。

任务3-1　光有源器件

教学内容

(1) 光源的原理；

(2) 光检测器的原理；

(3) 光源和光检测器的工作特性。

技能要求

(1) 会测量光源的工作特性；

(2) 会测量光检测器的工作特性。

任务描述

团队（4~6人）完成光检测器的工作特性。

任务分析

让学生完成光源和光检测器的品牌和参数记录，并掌握各光器件及设备的工作特性。

知识准备

光纤通信系统中所用的器件可以分成有源器件和无源器件两大类。有源器件的内部存在着光电能量转换的过程，例如光源、光电检测器等；而没有光电能量转换过程的器件则称为无源器件，如光开关、光耦合器等。本章主要介绍常用的通信光器件的原理、结构以及应用等。

1. 光源

光源可实现从电信号到光信号的转换，是光发射机以及光纤通信系统的核心器件，它的性能直接关系到光纤通信系统的性能和质量指标。

1）光子的基本概念

（1）爱因斯坦的光量子学说认为，光是由能量为 hf 的光量子组成的，其中 $h=6.628\times10^{-34}$ J·s（焦耳·秒），称为普朗克常数，f 是光波频率，人们将这些光量子称为光子。

当光与物质相互作用时，光子的能量作为一个整体被吸收或发射，这就确立了光的波粒二相性学说。

（2）原子能级。对于半导体晶体，原子核外的电子运动轨道因相邻原子的共有化运动而发生不同程度的重叠，晶体中的原子能级如图3-1所示，电子已经不属于某个原子所有，它可以在更大范围内甚至整个晶体中运动。也就是说，原来的能级已经转变成能带。对应于最外层能级所组成的能带称为导带，次外层的能带称为价带，它们之间的间隔内没有电子存在，这个区间称为禁带。具体见动画3-1。

动画3-1　晶体的能带

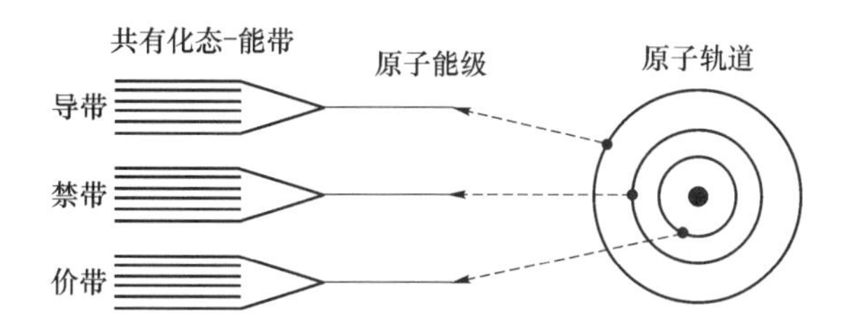

图3-1　晶体中的原子能级示意

（3）光与物质的三种作用形式。光与物质的相互作用可以归结为光与原子的相互作用，包括受激吸收、自发辐射和受激辐射三种物理过程。能级和电子跃迁如图3-2所示。

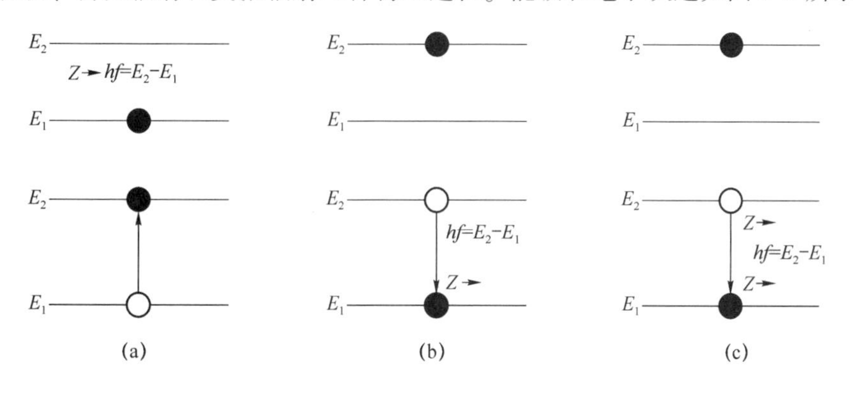

图3-2　能级和电子跃迁

（a）受激吸收；（b）自发辐射；（c）受激辐射

①在正常状态下，电子通常处于低能级 E_1，在入射光的作用下，电子吸收光子的能量后跃迁到高能级 E_2，产生光电流，这种跃迁称为受激吸收，如光电检测器。具体见动画3-2。

②处于高能级 E_2 上的电子是不稳定的，即使没有外界的作用，也会自发地跃迁到低能

级 E_1 上与空穴复合，释放的能量转换为光子辐射出去，这种跃迁称为自发辐射，如发光二极管。自发辐射光是非相干光。具体见动画 3-3。

③在高能级 E_2 上的电子，受到能量为 hf_{12} 的外来光子激发时，被迫跃迁到低能级 E_1 上与空穴复合，同时释放出一个与激发光同频率、同相位、同方向的光子（称为全同光子）。由于这个过程是在外来光子的激发下产生的，所以这种跃迁称为受激辐射，如激光器。受激辐射光为相干光。具体见动画 3-4。

动画 3-2　受激吸收

动画 3-3　自发辐射

动画 3-4　受激辐射

（4）粒子数反转分布与光的放大。受激辐射是产生激光的关键。如设低能级上的粒子密度为 N_1，高能级上的粒子密度为 N_2，在正常状态下，$N_1 > N_2$，总是受激吸收大于受激辐射，即在热平衡条件下，物质不可能有光的放大作用。

要想物质产生光的放大，就必须使受激辐射大于受激吸收，即使 $N_2 > N_1$（高能级上的电子数多于低能级上的电子数），这种粒子数的反常态分布称为粒子（电子）数反转分布。

粒子数反转分布状态是使物质产生光放大而发光的首要条件。

（5）PN 结的能带和电子分布。半导体是由大量原子周期性有序排列构成的共价晶体。在这种晶体中，由于邻近原子的作用，电子所处的能态扩展成能级连续分布的能带，如图 3-3 所示。能量低的能带称为价带，能量高的能带称为导带，导带底的能量 E_c 和价带顶的能量 E_v 之间的能量差（$E_c - E_v = E_g$）称为禁带宽度或带隙。电子不可能占据禁带。

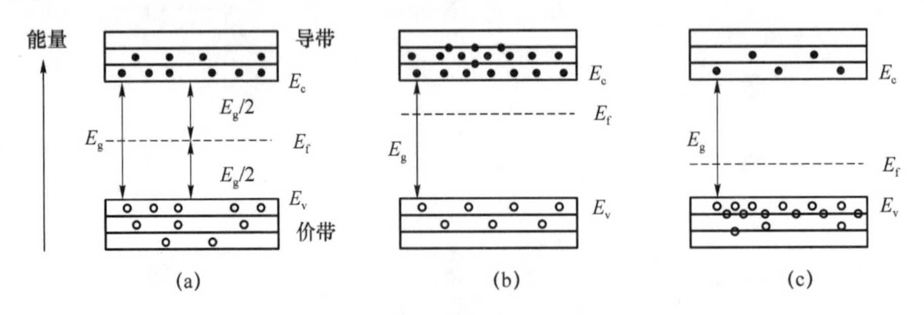

图 3-3　半导体的能带和电子分布

（a）本征半导体；（b）N 型半导体；（c）P 型半导体

一般状态下，本征半导体的电子和空穴是成对出现的，用 E_f 位于禁带中央来表示，如图 3-3（a）所示。在本征半导体中掺入施主杂质，称为 N 型半导体。在 N 型半导体中，E_f 增大，导带的电子增多，价带的空穴相对减少，如图 3-3（b）所示。在本征半导体中，掺入受主杂质，称为 P 型半导体。在 P 型半导体中，E_f 减小，导带的电子减少，价带的空穴相对增多，如图 3-3（c）所示。

在P型和N型半导体组成的PN结界面上，由于存在多数载流子（电子或空穴）的梯度，因而产生扩散运动，形成内部电场，如图3-4（a）所示。内部电场产生与扩散方向相反的漂移运动，直到P区和N区的E_f相同，两种运动处于平衡状态为止，结果能带发生倾斜，如图3-4（b）所示。这时在PN结上施加正向电压，产生与内部电场方向相反的外加电场，结果能带倾斜减小，扩散增强。

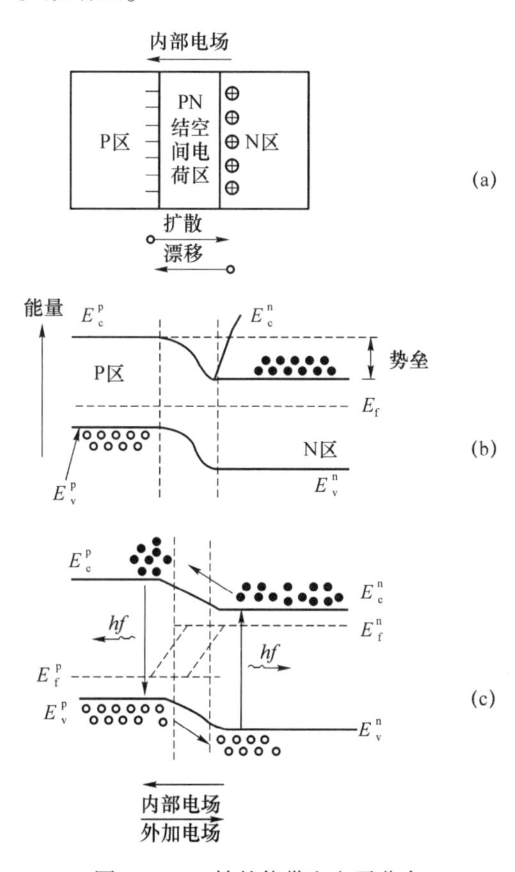

图3-4　PN结的能带和电子分布

（a）PN结内载流子运动；（b）零偏压时PN结能带示意；

（c）正向偏压下PN结能带示意

“·”—电子；“◦”—空穴

电子运动方向与电场方向相反，便使N区的电子向P区运动，P区的空穴向N区运动，最后在PN结形成一个特殊的增益区。增益区的导带主要是电子，价带主要是空穴，结果获得粒子数反转分布，如图3-4（c）所示。在电子和空穴扩散的过程中，导带的电子可以跃迁到价带和空穴复合，产生自发辐射光。具体见动画3-5。

动画3-5　半导体PN结的形成

2）激光器的原理

用半导体材料作为工作物质的激光器称为半导体激光器，也称为半导体激光自激振荡器。

（1）激光发射工作的条件。半导体激光器要实现激光发射工作，必须满足三个条件：必须有产生激光的工作物质（也叫激活物质）；必须有能够使工作物质处于粒子数反转分布状态的激励源（也叫泵浦源）；必须有能够完成频率选择及反馈作用的光学谐振腔。

①产生激光的工作物质，即处于粒子数反转分布状态的工作物质，称为激活物质或增益物质，它是产生激光的必要条件。

②泵浦源。使工作物质产生粒子数反转分布的外界激励源，称为泵浦源。物质在泵浦源的作用下，使得 $N_2 > N_1$，从而受激辐射大于受激吸收，产生光的放大作用。这时的工作物质已被激活，成为激活物质或增益物质。

③光学谐振腔。激活物质只能使光放大，只有把激活物质置于光学谐振腔中，以提供必要的反馈及对光的频率和方向进行选择，才能获得连续的光放大和激光振荡输出。

（2）激光振荡的必要条件。激活物质和光学谐振腔是产生激光振荡的必要条件。

①光学谐振腔的结构。光学谐振腔的结构如图 3-5 所示。在激活物质的两端的适当位置，放置两个反射系数分别为 r_1 和 r_2 的平行反射镜 M_1 和 M_2，就构成了最简单的光学谐振腔，也叫法布里－铂罗腔或 F－P 腔。

如果反射镜是平面镜，就称为平面腔；如果反射镜是球面镜，就称为球面腔。对于两个反射镜，要求其中一个为全反射，另一个为部分反射。

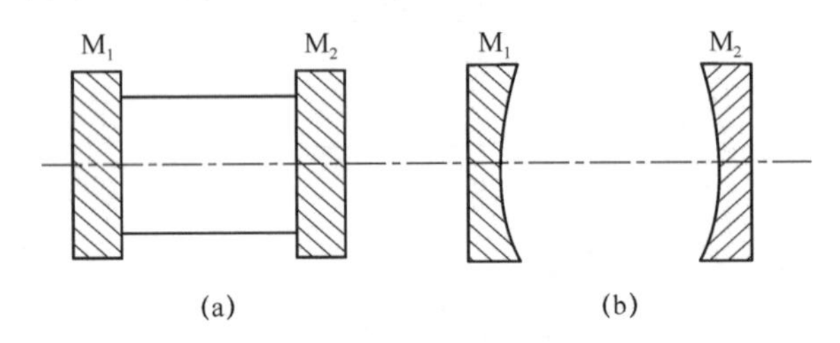

图 3-5　光学谐振腔的结构

（a）平面腔；（b）球面腔

②光学谐振腔产生激光振荡过程。激光器模式示意如图 3-6 所示，当工作物质在泵浦源的作用下，已实现粒子数反转分布，即可产生自发辐射，如果自发辐射的方向不与光学谐振腔轴线平行，就被反射出谐振腔。只有与光学谐振腔轴线平行的自发辐射才能存在，并继续前进。当它遇到一个高能级上的粒子时，将感应产生受激跃迁，再从高能级跃迁到低能级中放出一个全同的光子，此为受激辐射。当受激辐射光在光学谐振腔内来回反射一次，相位的改变量正好是 2π 的整数倍时，则向同一方向传播的若干受激辐射光相互加强，产生谐振。达到一定强度后，就从部分反射镜 M_2 透射出来，形成一束笔直的激光。当达到平衡时，受激辐射光在光学谐振腔中每往返一次，由放大所得的能量恰好抵消所消耗的能量时，激光器即保持稳定的输出。具体见动画 3-6。

动画 3-6　激光器模型

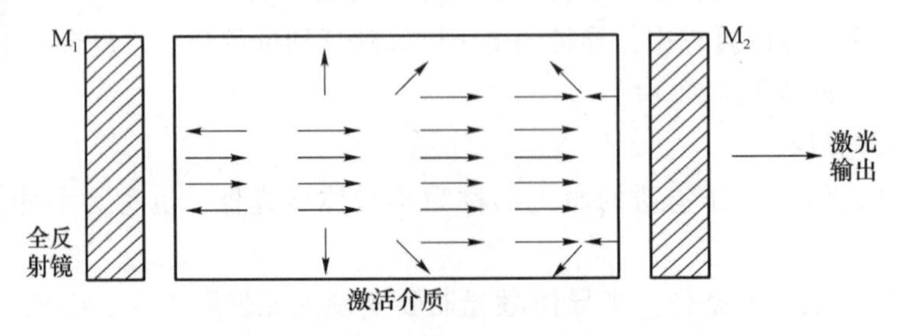

图 3-6　激光器模式示意

3）半导体激光器

动画 3-7 半导体激光器产生激光的原理

（1）短波长激光器。在光纤通信中，常用的短波长激光器及工作原理如图 3-7 所示。

异质结有反型异质结和同型异质结。反型异质结就是由导电类型相反的两种不同半导体材料构成的结；同型异质结就是由导电类型相同的两种不同半导体材料构成的结。具体见动画 3-7。

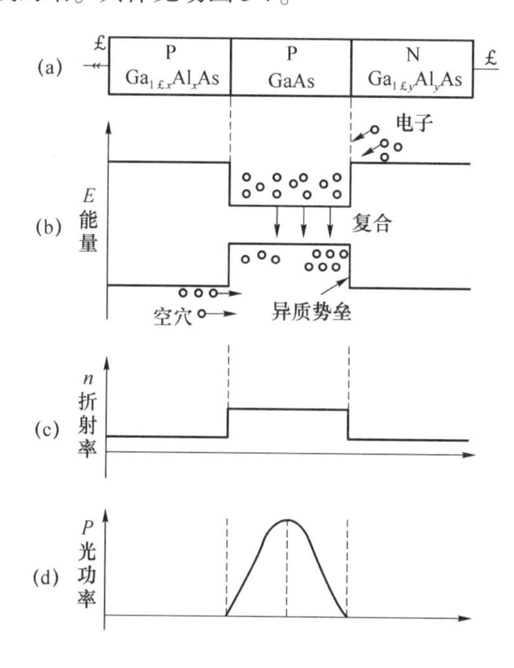

图 3-7 常用的短波长激光器及工作原理

（a）双异质结；（b）能带；（c）折射率分布；（d）光功率分布

发光原理：

①加正向偏压。当在二极管上加正向偏压时，电子从 N 型层通过 PN 结向 P－GaAs 层注入，空穴从 P 型层向 P－GaAs 层注入，电子和空穴在 P－GaAs 层中复合发光。

②双异质结对电子和光子的限制作用。双异质结把电子和光子限制在有源区内，其作用表现在两方面：一方面，P－GaAs 的禁带宽度比 GaAlAs 大，电子难以越过两边的边界，被限制在 P－GaAs 层内，使有源区的电子浓度增加；另一方面，P－GaAs 的折射率比 GaAlAs 大，将光子限制在有源区。

③光放大和振荡。有源区内电子数实现反转；电子能级跃迁与空穴结合自发辐射发光，光被限制在有源区；方向向着光学谐振腔镜面的光由于受激辐射被放大；当受激辐射大于光学谐振腔阈值时，激光向外输出。

（2）长波长激光器。长波长 InGaAsP 双异质结条形激光器结构示意如图 3-8 所示。

第一层：掺 Sn 的 N 型 InP 层作为衬底；

第二层：掺 Sn 的 N 型 InP 层作为衬底，用液相外延法生长 2～5 μm；

第三层：0.1～0.2 μm 厚的掺 Zn 的 P 型 InP 层；

第四层：0.7～2 μm 厚的掺 Zn 的 P 型 InP 层；

第五层：0.1～0.5 μm 厚的掺 Zn 的 P^+ 型 InGaAsP 层。

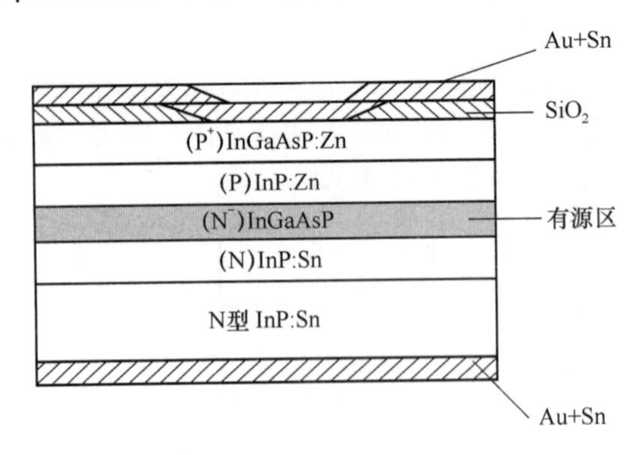

图 3-8　长波长 InGaAsP 双异质结条形激光器结构示意

再沉积一层 SiO_2，并在其上光刻出数微米宽的条形窗口，即用 SiO_2 掩蔽技术，在 P^+ 面形成垂直于端面的条形区，最后在两面蒸发 Au/Sn，形成电极。

（3）半导体激光器的工作特性。

①阈值特性（$P-I$ 特性）。对于半导体激光器，当外加正向电流达到某一数值时，输出光功率急剧增加，这时将产生激光振荡，这个电流称为阈值电流，用 I_{th} 表示。典型半导体激光器的输出特性曲线如图 3-9 所示。为了使工作稳定可靠，阈值电流越小越好。

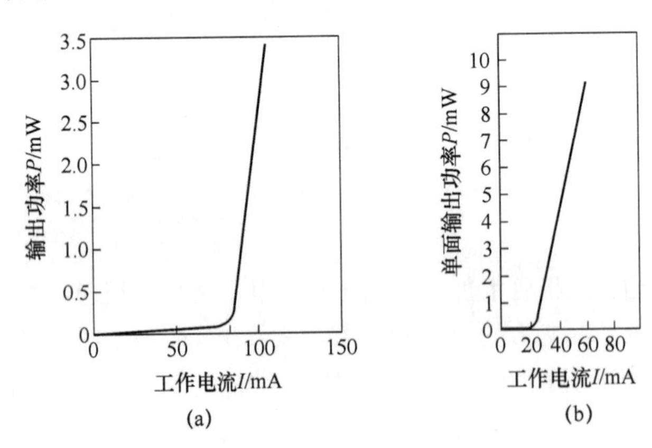

图 3-9　典型半导体激光器的输出特性曲线

（a）短波长 GaALAs－GaAs；（b）长波长 InGaAsP－InP

②光谱特性。激光器的光谱特性主要由其纵模决定。多纵模、单纵模激光器的典型光谱曲线如图 3-10 所示。

半导体激光器的发光谱线会随着工作条件的变化而发生变化，当注入电流低于阈值电流时，激光器发出的是荧光，光谱较宽；当电流增大到阈值电流时，光谱突然变窄，强度增强，出现激光；当注入电流进一步增大，主模的增益增加，而边模的增益减小，振荡模式减少，最后出现单纵模，如图 3-11 所示。

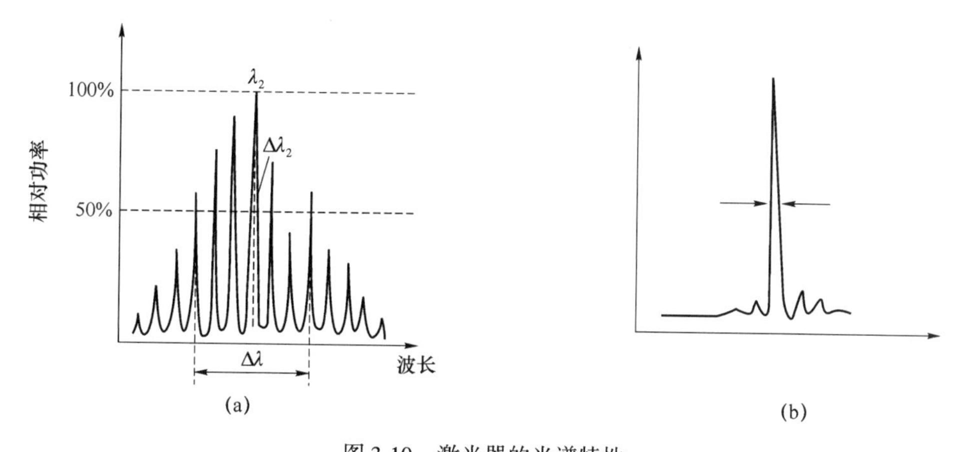

图 3-10　激光器的光谱特性

（a）多纵模激光器的典型光谱曲线；（b）单纵模激光器的典型光谱曲线

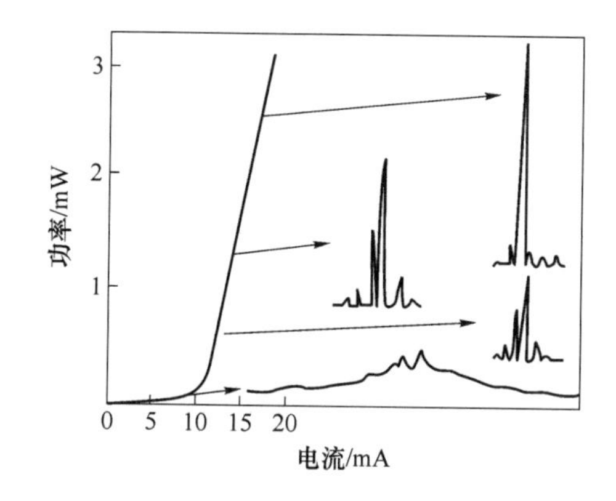

图 3-11　激光器输出谱线注入电流的变化

③温度特性。激光器的阈值电流和输出光功率随温度变化的特性为温度特性。激光器阈值电流随温度变化的曲线如图 3-12 所示，阈值电流随温度的升高而加大，具体见动画 3-8。

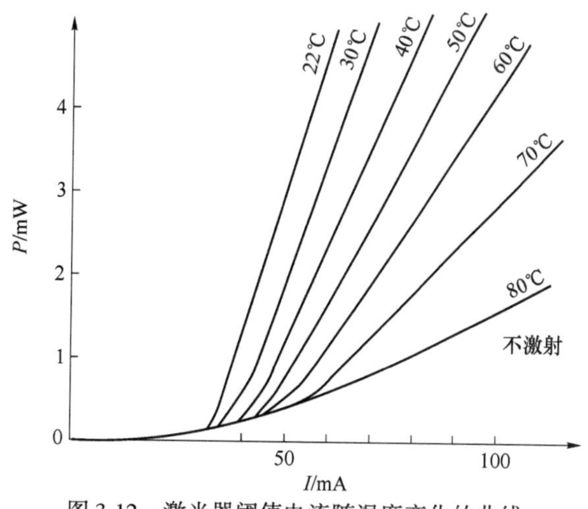

图 3-12　激光器阈值电流随温度变化的曲线

动画 3-8　激光器阈值电流随温度变化的曲线

为解决半导体激光器温度敏感的问题，可以在驱动电路中进行温度补偿，或采用制冷器来保持器件的温度稳定。通常将半导体激光器与热敏电阻、半导体制冷器等封装在一起，构成组件。热敏电阻用来检测器件温度，控制制冷器，实现闭环负反馈自动恒温。

4）发光二极管（LED）

（1）LED 的工作原理。光纤通信用的 LED 发出的是不可见的红外光，而显示所用 LED 发出的是可见光，如红光、绿光等，但是它们的发光机理基本相同。LED 的发射过程主要对应光的自发辐射过程，当注入正向电流时，注入的非平衡载流子在扩散过程中复合发光，所以 LED 是非相干光源，并且不是阈值器件，它的输出功率基本上与注入电流成正比。

LED 的谱宽较宽（30 ~ 60 nm），辐射角也较大。在低速率的数字通信和带宽较窄的模拟通信系统中，LED 是可以选用的最佳光源，与半导体激光器相比，LED 的驱动电路较为简单，并且产量高、成本低。

LED 与半导体激光器差别是：LED 没有光学谐振腔，不能形成激光，仅限于自发辐射，所发出的是非相干光。半导体激光器是受激辐射，发出的是相干光。

动画 3-9　面发光型 LED 的结构

（2）LED 的结构。LED 多采用双异质结芯片，不同的是 LED 没有光学谐振腔。由于不是激光振荡，所以没有阈值。LED 可分为两大类：一类是面发光型 LED，另一类是边发光型 LED。面发光型 LED 的结构如图 3-13 所示，具体见动画 3-9；边发光型 LED 的结构如图 3-14 所示，具体见动画 3-10。

动画 3-10　边发光型 LED 的结构

边发光型 LED 也采用了双异质结构。其利用 SiO_2 掩模技术，在 P 面形成垂直于端面的条形接触电极（40 ~ 50 μm），从而限定了有源层的宽度；同时，增加光波导层，进一步提高光的限定能力，把有源区产生的光辐射导向发光面，以提高与光纤的耦合效率。其有源层一端镀高反射膜，另一端镀增透膜，以实现单向出光。在垂直于结平面的方向，发散角约为 30°，具有比面发光型 LED 高的输出耦合效率。

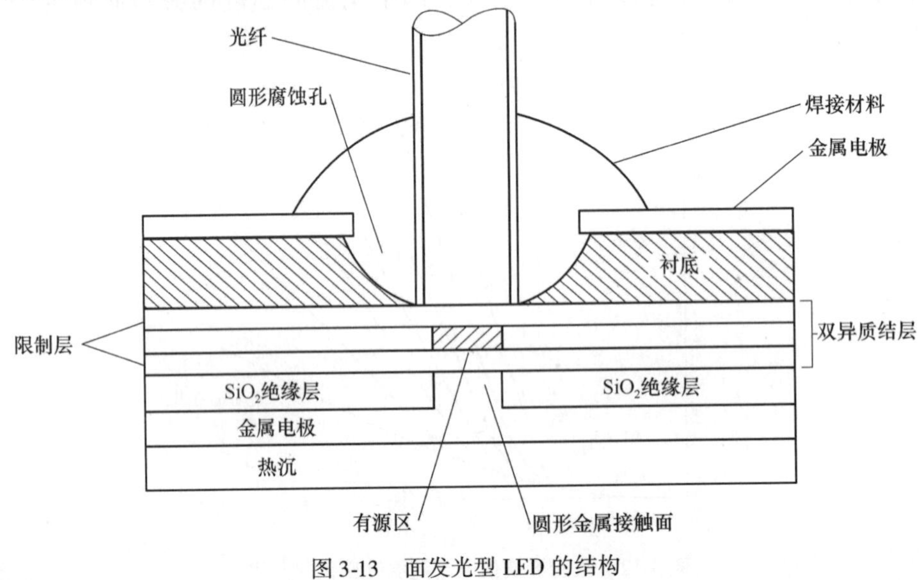

图 3-13　面发光型 LED 的结构

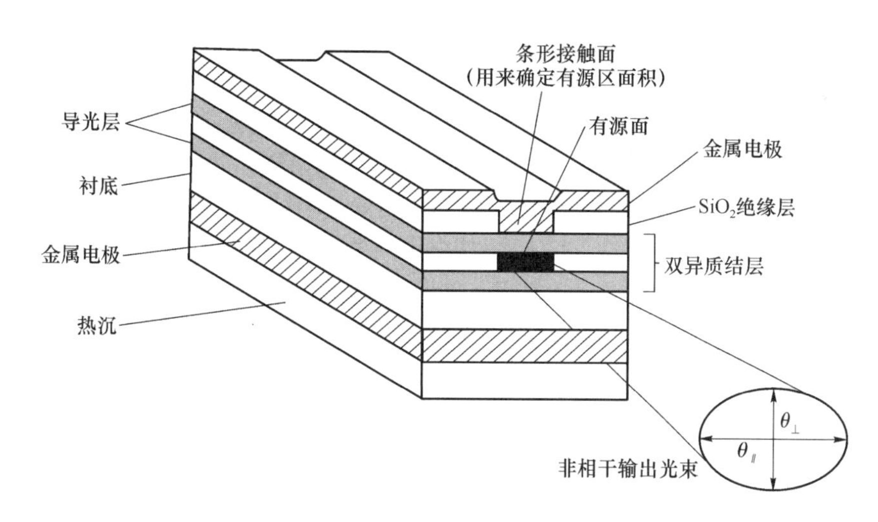

图 3-14　边发光型 LED 的结构

（3）LED 的工作特性。

①光谱特性。LED 的谱线宽度 $\Delta\lambda$ 比激光器宽得多。InGaAsP LED 的发光光谱如图 3-15 所示。

由于 LED 没有光学谐振腔，所以它的光谱是以自发发射为主的光谱，发光谱线较宽。一般短波长 GaAlAs/GaAs LED 的谱线宽度为 10～50 nm，长波长 InGaAsP/InP LED 的谱线宽度为 50～120 nm。

线宽随有源层掺杂浓度的增加而增加。面发光型 LED 一般是重掺杂，而边发光型 LED 为轻掺杂，因此面发光型 LED 的线宽就较宽。而且，重掺杂时，发射波长还向长波长方向移动。另外，随着温度的变化，线宽也随着变化，载流子的能量分布变化也会引起线宽的变化。

②输出光功率特性。LED 的 $P-I$ 特性是指输出的光功率随注入电流的变化关系，如图 3-16所示。由图 3-16 可知，面发光器件的功率较大，但在高注入电流时易出现饱和；而边发光器件的功率相对较低。一般而言，在同样的电流下，面发光型 LED 的输出光功率要比边发光型 LED 大 2.5～3 倍，这是由于边发光型 LED 受到更多的吸收和界面复合的影响，具体见动画 3-11。

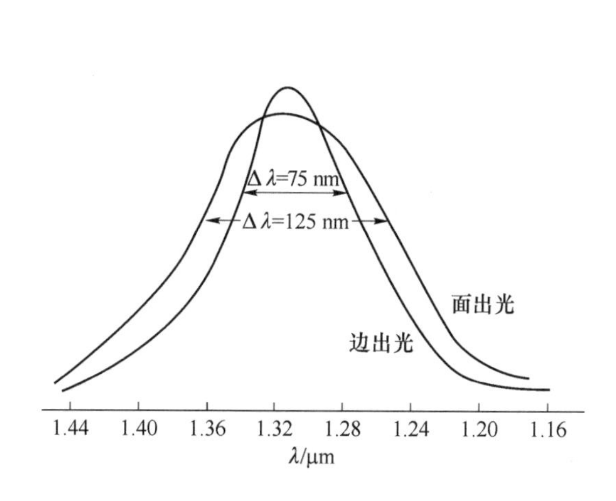

图 3-15　InGaAsP LED 的发光光谱

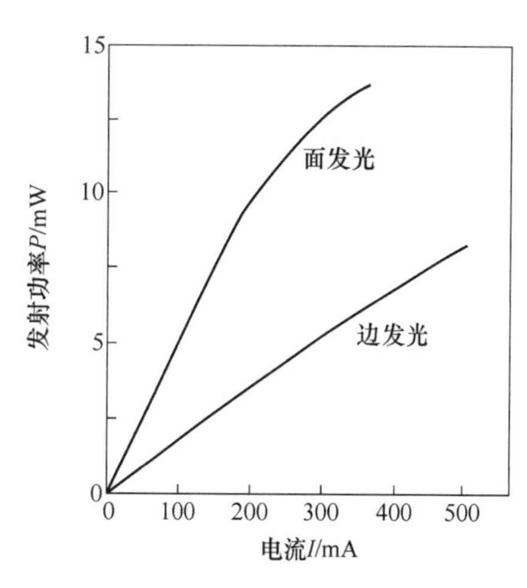

图 3-16　LED 的 $P-I$ 特性

动画 3-11　LED 的 $P-I$ 特性

③温度特性。由于 LED 是无阈值器件，因此其温度特性较好，可以不加温度控制电路。

④耦合效率。在通常条件下，LED 的工作电流为 50～150 mA，输出功率为几毫瓦。由于 LED 发射出的光束的发散角较大，因此与光纤的耦合效率较低，入纤功率要小得多，一般只适于短距离传输。

⑤调制特性。LED 的调制频率较低，在一般工作条件下，面发光型 LED 的截止频率为 20～30 MHz，边发光型 LED 的截止频率为100～150 MHz。调制特性主要受载流子寿命的限制。

（4）LD 与 LED 的比较。

动画 3-12　普通激光器与 DFB 的比较

LED 与 LD 相比，LED 输出的光功率较小，谱线宽度较宽，调制频率较低，但 LED 性能稳定，寿命长，使用简单，输出光功率线性范围宽，而且制造工艺简单，价格低廉。LED 通常和多模光纤耦合，用于 1.31 μm 或0.85 μm波长的小容量、短距离的光纤通信系统。LD 通常和单模光纤耦合，用于 1.31 μm 或 1.55 μm 大容量、长距离光纤通信系统。分布反馈半导体激光器（DFB－LD）主要和多模光纤或特殊设计的单模光纤耦合，用于 1.55 μm 超大容量的新型光纤系统。这是目前光纤通信发展的主要趋势。具体见动画 3-12。

2. 光电检测器

光电检测器（PD）的作用是将接收到的光信号转换成电流信号，即完成光/电信号的转换。对光电检测器的基本要求是：

（1）在系统的工作波长上具有足够高的响应度，即对一定的入射光功率能够输出尽可能大的光电流。

（2）具有足够快的响应速度，适用于高速或宽带系统。

（3）具有尽可能低的噪声，以降低器件本身对信号的影响。

（4）具有较小的体积、较长的工作寿命。

目前常用的半导体光电检测器有两种：PIN 光电二极管和 APD 雪崩光电二极管。本节主要介绍光电检测器的原理、性能指标及两种常用类型的光电检测器。

1）光电检测器的原理

光电检测器利用半导体材料的光电效应实现对光电的转换。半导体材料的光电效应示意如图 3-17 所示。

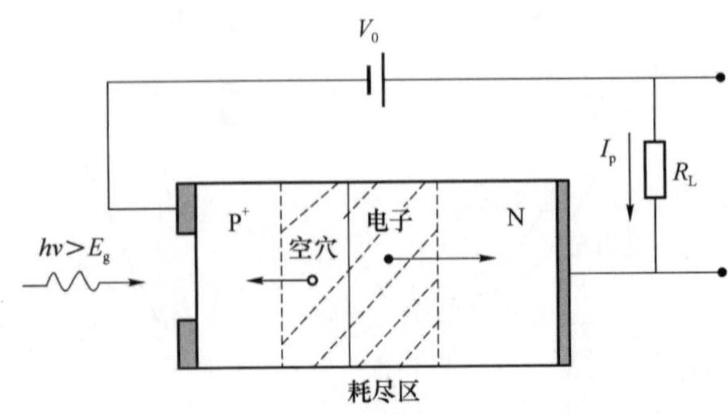

图 3-17　半导体材料的光电效应示意

当入射光子能量 hf 小于禁带宽度 E_g 时，不论入射光有多强，光电效应也不会发生，即产生光电效应必须满足条件：

$$hf \geq E_g$$

即光频 $f_c < E_g/h$ 的入射光是不能产生光电效应的。将 f_c 转换为波长，$\lambda_c = hc/E_g$，即只有波长 $\lambda < \lambda_c$ 的入射光，才能使这种材料产生光生载流子，故 λ_c 为产生光电效应的入射光的最大波长，又称为截止波长，相应的 f_c 称为截止频率。每一个光子若被半导体材料吸收将会产生一个电子－空穴对，如果此时在半导体材料上加上电场，电子－空穴对就会在半导体材料中渡越，形成光电流。

当入射光波长很短时，材料的吸收系数很大，结果大量的光子在光电二极管的表面被吸收，而在表面存在一个零电场区域，而这里产生的电子－空穴对首先要扩散到耗尽层，然后才能被外电路收集，但在这个区域里，少数载流子的寿命很短，而扩散又很慢，往往在被收集之前就被复合了，从而使光电检测器的效率降低，因此，某种材料制作的光电二极管对波长的响应有一定的范围。如 Si 光电二极管的波长响应范围为 0.5～10 μm，InGaAs 光电二极管的波长响应范围为 1.1～1.6 μm。

2）光检测器的特性

（1）量子效率。入射光（功率为 P_{in}）中含有大量光子，能转换为光生电流的光子数和入射的总光子数之比称为量子效率，量子效率的范围为 50%～90%。

（2）响应度。光检测器的光电流与入射光功率之比称为响应度，单位是 A/W。该特性表明光检测器将光信号转换为电信号的效率。对于给定的波长，响应度是一个常数，但是当考虑的波长范围较大时，它就不是常数了。随着入射光波长的增加，入射光子的能量越来越小，如果小于禁带宽度，响应度会在截止波长处迅速下降。

（3）响应时间。响应速度是指半导体光电二极管产生的光电流跟随入射光信号变化而变化的状态。这种状态一般用响应时间来表示，即响应时间是用来反映光检测器对瞬变或高速调制光信号响应能力的参数。它主要受以下三个因素的影响：

①耗尽区的光载流子的渡越时间；

②耗尽区外产生的光载流子的扩散时间；

③光电二极管及与其相关的电路的 RC 时间常数。

响应时间可以用光检测器输出脉冲的上升时间和下降时间来表示。当光电二极管的结电容比较小时，上升时间和下降时间较短且比较一致；当光电二极管的结电容比较大时，响应时间会受到负载电阻与结电容所构成的 RC 时间常数的限制，上升时间和下降时间都较长。

（4）暗电流。暗电流是指光检测器上无光入射时的电流。虽然没有入射光，但是在一定温度下，外部的热能可以在耗尽区内产生一些自由电荷，这些电荷在反向偏置电压的作用下流动，形成了暗电流。显然，温度越高，受温度激发的电子数量就越多，暗电流也就越大。暗电流最终决定了能被检测到的最小光功率，也就是光电二极管的灵敏度。根据所选用半导体材料的不同，暗电流的变化范围为 0.1～500 nA。

3）PIN 光电二极管

PIN 的意义是在 P^+ 和 N 型半导体材料之间插入一层掺杂浓度很低的半导体材料（如 Si），记为 I（Intrinsic），称为本征区。PIN 光电二极管如图 3-18 所示。在图 3-18 中，入射光从 P^+ 区进入后，不仅在耗尽区被吸收，在耗尽区外也被吸收，它们形成了光生电流中的扩散分量，如 P^+ 区的电子先扩散到耗尽区的左边界，然后通过耗尽区才能到达 N^+ 区；同样，N^+ 区的空穴也是要扩散到耗尽区的右边界后才能通过耗尽区到达 P^+ 区。将耗尽区中的光生电流称为漂移电流分量，它的传送时间主要取决于耗尽区的宽度。显然扩散电流分量的传送要比漂移电流分量所需时间长，结果使光检测器输出电流脉冲后沿的拖尾加长，由此产生的时延将影响光检测器的响应速度。具体见动画 3-13。

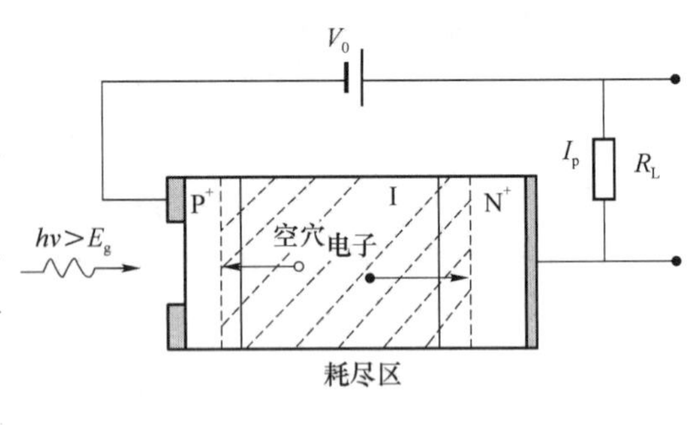

图 3-18　PIN 光电二极管

动画 3-13　PIN 光电二极管的结构

如果耗尽区的宽度较窄，大多数光子尚未被耗尽区吸收，便已经到达了 N^+ 区，而在这部分区域，电场很小，无法将电子和空穴分开，所以导致量子效率较低。增加耗尽区的宽度是非常有必要的。

由图 3-18 可知，I 区的宽度远大于 P^+ 区和 N^+ 区的宽度，所以在 I 区有更多的光子被吸收，从而增加了量子效率；同时，扩散电流却很小。PIN 光检测器反向偏压可以取较小的值，因为其耗尽区的宽度基本上是由 I 区的宽度决定的。

当然，I 区的宽度也不是越大越好，宽度越大，载流子在耗尽区的漂移时间就越长，对带宽的限制也就越大，故需综合考虑。由于不同半导体材料对不同波长的光吸收系数不同，所以本征区的宽度选取也各不相同。例如 Si PIN 的本征区的宽度大约是 40 mm，而 InGaAs PIN 本征区的宽度大约是 4 mm。这也决定了两种不同材料制成的光检测器带宽和使用的光波段范围不同。Si PIN 用于 850 nm 波段，InGaAs PIN 则用于 1 310 nm 和 1 550 nm波段。具体见动画 3-14。

动画 3-14　PIN 光电二极管的工作原理

4）APD 光电二极管

APD 光电二极管即雪崩光电二极管，它是利用雪崩效应使光电流得到倍增的高灵敏度的检测器。雪崩倍增效应是：入射光信号在光电二极管中产生最初的电子－空穴对，由于光电二极管上加了较高的反向偏置电压，电子－空穴对在该电场的作用下加速运动，获得很大动能，当它们与中性原子碰撞时，会使中性原子价带上的电子获得能量后跃迁到导带上去，于是就产生新的电子－空穴对，新产生的电子－空穴对称为二次电子－空穴对。这些二次载流子同样能在强电场的作用下，碰撞别的中性原子进而产生新的电子－空穴对，这样就引起了产生新载流子的雪崩过程。也就是说，一个光子最终产生了许多载流子，使光信号在光电二极管内部获得放大。

从结构来看，APD 光电二极管与 PIN 光电二极管的不同在于 APD 光电二极管增加了一个附加层 P，如图 3-19 所示。在反向偏置时，夹在 I 层与 N^+ 层间的 PN^+ 结中存在着强电场，一旦入射光信号从左侧 P^+ 区进入 I 区后，在 I 区被吸收产生电子 - 空穴对，其电子迅速漂移到 PN^+ 结区，PN^+ 结中的强电场便使电子产生雪崩效应。具体见动画 3-15。

动画 3-15　雪崩光电二极管转换原理

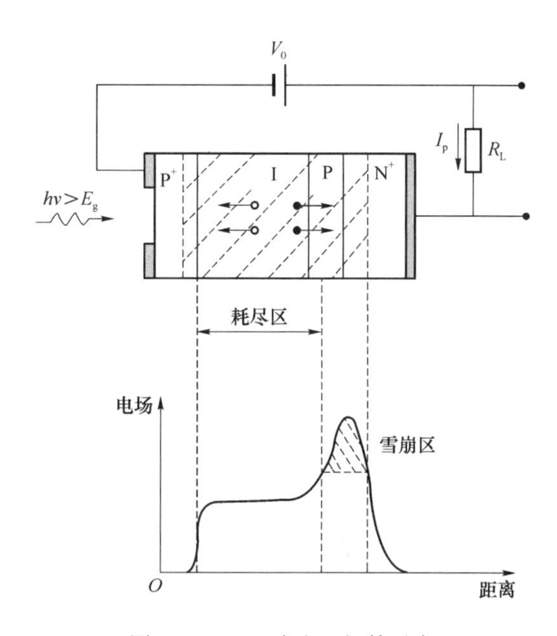

图 3-19　APD 光电二极管示意

APD 光电二极管与 PIN 光电二极管相比较，前者的光电流在器件内部就得到了放大，从而避免了由外部电子线路放大光电流所带来的噪声。

任务实施

1. 任务器材

光源、光检测器、光频谱仪、抽纸和笔。

2. 任务

团队完成给定光源（实物）的工作特性测试。

（1）记录光源和光检测器的品牌、参数；

（2）使用光频谱仪测量光源和光检测器的工作特性。

任务总结（拓展）

将 APD 光电二极管和 PIN 光电二极管进行比较。

任务3－2　光无源器件

教学内容

(1) 光无源器件的结构；
(2) 光无源器件的原理及作用。

技能要求

(1) 会正确记录光无源器件的主要参数；
(2) 会识别光无源器件；
(3) 会应用光无源器件。

任务描述

团队（4～6人）成员完成光无源器件的识别和测试。

任务分析

让学生完成光无源器件的品牌和参数记录，并完成光无源器件的识别（作用及应用）。

知识准备

光纤通信系统中所用的器件可以分成有源器件和无源器件两大类。有源器件的内部存在着光电能量转换的过程，而没有该功能的则称为无源器件。无源器件可分为连接用的部件和功能性部件两类：连接用的部件有各种光连接器，用作光纤-光纤、光纤-部件（设备），光纤或部件（设备）-部件（设备）之间的连接；功能性部件有分路器、耦合器、光合波分波器、光衰减器、光开关和光隔离器等，其主要用于光的分路、耦合、复用、衰减等方面。

光纤通信系统对无源器件的总体要求是规格标准、插入损耗小、可靠性高、重复性好、不易受外界影响等。

1. 光纤连接器

光纤连接器俗称活动接头，国际电信联盟远程通信标准化组织（ITU－T）建议将其定义为“用来稳定地，但并不是永久地连接两根或多根光纤的无源组件”。

光纤连接器主要用于实现系统中光纤（缆）与光纤（缆）、光纤（缆）与有源器件、光纤（缆）与无源器件、光纤（缆）与系统和仪表的非永久性固定连接等。光纤活动连接器有套管结构、双锥结构、V形槽结构、球面定心结构和透镜耦合结构等。对光纤纤芯外圆柱面的同轴度、插针的外圆柱面和端面、套管的内孔进行精密加工，使两根光纤在套管中对接，从而确保两个光纤很好地在套管内对准，以实现两根光纤在套管内的活动连接。光纤连接头的结构示意如图3-20所示。

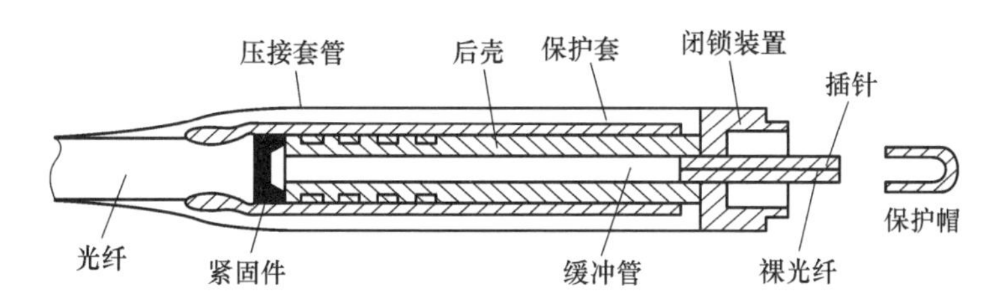

图 3-20 光纤连接头的结构示意

光纤连接器的类型如图 3-21 所示。

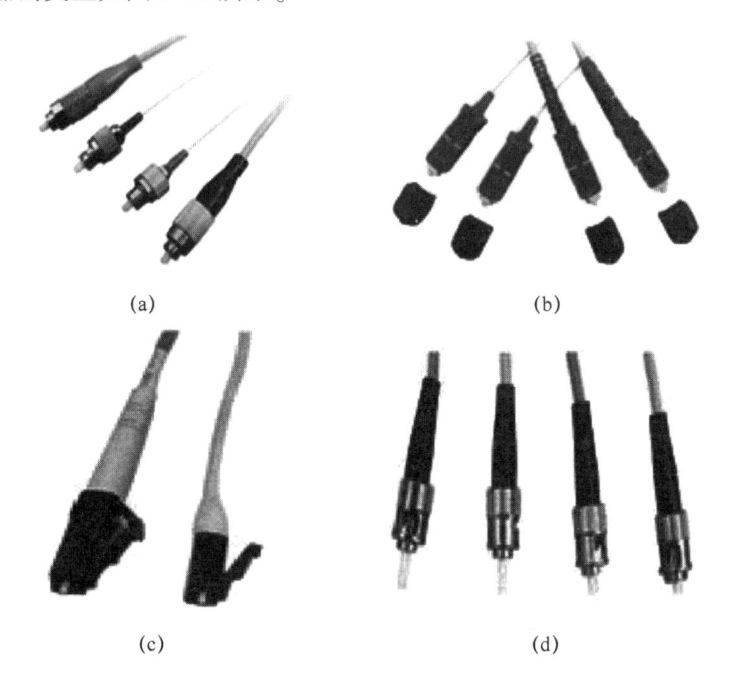

(a) (b) (c) (d)

图 3-21 光纤连接器的类型

(a) FC 型光纤连接器；(b) SC 型光纤连接器；(c) LC 型光纤连接器；(d) ST 型光纤连接器

(1) FC 型光纤连接器。这种连接器最早由日本 NTT 研制。FC 是 Ferrule Connector 的缩写，表明其外部加强方式是采用金属套，紧固方式为螺丝扣。最早的 FC 型光纤连接器采用的陶瓷插针的对接端面采用平面接触方式。此类连接器结构简单、操作方便、制作容易，但光纤端面对微尘较为敏感，且容易产生菲涅尔反射，提高回波损耗性能较为困难。后来，人们对该类型连接器作了改进，采用对接端面呈球面的插针，而外部结构没有改变，使插入损耗和回波损耗性能有了较大幅度的提高。

(2) SC 型光纤连接器。其是由日本 NTT 公司开发的光纤连接器。其外壳为矩形，所采用的插针和耦合套筒的结构尺寸与 FC 型完全相同，其中插针的端面多采用 PC 或 APC 型研磨方式；紧固方式是采用插拔销闩式，不需旋转。此类连接器价格低廉、插拔操作方便、介入损耗波动小、抗压强度较高、安装密度高。

(3) LC 型光纤连接器。LC 型光纤连接器是著名的 Bell 研究所开发出来的，其采用操作方便的模块化插孔闩锁机理制成。其所采用的插针和套筒的尺寸是普通 SC 型、FC 型等所用尺寸的一半，为 1.25 mm。这样可以提高光纤配线架中光纤连接器的密度。目前，在单模

SFF 方面，LC 型光纤连接器已经占据了主导地位，在多模方面的应用也迅速增长。

（4）ST 型光纤连接器。其常用于光纤配线架，外壳呈圆形，紧固方式为螺丝扣。

①光纤连接器的插针端面

光纤连接器的关键元件是插针与套筒。其曾经采用多种材料制作，如塑料、铜、不锈钢等，但均因其易变形、不耐磨损与光纤材料膨胀系数相差太大而导致光纤断裂等一系列问题不能解决而被放弃。目前，实用的插针与套筒材料采用氧化锆陶瓷，陶瓷所具有的性能足以克服上述材料的不足。装有光纤的陶瓷插针，其端面的形状与连接器件性能的优劣密切相关。

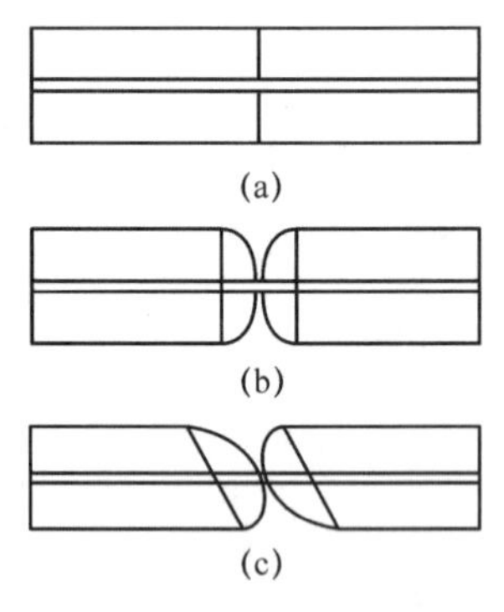

图 3-22 目前应用的几种陶瓷插针端面示意
（a）FC 型；（b）PC 型；（c）APC 型

目前应用的几种陶瓷插针端面示意如图 3-22 所示。光纤连接器的插针体端面在 PC 型球面研磨的基础上，根据球面研磨的不同，又产生了超级 PC（SPC）型球面研磨和角度 PC（APC）型球面研磨，PC、SPC 和 APC 型端面连接器的插入损耗值都小于0.4 dB，回波损耗值分别小于 -40 dB、-50 dH 和 -60 dB。SC 型、ST 型、FC 型和 D 型单模光纤连接器产品的插针端面不同于球面研磨方式。

②光纤连接器的性能

光纤连接器的性能包括光学性能，互换性，重复性，抗拉强度，温度和插拔次数等。

（1）光学性能。光纤连接器的光学性能方面的要求，主要是插入损耗和回波损耗这两个最基本的参数。插入损耗（Insertion Loss）即连接损耗，是指因连接器的导入而引起的链路有效光功率的损耗。插入损耗越小越好，一般要求应不大于 0.5 dB。回波损耗（Return Loss，Reflection Loss）是指连接器对链路光功率反射的抑制能力，其典型值应不小于 25 dB。实际应用的连接器，插针表面经过了专门的抛光处理，可以使回波损耗更大，一般不低于 45 dB。

（2）互换性、重复性。光纤连接器是通用的无源器件，对于同一类型的光纤连接器，一般都可以任意组合使用，并可以重复多次使用，由此而导入的附加损耗一般都小于 0.2 dB。

（3）抗拉强度。对于做好的光纤连接器，一般要求其抗拉强度应不低于 90 N。

（4）温度。一般要求光纤连接器必须在 -40℃ ~70℃ 的温度范围内才能够正常使用。

（5）插拔次数。目前使用的光纤连接器一般都可以插拔 1 000 次以上。

③光纤连接的要求

光纤连接必须满足以下几点要求：

（1）连接损耗小；

（2）连接损耗的稳定性好，在 -20℃ ~60℃ 温度范围内变化时不应该有附加的损耗产生；

（3）具有足够的机械强度和使用寿命；

（4）接头体积小，密封性好；

（5）便于操作，易于放置和保护。

在光纤通信网络中，光端机所要求的光纤连接器的型号不尽相同，各种光纤测试仪器仪表（如OTDR、光功率计、光衰耗器）所要求的光纤连接器的型号也不尽相同。因此工程建设中需要考虑兼容性和统一型号的标准化问题。根据光路系统损耗的要求、光端机光接头的要求和光路维护、测试仪表的光接头要求，应综合考虑，合理选择光纤连接器的型号。

2. 光衰减器

光衰减器是一种用来降低光功率的无源器件。其作用是当光通过该器件时，使光强达到一定程度的衰减，它主要用于调整光中继段的线路损耗、评价光系统的灵敏度和校正光功率计等。光衰减器通常是通过金属蒸发膜使光衰减，考虑到实际使用时要尽量减少从衰减器来的反射光，因此衰减膜和衰减器的透镜一般与光轴成倾斜状。

1）光衰减器的分类

按照光信号的衰减方式，光衰减器可分为固定光衰减器和可变光衰减器两种；按照光信号的传输方式，光衰减器可分为单模光衰减器和多模光衰减器。

（1）固定光衰减器吸收一部分光信号，产生衰减作用。在光线轴线上设置半透明的掺杂化合物即衰减膜。在一定的光带内，光在吸收带内被吸收，从而产生衰减。

（2）可变光衰减器带有光纤连接器，通常是分挡进行衰减的，通过改变金属蒸发膜的厚度来改变衰减量。它的衰减可达60 dB以上，精度达0.1 dB。

（3）可变光衰减器的结构及原理。当接收机输入的光功率超过某一范围或在测量光纤接收机灵敏度时都要用到光衰减器，其结构如图3-23所示。它主要由透镜和连续可调光衰减片等组成。其中光衰减片可调整旋转角度，通过改变反射光与透射光的比例来改变光衰减的大小。

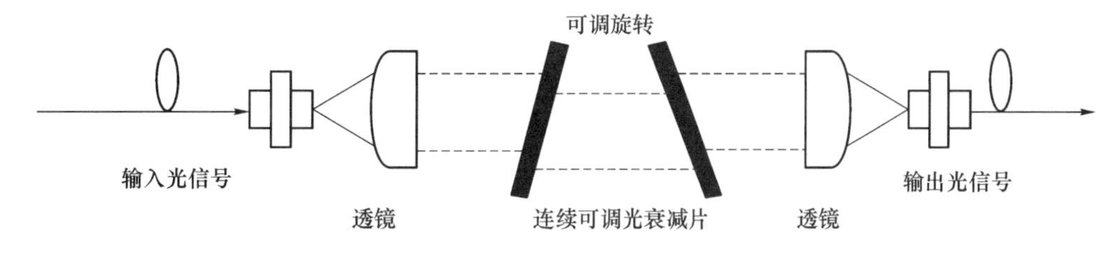

图3-23　光衰减器的结构

光纤输入的光经自聚焦透镜变成平行光束，平行光束经过光衰减片再送到自聚焦透镜耦合到输出光纤中去，光衰减片通常是表面蒸镀了金属吸收膜的玻璃基片，为减小反射光，光衰减片可以倾斜于光轴放置。

2）光衰减器的要求

光纤通信网络对光衰减器的主要要求有以下三点：

（1）插入损耗小、反射耦合低；

（2）符合使用的工作波长区域；

（3）体积小、质量轻。

3）光衰减器的应用及参数

光衰减器的参数有衰减量、衰减精度和可使用的波长区域等。

数字可调光衰减器系列产品主要用于连续光信号功率的衰减。其采用国外先进高性能核心器件进行控制，功能齐全，这使它具有快速调节衰减值，其线性度好、精度高、插入损耗低、分辨率高，具有衰减定位等功能。其广泛适用于光缆施工与维护、光纤通信、光纤传感器、光纤 CATV 等领域。还有一种可同时提供 1 310 nm 和 1 550 nm 波长衰减的便携式可变光衰减器。它的设计便于操作，在 60 dB 的范围内可提供粗调和细调两种方式，同时能保持较小的插入及反射损耗。光衰减器适用于所有单模光纤，可用于电信网、局域网、视频系统和有线电视。下面介绍数字可调光衰减器。光衰减器的技术指标见表 3-1。

表 3-1　光衰减器的技术指标

参数	单位	技术指标
型号		SGT－9A
波长范围	nm	400～1 625
校准波长	nm	1 310、1 550
测量范围	dB	0～60
最大光输入功率	dB	40
测量精度	dB	0～30：±0.1；30～50：±0.3；50～60：±1.0
插入损耗	dB	<2.5
回波损耗	dB	≥45
光接口	—	FC、ST、SC 型光纤连接器
分辨率	dB	0.05
电源	—	可连续测试 6 h 以上
功耗	mW	70
工作温度	℃	0～+40
储存温度	℃	－40～+70
外形尺寸	mm	55×95×190
重量	kg	0.4

3. 光波分复用器

1）光波分复用器的定义及分类

WDM 是 Wavelength Division Multiplex 的缩写，中文含义为“波分复用”。波分复用是指在一根光纤上使用不同的波长同时传送多路光波信号的一种技术。WDM 应用于光纤信道。WDM 和 FDM（频分复用）基本上都基于相同的原理，所不同的是，WDM 应用于光纤信道上的光波传输过程，而 FDM 应用于电模拟传输。

光分波器和光合波器是波分复用传输系统的关键器件。将多个光源不同波长的信号结合在一起经一根传输光纤输出的光器件称为光合波器；反之，将经同一根传输光纤送来的多个不同波长的信号分解为个别波长的信号并分别输出的光器件称为光分波器。有时同一器件既可以作为光分波器使用，又可以作为光合波器使用。通常光分波器或光合波器又称为波分复用器。

光波分复用器的主要类型有熔锥光纤型、介质膜干涉型、光栅型和波导型四种。

2）光波分复用器（光分波器和光合波器）的工作原理

在模拟载波通信系统中，通常采用频分复用的方法来提高系统的传输容量，充分利用电缆的带宽资源，即在同一根电缆中同时传输若干个信道的信号，接收端根据各载波频率的不同，利用带通滤波器就可滤出每一个信道的信号。同样，在光纤通信系统中也可以采用光的频分复用的方法来提高系统的传输容量，在接收端采用解复用器（等效于光带通滤波器）将各信号光载波分开。由于在光的频域上信号频率差别比较大，一般采用波长来定义频率上的差别，该复用方法称为波分复用。波分复用技术就是为了充分利用单模光纤低损耗区带来的巨大带宽资源，根据每一信道光波频率（或波长）的不同可以将光纤的低损耗窗口划分成若干个信道，把光波作为信号的载波，在发送端采用光波分复用器（合波器）将不同规定波长的信号光载波合并起来送入一根光纤进行传输。在接收端，再由一光波分复用器（分波器）将这些不同波长承载不同信号的光载波分开。由于不同波长的光载波信号可以看作是互相独立的（不考虑光纤非线性时），从而在一根光纤中可实现多路光信号的复用传输。将两个方向的信号分别安排在不同波长传输即可实现双向传输。根据波分复用器的不同，可以复用的波长数也不同，从两个至几十个不等，一般商用化是 8 波长和 16 波长系统，这取决于所允许的光载波波长的间隔大小。图 3-24 所示为光合波器和光分波器示意。波导型分支器见动画 3-16。

动画 3-16　波导型分支器

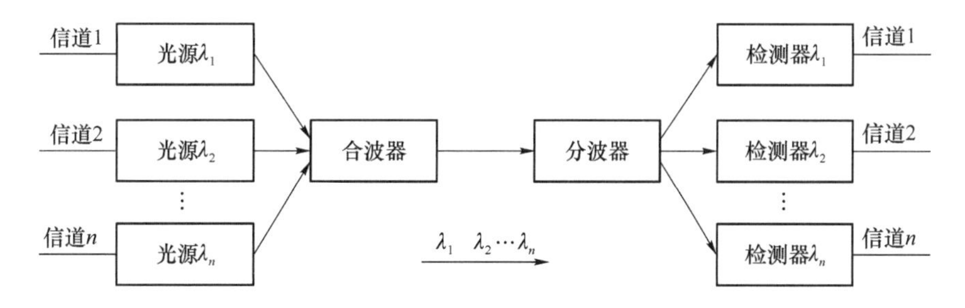

图 3-24　光合波器和光分波器示意

3）光波分复用器的要求及参数

对光分波器和光合波器的主要要求为：复用信道多、插入损耗小、隔离度大、通带宽、带内平坦、带外插入损耗变化陡峭及体积小、工作稳定和价格便宜等。

光分波器和光合波器的主要特性参数有中心波长、中心波长工作范围、与中心波长对应的插入损耗、隔离度、回波损耗、反射系数、偏振相关损耗、偏振模色散。

插入损耗通常指光信号穿过光波分复用器的某一特定光通道所引入的功率损耗，是同一波长的信号功率通过光波分复用器后的功率损耗，通常插入损耗与中心波长对应，与中心波长对应的插入损耗越小越好。

隔离度也称为波长隔离度或通带间隔离度，或串扰，或串光，其是由某一规定波长输出端口所测得的另一不想要波长的光功率与该不想要波长输入光功率之比的对数，单位为 dB。影响波长隔离度的主要因素有不理想的滤波特性、光源光谱的重叠、杂散光以及高功率应用时的光纤非线性效应。

回波损耗是从输入端口返回的光功率与同一个端口输入光功率之比的对数，单位为 dB。

反射系数是对于给定条件的光谱组成、偏振和几何分布在给定端口的反射光功率与输入光功率之比的对数，单位为 dB。

偏振相关损耗是指在所有的偏振态范围内由偏振态的变化所造成的插入损耗的最大变化值，单位为 dB。

4. 光耦合器

在光纤通信系统或光纤测试中，经常会遇到从光纤的主传信道中取出一部分光用于检测、控制等，有时将两个方向的光信号合起来送入一根光纤中传输。

光耦合器又称光定向耦合器（Directional Coupler），它是对光信号实现分路、合路、插入和分配的无源器件。它们是依靠光波导间电磁场的相互耦合来工作的。

光耦合器又称为光方向耦合器或光功率分支器，它是一种多根光纤之间或有源器件与光纤之间实现信号光功率传输的一种光无源器件。只要有光从主光纤进入分支光纤的器件，原则上都称为光耦合器。广义而言，光分波器和光合波器具有波长选择功能，也属于光耦合器。

光耦合器的分类见表 3-2。

表 3-2　光耦合器的分类

		分类	
光耦合器	按用途分类	定向耦合器	光分波器、光合波器
			光分支器
		星型耦合器	透射星型耦合器
			反射星型耦合器
		T 型耦合器	
	按结构分类	分立元件型	
		熔融拉锥型	
		平面波导型	
		拼接型	
		激光器件型	
	按光纤分类	多模光纤耦合器	
		单模光纤耦合器	
		保偏光纤耦合器	

1）光耦合器的结构与原理

单模光纤耦合器的基本结构示意如图 3-25 所示。下面介绍 2×2 单模光纤耦合器的原理，按应用目的可分别制成分路器和光波分复用器，前者工作于一个波长，而后者则工作于两个不同的波长。当工作于一个波长时，光源接于端口 1（或 4），光功率除了传输到端口 2（或 3）外，也耦合到端口 3（或 2）。几乎没有光功率从端口 1（或 4）耦合到端口 4（或 1）。另外系统是可互易的，端口 1、4 可以与端口 2、3 交换。光耦合器见动画 3-17。

动画 3-17　光耦合器

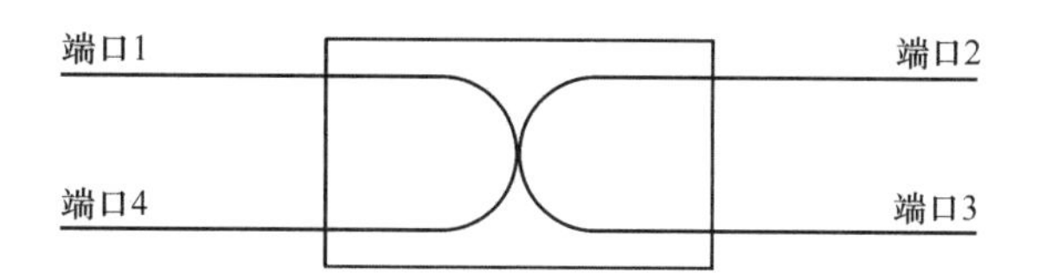

图 3-25　单模光纤耦合器的基本结构示意

典型的光耦合器的结构示意如图 3-26 所示。

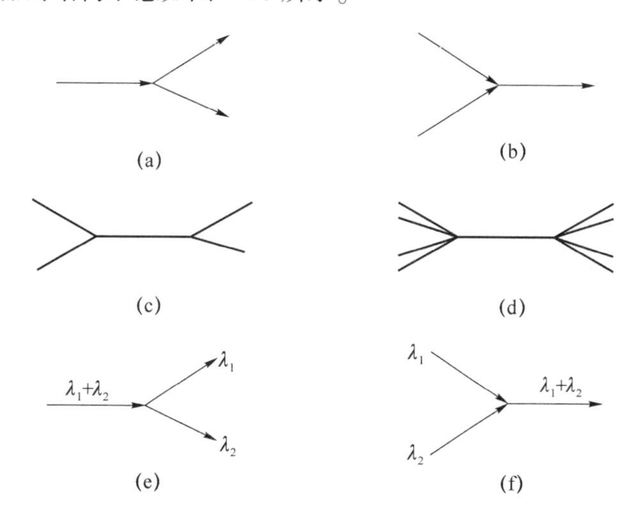

图 3-26　典型的光耦合器的结构示意

（a）光分路器（3 端口）；（b）光合路器（3 端口）；（c）光耦合器（4 端口）；（d）$M \times N$ 星型光耦合器分路器（多端口）；（e）光分波器；（f）光合波器

2）光耦合器的特性

光耦合器的主要性能指标包括工作波长范围、插入损耗、分光比和反向隔离度等。

（1）工作波长（λ_0）。工作波长通常取 1.31 μm 或 1.55 μm。

（2）插入损耗（α）。工作波长插入损耗表示光耦合衰耗的大小，其是指全部输入端口光功率与全部输出端口光功率的减小值，单位为 dB。其计算式为

$$\alpha = 10\lg \frac{\sum_{i} P_{\mathrm{in},j}}{\sum_{j} P_{\mathrm{out},j}} \tag{3-1}$$

若 P_1 为注入端口 1 的光功率；P_2、P_3 分别为端口 2、3 输出的光功率，则 $\alpha = 10\lg \frac{P_1}{P_2 + P_3}$。

（3）分光比（T）。分光比是指各输出端口的光功率比。如从端口 1 输入光功率，从端口 2 和端口 3 输出光功率，则分光比为

$$T = \frac{P_3}{P_2} \tag{3-2}$$

（4）反向隔离度。反向隔离度也称串扰，隔离度高表示线路之间的串扰小。它表示输入功率出现在不希望的输出端的多少。对于 2×2 光耦合器，由端口 1 输入光信号功率为 P_1，应从端口 2 和端口 3 输出，端口 4 应该无光信号输出。实际端口 4 有少量的光信号功率输出（P_4），则端口 1 输入光功率与端口 4 输出光功率之比的分贝值即端口 1 和端口 4 的隔

离度。其表达式为

$$L = 10 \lg \frac{P_1}{P_4}(\mathrm{dB}) \tag{3-3}$$

5. 光隔离器

光隔离器是保证光信号只能正向传输的光无源器件，可避免光通路中由于种种原因而产生的反射光再次进入光源。若光源光通路中由于种种原因产生了反射光再次进入光源，则其会使光源工作不稳定，并影响其特性。进入光源的反射光主要使光源输出的光波长发生变化并产生附加噪声。光纤通信系统中的很多光器件，如激光器和光放大器等对来自连接器、熔接点、滤波器的发射光非常敏感，发射光将导致它们的性能恶化。例如，半导体激光器的线宽会受反射光的影响而展宽或压缩，因此要在靠近这种光器件的输出端放置隔离器。

1）光隔离器的组成、工作原理及分类

（1）光隔离器的组成。光隔离器主要由起偏器、旋光器（法拉第旋转器）和检偏器三部分组成。起偏器的特点是当入射光进入起偏器时，使输出光束变成某一形式的偏振光。起偏器有一个透光轴，当光的偏正方向与透光轴完全一致时，则光全部通过。旋光器由旋光材料和套在外面的电线圈组成。其作用是借助磁光效应，使通过它的光的偏振状态发生一定程度的旋转。

动画3-18 光隔离器的原理

（2）光隔离器的工作原理。起偏器和检偏器的透光轴成45°角，旋光器使通过它的光发生45°的旋转，当垂直偏振光入射时，由于该光与起偏器透光轴的方向一致，所以全部通过，经旋光器后其透光轴被旋转45°角，恰好与检偏器的透光轴一致而获得低损耗传输。如果有反射光出现，能反向进入光隔离器的只有与检偏器透光轴一致的那部分光，这部分光经旋光器后其透光轴被旋转45°角，恰好与检偏器的透光轴垂直，所以光隔离器能够阻止反射光通过。光隔离器是一种非互易的光器件，它允许正方向传播的光通过，不允许反方向传播的光通过。光隔离器的原理见动画3-18。

（3）光隔离器的分类。光隔离器按结构可分为块型、光纤型和波导型三类；按照制作原理可分为三类，即光纤型光隔离器、波导型光隔离器和微光学型光隔离器，其中微光学型光隔离器又分为偏振相关型光隔离器（即微型）和偏振无关型光隔离器（即在线式）。

2）光隔离器的性能指标

光隔离器的主要性能指标包括正向插入损耗、反向隔离度、偏振相关损耗及回波反射值等。

正向入射光的插入损耗应越小越好；反向发射光的隔离度应越大越好；偏振相关损耗及回波反射值也应越小越好。

6. 光开关

光开关是使在光纤或光波导通路中传播的光信号断、通，或者进行路由转换的一种光器件，在系统保护、系统调量、系统监测及全光交换技术中具有重要的应用价值。它具有调制、多分路和转换功能。

1）光开关的分类、组成和原理

光开关有两类，一类是机械式，如图 3-27 所示；另一类是非机械式，如图 3-28 所示。从转换速度来讲，机械式光开关达到了毫秒级，而电光效应式光开关已实现了 18 GHz 的调制，超过 LD 直接调制的极限，可以实现超高速转换（约 60 ps）。机械式光开关串音小、插入损耗低、技术成熟，但开关速度低、不易集成；而非机械式光开关的开关速度快、易于集成、可靠性高，但串音和插入损耗相对较大。

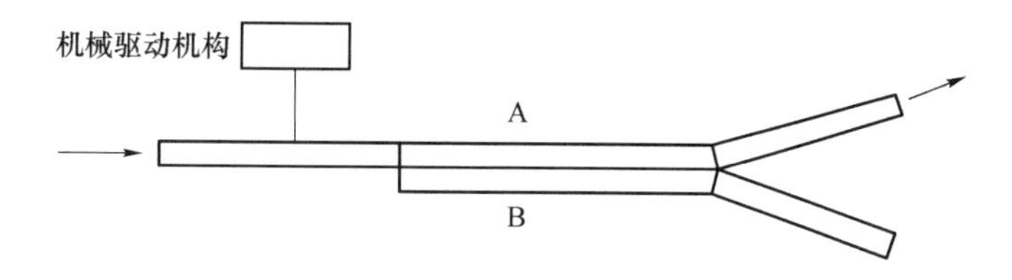

图 3-27　机械式光开关的组成示意

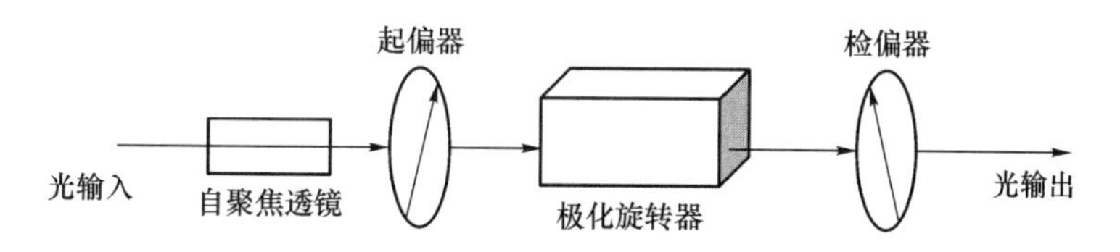

图 3-28　非机械式光开关的组成示意

光开关的类型与原理见表 3-3。

表 3-3　光开关的类型与原理

<table>
<tr><th>分类</th><th>类型</th><th>原理</th><th>备注</th><th>优点</th><th>缺点</th></tr>
<tr><td rowspan="3">机械式</td><td>光纤型</td><td rowspan="3">通过改变棱镜、半透镜、透镜或光纤的相对位置来转换光路</td><td rowspan="3">都用电磁铁等启动，转换速度慢，为毫秒级，但消光比大</td><td rowspan="3">插入损耗低、串扰小，适合各种光纤</td><td rowspan="3">开关速度较慢</td></tr>
<tr><td>反射镜型</td></tr>
<tr><td>棱镜型</td></tr>
<tr><td rowspan="7">非机械式</td><td>全反射型</td><td>用电光效应的折射率变化，控制全反射</td><td>—</td><td rowspan="7">开关速度快、易于集成、可靠性高</td><td rowspan="7">串音和插入损耗大</td></tr>
<tr><td>隔离器型</td><td rowspan="4">用电光、磁光和热光效应等</td><td>—</td></tr>
<tr><td>方向耦合器型</td><td>—</td></tr>
<tr><td>双折射相位调制型</td><td>—</td></tr>
<tr><td>超声波偏转器型</td><td>—</td></tr>
<tr><td>光透过率控制型</td><td>利用半导体的光吸收特性</td><td>—</td></tr>
<tr><td>光电二极管型</td><td>利用半导体的能带势垒</td><td>—</td></tr>
</table>

如图 3-27 所示，机械式光开关的机械驱动机构带动活动光纤，使活动光纤根据要求分别与光纤 A 或 B 连接，实现光路的切换。

如图 3-28 所示，非机械式光开关由光纤、自聚焦透镜、起偏器、极化旋转器和检偏器组成。把偏压加在极化旋转器上，使经起偏器而来的偏振光产生极化旋转，实现通光状态；如极化旋转器不工作，则起偏器和检偏器的极化方向彼此垂直，为断光状态。

2）光开关的性能参数

按照输入/输出端口的数量，光开关通常是 $1\times N$ 型或 $N\times1$ 型，也可以是 $M\times N$ 阵列型。目前在光纤通信系统中，光开关主要用于主/备用系统之间的光路倒换保护，通常是 $1\times N$ 型或 $N\times1$ 型。光开关的主要性能参数有插入损耗、开关响应转换速度、串音和消光比。具体定义见表3-4。例如，机械式光开关产品的插入损耗小于0.5 dB，串音小于－50 dB，重复性损耗偏差小于0.1 dB。

表3-4　光开关的性能指标

主要性能参数	定义
插入损耗	光开关的插入所引起的原始光功率的损耗
开关响应转换速度	衡量光开关的开关响应转换时间的长短
串音	光开关闭合时从其他通道泄漏出的光功率（进入本通道）与通道光功率之比
消光比	光开关接通与断开状态的传输光功率之比

光纤通信系统的测试参数在不同场合，有些是必测的，有些可以根据需要选测。这些不同的场合有：科研开发过程、生产过程、出厂验收、工程安装过程及维护使用过程。但对国防科研试验工程技术而言，光纤通信系统的测试主要可分为出厂测试、工程安装调测、竣工验收和日常维护测试4大类。测试项目内容包括光接口测试、电接口测试、抖动和漂移测试、误码测试、定时同步与时钟测试、保护倒技测试、环回功能测试、开销和维护信号测试以及网络管理性能测试。

任务实施

1. 任务器材

光源、光功率计、光衰减器、光分波器（1:4）、光纤连接器、光波分复用器、放大器、抽纸和笔。

2．任务

1）光纤连接器的识别

将各种光纤连接器（FC、SC、LC、ST）和法兰盘放置在实验桌上，由学生结合理论知识，区分出光纤连接器，并说明各种光纤连接器的结构、特点及应用场合。

团队设计法兰盘的损耗测试方案（测试框图、数据表格设计）。

2）其他光无源器件的识别

将各种光无源器件放置在实验桌上，由学生结合理论知识，区分出光无源器件，并说明各种器件的结构、特点及应用场合。

3）光衰减器

团队完成光衰减器的原理、特点及应用陈述（记录数据），并测量光衰减器的衰减量，如图 3-29 所示。根据光衰减器的连续和步进的类型进行数据记录。求出光衰减器的损耗量（多次去平均值）。

图 3-29　光衰减器测试框图

4）光波分复用器

团队完成光波分复用器的原理叙述，并设计光波分复用器的应用框图。

5）放大器

团队设计测试框图，测试放大器的放大倍数，测试框图依据图 3-29 设计，更换光无源器件，完成测试数据的记录和整理。

任务总结（拓展）

完成光隔离器、光分波器、光耦合器的插入损耗测试设计。

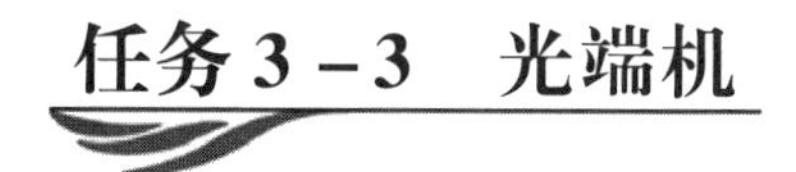

任务 3－3　光端机

教学内容

（1）光端机（发射机、接收机）的工作原理；

（2）光端机的组成和性能指标。

技能要求

（1）能叙述光端机的工作原理并画出其工作框图；

（2）能测量光端机的性能指标；

（3）能分析光端机的关键功能原理。

任务描述

团队（4～6 人）完成光端机性能指标的测量。

任务分析

让学生完成光端机的品牌（型号）和参数记录，并完成光端机的性能指标测量。

知识准备

光端机包括光发送机和光接收机，是光纤通信系统的基本部件。本任务主要介绍数字光发送机和数字光接收机的基本组成、光发送机的主要指标和光接收机的主要指标。

1. 光发送机

数字光发送机的功能（作用）是把电端机输出的数字基带电信号转换为光信号，并用耦合技术有效注入光纤线路，电/光转换是用承载信息的数字电信号对光源进行调制来实现的。调制分为直接调制和外调制两种方式。受调制的光源特性参数有功率、幅度、频率和相位。目前技术上成熟并在实际光纤通信系统得到广泛应用的是直接光强（功率）调制。

如图 3-30 所示，“均衡放大补偿”针对由电缆传输所产生的衰减和畸变。“码型变换”将 HDB3 码（三阶高密度双极型码，三次群以下）或 CMI 码（信号反转码）变化为 NRZ 码（非归零转码）。“复用”用一个大传输信道同时传送多个低速信号。“扰码”使信号达到“0”“1”等概率出现，以利于“时钟”提取。“时钟”提取 PCM 时钟信号，供给其他电路使用。调制（驱动）电路完成电/光变换任务。“光源”产生作为光载波的光信号。温度控制和功率控制稳定工作温度和输出平均光功率。其他保护、监测电路还有光源过流保护电路、无光告警电路、LD 偏流（寿命）告警电路等。光发射机电/光转换原理见动画 3-19。

动画 3-19　光发射机电/光转换原理

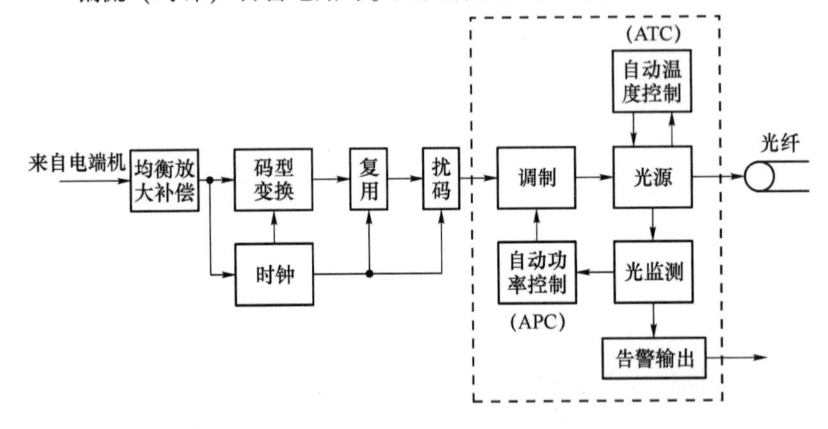

图 3-30　光发射机的组成框图

1）光源调制

光源调制的方式有直接调制（内调制）和间接调制（外调制），如图 3-31 和图 3-32 所示。LED 数字调制原理见动画 3-20，LD 数字调制原理见动画 3-21。

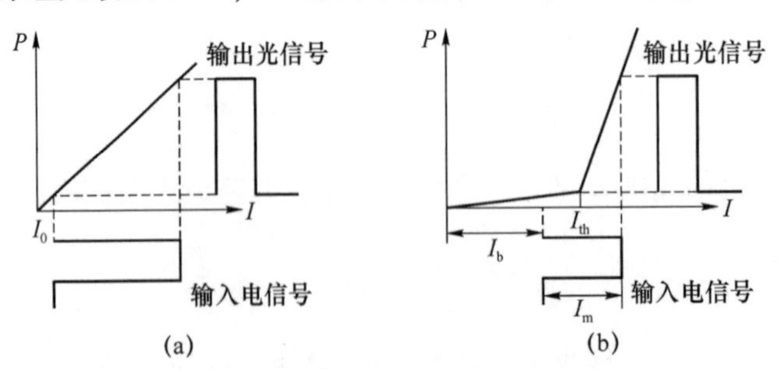

图 3-31　直接光强度数字调制示意

（a）LED 数字调制；（b）LD 数字调制

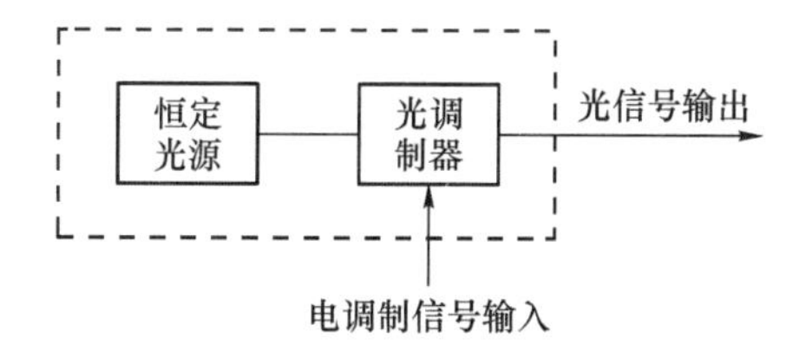

图 3-32　间接调制示意

2）自动温度控制

温度控制装置由制冷器、热敏电阻和控制电路组成，图 3-33 为自动温度控制原理框图。自动温度控制电路如图 3-34 所示。当周围环境温度升高时，LD 的温度上升，紧接着 R_T 温度上升，通过差分放大电路推动三极管工作，使制冷器的电流增大，最后 LD 温度下降。LD 的温度控制电路见动画 3-22 所示。

动画 3-20　LED 数字调制原理

动画 3-21　LD 数字调制原理

动画 3-22　LD 的温度控制电路

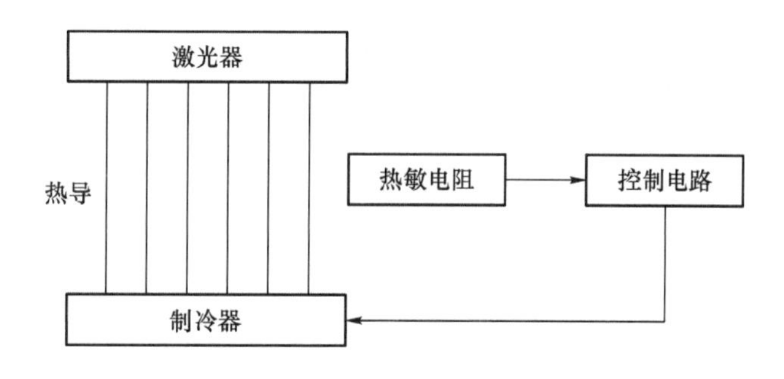

图 3-33　自动温度控制原理框图

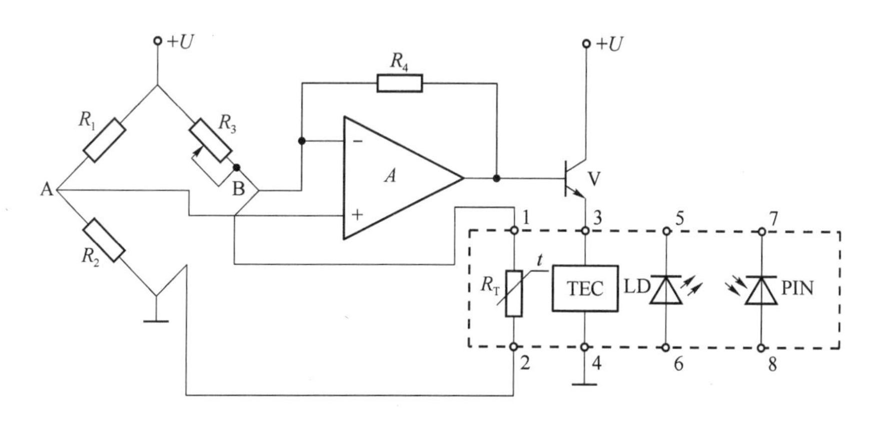

图 3-34　自动温度控制电路

3）自动功率控制

自动功率控制通过调制电路来实现，现在数字信号调制电路采用电流开关电路，最常用的是差分电流开关电路。由于温度变化和工作时间加长，LD 的输出光功率会发生变化。为保证输出光功率的稳定，必须改进自动功率控制，如图 3-35 所示。

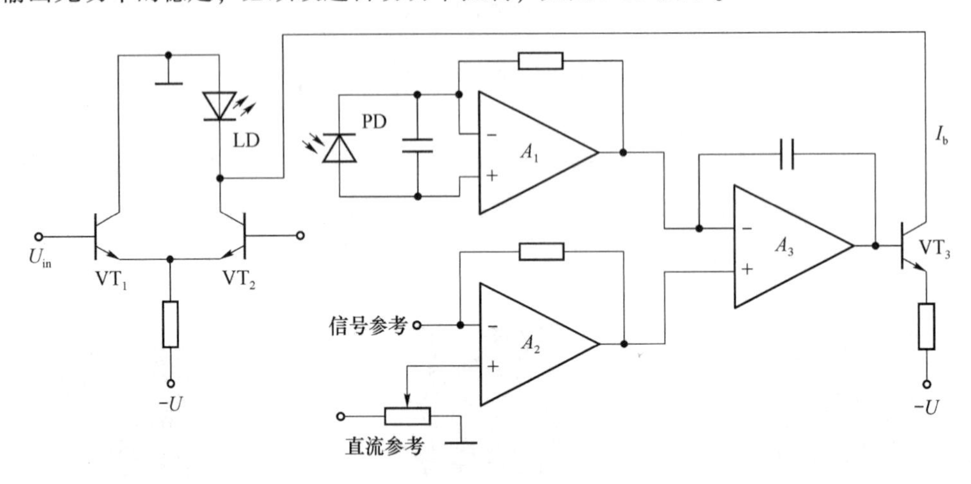

图 3-35　自动功率控制框图

从 LD 背向输出的光功率，经 PD 检测器检测、运算放大器 A_1 放大后送到比较器 A_3 的反相输入端。同时，输入信号参考电压和直流参考电压经 A_2 比较放大后，送到 A_3 的同相输入端。A_3 和 VT_3 组成直流恒流源调节 LD 的偏流，使输出光功率稳定。当 LD 功率降低，PD 电压降低时，经过 A_1 和 A_3 调整，工作电流 I_b 增大，LD 的输出功率增大。

4）光发送机的主要指标

光发送机的指标很多，现仅从应用的角度介绍其主要指标。其包括平均发送光功率及其稳定度、光功率发射和耦合效率、消光比等。

（1）平均发送光功率。平均发送光功率又称为平均输出光功率，用来衡量光发射机的输出能力。其通常是指光源“尾纤”的平均输出光功率。一般要求入纤光功率为 0.01 ~ 10 mW或 dBm 稳定性为 5% ~10% 。

（2）消光比。消光比的定义为全“1”码平均发送光功率与全“0”码平均发送光功率之比，可用下式表示：

$$\mathrm{EXT} = 10\ \lg \frac{P_{11}}{P_{00}}\ (\mathrm{dB}) \tag{3-4}$$

式中，P_{11} 为全“1”码时的平均发送光功率；P_{00} 为全“0”码时的平均发送光功率。发光二极管因其不需加偏置电流，在全“0”信号时不发光，因而无消光比；而对于 LD，由于加了一定的偏置电流，即使在全“0”信号的情况下，也会有一定的光输出（发荧光），这种光功率对通信表现为噪声，为此引入消光比指标 EXT 来衡量其影响。理想情况下，EXT 为∞，实际上 EXT 不可能为∞，但希望其越大越好，一般 EXT 应大于或等于 10 dB。

2. 光接收机

光接收机的作用是将光纤传输后的幅度被衰减、波形产生畸变的、微弱的光信号变换为电信号，并对电信号进行放大、整形、再生后，再生成与发送端相同的电信号，输入到电接收端机，并且用自动增益控制电路（AGC）来保证稳定的输出。它的性能的优劣直接影响整个光纤通信系统的性能。

光接收机中的关键器件是半导体光检测器，它和接收机中的前置放大器合称光接收机前端。前端性能是决定光接收机性能的主要因素。

动画3-23 光纤通信接收机框图

1）光接收机的基本组成

强度调制–直接检波（IM–DD）的光接收机方框图如图3-36所示，主要包括光电检测器、前置放大器、主放大器、均衡器、时钟恢复电路、取样判决器以及自动增益控制（AGC）电路等。光纤通信接收机框图见动画3-23。

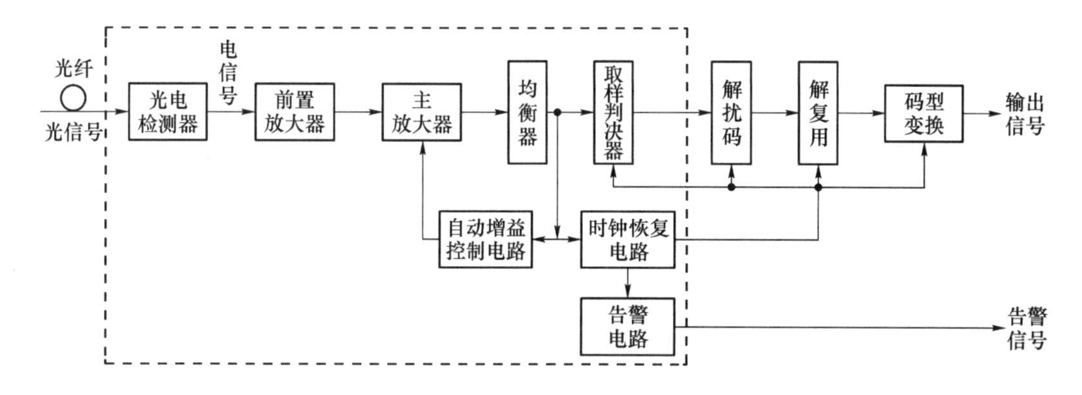

图3-36 强度调制–直接检波的光接收机方框图

（1）光电检测器。光电检测器是光接收机实现光/电转换的关键器件，其性能，特别是响应度和噪声直接影响光接收机的灵敏度。目前采用的光检测器一般采用PIN光电二极管和APD雪崩光电二极管。

对光电检测器的要求如下：

①波长响应要和光纤低损耗窗口（0.85 μm、1.31 μm和1.55 μm）兼容。

②响应度要高，在一定的接收光功率下，能产生最大的光电流。

③噪声要尽可能低，能接收极微弱的光信号。

④性能稳定，可靠性高，寿命长，功耗和体积小。

（2）放大器。在一般的光纤通信系统中，经光电检测器输出的光电流是十分微弱的。为了保证通信质量，就必须将这种微弱的电信号通过多级放大器进行放大。

放大器在放大的过程中，其本身的电阻会引入热噪声，放大器中的晶体管要引入散弹噪声，不仅如此，在一个多级放大器中，后一级放大器将会把前一级放大器送出的信号和噪声同样放大，亦即前一级引入的噪声也被放大了。基于此，前置放大器应是低噪声放大器。

性能良好的光接收机，应具有无失真地检测和恢复微弱信号的能力，这首先要求其前端应有低噪声、高灵敏度和足够的带宽。根据不同的应用要求，前端的设计有三种不同的方案：低阻抗前置放大器、高阻抗前置放大器和跨阻抗前置放大器（或跨导前置放大器）。

主放大器一般是多级放大器，它的功能主要是提供足够高的增益，把来自前置放大器的输出信号放大到判决电路所需的信号电平，并通过它实现自动增益控制，以使输入光信号在一定范围内变化时，输出电信号应保持恒定输出。主放大器和自动增益控制决定着光接收机的动态范围。

（3）均衡器。均衡器的作用是对已畸变（失真）和有码间干扰的电信号进行均衡补偿，减小误码率。

（4）取样判决器和时钟恢复电路。取样判决器和时钟恢复电路共同组成再生电路，再生电路的任务是把放大器输出的升余弦波形恢复成数字信号，以消除码间干扰，减小误码率。

（5）自动增益控制电路。自动增益控制电路就是用反馈环路来控制主放大器的增益。其作用是增加了光接收机的动态范围，使光接收机的输出保持恒定。

2）光接收机的主要指标

光接收机的主要指标有光接收机的灵敏度和动态范围。

（1）光接收机的灵敏度。光接收机的灵敏度是指在系统满足给定误码率指标的条件下，光接收机所需的最小平均接收光功率 $P_{\min}$（mW）。工程中常用分贝毫瓦（dBm）来表示，即

$$P_R = 10\ \lg\frac{P_{\min}}{1\text{mW}}\ (\text{dBm}) \tag{3-5}$$

（2）光接收机的动态范围。光接收机的动态范围是指在保证系统误码率指标的条件下，接收机的最低输入光功率（dBm）和最大允许输入光功率（dBm）之差（dB），即

$$D = 10\ \lg\frac{P_{\max}}{10^{-3}} - 10\ \lg\frac{P_{\min}}{10^{-3}} = 10\ \lg\frac{P_{\max}}{P_{\min}}\ (\text{dB}) \tag{3-6}$$

任务实施

1. 任务器材

码型发生器、光功率计、光连接器、光衰减器、误码分析仪、光端机、尾纤若干、抽纸和笔。

2. 任务

1）光发射机的主要指标测试

（1）按照图3-37所示的光发射机主要指标测试框图连接设备，将码型发生器、光端机、光功率计连接好，将光端机（或中继器）发送端的光连接器断开，接上光功率计。

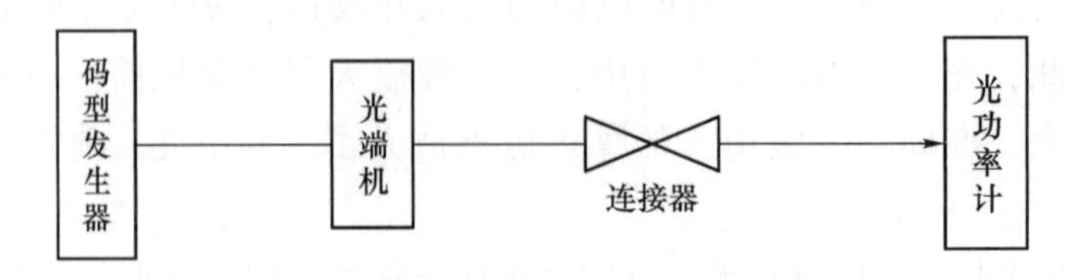

图3-37　光发射机主要指标测试框图

（2）光功率计的选择：长波长的光纤通信系统选择长波长的光功率计；短波长的光纤

通信系统选择短波长的光功率计。

(3) 根据光端机的传输速率采用不同的伪随机码结构（ITU－T 建议：基群、二次群应选用 $2^{15}-1$ 的伪随机码；三次群、四次群应选用 $2^{23}-1$ 的伪随机码）。

(4) 从光功率计上读出发送光功率，平均发送光功率的数据与所选择的码型有关，如 50% 占空比的 RZ 码功率比 NRZ 码的功率要小 3 dB。

(5) 码型发生器发送出 $2^{15}-1$ 或 $2^{23}-1$ 伪随机码，测出此时平均光功率 P_t。

(6) 拔出光发送机中的线路编码盘，获取全“0”状态，测出此时的全“0”码光功率 P_{off}。

(7) 记录数据，通过式（3－4）来计算消光比。

2）光接收机的主要指标测试

(1) 按照图 3-38 所示的光接收机灵敏度测试框图连接仪器，将误码分析仪、光衰减器与被测光端机连接好。

(2) 误码分析仪中的码型发生器送出相应的伪随机码。

(3) 先加大光衰减器的衰减值（以减小接收光功率），使系统处于误码状态，而后慢慢减小衰减（增大接收光功率），相应的误码率也渐渐降低，直至误码分析仪上显示的误码率为指定界限位为止（如 BER 为 10^{-10}），此时，对应的接收光功率即最小可接收光功率 P_{min}（mW）。注意：测试时间要把握好，时间越长，精确度越高。

(4) 计算接收机灵敏度 $P_r = 10\ \lg P_{min}$（dBm）。

(5) 减小光衰减器的衰减量，使系统处于误码状态，然后逐步调节光衰减器，增大衰减值，使系统误码率达到指定的要求，此时，测出相应的接收光功率，即 P_{max}。

(6) 增大光衰减器的衰减量，使系统处于误码状态，然后逐步调节光衰减器，减小衰减值，使系统误码率达到指定的要求，此时，测出相应的接收光功率，即 P_{min}。

(7) 根据式（3－6）即可计算出光接收机的动态范围。

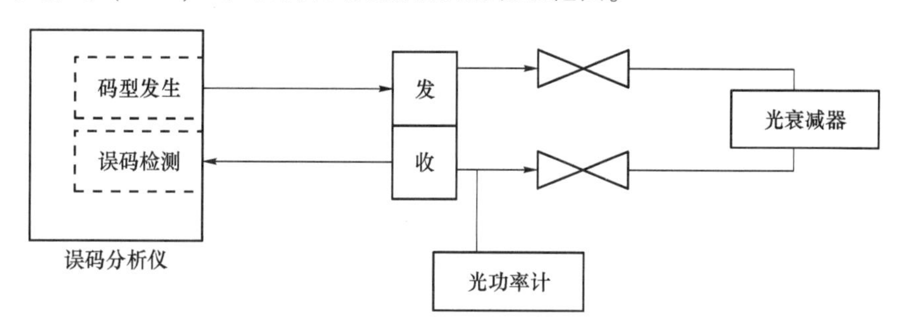

图 3-38 光接收机灵敏度测试框图

任务总结（拓展）

(1) 完成光接收机的自动增益控制电路（框图、原理、PPT 并答辩汇报）。

(2) 码型发生器能否用误码分析仪代替？说明原因。

(3) 平均发送光功率和消光比越大越好吗？说明原因。

任务3－4　光纤放大器

教学内容

(1) 光纤放大器的工作原理；

(2) 光纤放大器的组成结构、特性及应用。

技能要求

(1) 能叙述光纤放大器的工作原理；

(2) 能设计光纤放大器的应用；

(3) 能理解光纤放大器的特性。

任务描述

团队（4～6人）完成光纤放大器的应用设计及关键指标测量。

任务分析

让学生完成光纤放大器的品牌（型号）和参数记录，并完成光纤放大器的特性测量。

知识准备

光中继器常采用光－电－光再生中继器，这种中继设备影响系统的稳定性和可靠性，为实现全光网络，直接在光路上对信号进行放大传输，就要用一个全光传输型中继器（光纤放大器）来代替这种再生中继器。其对推动密集波分复用、频分复用、光孤子光纤通信、光纤本地网和光纤宽带综合业务数据网的发展起着举足轻重的作用。

1. 光纤放大器的分类

光纤放大器有非线性光纤放大器、半导体激光放大器和掺稀土元素光纤放大器三大类型。

1）非线性光纤放大器

非线性光纤放大器是早期利用光纤中的非线性效应研制的，非线性光纤放大器是利用光纤的非线性效应实现对信号光放大的一种激光放大器。当光纤中光功率密度达到一定阈值时，将产生受激拉曼散射（SRS）或受激布里渊散射（SBS），形成对信号光的相干放大。非线性光纤放大器可相应分为拉曼光纤放大器（SRA）和布里渊光纤放大器（BRA）。

2）半导体激光放大器

半导体激光放大器（Semiconductor Optical Amplifier，SOA）是利用半导体技术研制的。SOA的放大原理与半导体激光器的工作原理相同，也是利用能级间受激跃迁而出现粒子数反转分布的现象进行光放大。SOA有两种类型：一种是将通常的半导体激光器当作光放大器使用，称作F-P半导体激光放大器（FPA）；另一种是在F-P激光器的两个端面上涂有抗反射膜消除两端的反射，以获得宽频带、高输出、低噪声。

半导体激光放大器的尺寸小，频带很宽，增益也很高，但其最大的弱点是与光纤的耦合损耗太大，易受环境温度的影响，因此其稳定性较差。半导体激光放大器容易集成，适于与光集成和光电集成电路结合使用。

3）掺稀土元素光纤放大器

目前性能较完美的光纤放大器是掺稀土元素光纤放大器，其掺入铒（Er）、铥（Tm）、镨（Pr）和铷（Nd）等元素，常用的是掺铒光纤放大器（EDFA），还有掺镨光纤放大器（PDFA）、掺铌光纤放大器（NDFA）等。

掺铒光纤放大器的基本组成及工作原理：

（1）掺铒光纤放大器的基本组成。掺铒光纤放大器主要由掺铒光纤（EDF）、泵浦源（Pumping Supply）、光耦合器（WDM）、光隔离器（ISO）和光滤波器（Optical Filter）等组成。图3-39所示为掺铒光纤放大器的基本组成示意。

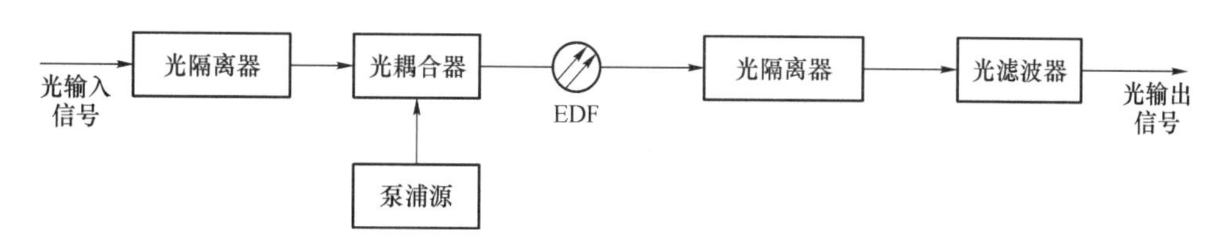

图3-39 掺铒光纤放大器的基本组成示意

掺铒光纤是掺铒光纤放大器的核心部件。它以石英光纤为基质，在纤芯中掺入固体激光工作物质铒离子，在几米至几十米的掺铒光纤内，光与物质相互作用而被放大、增强。

光隔离器的作用是抑制光反射，以确保放大器工作稳定，它必须插入损耗低，与偏振无关，隔离度优于40 dB。

泵浦源为半导体激光器，输出功率为10～100 mW，工作波长为0.98 μm。

光滤波器滤除光放大器的噪声，降低噪声对系统的影响，提高系统的信噪比。

（2）掺铒光纤放大器的工作原理。如图3-39所示，在没有泵浦源作用时，铒离子Er^{3+}的能量状态称为基态；吸收泵浦光能量后，Er^{3+}便处于较高的能量状态，即由基态跃迁到激发态。由于处于该高能态的寿命很短，将迅速过渡到亚稳态（较低的激发态），Er^{3+}处于激发态的寿命长得多。当Er^{3+}从亚稳激发态跃迁回基态时，多出来的能量转变为荧光辐射（1.53～1.56 μm），辐射光的波长由亚稳态与基态的能级差决定。

图3-40所示为掺铒光纤放大器的工作原理示意，在泵浦源的不断作用下（980 nm和1 480 nm波段），处于亚稳激发态的Er^{3+}不断累积，其数量超过仍处于基态的离子数。当高能态上的粒子数超过低能态上的粒子数时，达到了粒子数反转分布状态（可能有光放大作用）。当入射光信号的光子能量相当于基态和亚稳态之间的能量差（$hf=E_{21}$），入射光和泵浦光同时馈入掺铒光纤放大器时，输出一个频率相同、传输模式相同的较强的光，使光信号获得放大，同时引发由基态到亚稳态的吸收跃迁（受激吸收）。由于粒子数反转分布的缘故，总的效果是发射的光能超过吸收的光能，这就使入射光增强，而得到了光放大。具体工作过程见动画3-24。

动画3-24 掺铒光纤放大器的原理

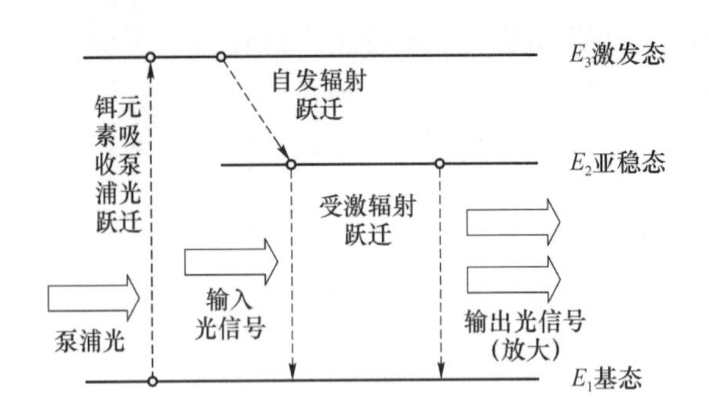

图 3-40　掺铒光纤放大器的工作原理示意

掺铒光纤放大器的主要优点是增益高、带宽大、输出功率高、泵浦效率高、插入损耗低、对偏振态不敏感等。

(3) 掺铒光纤放大器的泵浦方式。根据泵浦光源和输入光信号注入掺铒光纤的方向，掺铒光纤放大器可分为同向泵浦（如图 3-39、动画 3-25 所示）、反向泵浦［如图 3-41（a）、动画 3-26 所示］和双向泵浦［如图 3-41（b）、动画 3-27 所示］三种方式。

动画 3-25　同向泵浦掺铒光纤放大器

动画 3-26　反向泵浦掺铒光纤放大器

动画 3-27　双向泵浦掺铒光纤放大器

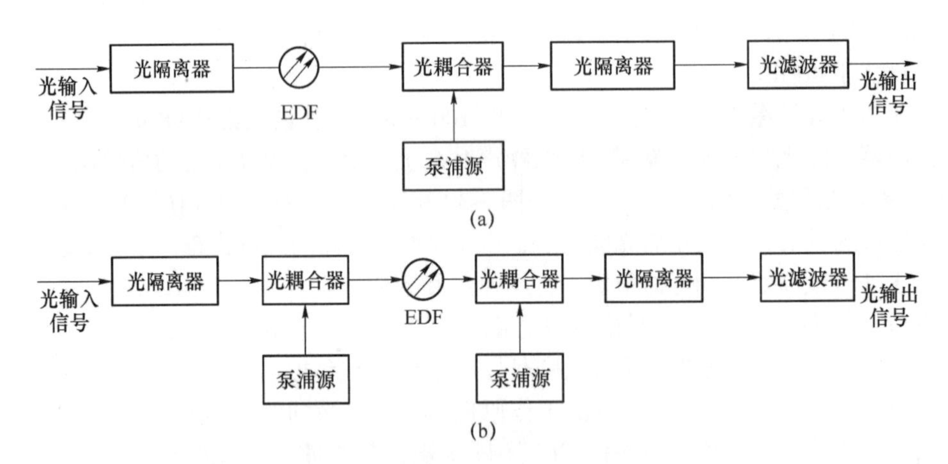

图 3-41　反向泵浦方式和双向泵浦方式
(a) 反向泵浦方式；(b) 双向泵浦方式

(4) 掺铒光纤放大器的特性及性能指标。

①增益特性。增益特性表示了掺铒光纤放大器的放大能力。增益特性定义为输出功率与输入功率之比，一般用分贝（dB）表示。

掺铒光纤放大器的增益与诸多因素有关，如掺铒光纤的长度，随着掺铒光纤长度的增加，增益经历了从增加到减少的过程，这是因为随着掺铒光纤长度的增加，单位长度的掺铒光纤中的泵浦功率下降，使得粒子反转数降低，最终在低能级上的 Er^{3+} 数多于高能级上的 Er^{3+} 数，粒子数恢复到正常的数值。

②输出功率特性。对于理想光纤放大器，无论输入的功率多大，光信号都能按某一比例放大，现实并非如此。掺铒光纤放大器的输出功率还跟输入光的程度、泵浦光功率及光纤中 Er^{3+} 的浓度都有关系。当输入光弱时，高能位电子的消耗减少并可从泵浦激发态得到充分的供应，因而，受激辐射就能维持达到相当的程度。当输入光变强时，由于高能位的电子供应不充分，受激辐射光的增加变少，于是就出现饱和。

泵浦光功率越大，掺铒光纤越长，3 dB 饱和输出功率也就越大。当 Er^{3+} 的浓度超过一定值时，增益反而会降低，因此要控制好掺铒光纤的 Er^{3+} 浓度。

2. 光纤放大器的应用

（1）功率放大。光纤放大器将光端机输出的光信号（合波信号后的光信号）进行放大，然后再进行传输。光纤放大器的输出功率要求很高且稳定好，噪声、增益要求并不是很高。

（2）中继放大。光信号在光纤传输中功率有所下降，光纤放大器用于周期性地补偿线路传输损耗，一般要求比较小的噪声、较大的输出光功率。

（3）前置放大。处于接收端的光信号（分波器前的光信号），经中继（线路）放大器之后，用于信号放大，提高接收机的灵敏度［在光信噪比（OSNR）满足要求的情况下，较大的输入功率可以压制接收机本身的噪声，提高接收灵敏度］，其要求噪声指数很小，但对输出功率没有太大的要求。

任务实施

1. 任务器材

1×2 光开关、光源、光谱仪、3 dB 光分路器、2 个光隔离器、耦合器、光隔离器、EDF 光纤、10 dB 或 15 dB 固定衰减器、980 nm 泵浦源、FC 或 SC 尾纤（若干）和笔。

2. 任务

（1）光纤放大器增益测试。各小组根据教师或学校提供的设备及器件，完成图 3-42 所示的光纤放大器增益测试框图的组建。

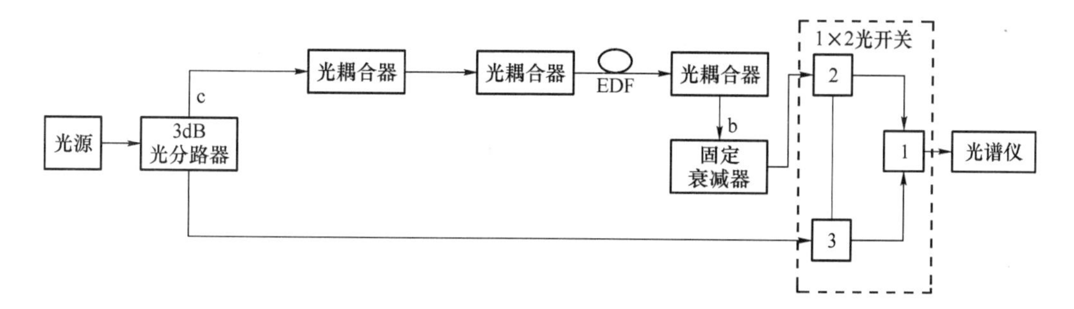

图 3-42 光纤放大器增益测试框图

光信号经过 3 dB 光分路器后分为两路，一路光信号供检测，另一路光信号与 980 nm 的泵浦信号耦合进入EDF光纤，经过EDFA放大的信号经过固定衰减器（10 dB或15 dB）的衰减，保证光功率在光谱仪的测试范围以内，并能适当平衡EDFA输入和输出光功率测试的显示值，经过1×2光开光在光谱仪上显示。a点、b点和c点为光纤连接器，便于测试和测量。

各小组将测试值记录在表3-5中。

表3-5　增益测试表

序号	a点	b点	c点	增益 G	备注
1					
2					
3					
4					

（2）三种泵浦方式的仿真设计。各小组利用OptiSystem仿真软件完成三种泵浦方式的设计，将EDFA组成框图打印并贴在报告上。

（3）功率放大仿真。

各小组利用OptiSystem仿真软件完成光纤放大器的增益仿真设计，EDFA的输出功率还跟输入光功率、泵浦光功率、EDF光纤长度及光纤中Er^{3+}浓度有关系，请各组完成光纤放大器的功率放大验证。

任务总结（拓展）

（1）如何测试光纤放大器的饱和增益？画出测试框图并撰写测试方案。

（2）利用OptiSystem仿真软件完成光纤放大器的饱和增益的验证。

任务3－5　PDH与SDH

教学内容

（1）PDH概念、复用与速率；

（2）SDH概念与速率等级；

（3）PDH与SDH优缺点。

技能要求

能理解 PDH 复用及优缺点。

任务描述

团队（4～6 人）理解 PDH 和 SDH 体制复用等级及速率。

任务分析

让学生理解 PDH 到 SDH 的演变过程，理解 PDH 复用原理，掌握 PDH 和 SDH 速率。

知识准备

在数字传输系统中，有两种数字传输系列，一种叫“准同步数字系列”（Plesiochronous Digital Hierarchy），简称 PDH；另一种叫“同步数字系列”（Synchronous Digital Hierarchy），简称 SDH。

PDH 与 SDH

1. PDH

采用准同步数字系列（PDH）的系统，是在数字通信网的每个节点上都分别设置高精度的时钟，这些时钟的信号都具有统一的标准速率。尽管每个时钟的精度都很高，但总还是有一些微小的差别。为了保证通信的质量，要求这些时钟的差别不能超过规定的范围。因此，这种同步方式严格来说不是真正的同步，所以叫作“准同步”。

1）PDH 复用等级及速率

PDH 复用等级及速率见表 3-6。

表 3-6　PDH 复用等级及速率

复用等级及速率 / 国家和地区	单位	基群	二次群	三次群	四次群
北美	路数 kb/s	24 1 544	96 6 312	672 44 736	4 032 274 176
日本	路数 kb/s	24 1 544	96 6 312	480 32 064	1 440 97 728
欧洲/中国	路数 kb/s	30 2 048	120 8 448	480 34 368	1 920 139 264

2）PDH 的缺点

（1）接口方面。

①只有地区性的电接口规范，不存在世界性标准。现有的 PDH 数字信号序列有三种信号速率等级：欧洲系列、北美系列和日本系列。各种信号序列的电接口速率等级以及信号的帧结构、复用方式均不相同，这种局面造成了国际互通的困难，不适应当前随时随地便捷通

信的发展趋势。

②没有世界性标准的光接口规范。为了实现设备对光路上的传输性能进行监控，各厂家采用各自开发的线路码型。典型的例子是 mBnB 码。其中 mB 码为信息码，nB 码是冗余码，冗余码的作用是实现设备对传输性能的监控。冗余码的接入使同一速率等级上光接口的信号速率大于电接口的标准信号速率，这增加了发光器的光功率代价。各厂家在进行线路编码时，为完成不同的线路的监控功能，在信息码后加上不同的冗余码，这导致不同厂家同一速率等级的光接口码型和速率也不一样，致使不同厂家的设备无法实现横向兼容。这样在同一传输路线两端必须采用同一厂家的设备，给组网、管理及网络互通带来了困难。

（2）复用方式。

现在的 PDH 体制中只有 1.5 Mb/s 和 2 Mb/s 速率的信号（包括日本系列 6.3 Mb/s 速率的信号）是同步的，其他速率的信号都是异步的，需要通过码速的调整来匹配和容纳时钟的差异。由于 PDH 采用异步复用方式，这就导致当低速信号复用到高速信号时，其在高速信号的帧结构的位置没有规律性和固定性。也就是说在高速信号中不能确定低速信号的位置，而这一点正是能否从高速信号中直接分/插出低速信号的关键所在。既然 PDH 采用异步复用方式，那么从 PDH 的高速信号中就不能直接分/插出低速信号，例如：不能从 140 Mb/s 的信号中直接分插出 2 Mb/s 的信号。这就会引起两个问题：

①从高速信号中分/插出低速信号要一级一级地进行。例如：从 140 Mb/s 信号中分/插出 2 Mb/s 低速信号要经过图 3-43 所示的过程。

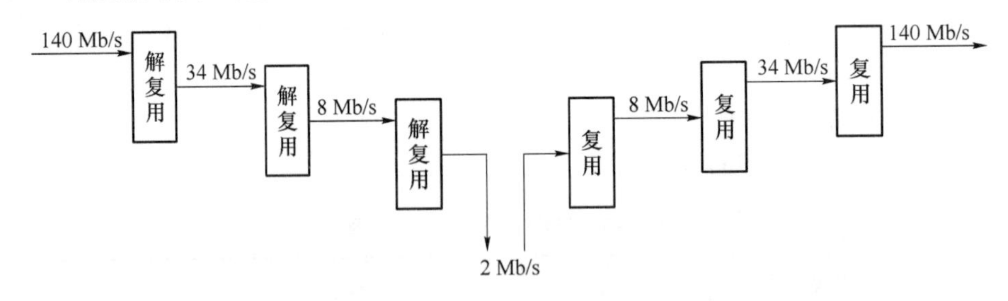

图 3-43　从 140 Mb/s 信号中分/插出 2 Mb/s 信号示意

这个过程使用了大量的“背靠背”设备，增加了设备的体积、成本、功耗，还增加了设备的复杂性，降低了设备的可靠性。

②由于低速信号分/插到高速信号要通过层层的复用和解复用过程，这样就会使信号在复用/解复用过程中产生的损耗加大，使传输性能恶化，在大容量传输时，此种缺点是不能容忍的。这也就是为什么 PDH 体制传输信号的速率没有更进一步提高的原因。

（3）采用按位复接。

复接方式大多采用按位复接，这虽然节省了复接所需的缓冲存储器容量，但破坏了一个字节的完整性，不利于以字节为单位的现代信息交换。

（4）运行维护方面。

PDH 信号的帧结构里用于运行维护工作（OAM）的开销字节不多，所以设备在进行光路上的线路编码时，要通过增加冗余编码来实现线路性能控制功能。由于 PDH 复用信号的帧结构中开销比特少，这对完成传输网的分层管理、性能监控、业务的实时调度、传输带宽的控制、告警的分析定位是很不利的，因此不能满足现代通信网对监控和网管的要求。

（5）没有统一的网管接口。

由于没有统一的网管接口，这就使用户买一套某厂家的设备，就需买一套该厂家的网管系统。这容易形成网络的七国八制局面，不利于形成统一的电信管理网。

2. SDH

基于以上种种缺陷，PDH 传输体制越来越不适应传输网的发展，它已不能适应现代电信网和用户对传输的新要求。于是美国贝尔通信研究所首先提出了用一整套分等级的标准数字化传递结构组成的同步网络（SONET）体制，ITU－T 于 1988 年接受了 SONET 概念，并将其重命名为同步数字体系（Synchronous Digital Hierarchy，SDH），使其成为不仅适用于光纤传输，也适用于微波和卫星传输的通信技术体制。

1）SDH 的定义

同步数字体系（SDH）所包含的内容非常丰富：它既是一套新的国际标准，又是一个组网原则，也是一种复用方法。最重要的是，它提供了一个在国际上得到支持的框架，从而在此框架的基础上就可建成一种灵活、可靠和能进行遥控管理的世界电信传输网。这种未来的传输网可以非常容易地扩展和适应新的电信业务。此标准使不同厂家生产的设备之间进行互通成为可能，这正是网络建设者长期以来一直追求的。对于用户和电信网的运行者来说，这套 SDH 标准可以保证未来的信息技术发展将会是有条不紊的，他们不必担心不兼容性或网络过时。具体来说，SDH 是一套数字传送结构，供物理传输网络传送经适配的业务信息（净负荷）。它被设计成多用途，以允许传送各种类型的信号，包括 G. 702 规定的 PDH 信号在内。

2）SDH 的速率

同步数字体系中最基本的模块信号是 STM－1，其速率为 155. 520 Mb/s。更高等级模块 STM－N 是 STM－1 的 N 倍，N 取 1，4，16，64……，见表 3-7。

表 3-7　同步数字系列的速率等级

SDH 等级	比特率/($Mb \cdot s^{-1}$)	容量/路
STM－1	155. 520	1 920
STM－4	622. 080	7 680
STM－16	2 480. 320	30 720
STM－64	9 953. 280	122 880

3）SDH 特点

（1）接口方面。

①电接口方面。SDH 体制对网络节点接口（NNI）的数字信号速率等级、帧结构、复接方法、线路接口、监控管理等作了统一的规范。这就使 SDH 设备容易实现多厂家互联，也就是说在同一传输线路上可以安装不同厂家的设备，体现了横向兼容性。

②光接口方面。线路接口（这里指光口）采用世界性统一标准规范，SDH 信号的线路编码仅对信号进行扰码，不再进行冗余码的插入。扰码的标准是世界统一的，这样对端设备

仅需通过标准的解码器就可与不同厂家的 SDH 设备进行光口互联。

（2）复用方式。

由于低速 SDH 信号是以字节间插方式复用进高速 SDH 信号的帧结构中的，这样就使低速 SDH 信号在高速 SDH 信号的帧中的位置是固定并有规律性的，也就是说是可预见的。这样就能从高速 SDH 信号（如 STM－16）中直接分/插出低速 SDH 信号(STM－1)，从而简化了信号的复接和分接，因此 SDH 体制特别适合于高速大容量的光纤通信系统。

另外，由于采用了同步复用方式和灵活的映射结构，可将 PDH 低速支路信号（例如 2 Mb/s）复用进 SDH 信号的帧中去（STM－N），这样使低速支路信号在 STM－N 帧中的位置也是可预见的，于是可以从 STM－N 信号中直接分/插出低速支路信号，从而节省了大量的复接/分接设备（背靠背设备），减少了信号损伤，增加了可靠性，设备的成本、功耗、复杂性也降低了，上、下业务更加简便。

（3）运行维护方面。

SDH 信号的帧结构中安排了丰富的开销字节（占用整个帧所有比特的 1/20），使网络的运行、管理、维护（OAM）能力大大加强，也就是说维护的自动化程度大大加强，使系统的维护费用大大降低。

（4）兼容性。

SDH 网中用 SDH 信号的基本传输模块（STM－1）可以容纳 PDH 的三个数字信号系列和其他各种体制的数字信号系列——ATM、FDDI、DQDB 等，从而体现了 SDH 的前向兼容性和后向兼容性，确保了 PDH 网向 SDH 网和 SDH 向 ATM 的顺利过渡。SDH 把各种体制的低速信号在网络边界处（如 DH/PDH 起点）复用进 STM－1 信号的帧结构中，在网络边界处（终点）再将它们分拆出来即可，这样就可以在 SDH 传输网上传输各种体制的数字信号。

4）SDH 的缺点

（1）频带利用率低。

由于在 SDH 的信号——STM－N 帧中加入了大量的用于 OAM 功能的开销字节，因此系统的可靠性和灵活性大大增强了，但这样必然会使在传输同样多有效信息的情况下，PDH 信号所占用的频带（传输速率）要比 SDH 信号所占用的频带（传输速率）窄，即 PDH 信号所用的速率低。以 2 Mb/s 为例，PDH 的 140 Mb/s（E4 信号）系统可容纳 64 个 2 Mb/s，而 SDH 的 155 Mb/s（STM－1 信号）系统只可容纳 63 个 2 Mb/s。可以说，SDH 的高可靠性和灵活性，是以牺牲频带利用率为代价的。

（2）指针调整机理复杂。

SDH 体制可从高速信号（例如 STM－1）中直接下低速信号（例如 2 Mb/s），省去了多级复用/解复用过程。而这种功能的实现是通过指针机理完成的，指针的作用就是时刻指示低速信号的位置，从而保证了 SDH 从高速信号中直接下低速信号功能的实现。可以说指针是 SDH 的一大特色。

但是指针功能的实现增加了系统的复杂性，最严重的是会使系统产生 SDH 的一种特有抖动——由指针调整引起的结合抖动。这种抖动多发于网络边界处（SDH/PDH），其频率低，幅度大，会导致低速信号在拆出后性能恶化，这种抖动的滤除会相当困难。

（3）软件的大量使用对系统安全性的影响。

SDH 的一大特点是 OAM 的自动化程度高，这也意味着软件在系统中占有相当大的比重，这就使系统很容易受到计算机病毒的侵害。另外，网络层上的人为错误操作、软件故障等对系统的影响也是致命的。

任务实施

（1）PDH 任务。

各团队学习 SDH 知识，各小组分别画出 SDH 的复用过程及速率等级。

（2）从标准化、线路码、复用、帧周期、横向兼容性、网络调度及自愈能力等方面，列表说明 SDH 与 PDH 的区别。

任务总结（拓展）

各团队研讨 SDH 体制是否会替代 PDH 体制。

任务 3－6　SDH 帧结构

教学内容

（1）SDH 帧结构；

（2）SDH 开销字节。

技能要求

（1）能理解 SDH 帧结构；

（2）能理解 SDH 开销功能。

任务描述

团队（4～6 人）完成 SDH 帧结构和开销功能的学习。

任务分析

让学生完成 SDH 帧结构、速率计算和开销功能的学习。

SDH 帧结构

知识准备

1. SDH 帧结构

为便于实现支路的同步复用、交叉连接、分/插和交换（方便从高速信号中直接上/下

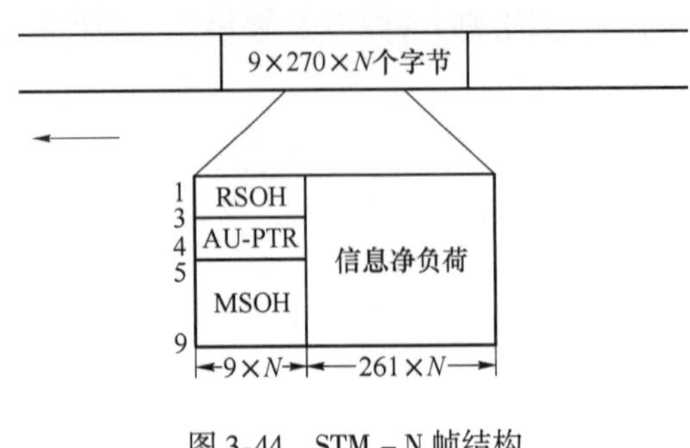

图 3-44　STM－N 帧结构

低速支路信号），STM－N 信号帧结构的安排应尽可能使支路低速信号在一帧内均匀地、有规律地分布。ITU－T 规定的 STM－N 帧结构如图 3-44 所示。它是以字节（B＝8 bit）为单位的矩形块状帧结构。

从图 3-44 可以看出，STM－N 的信号是 9 行×270×N 列的矩形块状帧结构。此处的 N 与 STM－N 的 N 一致，取值范围：1，4，16，64，……。这表示此信号由 N 个 STM－1 信号通过字节间插复用而成。帧周期为 125 μs。当 N 个 STM－1 信号通过字节间插复用成 STM－N 信号时，仅仅是将 STM－1 信号的列按字节间插复用，行数恒定为 9 行。

我们知道，信号在线路上传输是一个比特一个比特地进行传输的，同样，STM－N 信号的传输也遵循按比特传输的方式，SDH 信号帧传输的原则是：帧结构中的字节（8 bit）从左到右，从上到下按行一个字节一个字节地传输，传完一行再传下一行，传完一帧再传下一帧，如此一帧一帧地传送，每秒共传8 000帧。

对于 STM－N 信号的帧频（也就是每秒传送的帧数），ITU－T 规定对于任何级别的 STM 等级，帧频都是 8 000 帧/s，也就是帧长或帧周期为恒定的 125 μs。对于 STM－1 而言，帧长度为 9×270 字节＝2 430 字节，相当于 19 440 bit，帧周期为 125 μs，由此可算出其比特速率为（9×270×8）bit/（125×10^{-6}）s＝155.520 Mb/s。

帧周期的恒定是 SDH 信号的又一大特点。帧周期的恒定使 STM－N 信号的速率有其规律性。例如 STM－4 信号传输速率恒等于 STM－1 信号传输速率的 4 倍，STM－16 信号传输速率恒等于 STM－4 信号传输速率的 4 倍，等于 STM－1 信号传输速率的 16 倍。而 PDH 中的 E2 信号速率不等于 E1 信号速率的 4 倍。SDH 信号的这种规律性使高速 SDH 信号直接分/插出低速 SDH 信号成为可能，特别适用于大容量的传输情况。

2. SDH 帧结构组成功能

从图 3-44 看出，STM－N 帧结构由段开销［包括再生段开销（RSOH）和复用段开销（MSOH）］、管理单元指针（AU－PTR）和信息净负荷（payload）三部分组成。

1）段开销（SOH）

段开销是为了保证信息净负荷正常灵活传送所必须附加的供网络运行、管理和维护（OAM）所使用的字节。在 STM－N 帧结构中，段开销位于横向第 1～3 行、纵向第 1～9×N 列和横向第 5～9 行、纵向第 1～9×N 列，共 8×9×N＝72×N 个字节。段开销又分为再生段开销（RSOH）和复用段开销（MSOH），其分别对相应的段层进行监控。每经过一个再生段更换一次 RSOH，每经过一个复用段更换一次 MSOH。RSOH 和 MSOH 的区别简单地说在于二者的监管范围不同。举个简单的例子，若光纤上传输的是 2.5G 信号，那么，RSOH 监控的是 STM－16 整体的传输性能，而 MSOH 则是监控 STM－16 信号中每一个STM－1的性能。RSOH 在 STM－N 帧中的位置是第 1～3 行的第 1～9×N 列，共 3×9×N 个字节。MSOH 在 STM－N 帧中的位置是第 5～9 行的第 1～9×N 列，共 5×9×N 个字节。与 PDH 信号的帧结构相比较，段开销丰富是 SDH 信号帧结构的一个重要的特点。

2）管理单元指针（AU－PTR）

管理单元指针位于 STM－N 帧中的第 4 行的第 9×N 个字节。AU－PTR 是用来指示信号净负荷的第一个字节在 STM－N 帧内的准确位置的指示符，以便接收端能根据这个位置指示符的值（指针值）正确分离信息净负荷。采用指针方式，可以使 SDH 在准同步环境中完成复用同步和 STM－N 信号的帧定位。

3）信息净负荷（payload）

信息净负荷是在 STM－N 帧结构中存放由 STM－N 传送的各种信息码块的地方。在图 3-44所示 STM－N 帧结构中，信息净负荷位于横向第 1～9 行、纵向第（9×N+1）～第（270×N）列，共 9×261×N 个字节 =2 349×N 个字节。在信息净负荷中，还存放着少量用于通道性能监视、管理和控制的通道开销（POH）字节，将通道开销作为信息净负荷的一部分与信息码块一起在网络中传送。

3. 段开销

STM－N 帧的段开销位于帧结构的（1～3）行×（1～9N）列和（5～9）行×（1～9N）列。现以 STM－1 信号为例来讲述段开销各字节的用途。对于 STM－1 信号，段开销包括位于帧中的（1～3）行×（1～9）列的 RSOH 和位于（5～9）行×（1～9）列的 MSOH。STM－N 帧的段开销字节示意如图 3-45 所示。

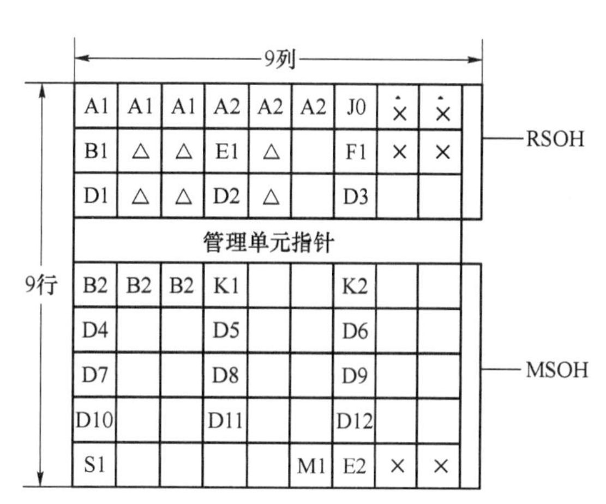

△　为与传输媒质有关的特征字节(暂用)；

×　为国内使用保留字节；

×̇　为不打扰字节；

所有未标记字节待将来国际标准确定（与媒质有关的应用，附加国内使用和其他用途）

图 3-45　STM－N 帧的段开销字节示意

（1）定帧字节 A1 和 A2。定帧字节有点类似指针，起定位的作用。我们知道 SDH 可从高速信号中直接分/插出低速支路信号，原因就是接收端能通过指针——AU－PTR 和 TU－PTR 在高速信号中定位低速信号的位置。但这个过程的第一步是要定位每个 STM－N 帧的起始位置，然后再在各帧中定位相应的低速信号的位置，A1、A2 字节就起到定位一个 STM－N 帧的作用，通过它们，接收端可从信息流中定位、分离出 STM－N 帧，再通过指针定位帧中的某一个低速信号。

接收端怎样通过 A1、A2 字节定位呢？A1、A2 有固定的值，也就是有固定的比特图案——A1：11110110（f6H），A2：00101000（28H）。接收端检测信号流中的各个字节，当发现连续出现 3N 个 6H，又紧跟着出现 3N 个 28H 字节时（在 STM－N 帧中 A1 和 A2 字节各有 3 个），就断定从现在开始收到一个 STM－N 帧，接收端通过定位每个 STM－N 帧的起点来区分不同的 STM－N 帧，以达到分离不同帧的目的，当 N=1 时，区分的是 STM－1 帧。

当连续 5 帧以上（625 μs）收不到正确的 A1、A2 字节，即连续 5 帧以上无法判别帧头

（区分出不同的帧）时，那么接收端进入帧失步状态，产生帧失步告警——OOF。若 OOF 持续了 3 ms，则进入帧丢失状态——设备产生帧丢失告警 LOF，下插 AIS 信号，整个业务中断。在 LOF 状态下若接收端连续 1 ms 以上又处于定帧状态，那么设备回到正常状态。

STM－N 信号在线路上传输要经过扰码以便接收端提取线路定时信号，但又为了在接收端能正确定位帧头 A1、A2，又不能将 A1、A2 扰码。于是 STM－N 信号对段开销第一行的所有字节（不仅是 A1、A2 字节）不扰码，而进行透明传输。当收信正常时，再生器直接转发该字节；当收信故障时，再生器重新产生该字节。

（2）再生段踪迹字节 J0。该字节被用来重复地发送“段接入点标识符”，以便让接收端能据此确认与指定的发送端是否处于持续连接状态。在同一个运营商的网络内该字节可为任意字符，而在不同两个运营商的网络边界处要使设备收、发两端的 J0 字节相同——匹配。通过 J0 字节可使运营商提前发现和解决故障，缩短网络恢复时间。

J0 字节还有一个用法。在 STM－N 帧中每一个 STM－1 帧的 J0 字节定义为 STM 的标识符 C1，用来指示每个 STM－1 在 STM－N 中的位置——指示该 STM－1 是 STM－N 中的第几个 STM－1（间插层数）和该 C1 在该 STM－1 帧中的第几列（复列数），这可帮助 A1、A2 字节进行帧识别。

J0 也不经扰码，进行透明传输。

（3）数据通信通路（DCC）字节 D1～D12。SDH 的一大特点就是 OAM 功能的自动化程度很高，可通过网管终端对网元进行命令的下发、数据的查询，完成 PDH 系统所无法完成的业务实时调配、告警故障定位、性能在线测试等功能。这些用于 OAM 功能的数据信息是通过 STM－N 帧中的 D1～D12 字节传送的。也就是说用于 OAM 功能的相关数据是放在 STM－N帧中的 D1～D12 字节处，由 STM－N 信号在 SDH 网络上传输的。这样 D1～D12 字节提供了所有 SDH 网元都可接入的通用数据通信通路，作为嵌入式控制通路（ECC）的物理层，在网元之间传输操作、管理、维护（OAM）信息，构成 SDH 管理网（SMN）的传送通路。

其中 D1～D3 为再生段数据通路字节（DCCR），速率为 3×64 kb/s = 192 kb/s，用于再生段终端之间传送 OAM 信息；D4～D12 是复用段数据通路字节（DCCM），共 9×64 kb/s = 576 kb/s，用于复用段终端间传送 OAM 信息。DCC 通道速率总共 768 kb/s，它为 SDH 网络管理提供了强大的通信基础。

（4）公务联络字节 E1 和 E2。E1 和 E2 分别提供一个 64 kb/s 的公务联络语音通路，语音信息放在这两个字节中传输。E1 属于 RSOH，用于再生段的公务联络；E2 属于 MSOH，用于终端间直达公务联络。

（5）使用者通路字节 F1。该字节提供速率为 64 kb/s 的数据/语音通路，保留给使用者（通常指网络提供者）专用，主要为特定维护目的提供临时公务联络通路。

（6）比特间插奇偶检验 8 位码（BIP－8）B1。该字节用于再生段误码监测。为理解监测的机理，先讲一讲 BIP－8 奇偶校验，BIP－8 奇偶校验示意如图 3-46 所示。

若某信号帧有 4 个字节 A1 = 00110011、A2 = 11001100、A3 = 10101010、A4 = 00001111，那么将这个帧进行 BIP－8 奇偶校验的方法是以 8 bit 为一个校验单位（1 个字节），将此帧

分成4块（每一个字节为一块，因为1个字节为8 bit，正好是一个校验单元），按图3-46所示的方式摆放整齐。依次计算每一列中1的个数，若为奇数，则得数（B）的相应位填1，否则填0。也就是B的相应位的值使A1、A2、A3、A4摆放的块的相应列的1的个数为偶数。这种校验方法就是BIP－8奇偶校验，实际上是偶校验，因为它保证的是1的个数为偶数。B的值就是将A1、A2、A3、A4进行BIP－8奇偶校验所得的结果。

BTP-8

A1 00110011

A2 11001100

A3 10101010

A4 00001111

B 01011010

图3-46 BIP－8奇偶校验示意

B1字节的工作机理是：发送端对本帧（第 N 帧）加扰后所有字节进行BIP－8奇偶校验，将结果放在下一个待扰帧（第 $N+1$ 帧）中的B1字节；接收端将当前待解扰帧（第 N 帧）的所有比特进行BIP－8奇偶校验，所得的结果与下一帧（第 $N+1$ 帧）的B1字节的值相异或比较，若这两个值不一致，相异或后有“1”出现，根据出现多少个“1”，则可检测出第 N 帧在传输中出现了多少个误码块。

（7）比特间插奇偶校验 $N\times24$ 位的（BIP－$N\times24$）字节B2。B2的工作机理与B1类似，只不过它检测的是复用段的误码情况。B1字节是对整个STM－N帧信号进行传输误码检测，一个STM－N帧中只有一个B1字节，而B2字节是对STM－N帧中的每一个STM－1帧的传输误码情况进行检测，STM－N帧中有 $N\times3$ 个B2字节，每三个B2对应一个STM－1帧。其检测机理是发送端B2字节对前一个待扰的STM－1帧中RSOH（RSOH包括在B1对整个STM-N帧的校验中了）以外的全部比特进行BIP－24计算，结果放于本帧待扰STM－1帧的B2字节位置。接收端对当前解扰后的STM－1（RSOH以外的全部比特）进行BIP－24校验，其结果与下一STM－1帧解扰后的B2字节相异或，根据异或后出现“1”的个数来判断该STM－1帧在STM－N帧中的传输过程中出现了多少个误码块。可检测出的最大误码块个数是24个。在发送端写完B2字节后，相应的 N 个STM－1帧按字节间插复用成STM－N信号后有 $3N$ 个B2，在接收端先将STM－N信号分间插成 $N\times$STM－1信号，再校验这 N 组B2字节。

（8）自动保护倒换（APS）通路字节K1和K2（b1～b5）。这两个字节用作传送自动保护倒换（APS）信令，用于保证设备能在故障时自动切换，使网络业务恢复——自愈，用于复用段保护倒换自愈情况。其中K1作为倒换请求字节，K2（b1～b5）作为证实字节。

（9）复用段远端失效指示（MS－RDI）字节K2（b6～b8）。这是一个对告的信息，由接收端（信宿）回送给发送端（信源），表示接收端检测到上游段故障或收到复用段告警指示信号（MS－AIS）。也就是说当接收端收信劣化时，回送给发送端MS－RDI告警信号，以使发送端知道接收端的状态。若收到解扰后K2的b6～b8为110码，则此信号为对端对告的MS－RDI告警信号；若收到解扰后K2的b6～b8为111码，则此信号为本端收到MS－AIS的信号，此时要向对端发送MS－RDI信号，即在发往对端的信号帧STM－N的K2的b6～b8中放入110比特图案。

（10）同步状态字节S1（b5～b8）。该字节表示同步状态信息，不同的比特图案表示ITU－T的不同时钟质量级别，设备能据此判定接收的时钟信号的质量，以此决定是否切换时钟源，即切换到较高质量的时钟源上。S1（b5～b8）的值越小，表示相应的时钟质量级别越高。

（11）复用段远端误块指示（MS－REI）字节 M1。这是个对告信息，由接收端回发给发送端。M1 字节用来传送接收端由 BIP－$N\times24$（B2）所检出的误块数，以便发送端据此了解接收端的收信误码情况。

（12）与传输媒质有关的字节△。△字节专用于具体传输媒质的特殊功能，例如用单根光纤作双向传输时，可用此字节来实现辨明信号方向的功能。

（13）国内保留使用的字节×。

其他所有未作标记的字节的用途待由将来的国际标准确定。

以上讲述了 STM－N 帧中的段开销——RSOH、MSOH 的各字节的使用方法，正是这些字节，实现了 STM－N 信号的段层的 OAM 功能。

下面讲述 N 个 STM－1 帧通过字节间插复用成 STM－N 帧时，段开销的复用情况。

N 个 STM－1 帧通过字节间插复用成 STM－N 帧时各 STM－1 帧的管理单元指针（AU－PTR）和信息净负荷（payload）的所有字节原封不动地按字节间插复用方式复用，而段开销的复用方式就有所区别。段开销的复用规则是 N 个 STM－1 帧以字节间插复用 STM－N 帧时，只有段开销中的 A1、A2、B2 字节，指针和信息净负荷按字节间插复用成 STM－N 帧，各STM－1帧中的其他开销字节作终结处理，再重新插入 STM－N 相应的开销字节中。例如 4 个 STM－1 帧复用后形成的 STM－4 帧的段开销结构如图 3-47 所示。

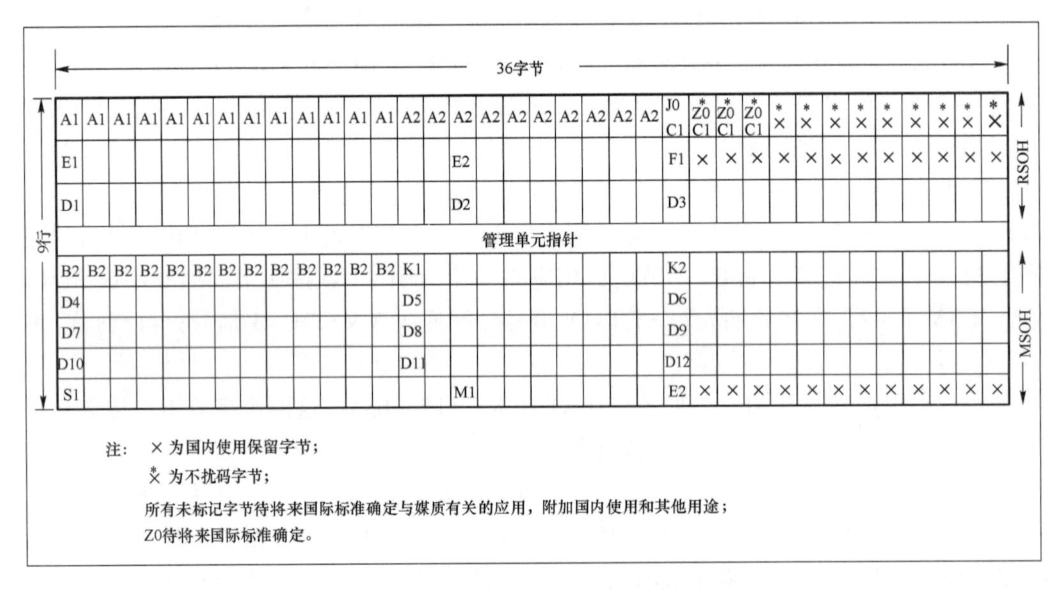

图 3-47　STM－4 帧的段开销结构

在 STM－N 中只有一个 B1 字节，有 $N\times3$ 个 B2 字节［因为 B2 字节为 BIP－24 检验的结果，故每个 STM－1 帧有 3 个 B2 字节，$3\times8=24$（位）］。STM－N 帧中有 D1～D12 各一个字节；E1、E2 各一个字节；一个 M1 字节；K1、K2 各一个字节。

4. 通道开销

段开销负责段层的 OAM 功能，而通道开销（POH）负责的是通道层的 OAM 功能。根据监测通道的“宽窄”，通道开销又分为高阶通道开销（HPOH）和低阶通道开销（LPOH）两种（所谓“高阶”是指高速的信号，“低阶”是指低速的信号）。VC3 中的 POH 依

34 Mb/s复用路线选取的不同，可划在高阶或低阶通道开销范畴，其字节结构和作用与VC4的通道开销相同，加之其使用较少，在此不进行专门讲述。本教材中所指高阶通道开销是对VC4级别的通道进行监测，可对140 Mb/s在STM－N帧中的传输情况进行监测；低阶通道开销是完成VC12通道级别的OAM功能，也就是监测2 Mb/s在STM－N帧中的传输性能。

1）高阶通道开销

高阶通道开销的位置在VC4帧中的第1列，共9个字节，依次为J1、B3、C2、G1、F2、H4、F3、K3、N1。其中J1、B3、C2、G1与信息净负荷无关，主要用作端到端的通信；F2、H4、F3与信息净负荷有关；K3和N1主要用于管理。高阶通道开销的结构如图3-48所示。

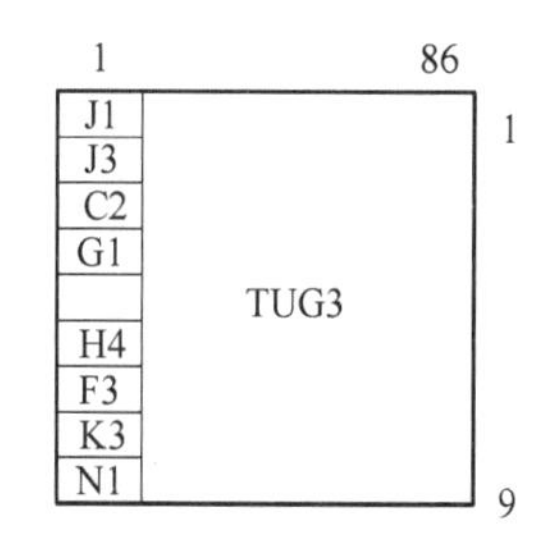

图3-48　高阶通道开销的结构

下面介绍这些字节的功能。

（1）J1：通道踪迹字节。J1是VC4的第一个字节（即起点），AU－PTR指针指的是VC4的起点在AU－4中的具体位置，即VC4的第一个字节的位置，以使收信端能据此AU－PTR的值，正确地在AU－4中分离出VC4。AU－PTR所指向的正是J1字节的位置。

该字节的作用与J0字节类似，被用来重复发送高阶通道接入识别符，使通道接收端能据此确认与指定的发送端是否处于持续的连续状态。其要求也是收发两端J1字节相匹配，否则在接收端设备会出现高阶通道踪迹字节失配（HP－TIM）告警。

（2）B3：通道BIP－8码。通道BIP－8码B3字节负责监测VC4在STM－N帧中传输的误码性能，也就是监测140 Mb/s的信号在STM－N帧中传输的误码性能。其检测机理与B1、B2字节相类似，只不过B3字节是对VC4帧进行BIP－8奇偶校验。

（3）C2：信号标记字节。C2用来指示VC帧的复接结构和信息净负荷的性质，如通道是否已装载、所载业务种类和它们的映射方式。例如C2＝00H表示未装载信号，这时要往这个VC4通道的信息净负荷TUG3中插全“1”码——TU－AIS，设备出现高阶通道未装载告警：HP－UNEQ。C2＝02H表示VC4所装载的净负荷是按TUG结构的复用路线复用来的，C2＝15H表示VC4的信息净负荷是FDDI（光纤分布式数据接口）。C2字节的设置也要使收发两端匹配，否则在接收端设备会出现高阶通道信号标记字节失配（HP－SLM）告警。

（4）G1：通道状态字节。G1用来将通道终端状态和性能情况回送给VC4通道源设备，从而允许在通道的任一端或通道中任一点对整个双向通道的状态和性能进行监视。G1字节实际上传送对告信息，即由接收端发往发送端信息，使发送端能据此了解接收端接收相应VC4通道信息的情况。

G1字节中各比特的安排如下：

b1～b4回传给发送端由B3（BIP－8）检测出的VC4通道的误码块数，也就是HP－REI。当接收端收到AIS、误码超限、J1、C2失配时，由G1字节的b5回送发送端一个

HP－RDI（高阶通道远程劣化指示），使发送端了解接收端接收相应VC4的状态，以便及时发现、定位故障。G1字节的b6～b8暂时未使用。

（5）F2、F3：使用者通路字节。这两个字节为使用者提供与信息净负荷有关的通道单元之间的通信。

（6）H4：TU位置指示字节。H4字节指示有效负荷的复帧类别和信息净负荷的位置，例如作为TU12复帧指示字节或ATM净负荷进入一个VC4时的信元边界指示器。

只有当2 Mb/s PDH信号复用进VC4时，H4字节才有意义，因为2 Mb/s的信号装进C12时是以4个基帧组成一个复帧的形式装入的，那么在接收端为正确定位分离出E1信号就必须知道当前的基帧是复帧中的第几个基帧。H4字节就是指示当前的TU12（VC12或C12）是当前复帧中的第几个基帧，起着位置指示的作用。H4字节的范围是01H～04H，若在接收端收到的H4字节不在此范围内，则接收端会产生一个支路单元复帧丢失（TU－LOM）告警。

（7）K3：空闲字节。留待将来应用，要求接收端忽略该字节的值。

（8）N1：网络运营商字节。用于特定的管理目的。

2）低阶通道开销

低阶通道开销在这里指的是VC12中的通道开销，当然它监控的是VC12通道级别的传输性能，也就是监控2 Mb/s的PDH信号在STM－N帧中传输的情况。

低阶通道开销由V5、J2、N2和K4字节组成。一个VC12的复帧结构由4个VC12基帧组成，低阶通道开销这四个字节就放在每个VC12基帧的第一个字节。低阶通道开销的结构如图3-49所示。

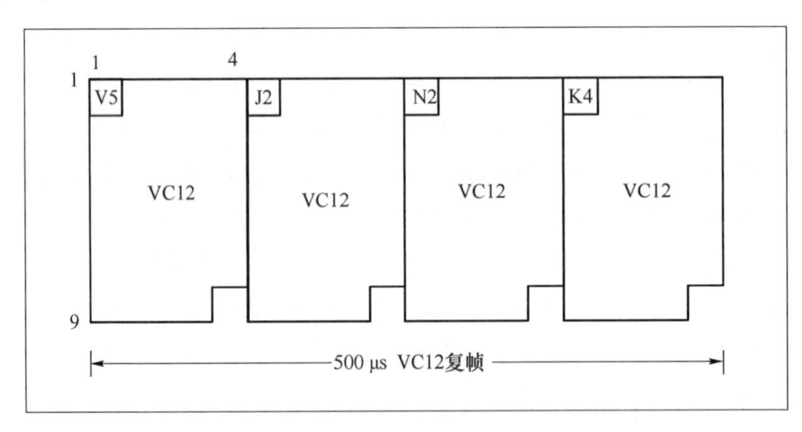

图3-49　低阶通道开销的结构

这些字节的功能如下：

（1）V5：通道状态和信号标记字节。V5是VC12复帧的第一个字节（即起点），TU－PTR指示的是VC12复帧的起点在TU12复帧中的具体位置，也就是TU－PTR指示的是V5字节在TU12复帧中的具体位置。

V5字节具有误码监测、信号标记和VC12通道状态表示等功能，从这可看出V5字节具有高阶通道开销G1和C2两个字节的功能。V5字节的结构如图3-50所示。

误码监测（BIP－2）		远端误块指示（REI）	远端故障指示（RFI）	信号标记（Signal Lable）			远端接收失控指示（RDI）
1	2	3	4	5	6	7	8
误码监测： 传送比特间插奇偶校验码 BIP－2：第一个比特的设置应使上一个 VC12 复帧内所有字节的全部比特的奇偶校验为偶数；第二比特的设置应使全部偶数比特的奇偶校验为偶数		远端误块指示（从前叫作 FEBE）：BIP－2 检测到误码块就向 VC12 通道源发 1，无误码则发 0	远端故障指示：有故障发 1，无故障发 0	信号标记：表示信息净负荷的装载情况和映射方式，3 bit 共 8 个二进制： 000 未装备 VC 通道 001 已装备 VC 通道，但未规定有效负载 010 异步浮动映射 011 比特同步浮动 100 字节同步浮动 101 保留 110 O. 181 测试信号 111 VC－AIS			远端接收失效指示（从前叫作 FERF）：接收失效则发 1，成功则发 0

图 3-50　V5 字节的结构

若接收端通过 BIP－2 检测到误码块，在本端性能事件由低阶通道背景误码块（LP－BBE）中显示由 BIP－2 检测出的误码块数，同时由 V5 的 b3 回送给发送端低阶通道远程失效指示（LP－REI），这时可在发送端的性能事件 LP－REI 中显示相应的误码块数。V5 的 b8 是 VC12 通道远程失效指示，当接收端收到 TU12 的 AIS 信号，或信号失效条件时，回送给发送端一个低阶通道远程劣化指示（LP－RDI）。当劣化（失效）条件持续期过了传输系统保护机制设定的门限时，劣化转变为故障，这时发送端通过 V5 的 b4 回送给发送端低阶通道远端故障指示（LP－RFI），告之发送端此时接收端相应的 VC12 通道出现接收故障。

b5～b7 提供信号标记功能，只要收到的值不是 0 就表示 VC12 通道已装载，即 VC12 货包不是空的。若 b5～b7 为“000”，其表示 VC12 为空包，这时接收端设备出现低阶通道未装载（LP－UNEQ）告警，此时下插全“0”码（而不是全“1”码—AIS）。若收发两端 V5 的 b5～b7 不匹配，则接收端出现低阶通道信息标记失配（LP－SLM）告警。

（2）J2：VC12 通道踪迹字节。J2 的作用类似 J0、J1，它被用来重复发送内容，由收发两端商定的低级通道接入识别符，使接收端能据此确认与发送端在此通道上处于持续接续状态。

（3）N2：网络运营商字节。用于特定的管理目的。

（4）K4：备用字节。留待将来应用。

任务实施

1. SDH 帧结构

各团队采用小组互学的方式开展对 SDH 帧结构的学习，由团队说明 SOH 帧结构各部分的功能，例如：画出 STM－4 帧结构。

2. 计算 SDH 帧结构速率及各组成部分速率

STM－1，N 就取 1，SDH 平均传一帧耗时为 125 μs；STM－1 每帧所含的字节为 8 bit × 9 × 1 × 270 = 19 440 bit，STM－1 的速率为 19 440 bit ÷ 125 μs = 155.520 Mb/s。

请各团队分别计算 STM－4 中再生段、复用段、管理单元指针和信息净负荷的速率，同时写出计算过程。

3. SDH 开销

各团队采用小组互学的方式开展对 SDH 开销的学习，由团队相互提问，开展对 SDH 开销内容的学习。

4. 研讨

若将 STM－N 信号帧比作一辆货车，其信息净负荷区即该货车的车厢，信号为待运输的货物（衣服、手机等），货物需要打包，如何对货物、货物包（2M 小货物包、34M 中货物包、140 Mb/s STM－N 大货物包，例如 STM－N 中的某一个 STM－1 信号、STM－N 整体信号）进行管理？请各团队开展讨论，用货物、货物包、车厢、位置更好地说明 SDH 帧结构和开销功能。

任务总结（拓展）

各团队研讨 STM－N 段开销排列关系（N 个 STM－1 帧结构中开销的位置）。

任务 3－7　SDH 复用

教学内容

（1）SDH 复用原理；

（2）SDH 复用过程。

技能要求

（1）能理解 SDH 复用原理；

（2）能理解 PDH 信号（2 Mb/s、34 Mb/s、140 Mb/s）复用过程。

任务描述

团队（4～6 人）完成 SDH 复用原理及过程。

任务分析

让学生完成 SDH 复用原理及过程。

知识准备

SDH 复用包括两种情况，一种是低阶的 SDH 信号复用成高阶 SDH 信号；另一种是低速支路信号（例如 2 Mb/s、34 Mb/s、140 Mb/s）复用成 SDH 信号 STM－N。

第一种情况在前面已有所提及，复用主要是通过字节间插复用的方式来完成的，复用的个数是四合一，即 4×STM－1→STM－4，4×STM－4→STM－16。第二种情况用得最多的就是将 PDH 信号复用进 STM－N 信号中去。

在 SDH 复用结构中，各种业务信号复用进 STM－N 帧的过程都要经历映射、定位、复用三个步骤。

SDH 复用

我国的光同步传输网体制规定了以 2 Mb/s 信号为基础的 PDH 系列作为 SDH 的有效负荷，并选用 AU－4 复用路线。我国的 SDH 复用映射结构如图 3-51 所示。

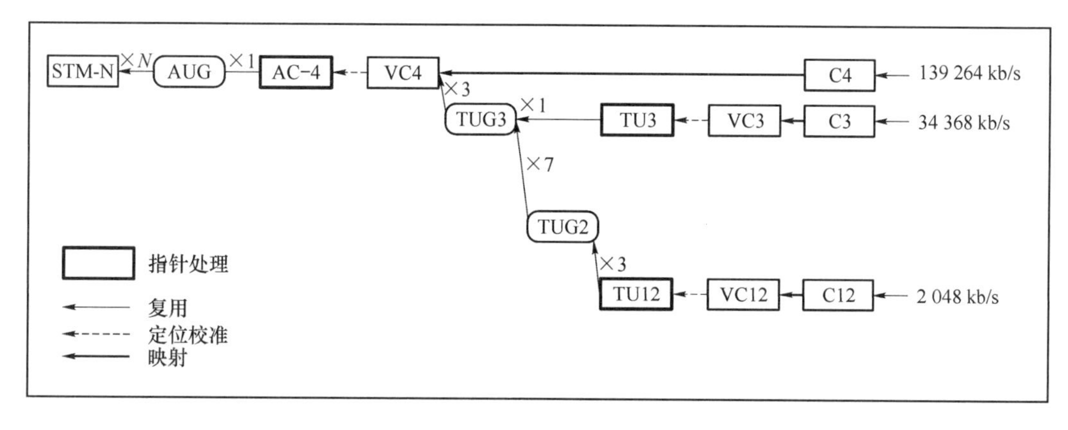

图 3-51　我国的 SDH 复用映射结构

1. 140 Mb/sPDH 信号复用进 STM－N 信号

（1）首先将 140 Mb/s 的 PDH 信号经过码速调整（比特塞入法）适配进 C4，C4 是用来装载 140 Mb/sPDH 信号的标准信息结构。C4 的帧结构是以字节为单位的块状帧，帧频是8 000帧/s，也就是说经过速率适配，140 Mb/s 的信号在适配成 C4 信号时已经与 SDH 传输网同步了。这个过程也就相当于 C4 装入异步 140 Mb/s 的信号。C4 的帧结构如图 3-52 所示。

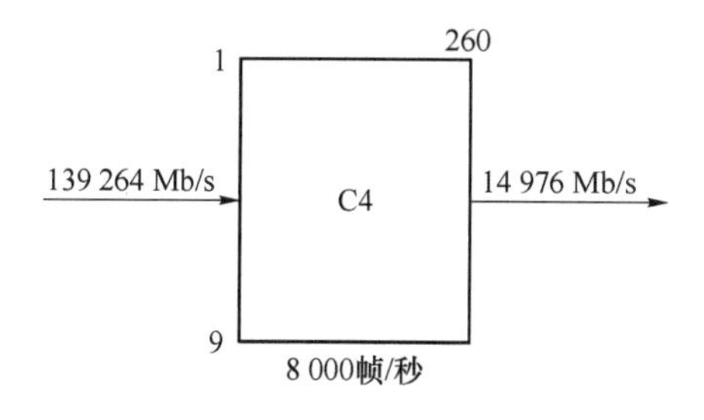

图 3-52　C4 的帧结构

（2）为了能够对 140 Mb/s 的通道信号进行监控，在复用过程中要在 C4 的块状帧前加上一列通道开销字节（高阶通道开销 VC4－POH），此时信号成为 VC4 信息结构，VC4 信息结构如图 3-53 所示。

（3）信息都打成了标准的包封，现在就可以将它复用进 STM－N 信号中了，此过程就像往车上装载货物，货物（VC）装载的位置是其信息净负荷区。在装载货物（VC）的时候会出现这样一个问题，当货物装载的速度和货车等待装载的时间（STM－N 的帧周期为 125μs）不一致时，货物在车厢内的位置就会“浮动”，那么在接收端怎样才能正确分离货物包呢？SDH 采用在 VC4 前附加一个管理单元指针（AU－PTR）来解决这个问题。此时信号由 VC4 变成了管理单元 AU－4 这种信息结构。AU－4 的结构如图 3-54 所示。

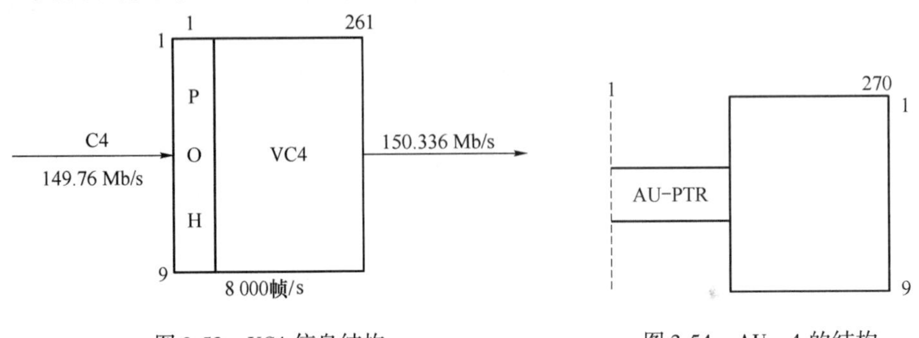

图 3-53　VC4 信息结构　　图 3-54　AU－4 的结构

AU－4 这种信息结构已初具 STM－1 信号的雏形——9 行×260 列，只不过缺少 SOH 部分而已，这种信息结构其实也算是将 VC4 信息包再加了一个包封，从而构成了 AU－4。

管理单元为高阶通道层和复用段层提供适配功能，由高阶 VC 和 AU 指针组成。AU 指针的作用是指明高阶 VC 在 STM 帧中的位置，也就是说指明 VC 货物在 STM－N 车厢中的具体位置。通过指针的作用，允许高阶 VC 在 STM 帧内浮动，也就是说允许 VC4 和 AU－4 有一定的频偏和相差。换句话说，允许货物的装载速度与车辆的等待时间有一定的差异，也可以这样说，允许 VC4 的速率和 AU－4 包封速率（装载速率）有一定的差异。这种差异不会影响接收端正确地定位、分离 VC4。尽管货物包可能在车厢内（信息净负荷区）“浮动”，但是由于 AU－PTR 不在信息净负荷区，而是和段开销在一起，因此 AU－PTR 本身在 STM 帧内的位置是固定的，这就保证了接收端能正确地在相应的位置找到 AU－PTR，进而通过 AU 指针定位 VC4 的位置，从而从 STM－N 信号中分离出 VC4。一个或多个在 STM 帧中占用固定位置的 AU 组成 AUG——管理单元组。

（4）现在只剩下最后一步了，将 AU－4 加上相应的 SOH 合成 STM－1 信号，N 个 STM－1信号通过字节间插复用成 STM－N 信号。

34 Mb/s、2 Mb/s PDH 信号复用进 STM－N 信号

1）34Mb/s PDH 信号复用进 STM－N 信号

（1）同样，34 Mb/s 的信号先经过码速调整适配到相应的标准容器 C3 中，然后加上相应的通道开销，C3 打包成 VC3，此时的帧结构是 9 行×85 列，如图 3-55 所示。为了便于接收端定位 VC3，以便能将它从高速信号中直接拆离出来，在 VC3 的帧上加了 3 个字节的指针——TU－PTR（支路单元指针）。此时的信息结构是支路单元 TU－3（与 34 Mb/s 的信号相对应的信息结构），支路单元提供低阶通道层（低阶 VC，例如 VC3）和高阶通道层之间的桥梁，也就是说是高阶通道（高阶 VC）拆分成低阶通道（低阶 VC），或低阶通道复用成高阶通道的中间过渡信息结构。

（2）支路单元指针 TU－PTR 的作用是指示低阶 VC 的起点在支路单元 TU 中的具体位置。与 AU－PTR 类似，AU－PTE 是指示 VC4 起点在 STM 帧中的具体位置，实际上二者的

工作机理也很类似。可以将 TU 类比成一个小的 AU－4，那么在装载低阶 VC 到 TU 中时就要有一个定位的过程——加入 TU－PTR 的过程。装入 TU－PTR 后的 TU3 的结构如图3-56所示。

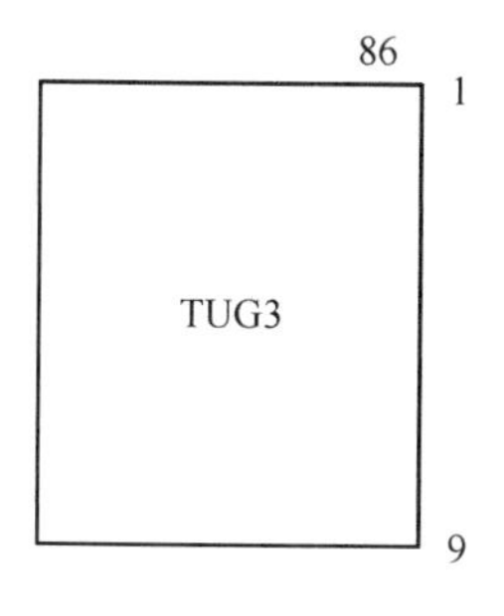

图 3-55　VC3 的结构

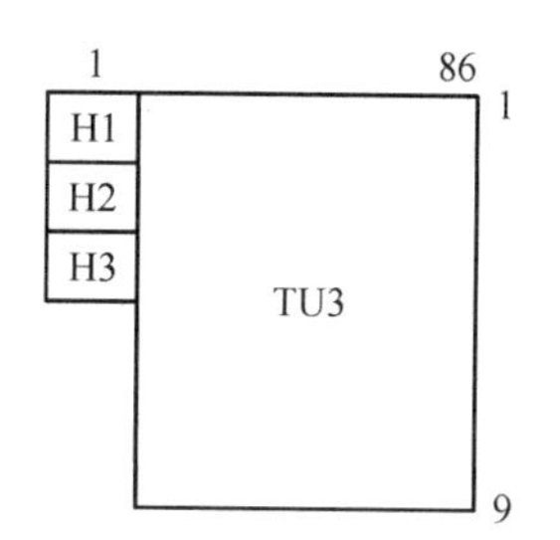

图 3-56　TU3 的结构

（3）TU3 的帧结构有点残缺，先将其缺口部分补上，成为 TUG3 信息结构，TUG3 的结构如图 3-57 所示。图中 R 为塞入的伪随机信息，这时的信息结构为 TUG3——支路单元组。

（4）三个 TUG3 通过字节间插复用方式，复合成 C4 信息结构。因为 TUG3 是 9 行 ×86 列的信息结构，所以 3 个 TUG3 通过字节间插复用方式复合的信息结构是 9 行 ×258 列的块状帧结构，而 C4 是 9 行 ×260 列的块状帧结构。于是在 3 × TUG3 合成结构前面加两列塞入比特，使其成为 C4 的信息结构。C4 的结构如图 3-58 所示。

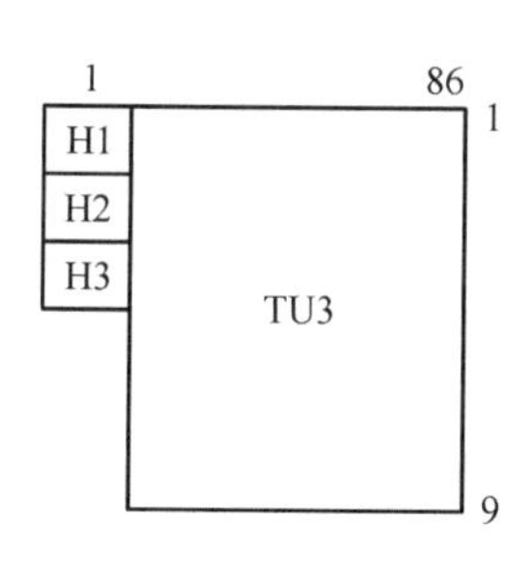

图 3-57　TUG3 的结构

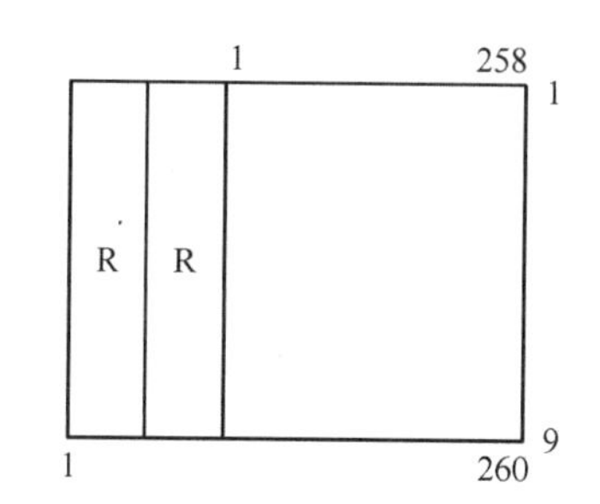

图 3-58　C4 的结构

（5）这时剩下的工作就是将 C4 复用进 STM－N 中去了，此过程与前面讲的将 140 Mb/s 信号复用进 STM－N 信号的过程类似：C4→VC4→AU－4→AUG→STM－N。

2）2 Mb/sPDH 信号复用进 STM－N 信号

当前运用最多的复用方式是将 2 Mb/s 信号复用进 STM－N 信号中，它也是 PDH 信号复用进 STM－N 信号最复杂的一种方式。

（1）首先，将 2 Mb/s 的 PDH 信号经过速率适配装载到对应的标准容器 C12 中，为了便于速率适配采用复帧的概念，即将四个 C12 基帧组成一个复帧。C12 的基帧帧频也是 8 000帧/s，那么 C12 复帧的帧频就是 2 000 帧/s，如图 3-59 所示。

采用复帧纯粹是为了速率适配的方便。例如，若 E1 信号的速率是标准的 2.048 Mb/s，因为 C12 帧频是 8 000 帧/s，PCM30/32［E1］信号的帧频也是 8 000 帧/s，所以装入 C12 时正好是每个基帧装入 32 个字节（256 bit）有效信息。但当 E1 信号的速率不是标准速率 2.048 Mb/s时，那么装入每个 C12 的平均比特数就不是整数。例如，E1 的速率是 2.046 Mb/s时，将此信息装入 C12 基帧时平均每帧装入的比特数是（2.046×10^6 b/s）/

(8 000帧/s) =255.75 bit 有效信息，比特数不是整数，因此无法装入。若此时取 4 个基帧为一个复帧，那么正好一个复帧装入的比特数为（2.046×10^{6} b/s)/(2 000 帧/s) = 1 023 bit，可在前三个基帧每帧装入 256 bit（32 字节）有效信息，在第 4 帧装入 255 个 bit 有效信息，这样就可将此速率的 E1 信息完整地适配进 C12 中去。那么怎样对 E1 信号进行速率适配（也就是怎样将其装入 C12）呢？C12 基帧结构是 9 ×4 –2 个字节的带缺口的块状帧，4 个基帧组成一个复帧，C12 的复帧结构和字节安排如图 3-59 所示。

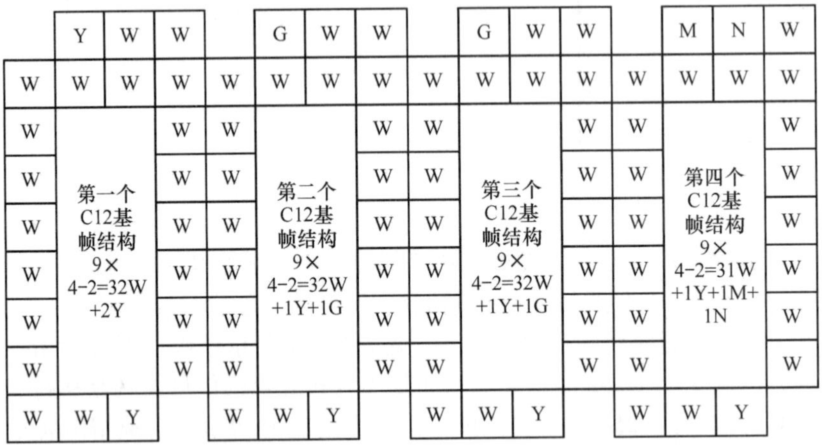

第一个 C12基 帧结构 9× 4−2=32W +2Y

第二个 C12基 帧结构 9× 4−2=32W +1Y+1G

第三个 C12基 帧结构 9× 4−2=32W +1Y+1G

第四个 C12基 帧结构 9× 4−2=31W +1Y+1M+ 1N

图 3-59　C12 的复帧结构和字节安排

每格为一个字节（8 bit），各字节的比特类别如下：

W = IIIIIIII，Y = RRRRRRRR，G = C1C2OOOORR，M = C1C2RRRRRS1，N = S2IIIIIII；

I：信息比特；R：塞入比特；O：开销比特；

C1：负调整控制比特；S1：负调整位置；C1 =0 S1 = I；C1 =1 S1 = R＊；

C2：正调整控制比特；S2：正调整位置；C2 =0 S2 = I；C2 =1 S2 = R＊。

R＊表示调整比特，在接收端去调整时，应忽略调整比特的值，复帧周期为 125 μs × 4 =500 μs。

复帧中的各字节的内容如图 3-59 所示，一个复帧共有：C12 复帧 =4 ×(9 ×4 –2）字节 = 136 字节 =127W +5Y +2G +1M +1N =(1 023I +S1 +S2）+3C1 +49R +8O =1 088 bit，其中负、正调整控制比特 C1、C2 分别控制负、正调整位置比特 S1、S2。当 C1C1C1 =000 时，S1 放有效信息比特 I，而 C1C1C1 =111 时，S1 放塞入比特 R，C2 以同样的方式控制 S2。那么复帧可容纳有效信息净负荷的运行速率范围是：

C12 复帧 max =（1 023 +1 +1）×2 000 =2.050（Mb/s）；

C12 复帧 min =（1 023 +1 +1）×2 000 =2.046（Mb/s）。

也就是说当 E1 信号适配进 C12 时，只要 E1 信号的速率在 2.046 ~2.050 Mb/s 的范围内，就可以将其装载进标准的 C12 容器中，也就是说可以经过速率调整将其速率调整成标准的 C12 速率——2.176 Mb/s。

（2）为了在 SDH 网的传输中能实时监测任一个 2 Mb/s 通道信号的性能，需将 C12 再打包——加入相应的通道开销（低阶通道开销），使其成为 VC12 的信息结构。如图 3-59 所示，此处低阶通道开销是加在每个基准左上角的缺口上的，一个复帧有一组低阶通道开销，共 4 个字节：V5、J2、N2、K4。因为 VC 可看成一个独立的实体，因此以后对 2 Mb/s 业务的调配是以 VC12 为单位的。

一组通道开销监测的是整个一个复帧在网络上传输的状态，一个 C12 复帧装载的是 4 帧 PCM30/32 的信号，因此，一组 LP－PTR 监控的是 4 帧 PCM30/32 信号的传输状态。

（3）为了使接收端能正确定位 VC12 的帧，在 VC12 复帧的 4 个缺口上再加上 4 个字节的 TU－PTR，这时信号的信息结构就变成了 TU12，为 9 行 ×4 列。TU－PTR 指示复帧中第一个 VC12 的起点在 TU12 复帧中的具体位置。

（4）3 个 TU12 经过字节间插复用合成 TUG2，此时的帧结构是 9 行 ×12 列。

（5）7 个 TUG2 经过字节间插复用合成 TUG3 的信息结构。7 个 TUG2 合成的信息结构是 9 行 ×84 列，为满足 TUG3 的信息结构（9 行 ×86 列），需在 7 个 TUG2 合成的信息结构前加入两列固定塞入比特。TUG3 的信息结构如图 3-60 所示。

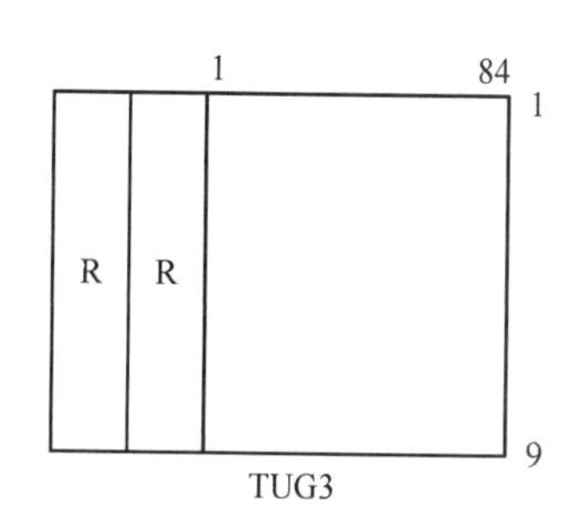

图 3-60　TUG3 的信息结构

（6）TUG3 的信息结构再复用进 STM－N 中的步骤则与前面所讲的一样。

从 2 Mb/s 复用进 STM－N 信号的复用步骤可以看出，3 个 TU12 复用成一个 TUG2，7 个 TUG2 复用成一个 TUG3，3 个 TUG3 复用进一个 VC4，一个 VC4 复用进一个 STM－1，也就是说 2 Mb/s 的复用结构是 3-7-3 结构。由于复用的方式是字节间插方式，所以在一个 VC4 中的 63 个 VC12 的排列方式不是顺序的。头一个 TU12 的序号和紧跟其后的 TU12 的序号相差 21。

同一个 VC4 中不同位置 TU12 的序号可由下列公式算出：

VC12 序号 = TUG3 编号 +（TUG2 编号 －1）×3 +（TUG12 编号 －1）×21。

此处的编号是指 VC4 帧中的位置编号，TUG3 编号范围为 1～3；TUG2 编号范围为 1～7；TU12 编号范围为 1～3。TU12 序号是指本 TU12 经复用后在 VC4 帧中 63 个 TU12 的第几个 TU12。VC4 中的 TUG3、TUG2、TU12 的排放结构如图 3-61 所示。

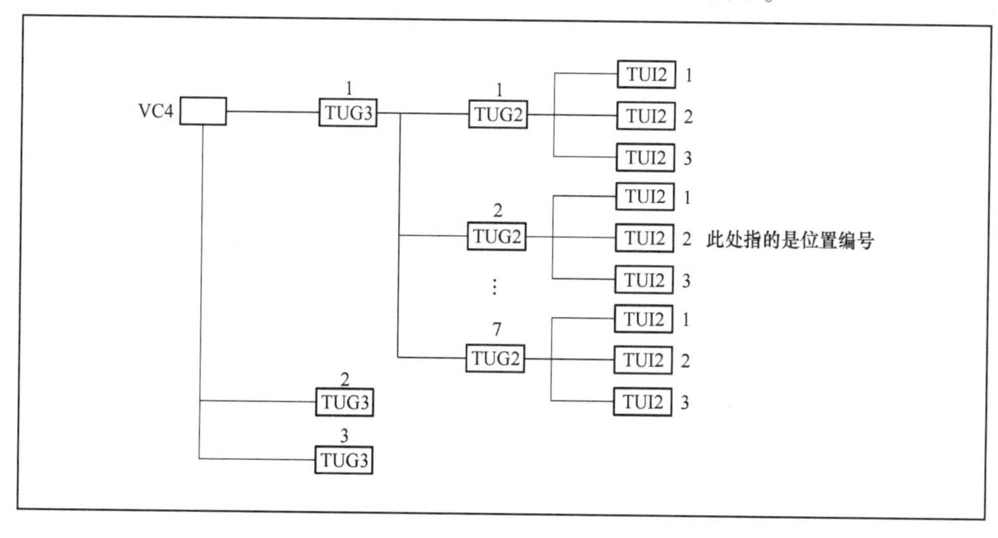

图 3-61　VC4 中的 TUG3、TUG2、TU12 的排放结构

图 3-62 所示是我国 SDH 复用结构示意。

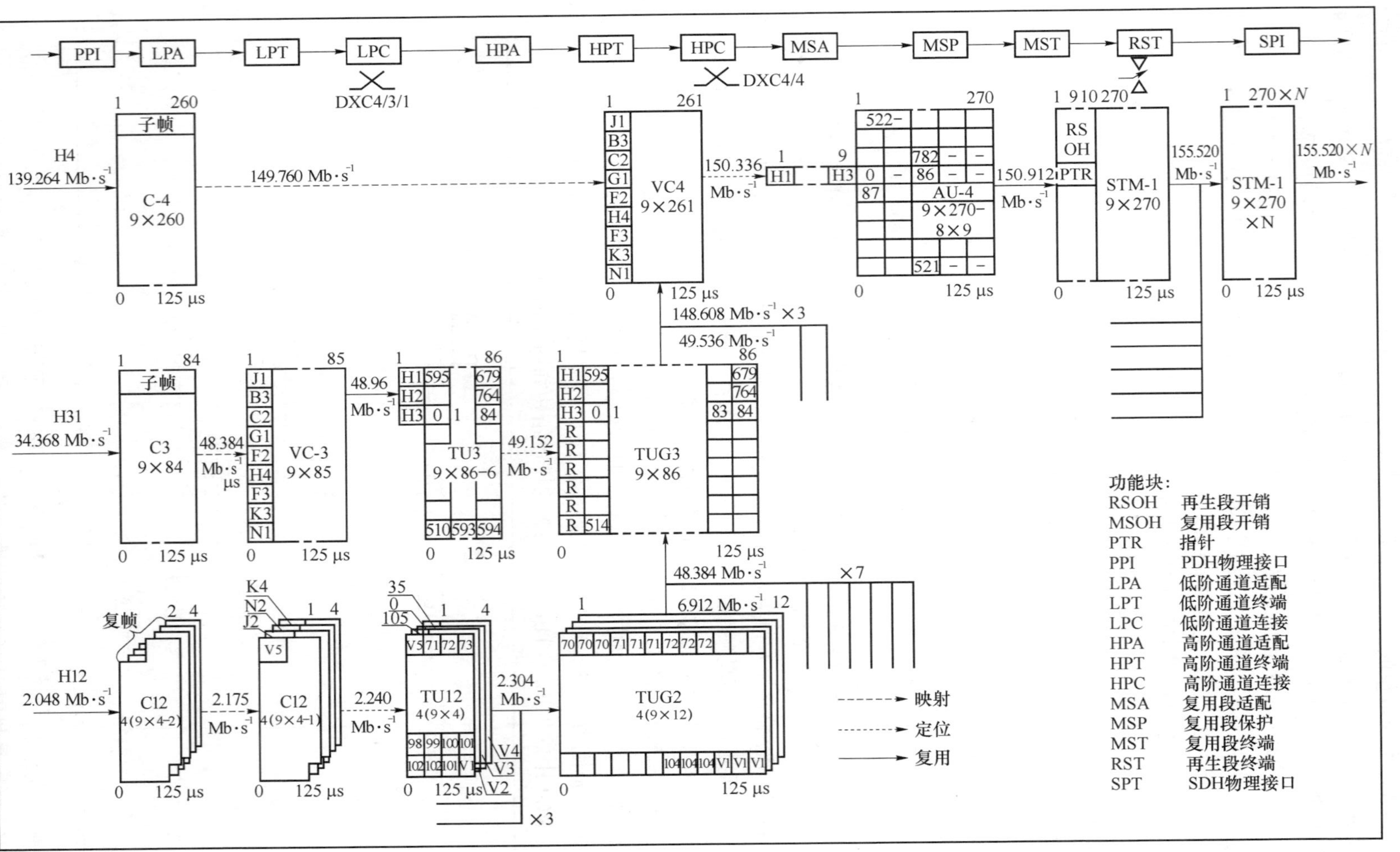

图 3-62　我国 SDH 复用结构示意

任务实施

各团队认真学习图3-61和图3-62。将2 Mb/s PDH信号复用进STM－N信号利用图（如图3-62所示）表达出来。

任务总结（拓展）

各团队研讨管理单元指针的作用。

习　题

一、填空题

1. 光与物质的相互作用，可以归结为光与原子的相互作用，其将产生受激吸收、________、________三种物理过程。

2. 要想物质产生光的放大，就必须使受激辐射________受激吸收，即使 $N_2 > N_1$，这种粒子数的反常态分布称为粒子（电子）数反转分布，粒子数反转分布状态是使物质产生光放大而发光的首要条件。

3. 半导体激光器要实现激光发射工作，必须满足以下三个条件：必须有产生激光的工作物质（也叫激活物质）；必须有能够使工作物质处于粒子数反转分布状态的激励源（也叫泵浦源）；必须有能够完成频率选择及反馈作用的________。

4. 激光器的阈值电流和输出光功率随温度变化的特性为温度特性。阈值电流随温度的升高而________。

5. LED与LD相比，LED的输出光功率较小，谱线宽度较宽，调制频率较低。LED通常和________耦合，用于1.31 μm或0.85 μm波长的小容量、短距离的光通信系统。LD通常和________耦合，用于1.31 μm或1.55 μm大容量、长距离的光通信系统。分布反馈半导体激光器（DFB－LD）主要也和多模光纤或特殊设计的单模光纤耦合，用于1.55 μm超大容量的新型光纤系统，这是目前光纤通信发展的主要趋势。

6. 光无源器件可分为连接用的部件和功能性部件两类，连接用的部件有各种光连接器，用做光纤-光纤、部件（设备）-光纤，或部件（设备）-部件（设备）的连接；功能性部件有分路器、耦合器、光合波分波器、________、光开关和光隔离器等，用于光的分路、耦合、复用、衰减等方面。

7. ITU－T建议“用来稳定地，但并不是永久地连接两根或多根光纤的无源组件是________”。

8. 用在激光器或放大器的后面，避免线路中由于各种因素而产生的发射再次回到该器件致使该器件的性能变坏的光无源器件是________。

9. 将电信号转换为光信号送入光纤的器件是________，常见的器件有________和________两种。

10. 光发送机的主要性能指标包括________和________。

11. 数字光接收机的主要指标有光接收机的________和________。

12. 在满足一定误码率的条件下，光接接收机的最大接收光功率为0.1 mW，最小接收光功率1 000 nW，接收机的动态范围为__________ 。

13. 为增加光接收机的接收动态范围，应采用（　　）电路。

A. ATC　　B. AGC　　C. APC　　D. ADC

二、简答题

1. 叙述APD光电二极管的工作原理。
2. 画出光接收机框图并叙述各部分的功能。
3. 画出光发射机框图并叙述各部分的功能。

任务4-1　光缆工程施工概述

教学内容

(1) 光缆工程施工的主要内容;

(2) 光缆工程施工的流程。

技能要求

(1) 理解光缆工程施工的流程;

(2) 理解光缆工程(线路)施工的范围。

任务描述

团队(4~6人)学习光缆工程施工的内容和流程，理解其内涵。

任务分析

通过某光缆工程项目让学生说出光缆工程施工的主要内容和流程。

知识准备

1. 光缆工程的特点

光缆线路工程与普通电缆线路工程有很多相同的地方，不少施工方法可以运用原有的工艺方法。但由于光缆的传输介质与电缆有本质上的区别，因而光缆工程在施工方法、标准、要求和施工主要工序流程上也有自己的特点。工程设计和施工人员应充分认识这些特点，这有利于多快好省地完成工程项目。

2. 光缆工程施工的范围

光缆工程是光缆通信工程的一个重要组成部分。它与传输设备安装工程的划分，是以光纤分配架（ODF、ODU）或光纤分配盘（ODP）为分界，其外侧为光缆线路部分，如图 4-1 所示。

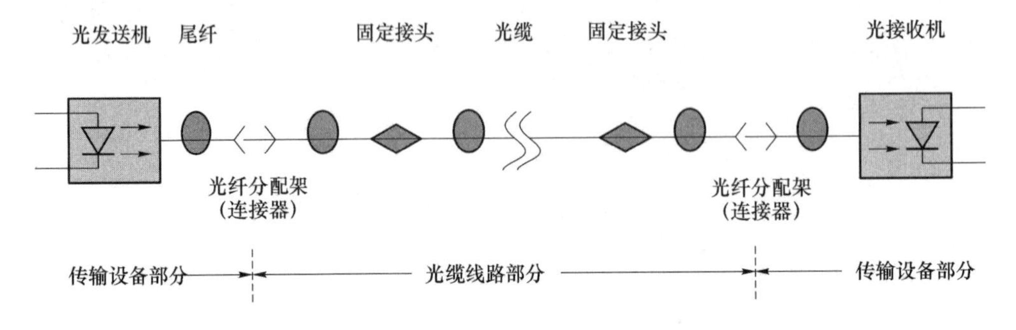

图 4-1　光缆工程的施工范围图

光缆工程设备安装内容主要包括：

（1）外线部分。光缆线路外线部分的施工内容主要包括光缆的敷设以及敷设后的各种保护措施和光缆的接续。

①光缆敷设，包括敷设前的全部准备和不同程式光缆不同敷设方式的布放。

②光缆敷设后的各种保护措施的实施。

③光缆接续，包括缆内光纤的连接以及光缆接续外护套的安装。

（2）无人站部分。

①无人中继器机箱的安装和光缆的引入。

②成端，光缆内全部光纤与中继器上连接器尾纤的接续、铜导线和加强芯等的连接。

（3）局内部分。局内部分的施工内容主要包括：局内光缆的布放；光缆全部光纤与终端机房、有人中继器机房内 ODF 或 ODP 及中继器上尾纤的接续，铜导线、加强芯、保护地等终端的连接。此外，其还包括室内预留光缆的妥善放置和 ODF 或 ODP 及中继器上尾纤的盘绕、落位等。

3. 光缆工程（线路）施工的主要工序流程

一般光缆工程的施工工序如图 4-2 所示。可以把它划分为准备阶段（单盘检验、路由复测、光缆配盘）、施工阶段（基础建设、光缆敷设、接续安装）和验收阶段（中继段测试、竣工验收）三个阶段。

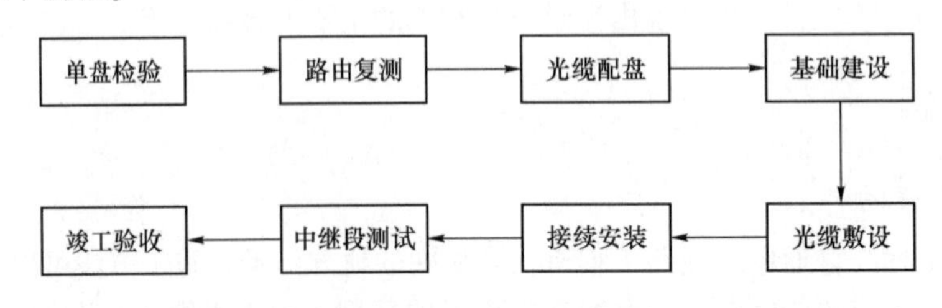

图 4-2　光缆工程（线路）施工工序流程示意

(1) 准备阶段。光缆线路施工的准备阶段包括光缆的单盘检验、路由复测、光缆配盘和路由准备等几部分。单盘光（电）缆检验应在光（电）缆运达现场的分屯点后进行。主要进行外观检查和光（电）特性测试。

(2) 敷设方式。光缆敷设就是根据拟定的敷设方式（采用架空敷设、管道敷设、直埋敷设），将单盘光缆架挂到电杆上或布放到管道内，或放入光缆沟中。

(3) 接续安装。光缆的接续安装主要包括光纤接续和接头损耗的测量、接头盒的封装以及接头保护的安装等。

(4) 测试。中继段测量主要包括光纤特性（如光纤总衰减量）测试等。

(5) 竣工验收。光缆的竣工验收包括提供施工图、修改路由图及测量数据等，并做好随工的检验和竣工验收工作，以提供合格的光纤线路，确保系统的调测。

总之，认真地完成以上各工序的任务，是保证光缆线路良好通信的先决条件，必须严肃地对待光缆施工的每一个环节。

任务实施

1. 任务器材

国家网络与通信工程实训基地或校园光缆工程线路。

2. 任务

各团队参观国家网络与通信工程实训基地或校园光缆工程，写出光缆工程（线路）部分的主要内容、施工范围及施工流程。以团队形式进行汇报（PPT 或微课视频等方式）。

任务总结（拓展）

光缆工程施工的主要特点有哪些?

任务 4－2 光缆单盘检验

教学内容

(1) 光缆单盘检验的要求；

(2) 光缆单盘检验的内容；

(3) 光缆单盘损耗的测试。

技能要求

(1) 理解光缆单盘检验的要求及内容；

(2) 会对光缆单盘损耗进行测试（长度、衰减系数、损耗）；

(3) 会对光缆外层绝缘进行检验。

任务描述

团队（4～6 人）完成光缆单盘检验，分别完成光缆单盘外层绝缘检验和光缆光参数测试。为配盘做好前期准备工作。

任务分析

通过对若干单盘光缆进行外观检验和光缆光参数测试，让学生学会操作仪表、数据分析和数据处理。

（1）单盘光缆外观检验；

（2）单盘光缆光参数测试。

知识准备

光缆在敷设之前，必须进行光缆单盘检验和配盘工作。光缆单盘检验是一项复杂、细致、技术性较强的工作。它对确保工程的工期、施工质量，以及通信质量、工程经济效益、维护使用及线路寿命有着重大影响。同时，检验工作对分清光缆、器材质量的责任方，维护施工企业的信誉，都有不可低估的影响。因此，必须按规范要求和设计文件或合同书规定的指标进行严格的检验。单盘检验工作主要包括：对运到现场的光缆及连接器材的规格、数量进行核对、清点，外观检查和光电主要特性的测量。通过检验确认光缆和器材的数量、质量是否达到设计文件或合同规定的有关要求。

光缆单盘检验的要求

1）光缆单盘检验的准备工作

（1）线路器材点验。光缆出厂附有出厂测试记录，点验时应对光缆规格、数量进行清点和外观检查，所有线路器材要符合设计要求。

（2）施工工具、机械、仪表、车辆的准备。施工工具、机械须依照施工类型确定。通用施工工具和机械包括光缆敷设机、光缆辅助牵引机、汽油发电机、抽水机等；专用施工机械，如水底光缆挖冲器等；施工仪表包括光时域反射仪、光源、光功率计、光纤熔接机及无线对讲机等；施工车辆包括光缆运输车、吊车及测试车等。

（3）施工技术管理的准备。其包括：对施工人员进行培训，令其熟悉掌握工程设计；学习施工验收规程等有关内容；准备记录竣工技术资料的测试表格，制定施工质量保证措施。

2）光缆单盘检验的一般规定

光缆单盘检验应在光缆运达现场分屯点后进行。从以往经验看，光缆单盘检验适合在现场进行，检验后不宜长途运输。

光缆单盘检验前应熟悉施工图技术文件及订货合同，了解光缆规格等技术指标、中继段光功率分配等；收集、核对各盘光缆的出厂产品合格证书、产品出厂测试记录等；光纤、量仪表（经计量或校验）及测试用连接线、电源等测量条件；必要的测量场地及设施；测试表格、文具等。

对经过检验的光缆、器材应作记录，并在缆盘标明盘号、外观端别、长度、程式（直埋式、管道、架空、水下等）以及使用段落（配盘后补上）。检验合格后单盘光缆应及时恢复包装，包括光缆端头的密封处理、固定光缆端头、缆盘护板重新钉好，并将缆盘置于妥善位置，注意光缆安全。对经检验发现不符合设计要求的光缆、器材应登记上报，不得随意在工程中使用。光缆、光纤的个别损耗超出指标时，应进行重点测量，如确实超标，但超出不多且单盘光缆中继段单纤平均损耗达标的，就可以使用；对光纤后向散射曲线有缺陷的，应作记录考察，对出现尖锋、严重台阶的应作不合格处理；对光缆有一般缺陷的，修复合格后可以使用。

3）光缆单盘检验的内容

（1）单盘光缆的规格和制造长度，应符合订货合同的规定及设计要求。

（2）光缆的外观检查，应首先检查光缆盘包装是否损坏，然后开盘检查光缆外护层有无损伤、光缆端头封装是否良好。对包装严重损坏或光缆外皮有损伤的，应作详细记录，并在光缆测试时进行重点检查。

（3）光缆开盘后，应核对光缆的端别是否与盘上注明的端别相同。

（4）对于填充式光缆，应检查填充物是否饱满。

（5）进行光缆现场检验，应测试光纤衰减常数及光纤长度，并仔细检查沿长度方向有无裂纹和非均匀性等。检验时一般使用光时域反射仪（OTDR），无此仪表时，可用光源、光功率计进行简易测试。检验结果应与厂家提供的数据一致。

（6）光缆中用于业务通信及远供的铜导线的各项电气指标，应符合国家通信电缆电气指标的规定。

（7）单盘检验完毕，应恢复光缆端头密封和缆盘包装，并在盘上统一编号，注明盘外端别标志和光缆长度。

光缆按类别分开排放，其中有短段的应排放在同种类光缆盘的一侧。目前各个厂家的光缆标称长度与实际长度不完全一致，有的是以纤长按折算系数标出缆长，以光缆外层长度或光缆内数码带长度标记缆长，有的干脆标光纤长度为光缆长度（然后括号内标上OTDR），有的厂家按设计要求有几米至50米的正偏差，有的可能出现负偏差。为了按正确长度配盘，确保光缆的安全敷设和不浪费光缆，在单盘检验中对光缆长度的复测十分必要。

4）光缆长度复测的方法和要求

（1）抽样为100%。

（2）按厂家标明的光纤折射率系数，用光时域反射仪（OTDR）进行测量。对于不清楚光纤折射率系数的光缆可自行推算出较为接近的折射率系数。

（3）按厂家标明的光纤与光缆的长度换算系数计算出单盘光缆长度，对于不清楚换算系数的可自行推算出较为接近的换算系数。

5）光缆单盘检验的程序

单盘检验应该严格按照施工程序，认真做好相关检验工作，才能保证施工质量。其主要程序如下：

（1）检查资料。到达测试现场后，应首先检查光缆出厂质量合格证，并检查厂方提供的单盘测试资料是否齐全，其内容包括光缆的型号、芯数、长度、端别、结构剖面图及光纤的纤序、衰减系数、折射率等，看其是否符合订货合同的规定要求。

（2）外观检查。外观检查的主要检查光缆盘包装在运输过程中是否损坏，然后开盘检查光缆的外皮有无损伤，缆皮上打印的字迹是否清晰、耐磨，光缆端头封装是否完好。对存在的问题，应作好详细记录，在光缆指标测试时，应作重点检验。

（3）核对端别。从外端头开剥光缆约30 cm，根据光纤束（或光纤带）的色谱判断光缆的外端端别，并与厂方提供的资料对照，看是否有误。然后在光缆盘的侧面标明光缆的A、B端，以方便光缆布放。

（4）光纤检查。开剥光纤松套管约20 cm，清洁光纤，核对光纤芯数和色谱是否有误，并确定光纤的纤序。

（5）技术指标测试。用活动连接器把被测光纤与测试尾纤相连，然后用OTDR测试光纤的长度、平均损耗，并与光纤的出厂测试指标对照，看是否有误。同时应查看光纤的后向散射曲线上是否有衰减台阶和反射峰。整条光缆里只要有一根光纤出现断纤、衰减严重超标、明显的衰减台阶或反射峰（不包括光纤尾端的反射峰），即应视之为不合格产品。

（6）电特性检查。如果光缆内有用于远供或监测的金属线对，应测试金属线对的电特性指标，看其是否符合国家标准。

（7）防水性能检查。测试光缆的金属护套、金属加强件等的对地绝缘电阻，看其是否符合出厂标准。

（8）恢复包装。测试完成后，把光端端头剪齐，用热可缩管对端头进行密封处理，然后把拉出的光缆缭绕在光缆盘上并固定在光缆盘内，同时恢复光缆盘包装。

6）光缆单盘检验项目中的光纤损耗量

光缆单盘检验项目中的光纤损耗量是十分重要的。它直接影响线路传输质量，同时由于损耗测量工作量较大且技术性较强，因此，根据现场特点，掌握基本方法，正确地测量、分析，及时完成测量任务，对确保工期、工程质量均有重要作用。

损耗的现场测量方法如下：

光纤的光损耗，是指光信号沿光纤波导传输过程中光功率的衰减。不同波长的衰减是不同的。单位长度上的损耗量称为损耗常数，单位为dB/km。

（1）切断测量法。切断测量法是ITU建议的基准测量方法。它是以n次测量为基础的带破坏性的方法，即在沿光纤长度方向上，把光纤剪断$n-1$次，将测得的结果表示为输出光功率和输入光功率与距离L的关系。

动画4-1　剪断法测量原理

图4-3所示中的光源采用单一波长的LED光源（多模用）或高稳定度的LD光源（单模用）。为了减少$P_{入}$、$P_{出}$受光纤端面制作质量的影响，一般采用三次平均法，即连续测量三次（包括重新作端面），同时要求三次测量值偏差要小。剪断法测量原理见动画4-1。

光纤损耗和损耗常数按测得的$P_{入}$和$P_{出}$的平均值计算。

$$A(\lambda) = \frac{P_{入} - P_{出}}{L}(\mathrm{dB/km}) \qquad (4-1)$$

（2）后向测量法。采用后向散射技术测出光纤损耗的方法习惯上称为后向测量法，又称OTDR法，见动画4-2，后向法测量单盘损耗，其测量值的精度、可靠性，除受仪表质量影响外，最关键的是耦合方式，光的注入条件对测量值的影响非常大。图4-4所示的测量方法比较规范，一般用OTDR测量、检验，将光纤通过裸纤连接器直接与仪表插座耦合器与带插头的尾纤耦合，或用熔接机作临时性连接。对于单盘损耗的精确测量，采用辅助光纤，可以获得令人满意的效果。

动画4-2　后向散射法测量原理

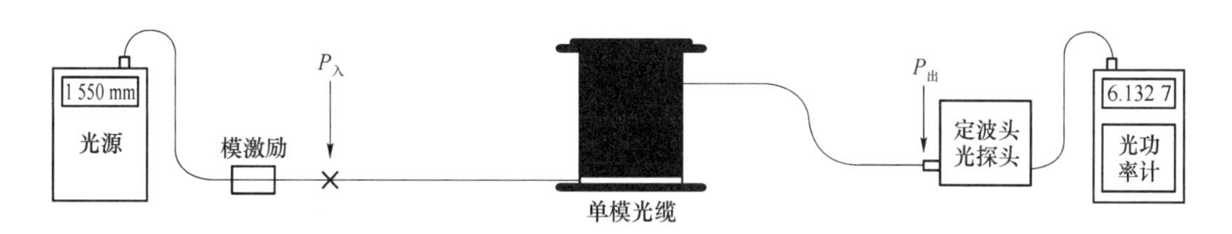

图 4-3　单盘光纤切断测量法示意

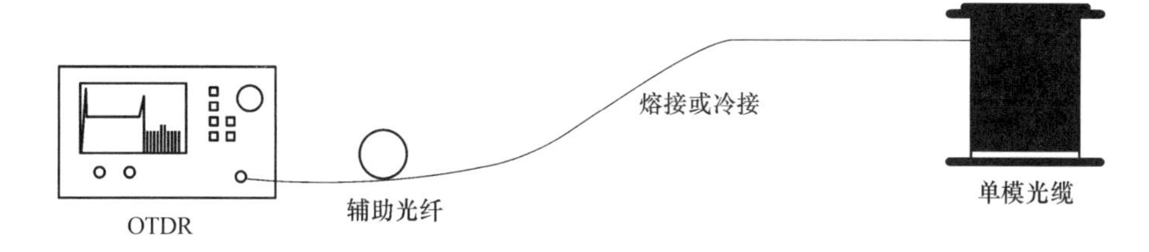

图 4-4　单盘光纤后向测量法示意

（3）插入测量法。插入测量法又称介入损耗法。这也是一种非破坏性的测量法。目前，插入测量法已被 ITU 规定为光纤衰减的替代测试方法。其测试系统框图如图 4-5 所示。插入法测量原理见动画 4-3。

动画 4-3　插入法测量原理

测量时，首先要对测量仪器进行校准，如图 4-5（a）所示，校准输入参考电平$P_1(\lambda)$（通常校到零电平）。然后把待测光纤插入，如图 4-5（b）所示，调整耦合接头使其达到最佳耦合，这时输出电平应为最大值，此值为$P_2(\lambda)$，于是测得的衰减结果就是输入电平与输出电平之差，即

$$A_1(\lambda)=P_1(\lambda)-P_2(\lambda)\qquad(\mathrm{dB})\tag{4-2}$$

显然，$A_1(\lambda)$ 包括了光纤衰减 $A_2(\lambda)$ 和活动连接器损耗 A_1，被测光纤的衰减为：

$$A_2(\lambda)=A_1(\lambda)-A_1\qquad(\mathrm{dB})\tag{4-3}$$

$$a(\lambda)=A(\lambda)/L\qquad(\mathrm{dB/km})\tag{4-4}$$

式中，A_1 是一个插入接头的损耗，虽然被测光纤插入时，始端和终端都有接头，但其中有一个接头的损耗已经包括在输入参考电平中了。

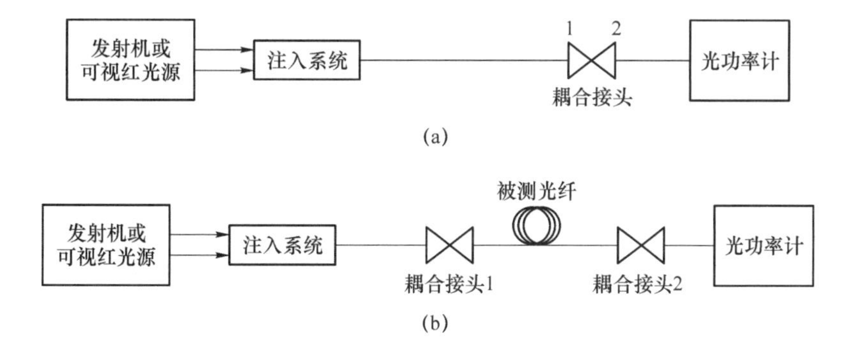

图 4-5　插入测量法示意

（a）对测量仪器进行校准；（b）把待测光纤插入

以上讲的三种测量方法只要有条件，首先选择后向测量法。一般不宜采用切断测量法，

其主要用于少数光缆（如5%）的测量对比或其他方法测出的光缆不合格时，方用切断测量法进一步确认，以便正确地作出光缆是否合格的严肃结论。单盘光缆损耗测试后，应认真填写检验记录表，见表4-1。

表4-1　光缆单盘检验记录

第×页

<table>
<tr><td>光缆型号</td><td>GYTA24B4</td><td>出厂盘号</td><td>4C02442274</td><td colspan="2">新编盘号</td><td colspan="2">1</td></tr>
<tr><td>光缆芯数</td><td>24</td><td>光缆长度</td><td>3 046 m</td><td colspan="2">出厂长度</td><td colspan="2">3 046 m</td></tr>
<tr><td>尺码带</td><td>3 046 m</td><td colspan="2">测试仪表及型号</td><td>x</td><td colspan="2">外观</td><td>良好</td></tr>
<tr><td>技术指标</td><td>1 310 nm</td><td>≤0. 33 dB/km</td><td colspan="2">1 550 nm</td><td colspan="3">≤0. 20 dB/km</td></tr>
<tr><td rowspan="2">纤芯序号</td><td colspan="2">1 310 nm（折射率 = 1. 467 7）</td><td colspan="5">1 550 nm（折射率 = 1. 469 0）</td></tr>
<tr><td>测试衰耗值</td><td>测试光纤长度</td><td colspan="2">测试衰耗值</td><td colspan="3">测试光纤长度</td></tr>
<tr><td>1</td><td>0. 35</td><td>3 040</td><td colspan="2">0. 20</td><td colspan="3">3 040</td></tr>
<tr><td>2</td><td>0. 36</td><td></td><td colspan="2">0. 20</td><td colspan="3"></td></tr>
<tr><td>3</td><td>0. 35</td><td></td><td colspan="2">0. 20</td><td colspan="3"></td></tr>
<tr><td>4</td><td>0. 35</td><td></td><td colspan="2">0. 20</td><td colspan="3"></td></tr>
<tr><td>…</td><td>…</td><td>…</td><td colspan="2">…</td><td colspan="3">…</td></tr>
<tr><td>24</td><td>0. 35</td><td></td><td colspan="2">0. 20</td><td colspan="3"></td></tr>
<tr><td>结论</td><td colspan="7">合格</td></tr>
</table>

测试人员：　　　　　　　　　　监理人员：

日期：20　　年　　月　　日　　　　日期：　20　　年　　月　　日

7）光缆护层的绝缘检查

光缆护层的绝缘检查，是指通过对光缆金属护层如铝纵包层（LAP）和钢带或钢丝带装层的对地绝缘的测量来检查光缆外护层（PE）是否完好。

（1）护层对地绝缘测量。

其包括测量LAP、钢带（丝）金属护层的对地绝缘电阻和对地绝缘强度。

（2）绝缘强度的测量。

铝包层（LAP）、钢带（丝）金属护层是由介质击穿仪或耐压测试器代替高阻计或兆欧表来测量的，一般规定应加压后2 min不被击穿。

护层对地绝缘的一般要求：护层对地绝缘的电阻指标为大于或等于1 000 MΩ · km。护层对地绝缘强度指标为加电压3 800 V，持续2 min且不被击穿。一般光缆的对地绝缘电阻和绝缘强度只在光缆出厂时测试。另外，对光缆中铜导线的直流电阻、绝缘电阻、电容等以及其他器材也要进行必要的检验。

对于已确定为不合格产品的光缆盘，要登记清楚，及时上报并与生产厂家联系。

任务实施

1. 任务器材

单盘光缆若干、OTDR、光源、光功率计、地阻仪、开缆工具（开缆刀、电工刀、剪刀)、抽纸和笔。

2. 任务

光缆护层的绝缘检查

（1）护层对地绝缘测量。

图 4-6 所示为测量 LAP、钢带（丝）金属护层的对地绝缘电阻和对地绝缘强度示意。光缆浸入水 4 h 以上，用高阻计或兆欧表接于被测金属护层和地，测试电压为 250 V 或 500 V，1 min 后进行读数。注意：用兆欧表测量时，应注意手摇速度要均匀。分别测量和读出钢带（丝）及 LAP 的对地绝缘电阻值。在分别测试 2 ~ 3 次后，对测试结果取平均值，并将测试结果记录在表 4-2 中。

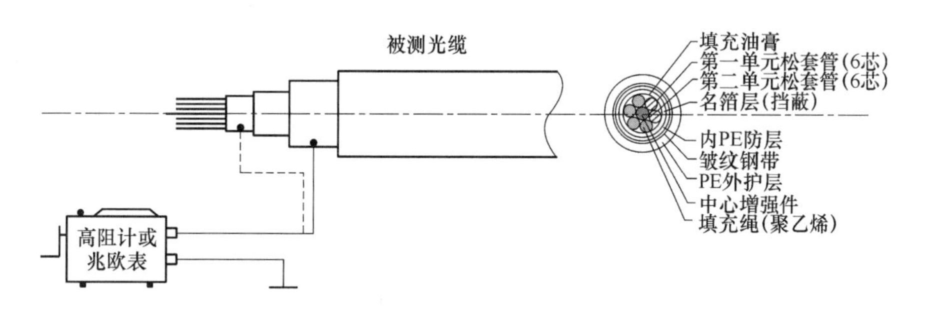

图 4-6　绝缘电阻测量示意

表 4-2　测试数据记录表

测试项目	数据 1	数据 2	数据 3	平均值
护层对地绝缘测量				
绝缘强度的测量				

（2）光缆光参数测试。

按照图 4-4 和图 4-5 所示连接测试系统，分别利用后向测量法和插入测量法测试，将测试结果记录在表 4-3 和表 4-4 中。教师根据教学安排和实验实训条件选择测试系统，有条件的话可以都测试。

表 4-3　光缆单盘检验测试记录

第　　页

光缆型号		出厂盘号		新编盘号	
光缆芯数		光缆长度		出厂长度	
尺码带		测试仪表及型号		外观	
技术指标	nm	≤ dB/km	1 550 nm	≤　dB/km	
纤芯序号	1 310 nm（折射率 =　　）		1 550 nm（折射率 =　　）		
	测试衰耗值	测试光纤长度	测试衰耗值	测试光纤长度	
1					
2					
3					
4					
5					
6					
7					
8					
9					
10					
11					
12					
结论	合格				

测试人员：　　　　　　　　　　　　　　　　监理人员：

日期：20　年　月　日　　　　　　　　　　日期：　20　　年　　月　　日

表 4-4　插入测量法测试记录表

序号	$P_1(\lambda)$	$P_2(\lambda)$	A_1	L/km	$A_1(\lambda)$	$A_2(\lambda)$	$\alpha(\lambda)$
1							
2							
3							
平均值							

任务总结（拓展）

注意问题

1）光纤在光缆中的富余度计算

用 OTDR 进行测试时，光纤的长度比光缆要长，这就是光纤在光缆中的富余度。而这个富余度一般厂家都不提供，但它又是光缆线路维护中必不可少的一个参数。可以通过公式进行计算：富余度 $=\frac{纤长}{缆长}$。这样，在光缆线路的维护过程中，就可以用 OTDR 测得的光纤长度和富余度来判断光缆故障点的具体位置：缆长 $=\frac{纤长}{1+富余度}$。

2）光纤衰减系数的测试

用 OTDR 测试光纤衰减系数时存在一定的误差，不同的 OTDR 在测试同一根光纤时，测试结果可能不一样，就是同一 OTDR 设置不同的参数时，测试结果也可能不相同。所以，只要测试结果在标准范围之内，而且与厂家提供的数据差别不大，就应该视为合格产品。对于测试结果超出标准的，不要盲目下结论，应改变 OTDR 的参数或工作环境，或者换一部 OTDR 进行反复测试、比较，看是否真的超标。

3）“幻峰”现象

“幻峰”现象又称“鬼点”现象，它是在用 OTDR 测试光纤时，由于光脉冲在光纤中多次反射，在光纤后向散射曲线上所形成的一种反射峰。由于这种反射峰与光纤断裂时所形成的反射峰非常相似，测试人员很容易把“幻峰”当作光纤断裂所形成的反射峰而造成判断失误。所以，在光纤后向散射曲线上出现反射峰时，要作进一步分析，可以变换测试脉宽、测量长度或工作波长进行多次测量，比较鉴别。如果还无法判断，则可从另一端进行测量，或更换测试仪表，重新进行测量。

任务 4-3 路由复测

教学内容

（1）路由复测的任务和标准；

（2）路由复测的方法。

技能要求

（1）理解路由复测的任务和标准；

（2）掌握路由复测的方法。

任务描述

团队（4～6人）根据某段光缆工程图纸进行路由复测，为配盘做好前期准备工作。

任务分析

通过对某段光缆工程图纸进行路由复测，让学生理解路由复测的目的和标准。

知识准备

1. 路由复测

光缆线路的路由复测，是光缆线路工程正式开工后的首要任务。

1）路由复测的目的

复测以施工图设计为依据，对沿线路由进行必不可少的测量、复核（复测），以确定光缆敷设的具体路由位置；丈量地面的正确距离，为光缆配盘、敷设和明确保护地段等提供必要的数据。

2）路由复测的主要任务

按设计要求核定光缆路由走向、敷设方式、环境条件以及中继站址。丈量、核定中继段间的地面距离；管道路由要测出各人（手）孔间的距离。核定穿越铁路、公路、河流、水渠以及其他障碍物的技术措施及地段，并核定设计中各具体措施实施的可能性。核定“四防”（防强电、防雷、防白蚁、防腐蚀）地段的长度、措施及实施的可能性。核定、修改施工图设计。核定青苗、园林等赔补地段的范围及对困难地段“绕行”的可能性。注意观察地形、地貌，为光缆配盘、光缆分屯及敷设提供必要的数据资料。

3）路由复测的基本原则

光缆线路路由复测是以经审批的施工图设计为依据的。复测是核定最后确定路由的位置。

路由变更的要求：在测量时，一般不得随意改变施工图设计文件所规定的路由走向、中继站址等。对于500 m以上的较大的路由变更，设计单位应到现场与监理单位和施工单位协商，经建设单位批准后应填报“工程设计变更单”。对于局部方案变动不大、不增加光缆长度和投资费用，也不涉及其他部门的原则协议等情况的，可以适当变动。

4）光缆与其他建筑最小间距的要求

为了保证光缆及其他设施的安全，要求光缆布放位置与地下管道等设施、树木以及建筑物等应有一定间隔，其间隔距离应符合表4-5中的规定。

2. 路由复测的方法

路由复测的一般方法如图4-7所示。

表 4-5 直埋光缆与其他建筑间的净距

建筑设施名称		最小净距/m	
		平行时	交叉时
煤气管	压力 < 3 kg/cm²	1.0	0.5
	压力为 3 ~ 8 kg/cm²	2.0	0.5
树　木	市内、村镇大树、果树等	0.75	—
	市外大树	2.0	—
房屋建筑红线（或基础）		1.0	—
埋式电力缆	35 kV 以下	0.5	0.5
	35 kV 以上	2.0	0.5
给水管	ϕ < 30 cm	0.5	0.5
	ϕ = 30 ~ 50 cm	1.0	0.5
	ϕ > 50 cm	1.5	0.5
市话管道（边线）		0.75	0.25
非同沟埋式通信缆		0.5	0.5
高压石油、天然气管		10.0	0.5
热力管、下水管		1.0	0.5
排水管		0.8	0.5
水井、坟墓		3.0	—
粪坑、积肥、沼气池等		3.0	—
注：采用钢管保护时，与水管、煤气管、石油管交叉跨越时净距可降为 0.15 m。			

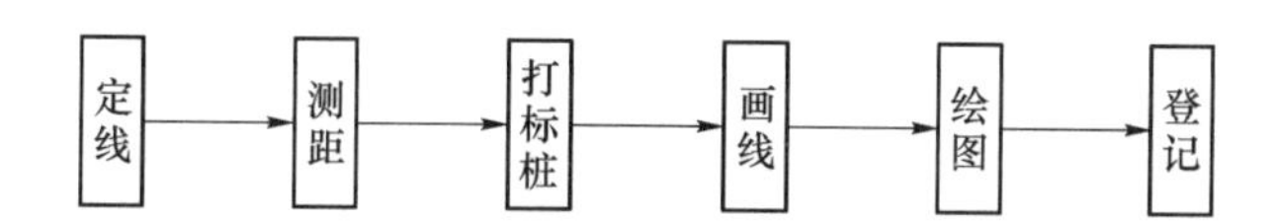

图 4-7　路由复测的一般方法

1）定线

根据工程施工图设计，在起始点、三角定标桩或拐角位置插上大标旗，以示出光缆路由的走向。大标旗间隔一般为 1 ~ 2 km，大标旗中间可用几根标杆标识，测量人员通过调整各杆使之成直线。

2）测距

测距是路由复测中的关键性内容，必须掌握基本方法才能正确地测出实际距离，以确保光缆配盘的正确和敷设工作的顺利进行。测距的一般方法如下：

采用经过皮尺校验的 100 m 地链，山区用 50 m 地链，由两个人负责丈量（沿大杆旗），后链人员持地链始端，前链人员持地链末端，大标旗中间的标杆插在地链的始末端，沿前边大标旗方向以 100 m（或 50 m）为单位不断推进。一般由三根杆配合进行，当 A、B 两杆间测完第一个 100 m后，B 杆不动取代 A 杆位置，C 杆取代 B 杆位置，测第二个 100 m；原有 A 杆往前变为第三个 100 m 的 B 杆位置（C 杆取代 A 杆）。这样不断地变换位置，就可以不断向前测量。

3）打标桩

光缆路由确定并测量后，应在测量路由上打标桩，以便画线、挖沟和敷设光缆。一般每 100 m 打一个计数桩，每 1 km 打一个重点桩；在穿越障碍物和拐角点时应打上标记桩。对于改变敷设方式、光缆程式的起讫点等重要标桩应进行三角定标。为了方便复查和对光缆进行长度核对，标桩上应标有长度标记，标记数字的一面朝向公路一侧或前进方向的背面。路由复测时，绘图人员与打桩人员应随时核对桩号。如从中继站至某一标桩的距离为 5. 123 km，标桩上应写“5 + 123”。

4）画线

在路由复测确定后即画线。画线是用白灰粉或石灰粉顺地链（或绳子）在前后桩间拉紧画成直线。画线工作一般与路由复测同时进行。

画线可以采用单线或双线方式，对一般地形采用单线画法，而对复杂地段，可用双线画法，双线间隔一般是缆沟的宽度，即 60 cm。对于拐角点应画成弧线，弧形要求其半径大于光缆的允许弯曲半径。对于光缆“S”弯预留位置，其大小应视光缆预留量的设计而定。

5）绘图

（1）核定复测的路由、中继站位置与施工图设计有无变动，对于变动不大的可利用施工图作部分修改。

（2）对于变动大的应重新绘图。路由因路面变化等原因变动较大时，应重新绘图。要求绘出中继站址及光缆路由 50 m 内的地形、地物和主要建筑物，绘出“三防”设施位置、保护措施、具体长度等。市区要求按 1 ∶ 500 或 1 ∶ 1 000 的比例，郊外按 1 ∶ 2 000 的比例绘制。对于有特殊要求的地段，应按规定的较大比例绘制。

（3）对于水底光缆，应标明光缆位置、长度、埋深、两岸登陆点、“S”弯预留点、岸滩固定及保护方法、水线标志牌等，同时还应标明水流流向、河床断面和土质。平面图按 1 ∶（500 ~ 5 000）的比例绘制，断面图按 1 ∶（50 ~ 500）的比例绘制。

6）登记

登记工作主要包括沿路由统计各测定点累计长度、无人站位置、沿线土质、河流、渠塘、公路、铁路、树林、经济作物、通信设施和沟坎加固等的范围、长度和累计数量。登记人员应每天与绘图人员核对，发现错误及时补测、复查，以确保统计数据的正确性，这些数据是工作量统计、材料筹供、青苗赔补等重要环节的依据。

任务实施

1. 任务器材

小型光缆工程图纸若干、空白图纸、路由复测工具一套（标杆、白灰、卷尺、大红旗、桩）、抽纸和笔。

2. 任务

各团队分组完成某小型光缆工程项目图纸的路由复测，各班分组完成自己所负责段的路由复测。

(1) 完成路由复测分工。
(2) 完成路由复测的图纸。

任务总结（拓展）

(1) 路由复测的注意事项。
(2) 路由复测的故障处理。

任务4-4　光缆配盘

教学内容

(1) 光缆配盘的要求；
(2) 光缆配盘的方法。

技能要求

(1) 会完成光缆配盘的表格设计及整理；
(2) 会进行中继段光缆配盘及配盘图的编制。

任务描述

团队（4~6人）根据某段光缆工程图纸进行配盘，为光缆敷设做好前期准备工作。

任务分析

通过对某段光缆工程图纸进行光缆配盘，让学生理解光缆配盘的目的和方法。

知识准备

光缆配盘十分重要。若光缆配盘合理，则既可节约光缆、提高光缆敷设效率，又能减少光缆接头数量、降低线路衰耗、便于维护。特别对于长途管道线路，光缆敷设在硅管管道中时，合理的光缆配盘可以减少浪费，否则，要么出现光缆富余量太大，要么出现光缆长度不够，且光缆一端在硅管中不能到达人孔。

1. 光缆配盘的要求

光缆配盘时，应根据路由条件选配满足设计规定的不同规格的光缆，配盘总长度、总衰减及总带宽（色散）等传输指标应满足系统设计的要求。

光缆配盘时，尽量做到整盘配置。在同一个中继段内，尽量选用同一厂家的光缆。

为提高耦合效率及利于测量，靠近局（站）侧的单盘长度一般不小于1 km，并应选择光纤的几何尺寸、数值孔径等参数偏差小及一致性较好的光缆。

在光缆配盘后，接头点应安排在地势平坦和地质稳固的地点，避开水塘、河流、沟渠及道路等地段，且管道光缆的接头应避开交通要道口。埋式光缆与管道交界处的接头，应安排在人孔内，由于条件限制，若一定要安排在埋式光缆处时，则对非铠装管道光缆伸出管道部位应采取保护措施。架空光缆接头一般应安装在杆上或杆旁2～5 m。

光缆配置必须满足端别要求，为了便于连接、维护，要求按光缆的端别顺序配置，除个别特殊情况外，一般端别不得倒置。长途光缆线路应以局（站）所处地理位置规定：对于东西向的线路，东侧为A端，西侧为B端；对于南北向的线路，北侧为A端，南侧为B端；对于中间局（站），顺应上述规定；在采用汇接中继方式的城市，市内局间光缆线路以汇接局为A端，光缆分局为B端；两个汇接局间以局号小的局为A端，以局号大的局为B端；没有汇接局的城市，以容量较大的中心局为A端，以对方局（分局）为B端。分支光缆的端别应服从主干光缆的端别。

光缆配置应按规定的预留长度进行，且需合理地选配单盘光缆长度，尽量节约光缆。

2. 光盘配盘的方法

1）列出光缆路由长度总表

根据路由复测资料，列出各中继段地面长度。其包括埋式、管道、架空、水底或丘陵山区爬坡等布放的总长度以及局（站）内的长度（局前人孔至机房光纤分配架或盘的地面长度）。光缆路由长度总表见表4-6。

表4-6　光缆路由长度总表

中继段名称							
设计总长度							
复测地面长度	埋式						
	管道						
	架空						
	水底						
	爬坡						
	局（站）内						
	合计						

2）列出光缆总表

将单盘检验合格的不同光缆列成总表，见表4-7，包括盘号，规格、型号及盘长等。

表4-7　光缆总表

序号	盘号	规格、型号	盘长	备注

3）初步配盘

根据光缆总表中不同敷设方式路由的地面长度［加余量（1%）］，算出各个中继段的光缆总用量。

根据算出的各中继段光缆用量，由光缆总表选择不同规格、型号的光缆，使光缆累计长度满足中继段总长度的要求。

列出初配结果，即中继段光缆分配表，见表4-8。

表4-8　中继段光缆分配表

中继段名　称	光　　缆	数量/km		出厂盘号	备注
	类别规格、型号	计划量	实配量		

4）正式配盘

在完成中继段内光缆的初配后，便可按照配盘的一般要求进行正式配盘，从而确定接头点的位置，排出各盘光缆的布放位置。

光缆配盘的具体步骤：首先确定系统配置的方向，一般工程均由A端局（站）向B端局（站）方向配置，然后按表分配给中继段的光缆，计算出光缆的布放长度（即敷设长度），最后进行光缆的配盘。

光缆的布放长度L为

$$L = L_{埋} + L_{管} + L_{架} + L_{水}(\mathrm{km}) \tag{4-5}$$

$$L_{埋/管/架/水} = L_{埋/管/架/水(丈)} + L_{埋/管/架/水(预)} \tag{4-6}$$

式中，$L_{埋/管/架/水(丈)}$为路由的地面丈量长度，$L_{埋/管/架/水(预)}$为布放的预留长度和各种预留长度。陆地光缆布放预留长度见表4-9。

表4-9　陆地光缆布放预留长度

敷设方式	自然弯曲增加长度/(m·km^{-1})	人孔内增加长度/(m·每孔$^{-1}$)	杠上伸缩弯长度/(m·杆$^{-1}$)	接头预留长度/(m·每侧$^{-1}$)	局内预留/m	备注
直埋	7			一般为8～10	一般为15～25	接头的安装长度为6～8 m；局（站）内预留长度为10～20 m
爬坡（埋）	10					
管道	5	0.5～1				
架空	5		0.2			

（1）管道光缆的配盘方法。由于管道人孔位置已定，且人孔间距各不相等，这使管道路由的配盘计算较为复杂。要求路由的地面距离必须丈量准确，并选配单盘长度和人孔间距合适的单盘光缆。

①采取试凑法。抽取A盘光缆，由路由起点开始按配盘规定计算，至接近A盘光缆长度时，使接头点落在人孔内。最短预留一般除接头重叠预留外，有5 m就可以保证路由长度偏差。若A盘不合适，即光缆配至对端终点时不在人孔处，退后一个人孔又太浪费，此时应算出A盘增减长度，选B盘或C盘试配，直至合适。

按类似方法配第二盘、第三盘……直至配完。

②配好调整盘。对于较长管道路由配盘，如大于 5 km 时，所配光缆不可能正好或接近单盘长度，很可能有一盘只用一部分，在配盘时应将该盘作为调整盘。当光缆配盘中某一盘因地面距离偏差或其他原因延长或缩短布放距离时，此调整盘就可相应调整布放距离。在配置调整盘时应考虑该盘的布放长度一般不应小于 500 m，以便 OTDR 测量方便。当调整盘使用长度超过 1 km 时可以安排在靠局（站）的一侧，若安排在中间地段，要看布放的需要或地形等条件对盘长的限制。配盘时对调整盘必须注明，布放时要求放在最后敷设。此外，当光缆从两头向中间同时敷设时，该调整盘应作为中间的“合拢盘”。

考虑光缆的外端端别，在配盘时应由 A 端局（站）向 B 端局（站）方向配盘，在布放时则不一定，要根据地形和出厂单盘光缆外端端别决定。在配盘时，应视出厂单盘光缆外端端别的多数端别，确定敷设的大方向。对于少数外端不同端别的缆盘因布放时要先倒盘后布放，故对特殊地段应尽量考虑选择与布放方向端别合适的光缆。

（2）埋式光缆的配算方法。在长途光缆线路中，直埋敷设方式占大多数，往往一个中继段仅埋式部分不少于 30 km，中继段长度则为 50 ~ 70 km。由于其中个别地段为水底敷设或管道敷设，使埋式光缆形成几个自然段，配盘时应以一个自然段为配盘连续段。配算时应按下列方法进行。

对于一般的中继段，如一个 25 km 的埋式自然段，可配 12 盘光缆，其总长度应符合相关的要求。各盘可按盘号顺序排放。对于这种方式，施工队作业组在具体布放时要看接头位置是否合适、布放端别是否受环境地形限制。如有问题可以自行选择后面的单盘，调整后在配盘资料上进行修改即可。

对于光缆计划用量紧张的中继段，必须采取“定缆、定位”配置，即按上述方法排出配盘顺序后，逐条光缆核实接头位置是否合适，若不合适，则应更换单盘光缆，并将每盘光缆布放长度的具体位置确定好，标好起始、终点的标号。这种方法称为“定桩配盘法”，虽然要多花一些时间，工作复杂一些，但较为科学，放缆时不会因不适应而重新选缆。同时，这种方法使施工作业组布放时心中有数，并且可以减少浪费，节省光缆。

埋式光缆在配盘时，应根据光缆敷设情况配好调整盘。有些工程建设得快、工期紧，通常用一个方向向对端敷设的方法跟不上进度，需要有两三个布放作业组同时进行布放才行。针对这种工程，必须安排好调整盘，施工作业组只能由两侧向调整盘方向布缆。调整盘以一个自然段安排一盘为宜。调整盘的选择是非整盘敷设的一个单盘，如 2 km 盘长只需敷设 5 ~ 6 km 的这一盘作为调整盘。调整盘安排的位置一般放在自然布放段的中间或两侧，且与其他敷设方式的光缆的接洽位置。

5）编制中继段光缆配盘图

按上述方法、步骤计算配盘结束后，将光缆配盘结果填入中继段光缆配盘图，如图 4-8 所示，同时应按配盘图，在选用的光缆盘上标明该盘光缆所在的中继段段别及配盘编号。

6）配盘的注意事项

光缆在出厂时，由于生产工艺以及测试，一般光缆出厂长度超出订货长度 3 ~ 30 m，但这一余长随生产厂商的不同而不同，并非一个准确数据，因此，在进行光缆配盘时不应考虑。

光缆接头盒在人孔中如果两端均作盘留时，接头盒预留数量应按两倍考虑。

总之，要做好光缆配盘工作，首先要尽量获取光缆配盘基础资料，并且要求基础资料准确。否则，要经过仔细的测量工作，并考虑适当的预留比例，从而作出合理的配盘。

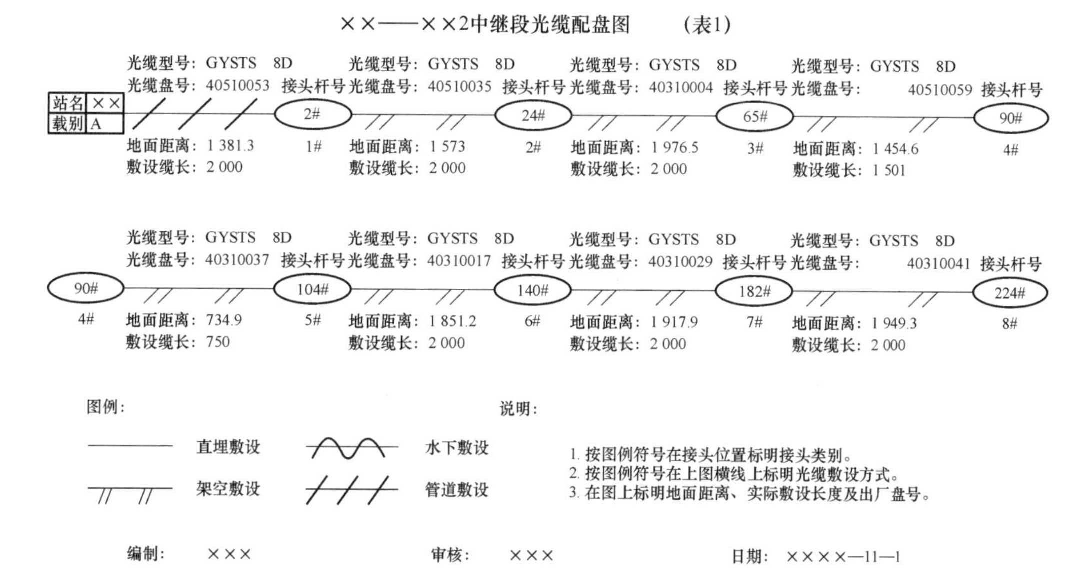

图 4-8 中继段光缆配盘图

7）光缆配盘表

某小区光缆工程有人孔 11 个、杆 1 个、杆路接头盒 2 个和人孔接头盒 1 个。小区实际配盘表见表 4-10。

表 4-10 某小区光缆配盘表

光缆段落		某小区						
光缆程式		GYTS－24B1.3						
建设方式		架空	管道	墙吊	墙钉	直埋	沟道	桥架
测量长度/m		8	705		88	16		50
		867						
光缆预留	机房光缆预留 20 m/条				20			20
	架空自然弯曲 1‰	1		0	1			1
	管道自然弯曲 1‰		8				0	
	人孔预留 1.0 m/个		11					
	每杆预留 0.2 m	1						
	光缆接头每端预留 9 m/6 m	36	12					
	光缆引上（下）/交接箱/终端盒预留 10 m	10						
	埋式自然弯曲 0.7‰					1		
	预留合计/m	48	31	0	21	1	0	21
敷设长度/m		56	736	0	109	17	0	71
单段敷设长度/m		989						
单段配盘长度/m		1 000						

任务实施

1. 任务器材

小型光缆工程图纸若干、空白图纸、抽纸和笔。

2. 任务

各团队分组完成某小型光缆工程项目光缆配盘（教师根据具体情况选择光缆工程项目），每班分组完成自己所负责段的光缆配盘。

（1）设计完成表4-6、表4-7、表4-8。

（2）编制中继段光缆配盘图。

任务总结（拓展）

（1）直埋光缆的配算方法。

（2）水底或海底光缆的配算方法。

任务4-5 光缆敷设

教学内容

（1）光缆敷设的要求；

（2）光缆敷设的方式；

（3）管道和架空光缆敷设。

技能要求

（1）掌握光缆敷设方式；

（2）能完成架空和管道光缆敷设。

任务描述

团队（4~6人）分别选择架空光缆敷设和管道光缆敷设。

任务分析

通过对某段光缆工程中的架空或管道进行光缆敷设，让学生理解光缆敷设的原理和重要性。

知识准备

1. 光缆敷设的一般规定

（1）布放光缆的牵引力应不超过光缆允许张力的80%；瞬间最大牵引力不得超过光缆

允许张力的100%；主要牵引应加在光缆的加强件（芯）上。

（2）光缆的弯曲半径应不小于光缆外径的15倍，在施工过程中，应不小于20倍。

（3）光缆牵引端头可以预制，也可以现场制作。

（4）为防止在牵引过程中扭转造成光缆损伤，牵引端头与牵引索之间应加入转环。

（5）布放光缆时，光缆必须由缆盘上方放出并保持松弛弧形。光缆布放过程中应无扭转，严禁打小圈、浪涌等现象发生。

（6）光缆布放采用机械牵引时，应根据牵引长度、地形条件、牵引张力等因素选用集中牵引、中间辅助牵引或分散牵引等方式。

（7）机械牵引用的牵引机应符合下列要求：

①牵引速度调节范围应为0～20 m/min，调节方式应为无级调速；

②牵引张力可以调节，并具有自动停机性能，即当牵引力超过规定值时，能自动发出告警并停止牵引。

（8）在布放光缆时，必须严密组织并由专人指挥。牵引过程中应有良好的联络手段。禁止未经训练的人员上岗和在无联络工具的情况下作业。

（9）光缆布放完毕，应检查光纤是否良好。光缆端头应作密封防潮处理，不得浸水。

2. 光缆布放的基础知识

线路设计、材料、人员、线路复测都已经准备完毕后才可以由架空线路施工班组开始布放架空光缆。一个施工班组除了学习架空光缆布放专业知识以外，还应该熟悉一般光缆布放的基础知识，基础知识在所有光缆布放施工中都有所应用，例如分辨光缆的A、B端的方法、将光缆盘成“8”字形的方法、架空光缆放缆位置的选择。

1）分辨光缆的A、B端

布放光缆首先要分辨光缆的A、B端。如图4-9所示，在城域网和局域网光缆线路工程中由于设计或运营商不要求，光缆的A、B端可以任意选择。在国家级、省级干线光缆线路工程和本地网光缆线路工程中有一项重要的验收项目，就是检查每盘光缆是否按设计规定的A、B端布放。这个规定可以防止光缆放错方向，还可以减少接续时由模场直径的不匹配所引起的熔接损耗偏大现象。光缆A、B端的识别应符合下列规定：

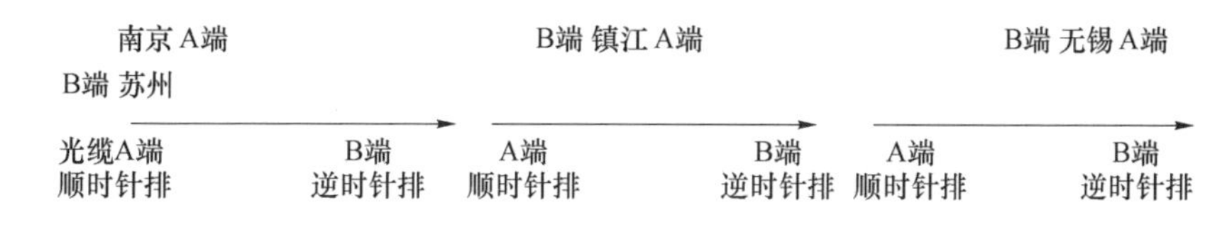

图4-9　光缆线路A、B端与继续点A、B端的判别和区别

（1）面对光缆截面，由领示色光纤束管按顺时针排列时为A端，反之为B端。一般的，蓝、橘、绿、棕、灰、白、红、黑、黄、紫、粉、红、天蓝顺时针为A端，反之为B端。

（2）看光缆米标，米标数字小的一端为A端，米标数字大的一端为B端。本方法仅为辅助判定的方法。

（3）在施工设计时，依据站点方向及局（站）级别定义A、B端。一般定义东西方向，东为 A 端，西为 B 端；南北方向，北为 A 端，南为 B 端。北京为 A 端，其他城市为 B 端，省会为 A 端，地级市为 B 端，依此类推。

2）将光缆盘成“8”字形

一盘光缆的出厂长度一般为 2 ~3 km，布放时通常把光缆盘摆在预定布放段落的中点，先布放一半光缆，然后把另一半光缆盘成“8”字形从光缆盘解下来，最后把盘成“8”字形的光缆向另一个方向布放完毕。所以说将光缆盘成“8”字形是一个必不可少的过程，通过这种方法，即使较少的施工人员也可以布放较长的光缆，如图 4-10 和图 4-11 所示。

图 4-10　将光缆盘成“8”字形（一）

图 4-11　将光缆盘成“8”字形（二）

（1）首先选择一片 4 m×6 m 以上的空地，将光缆按“8”字形走线，中间部位两个方向光缆相互叠压，光缆不断地重复“8”字形，并保持“8”字两个圈的形状，使两个圈尽量大。

（2）随着布放光缆长度的变长，在布放过程中盘“8”字形光缆的数量随之增加，盘“8”字形的位置也随之变化。

（3）盘好的“8”字形光缆起始端在下，末端在上，需要布放光缆时必须将光缆整体反转，把起始端翻上来，从而正常布放。

光缆盘成“8”字形的位置、数量、布放人员和时间的比较见表 4-11。

表 4-11　光缆盘成“8”字形的位置、数量、布放人员和时间的比较

预放长度	盘成“8”字形的位置和数量	布放人员、时间的比较
500 m 以下	一次性从端到端布放	需要人员 6 人
1 000 m	从中部布放，在中部盘成倒“8”字形一次	仅一次
2 000 m	从中部开始布放，每次盘成“8”字形应该预留设计需要的光缆余线。光缆布放 500 m 后，从这个位置开始盘成“8”字形第一次，盘留 500 m，布放盘留的 500 m 光缆到指定终点。起始1 000 m 放完后，将后部 1 000 m 从光缆盘上取下并盘在地上，直到光缆盘清空，这是第二次将光缆盘成“8”字形。将盘成“8”字形的光缆翻过来从光缆末端开始布放另一方向的光缆，先放 500 m，然后第三次将光缆盘成“8”字形，盘留 500 m，将最后盘留的 500 m 光缆布放到另一个终点，完成全部光缆的布放	需要三次盘成“8”字形。时间浪费在盘成“8”字形上，可以通过增加人手、提高盘成“8”字形的速度来减少施工的时间。队伍人数一般为 8 人

续表

预放长度	盘成“8”字形的位置和数量	布放人员、时间的比较
3 000 m	从中部开始布放，每次盘成“8”字形应该预留设计需要的光缆余线。布放500 m后开始第一次盘成“8”字形，盘留长度1 000 m；布放盘留的500 m光缆后，开始第二次盘成“8”字形，盘留长度500 m；将盘留的500 m光缆布放到预定终点，一半光缆就布放好了。将后一半光缆从光缆盘上取下并第三次盘成“8”字形，光缆盘清空；将盘成“8”字形的光缆翻过来从光缆末端开始布放，先布放500 m，第四次将光缆盘成“8”字形，盘留长度1 000 m。将盘留的1 000 m光缆布放500 m后，再第五次盘成“8”字形，盘留长度500 m，将最后盘留的500 m光缆布放到另一个终点，完成全部光缆的布放	需要五次盘成“8”字形。盘成“8”字形的长度较长，时间浪费在盘成“8”字形上，可以通过增加人手、提高盘成“8”字形的速度来缩短施工的时间。也可以将500 m的施工间距适当延长到750 m，减少两次盘成“8”字形的次数。队伍人数一般为12人

3）架空光缆放缆位置的选择

架空光缆的放缆位置一般选择在线路中，根据布放光缆长度的不同，选择不同的布放地点。布放地点可以靠近电线杆，也可以在两个电线杆的中间，需要有一片面积约4 m×6 m的地面，应能摆下放缆用的转盘或放缆支架及光缆盘。地面应该平整，不能有影响光缆布放，甚至有可能损伤光缆外护套的树枝、石块、钢筋等杂物，如有少量杂物可以先将其清除后再摆放。对于有行人或车辆影响的区域可以使用警示牌或交通安全筒将放缆区域隔离开来，要充分保证布放时光缆和布放人员的安全。可以将光缆盘架在货车车厢中进行布放，此时车辆就不便移动了，如图4-12和图4-13所示。

图4-12　在车辆上布放架空光缆

图4-13　在公路隔离带上布放光缆

对于小于500 m的光缆，可以选择一次性布放完毕，放缆位置选择在本段光缆线路的两端；对于2～3 km的整盘光缆，可采用由中间向两端布放的形式，放缆位置选择在本段光缆线路的中间区域内，容许有200 m的偏差。

2. 架空光缆的敷设

在我国光缆线路敷设总量中架空光缆线路敷设量所占比例还是比较大的，对于城域网光缆线路，采用杆路也较经济，在广大农村地区基本都是用架空光缆敷设方式。架空光缆线路具有建设速度快、投资低、效益好等优点，对于国家一级干线及市区的多数线路一般不用架空方式，但在特殊地形或有时需作临时架空杆路作过渡，也有的光缆采用架空方式，有些工程也采用架空飞线过河方式。

1）架空杆路的一般要求

架空光缆主要分为钢绞线支承式和自承式两种，应优先选用前者。我国基本都是采用钢绞线支承式，这种结构通过杆路吊线托挂或捆扎（缠绕）架设。架空光缆应具备相应机械性能，如防震、防风、雪、低温变化负荷产生的张力，并具有防潮、防水性能。架空线路的杆间距离，市区为35～40 m，郊区为40～50 m，郊外随不同气象负荷区而异，最短为25 m，最长为67 m，可作适当调整。我国负荷区是依据风力、冰凌、温度三要素进行划分的。架空光缆线路应充分利用现有架空明线或架空电缆的杆路加挂光缆，其杆路强度及其他要求应符合架空线路的建筑标准。架空光缆的吊线采用规格为7/5.5 mm的镀锌钢绞线。吊线的安全系数应不低于3（$S \geqslant 3$）。长途一级干线需要采用架空挂设时，使用埋式钢丝铠装光缆，重量超过1.5 kg/m时，在重负荷区可减少杆间距或采用7/2.6 mm钢绞线。架空光缆应根据使用环境，选择符合温度特性要求的光缆。在－30℃以下的地区不宜采用架空方式。在明线线路上挂设光缆时，因明线线路已完全淘汰，不用考虑光缆金属加强构件对明线有无影响；而明线线条仍可保留，以给光缆提供防雷、防强电保护。

2）架空光缆安装的一般要求

(1) 架空光缆垂度。

架空光缆垂度的取定，要考虑光缆架设过程中和架设后受到最大负载时产生的伸长率应小于0.2%。工程中应根据光缆结构及架挂方式确定架空光缆垂度。其垂度主要取于吊线垂度，具体可参考市话电缆7/3.0吊线的原始垂度标准，光缆布放时不要绷紧，一般垂度稍大于吊线垂度。在原有杆路上加挂的，一般要求与原线路垂度尽量一致。

(2) 架空光缆伸缩余留。

对于无冰期地区可以不作余留，但布放时光缆不能拉得太紧，注意自然垂度。靠杆中心部位应采用聚乙烯波纹管保护；余留宽度为2 m，一般不得少于1.5 m；余留两侧及线绑扎部位，应注意不能扎死，以利于在气温变化时光缆能伸缩从而起到保护光缆的作用。光缆经“十”字吊线或“丁”字吊线处应按图4-14所示方式保护。

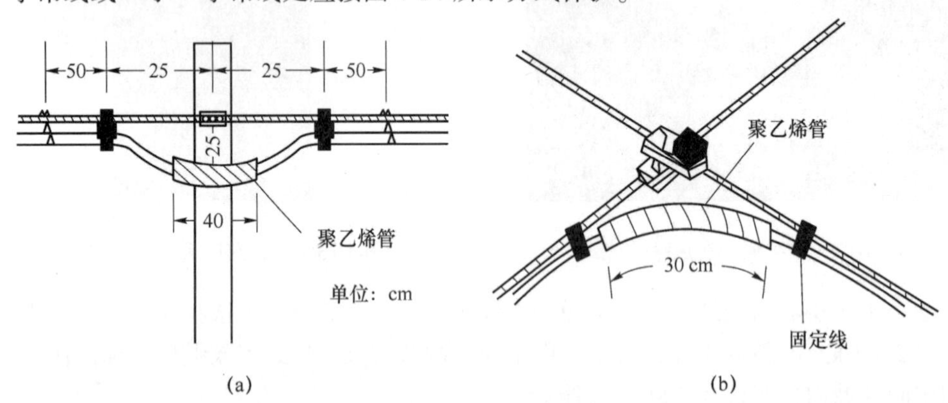

图4-14　保护示意

(3) 架空光缆的引上安装方式和要求。

杆下用钢管保护以防止人为损伤；上吊部位应留有伸缩弯并注意其弯曲半径，以确保光缆在气温剧烈变化时的安全，如图4-15所示，固定线应注意扎死。

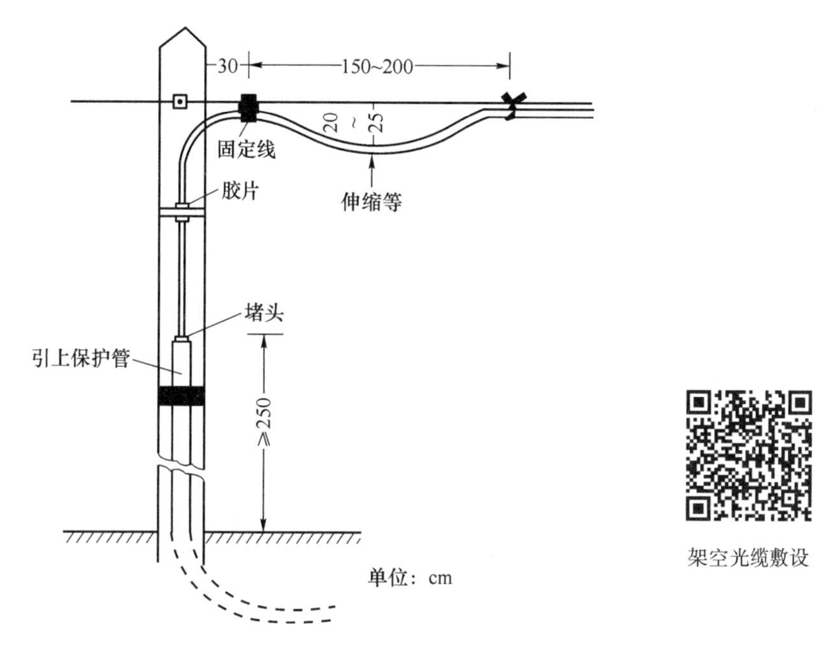

图 4-15　引上光缆安装及保护示意

3）架空光缆的敷设方式

（1）托挂式架空光缆的敷设。

架空光缆采用吊线托挂即吊挂式，这是应用最广泛的架设方法。目前国内架空光缆多数采用这种方式。

光缆挂钩的要求与预放、吊挂式光缆挂钩的程式可按规定要求选用。所用挂钩程式应一致；光缆挂钩卡挂间距要求为 50 cm，允许偏差不大于 3 cm，电杆两侧的第一个挂钩距吊线的杆上的固定点边缘为 25 cm 左右。光缆卡挂应均匀，挂钩在吊线上的搭扣方向应一致，挂钩托板应齐全。一般在光缆架设后按上述要求调节整理好挂钩。当光缆采用挂钩预放布放时，应先在光缆架设前，预先在吊线上安装挂钩。

①滑轮牵引方式。

为顺利布放光缆和不损伤护层，采用导向滑轮，在光缆盘的一侧（始端）牵引至终点。安装方法如图 4-16 所示，使用导向索和 2 个滑轮，并在电杆部位安装一个大号滑轮。每隔 20～30 m 安装 1 个导引滑轮，一边将牵引绳通过每一滑轮，一边按顺序安装，直至到达光缆盘处与牵引端头连好。采用端头牵引机或人工牵引，注意光缆所受张力的大小。一盘光缆分几次牵引时，与管道敷设一样采用倒“8”方式分段牵引。每盘光缆牵引完毕，由一端开始用光缆挂钩分别将光缆托挂于吊线上，向下导引滑轮，并按有关要求在杆上作伸缩弯、整理挂钩间隔等。光缆接头预留长度为 8～10 m（杆高），应盘成圆圈后用扎线扎在杆上。

②杆下牵引法。

对于野外杆下障碍不多的情况下，可采用杆下牵引法，如图 4-17 所示。采用埋式光缆牵引方法把光缆牵引至终点。边安装光缆挂钩，边将光缆挂在吊线上（此时施工人员坐滑车比较方便）。在挂设光缆的同时，将杆上预留挂钩间距一次完成，并作好接头预留长度和端头处理。

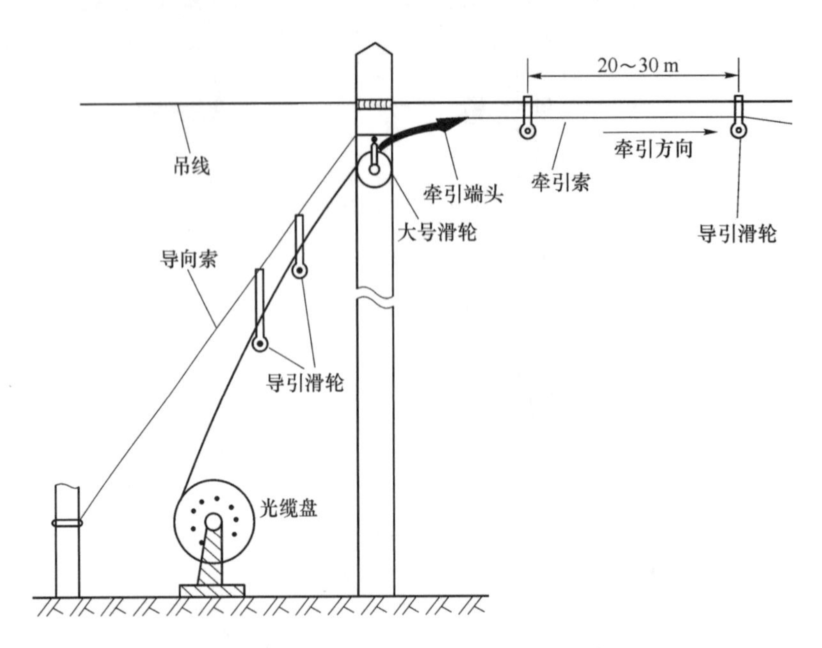

图 4-16　光缆的滑轮牵引布放方法示意

③预留挂钩牵引法。

按光缆规程的规定，每隔 50 cm 挂光缆挂钩，并穿好引线，准备布放光缆两端（光缆盘及牵引点）的安装滑轮。引线可用直径为 2.5 ~ 3.0 mm 的铁线或尼龙绳、钢丝绳等，引线通过挂钩至光缆盘的光缆端头，通过网套式牵引端头连接光缆。牵引光缆完毕，再补充整理光缆挂钩，调整间距至 50 cm，并在杆上作伸缩弯和放好接头预留长度。其布放法与滑轮牵引法相似，如图 4-18 所示。

图 4-17　光缆的杆下牵引布放方法示意

图 4-18　光缆预留挂钩牵引法示意

（2）光缆机械缠绕式架设方法。

缠绕捆扎线采用直径为 1.2 mm 的不锈钢线，当缠绕机沿吊线向前牵引时，扎线使摩擦滚轮产生旋转。摩擦滚轮与静止部分相接触，因此滚动部分与前进方向相垂直地转动，光缆和吊线一起被捆扎线螺旋地绕在一起。缠绕机过杆时，由专人从杆的一侧移过电杆，安装好后继续缠绕。捆扎线的起始端及终端（头、尾）均在吊线上作终结处理（终结扣）。

①光缆临时架设。

光缆临时架设有活动滑轮临时架设法和固定滑轮临时架设法两种。活动滑轮临时架设法如图4-19所示，在光缆盘及终端牵引点安装导引索和导引滑轮，并在杆上安装导引器。每隔4 m左右安装1支移动滑轮构成移动滑轮组。牵引光缆，由活动滑轮完成临时架设，光缆和安装在吊线上的活动滑轮一起向前牵引。固定滑轮临时架设法类似活动滑轮临时架设法。

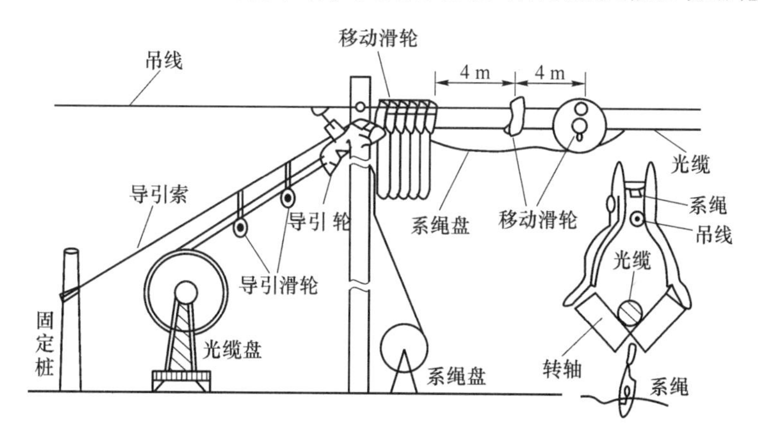

图4-19　活动滑轮临时架设法示意（预放）

②缠绕扎线。

用缠绕机进行自动缠绕扎线，如图4-20所示。当缠绕机向前牵引时，缠绕机滚动部分与前进方向垂直转动，即完成光缆和吊线呈螺旋形地捆扎在一起。缠绕机过杆时由专人上杆搬移，由杆的一侧转到另一侧，安装好后继续缠绕。

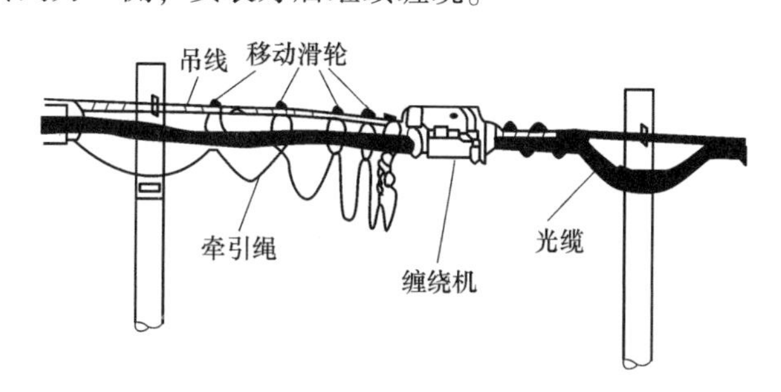

图4-20　用缠绕机进行自动缠绕扎线

应按规定作好伸缩弯的预留，扎线一般直接拉过杆。在光缆外伸缩弯两侧采用固定卡将光缆固定。在光缆外边包一层胶片，然后用卡子固定。捆扎不锈钢线的始端和终端在吊线上作终结处理（终结扣）。右侧采用终端终结法。左侧是新换上扎线后的始端终结。扎线终结多数不是正好落在杆上，其他位置同样在吊线上终结。接头点扎线作终结，光缆用固定卡固定。若预留接头重叠用光缆，则应将其临时吊捆在杆上，光缆端头作密封处理。

③用卡车架设缠绕光缆法。

用卡车架设缠绕光缆法，可以将前面所述的临时架设光缆合并为一步，即将光缆布放、缠绕同时进行，一次完成，如图 4-21 所示。卡车载放着光缆慢慢行驶，缠绕机随之进行自动绕扎。卡车后部用液压千斤支架光缆盘。光缆穿过光缆输送软管由导引器送出，缠绕机由导引器支点牵引。光缆由盘上放出，随着缠绕机的滚动部分旋转，由扎线捆扎在吊线上。

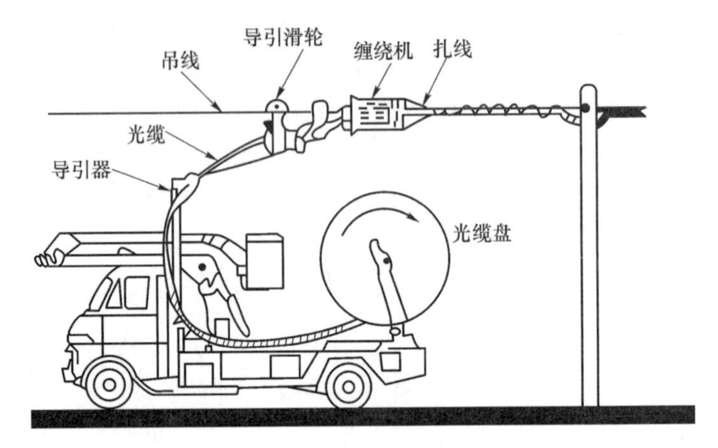

图 4-21　用卡车架设缠绕光缆示意

光缆经过电杆时，同人工牵引法一样，由人工作伸缩弯并固定，并将缠绕机由杆的一侧移过杆并安装好。卡车上装有升降座位，供操作人员乘坐。

3. 直埋光缆的敷设

长途干线光缆工程，主要是直埋敷设，国外有些国家在部分地区采用机械化敷设。由于我国国土辽阔、地形复杂，全机械化敷设不一定适合长距离敷设。目前，对于 2 km 以下盘长的光缆大多采用与普通电缆相同的传统敷设方法，对于 4 km 盘长的光缆采用机械牵引和人工辅助牵引的方法较好。

光缆虽然轻，给敷设工作带来方便，但其盘长远远超过普通电缆，而且布放距离通常达到 2 ~ 3 km，给挖沟工作带来困难。环境对光缆也有伤害，例如蚂蚁、腐蚀性土壤、雷电等，同时，光缆容易损伤，对预回土、回填以及保护提出了更高的要求。

1）挖沟

敷设直埋光缆必须首先进行挖沟，只有沟达到足够的深度才能防止各种外来的机械损伤，而且在达到一定深度后地温较稳定，可减少温度变化对光纤传输特性的影响，从而提高光缆的安全性和通信传输质量。

（1）人力组织与领导协调。

长途光缆工程的挖沟工作涉及的单位及人员较多，因此主要由当地政府和施工单位联合作好组织工作，施工单位指定至少一名联络员负责落实和质量检查，建设单位地方主管部门委派监理公司或工地代表作为随工代表负责隐蔽工程的检查和验收。对于参加挖沟的施工人员，应进行光缆常识和安全、质量要求的宣传培训，要让每一个施工人员了解必要的光缆安全常识和挖沟的技术标准。

（2）挖沟标准。

挖沟标准及沟深要求见表 4-12。沟底宽一般为 30 cm，上宽为 60 cm。

①路由走向。挖沟是按路由复测后的划线进行的，不能任意改道和偏离；光缆沟应尽量

保持直线路由，沟底要平坦，避免蛇行走向。路由弯曲时，要考虑光缆弯曲半径的允许值，避免拐小弯。

②沟深要求。光缆沟的质量，关键在沟深是否达标，不同土质及环境对沟深有不同的要求。在施工中应按设计规定达到表中的深度标准。对于特殊地段，达到标准确实有实际困难时，经主管部门同意，可适当降低有关标准，但应采取保护措施。

表 4-12　挖沟标准及沟深

敷设地段、地质	沟深/m	备注
普通土、硬土	≥1.2	—
半石质（砂土、分化土）	≥1.0	—
全石质	≥0.8	从沟底加垫 10 cm 细土或砂土表面算起
流沙	≥0.8	—
市区人行道	≥1.0	—
市郊、村镇	≥1.2	—
穿越铁路、公路	≥1.2	距离碴底或距路面
沟、渠、水塘	≥1.2	—
农田排水沟	≥0.8	沟宽 1 m 以内

（3）挖沟方法。

人工挖沟是简便、灵活，不受地形条件影响的有效方法。挖沟时应分段施工，加强管理。为确保挖沟质量和进度，一般应由当地政府部门出面协调，并由施工单位派人员检查、指导，及时验沟、确保质量。光缆敷设前，必须由验收小组按挖沟质量标准逐段检查。验沟小组一般由三方组成，即由施工单位、监理公司（或建设单位随工代表）、挖沟工程承包段负责单位各派一名代表。有些国家采用挖沟和敷设联合装置进行光缆敷设。对于石质地段，坚石必须通过爆破方法将岩石爆破，然后清除，整理出符合规定要求的光缆沟。

（4）穿越障碍物路由的准备工作。

在长途光缆的敷设过程中，在埋式路由上会遇到铁路、公路、河流、沟渠等障碍物，一般应视具体情况采取有效的方法在光缆敷设前作好准备。

①预埋管。

光缆路由穿越公路、机耕路、街道时一般采取破路预埋管方式。用钢钎等工具开挖路面，挖出符合深度要求的光缆沟，然后埋设钢管或硬塑料管等为光缆穿越作好准备。开挖路面必须注意安全，并尽量不阻断交通。若光缆穿越公路和街道，为保证光缆今后安全，一般采用无缝钢管；对承受压力不是太大的一般公路、街道等地段，可埋设塑料管。

②顶管。

光缆路由穿越铁路，重要的公路，交通繁忙要道口以及造价高昂、不宜搬迁拆除的地面障碍物，不能采用破土挖沟方式时，可选用顶管方式，由一端将钢管顶过去，一般用液压顶管机完成较好。其操作步骤主要如下：在顶管两侧各挖一个工作坑，其深度同光缆埋深要求，能放下顶管机、钢管即可；安装顶管机，顶管机及其他装置要安装平稳。为了顶管顺利进行，应在路由中心打一标桩以便顶管时校正钢管，使之不偏离路由方向；

按选用顶管机的操作规程进行顶管，当需要用几根钢管接长时，接口应用管箍接好；恢复路面，对开挖地段应及时回填并分层夯实，水泥路面应用水泥恢复并经公路或有关部门检查合格。

③定向钻（微控顶管）。

光缆路由穿越高等级公路、铁路、大型河流时也可采取定向钻（微控顶管）方式。用微机控制方向，先期定向导向孔，然后根据管程的需要回拖敷管，为光缆穿越作好准备。

④铺设过河管道。

直埋光缆路由会经常遇到河流。对于较大、较长的河流，常规办法是采用钢丝铠装水底光缆过河。而对于较小、较短的河流或沟渠，全采用水底光缆困难太多，这时一般采用过河光缆管道化的办法，即在光缆敷设前在河（沟）底预埋聚乙烯塑料管，采用陆地埋式光缆从管道中穿放的过河办法。

光缆埋设路由上遇到河流上有桥梁时，应尽量加以利用，因为水底光缆受施工技术限制，一般不可能埋得很深。

2）直埋光缆的敷设方法

光缆比较电缆的一个显著特点是重量轻，但比电缆的盘长要长得多。一般长途光缆的单盘长度在2 km以上。对于距离较长的中继段，为减少接头数通常采用的光缆盘长达到4 km。这样，一方面减少了接头数目，提高了传输质量，另一方面也给敷设工作带来了困难。直埋光缆的敷设方法较多，一般从地形条件和施工单位的装备等方面进行考虑。这里介绍几种近几年国内所采用的有效方法及其简要步骤和施工要领。

（1）机械牵引方式。

它是采取光缆端头牵引及辅助牵引机联合牵引的方式，一般是在光缆沟旁牵引，然后由人工将光缆放入光缆沟中。其牵引方法基本上与管道光缆辅助方式相同，如图4-22所示。

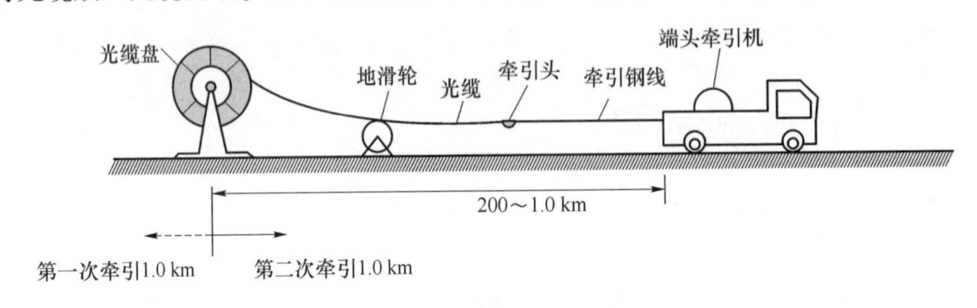

图4-22　光缆机械牵引法示意

（2）人工牵引方式。

人工牵引方法，是由人力代替机械，这是预先在光缆沟上间隔一定的距离安装一组三角状导引器，在拐弯、陡坡地点安装一架导向轮，光缆由带轴承的牵引端头，通过牵引索，由一组或两组人员进行索引。

（3）人工抬放方式。

人工抬放方式，是采取以往电缆的抬放办法，由几十名施工人员采取一条龙抬放方法将光缆运到光缆沟边，边抬边走，直至到达终点。这种方法简便，但需要人员较多且需严密组织、步调一致。为减少人员，一般同样由中间向两边布放。

（4）抬“∞”布缆方式。

这是一种将光缆预先叠成若干个“∞”形，然后由几组人员扛于肩上边走边放的方式。这对于中间没有穿管等障碍的地区非常适用，这种方式所用的人力较抬放方式节省，而且避免了地上摩擦，对保护光缆外护层比较有利。但由于光缆盘长较长，中间一般要经过较多的障碍（如穿管），这对于我国大部分地区来说不是很合适。

3）直埋光缆的机械保护

（1）穿越铁路、公路、街道。

光缆穿越铁路、公路、街道等不能挖开的地段，在放缆前已经采取顶管或预埋管方式准备了钢管或塑料管保护措施，光缆穿放时应防止钢管管口擦伤光缆，最好钢管内先穿好塑料子管，穿越后管口应用油麻或其他材料堵塞。

对于简易公路或乡村大道的穿越，一般采取在光缆上方 20 cm 处加盖水泥盖板或红砖的保护方式。对于每个盖砖保护部位按设计要求采取横盖、竖盖等方式。

（2）穿越河流。

前边已经介绍在河流较多的水乡，为降低工程造价，用普通埋式光缆通过过河塑料管道的防机械损伤措施来代替过河水底光缆。光缆敷设至预放好的过河管道处采取布放市区管道光缆的方式穿越光缆，穿越后两侧塑料管口用油麻、沥青等堵塞，岸滩位置按设计规定作“S”形预留后进入埋式地段。

（3）穿越沟、渠、塘及湖泊。

光缆穿越沟、渠、塘、湖泊等障碍时，一般均应采取保护措施，主要根据这些沟、渠的水流冲刷、塘内捕捞，尤其是藕塘挖掘等情况，采取不同的保护方式。

光缆必须穿越水塘、洼地时，为防止人为因素损伤光缆，在光缆穿越后采用水泥盖板铺在光缆上方予以保护。

光缆穿越小沟、排水沟，由于沟底砖石或其他原因，深度不能满足要求以及有疏浚和拓宽规划的人工渠道、小河时，亦要采取加盖部分水泥盖板的办法来保护光缆。对于山洪冲击地段，采取构筑漫水坡或挡水墙的办法，用以阻挡山洪、溪水的冲击、冲刷和防止光缆沟泥土流失致使光缆露出、悬空直至受到损伤。光缆穿越梯田、沟坎及沟渠陡坡时，应因地制宜筑砌护坎（坡），以防止水土流失。

穿越斜坡的保护措施视坡度、坡长等情况选择。坡度大于 20°、坡长大于 30 m 时，采取“S”弯敷设或埋设木桩、横木以锚固光缆。坡度大于 30°、坡长大于 30 m 时，一般选用细钢丝爬坡光缆并作“S”弯敷设。对于特殊地段，还应作封沟保护措施。斜坡有可能受水冲刷时，应每隔 20 m 作堵塞或采取分流措施。对于坡度较大，雨量又较高的地段，可适当增加堵塞量。光缆穿越桥梁时，一般用钢管和钢丝吊挂方式。在前边路由准备中已讲述过，光缆穿越钢管后在管口应用油麻等堵塞。光缆穿越长江大桥、黄河大桥等有电信专用槽道的大型桥梁时，应在两侧各作 1～2 个“S”弯余留。涵洞主要是在铁路或公路下边作排水用的，一般应避免穿越。但在旁边不能顶管、开挖的不得已的情况下，可经工程主管部门、铁路或公路部门同意，穿越涵洞、隧道并确保涵洞或隧道的使用和安全。光缆穿越涵洞、隧道时，应采用钢管或半硬塑料管保护，并在出口处作封固和涵洞、隧道损坏部分的修复。

4）直埋光缆“三防”

（1）防雷。

光缆利用光纤作通信介质可以免受冲击电流，如雷电冲击的损害，对于非金属光缆是可以做到这一点，但埋式光缆中有加强件、防潮层和铠装层以及有远信或业务通信用铜导线，这些金属件仍可能遭受雷电冲击，从而损坏光缆，严重时使通信中断。光缆线路的防雷措施包括两个方面：在光缆线路上采取外加防雷措施，如敷设地下防雷线（排流线）和消弧线；在光缆结构选型时，应考虑防雷措施，即应尽可能采用具有无金属加强构件的光缆，或采用具有加厚 PE 层的光缆。

①直埋光缆防雷的主要措施。

一般直埋光缆应根据当地雷暴日、土壤电阻率及光缆内是否有铜导线等因素，采取具体的防雷措施。防雷的主要措施有局内接地方式；系统接地方式；在 2 km 处断开铠装层（接头部位），作电气断开或作一次保护接地，即接头位置引出一组接地线；在光缆上方敷设屏蔽线，在光缆上方 30 cm 的地方敷设单条或双条屏蔽线（又称排流线）；采用所含金属部件能承受一定等级雷电流的光缆；在特殊地段采用无金属光缆。

②接地装置的安装要求。

光缆线路中无人中继站和采取系统接地的接头点需要安装防雷接地装置。

接地装置要求接地电阻应符合表 4-13 中的规定。对于无人中继站，其接地装置的要求要高一些，一般接地电阻要求达 2 Ω，困难的地点不大于 5 Ω。接地装置离开光缆的距离一般不小于 15 m，与光缆线路垂直安装。接地装置引至接头、设备的引线，应采用 16 mm^2 的铜芯绝缘线，连接部位应焊接牢固。

表 4-13　接地装置的接地电阻要求

土壤电阻率/（Ω · m）	≤100	>100	≥500
接地电阻/Ω	5	10	20

（2）防鼠措施。

鼠类的利齿会损伤光缆从而导致通信中断。同时由于地面上不易发现，故障寻找困难。因此，防鼠措施对确保通信畅通、防止光缆损害非常重要。

光缆、路由选择及敷设处理：①在鼠害严重地区，可采用光缆外表面含有防鼠忌避剂护套或有金属护层的防鼠光缆。②路由尽量避开鼠类活动猖獗地段；③光缆沟应确保埋深质量，1. 2 m 以下鼠类活动较少。④光缆回填时注意光缆上方 30 cm 预回土应用细土，不得有石块。

（3）防白蚁措施。

白蚁蛀食光缆会损坏护层，因此光缆经过白蚁地区时必须采取如下防范措施：①路由应尽量避开白蚁严重地段。②用于白蚁地段的光缆，可在护层外边再被覆一层强度较好的尼龙 12 护层。③在光缆外层被覆含有防蚁剂的聚氯乙烯护层，也可收到良好的效果。

5）光缆沟的预回土和回填

（1）预回土。

光缆敷设后应立即进行预回土，以避免光缆裸露野外，发生损伤。首先应预回细土 30 cm，不能将砖头、石块或砾石等填入，对于细土采集困难地段，也不能少于 10 cm。

注意：预回土前对个别深度不够地段应及时组织加深以确保深度质量；光缆敷设中，发现有可能损伤光缆的迹象时应作测量或通光检查。

（2）回填。

应由专人负责集中回填。在完成上述沟底处理后，应尽快回填，以保护光缆安全。回填土时应避免将砖头石块等填入沟中，并应分层踏平或夯实。回填土应稍高出地面以备填土下沉后与地面持平。

6）光缆路由标石的设置

光缆路由标石的作用，是标定光缆线路的走向、线路设施的具体位置，以供维护部门的日常维护和线障查修等。

（1）必须设置标石的部位。

光缆接头；光缆拐弯处；同沟敷设光缆的起止点；敷设防雷排流线的起止点；按规划预留光缆的地点；与其他重要管线的交越点；穿越障碍物等寻找光缆有困难的地点；直线路由段超过 200 m，郊区及野外超过 250 m 寻找光缆困难的地点。

若无位置埋设标志，可用固定标志代替标石。对于需要监测光缆金属内护层对地绝缘的接头点，应设置监测标石，其余均为普通标石。

（2）标石的埋设要求。

标石应埋设在光缆的正上方。接头点的标石，埋设在光缆线路路由上，标石有字的面应对准光缆接头。转弯处的标石应埋设在路由转弯的交点上，标石有字的面朝向光缆转弯角较小的方向。当光缆沿公路敷设间距不大于 100 m 时，标石有字的面可朝向公路。

标石应埋设在不易变迁、不影响交通的位置，并尽量不影响农田耕作。

标石埋深为 60 cm，长标石为 100～110 cm，地面上方为 40 cm，标石四周土壤应夯实，使标石稳固不倾斜。标石可用坚石或钢筋混凝土制作，规格有两种：一般地区用短标石，规格为 100 cm × 14 cm × 14 cm；土质松软及斜坡地区用长标石，规格为 150 cm × 14 cm × 14 cm。监测标石上方有金属可卸端帽，内装引接监测线、地线的接线板，检测标石埋深 120 cm，检测标志面面向接头盒，如图 4-23、图 4-24 所示。

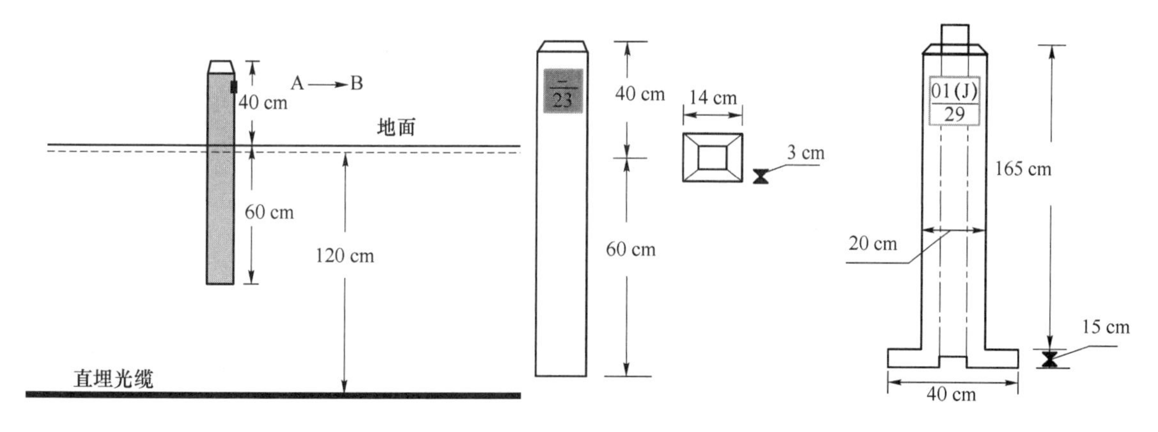

图 4-23　标石埋深示意　　图 4-24　标石尺寸示意

标石编号采用白底红（或黑）色油漆正楷字，字体要端正，表面整洁清晰。编号以一个中继段为独立编制单位，按 A→B 方向编排。

标石的编号方式和符号应规范化，可按图 4-25 所示规格编写。

图中，分子表示标石的不同类别或同类别标石的序号；分母表示这一中继段内标石从A端至该标石的数量编号。“分子/分母+1”，表示标石已埋设、编号后根据需要新增加的标石。

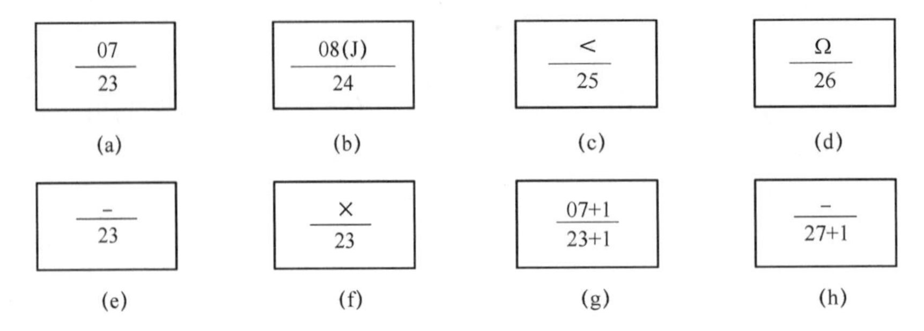

图4-25　标石符号规范示意图

（a）普通接头标石；（b）监测标石；（c）转角标石；（d）规划预留标石；（e）直线标石；（f）障碍标石；（g）新增接头标石；（h）新增直线标石

4. 管道光缆的敷设

由于管道路由复杂，光缆所受张力、侧压力不规则，为了安全敷设、节省光缆消耗和工程费用，本部分对管道敷设的张力计算、布放方法以及敷设机具作必要的叙述。

1）清洗管道

（1）管孔资料核实。

按设计规定的管道路由和占用管孔，检查是否空闲以及进、出口的状态。按光缆配盘图核对接头位置所处地貌和接头安装位置，并观察（检查）其是否合理。

（2）管孔清洗方法。

主要方法有人工管孔清洗和机器洗管法。在国外，对于塑料管道大多采用自动减压式洗管技术。由于塑料管道密封性较高，利用气洗方式洗管比较先进。

（3）清洗步骤。

久闭未开的人孔内可能存在可然性气体和有毒气体。入孔作业人员在人孔顶盖打开后应先用换气扇通入新鲜空气对人孔换气，若人孔内有积水时应用抽水机排除。

用穿管器或竹片慢慢穿至下一个孔后，如图4-26所示，将始端与清洗刷等连接好，注意清洗工具末端接好牵引铁线，然后在第一管孔抽出穿管器或竹片。用同样的方法继续洗通其他管道。

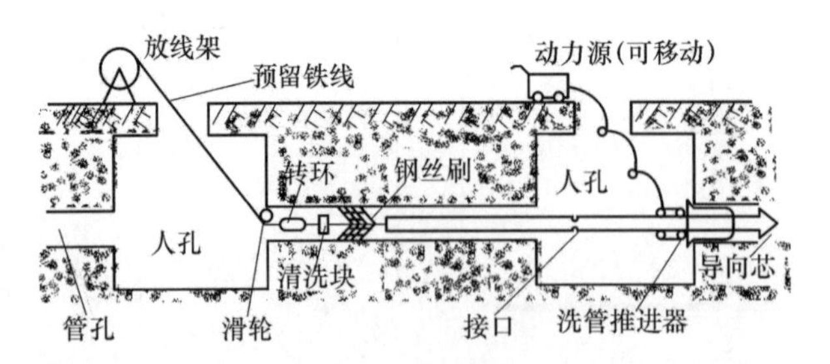

光缆管道敷设

图4-26　机械清洗管道

淤泥太多时，可用水灌入管孔内进行冲刷以使管孔畅通，也可利用高压水枪反复冲洗直至疏通为止。对于陈旧管道，道路两旁树根长入管孔缝造成故障，或管道接口错位无法通过时，应算准具体位置，由建设单位组织修复或更换其他管孔。

2）预放塑料子管

随着通信的大力发展，城市电信管道日趋紧张。根据光缆直径小的优点，为充分发挥管道的作用，提高经济、社会效益，人们广泛采用对管孔分割使用的方法，即在一个管孔内采用不同的分隔形式布放3～4根光缆。我国目前普遍采取在一具管孔中预放3～6根塑料子管的分隔方法。塑料子管的布放方法应符合下列要求：

在同一管孔内布放两根以上的子管时，将子管每隔2～5 m捆绑一次，同时布放，尽量采用不同色谱的子管。若采用无色子管，应在两端头作标志；布放长度小于300 m时可直通；子管伸出20～30 cm密封保护；穿放塑料子管的管孔，应安装塑料管法兰盘以固定子管。

3）光缆牵引端头的制作方法

在牵引过程中要求光纤芯线不应受力，其张力的75%一般由中心加强件（芯）承担，外护层受力不足25%（钢丝铠装光缆除外）。对于光缆敷设，尤其是管道布放，光缆牵引端头的制作是非常重要的工序。光缆牵引端头制作方法是否得当，直接影响光纤的传输特性。在有些地方，由于人们未掌握光缆牵引的特点和制作合格牵引端头的方法，而引发外护套被拉长或脱落以及光纤断裂的严重后果。因此，牵引端头的要求和制作工艺，对于光缆施工人员来说是一项基本功。目前，少数工厂在光缆出厂时，已制作好牵引端头，故在单盘检验时应尽量保留这一牵引端头。

（1）牵引端头的要求。

光缆牵引端头一般应符合下列的要求：牵引张力应主要加在光缆的加强件（芯）上（75%～80%），其余加到外护层上（20%～25%）；缆内光纤不应承受张力；牵引端头应具有一般的防水性能，避免光缆端头浸水；牵引端头可以是一次性的，也可以在现场制作；牵引端头体积（特别是直径）要小，尤其塑料子管内敷设光缆时必须考虑这一点。

（2）牵引端头的种类。

光缆牵引端头的种类较多，如图4-27所示，其列出了有代表性的四种不同结构的牵引端头。

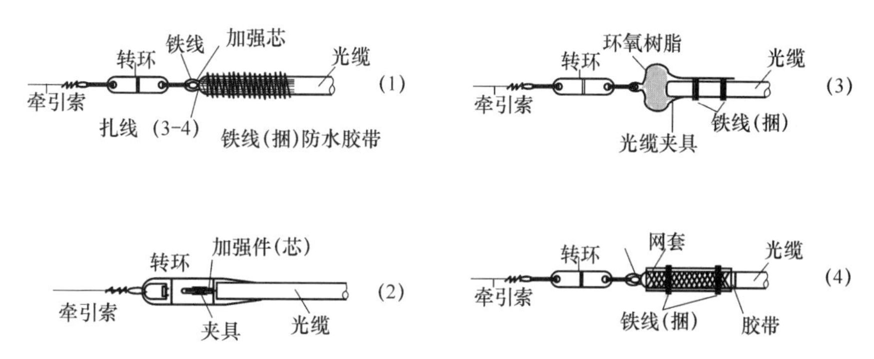

图4-27　光缆牵引端头示意

4）管道敷设主要机具

管道敷设，采用机械牵引方法比较合适，以保证敷设质量、节省人力和提高施工效率。机械牵引较人工敷设要求高，它需要有性能较好的终端牵引机，中间辅助牵引机以及转弯、高低差异轮等主要机具。

（1）终端牵引机。

终端牵引机安装在允许牵引长度的路由终点，通过牵引钢丝绳把始端的光缆按规定速度牵引至预定位置，其结构如图 4-28 所示。

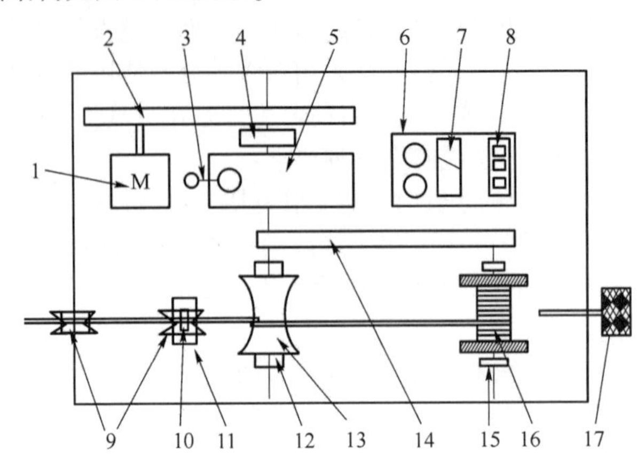

图 4-28 终端牵引机示意

1—马达；2—主传动带；3—人工换挡开关；4—离合器；5—变速器；
6—仪表盘；7—张力指示器；8—计数器；9—钢丝导轮；10—张力调节器；11—张力传感器；
12—绞盘分离器；13—绞盘；14—收线传动带；15—轴承；16—收线盘、牵引钢丝绳；17—收线盘分离踏板

（2）辅助牵引机。

这种光缆牵引设备，在光缆的管道敷设、直埋敷设或架空敷设中，一般都置于中间部位，起辅助牵引作用，如图 4-29 所示。光缆夹持在辅助牵引机的两组同步传输带中间，光缆由传动带夹持，利用摩擦力对光缆起牵引作用。将辅助牵引力置于 150 kg 位置，则光缆终端牵引机此时获得了 150 kg 的“支援”，从而使总牵引长度获得了较大改善。

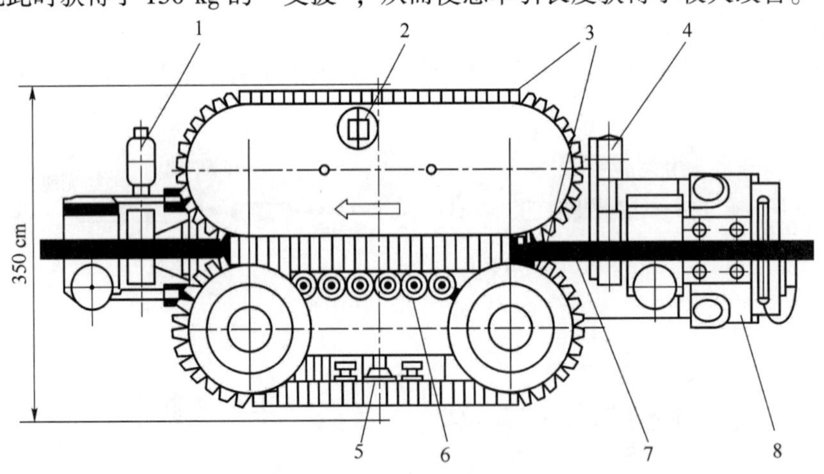

图 4-29 辅助牵引机示意

1，4—光缆固定；2—夹持；3—同步传动带；5—减速器；6—导轮；7—光缆；8—液压马达

（3）导引装置。

管道光缆敷设要通过人孔的入口、出口，路由上会出现拐弯、曲线以及管道人孔的高低差等情况，为了让光缆安全、顺利地通过这些部位，必须在有关位置安装相应的导引装置以减少光缆的摩擦力、降低牵引张力。

按上述不同用途，光缆导引装置可设计成不同结构的导引器和导引滑轮。

导引器是专门为光缆的管道敷设而设计的。导引器有多种形式，但多数是带轴承的组合滑轮，如图4-30所示。

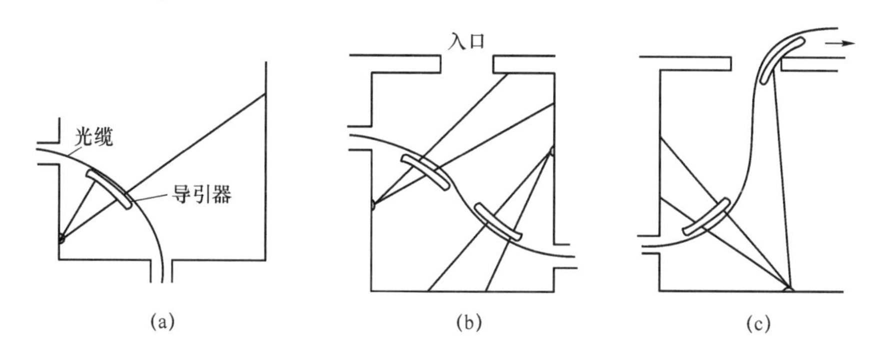

图4-30 导引装置工作示意图
（a）拐弯导引；（b）高差导引；（c）出口导引

5）管道光缆的敷设原则及方法

管道光缆敷设管孔遵循先下后上（防止覆盖井口）和先两边后中间（方面转弯）的原则。

在管道内敷设光缆的方法主要有机械牵引法、人工牵引法和人工与机械结合三种方式。下面介绍前两种方法。

（1）机械牵引法。

①集中牵引方式。集中牵引方式即端头牵引法，牵引钢丝通过牵引端头与光缆端头连好，用终端牵引机按设计张力将整条光缆牵引至预定敷设地点，如图4-31（a）所示。

②分散牵引方式。不用终端牵引机而是用2～3部辅助牵引机完成光缆敷设。这种方式主要是由光缆外护套承受牵引力，在光缆侧压力允许的条件下施加牵引力，因此用多台辅助牵引机使分散的牵引力协同完成。图4-31（b）所示是管道光缆敷设分散牵引方式的典型例子。

③中间辅助牵引方式。这是一种较好的敷设方式，它既采用终端牵引机又使用辅助牵引机。一般以终端牵引机通过光缆牵引端头牵引光缆，辅助牵引机在中间给予辅助，使一次牵引长度得到增加。它具有集中牵引和分散牵引的优点，克服了各自的缺点。因此，在有条件时选用中间辅助牵引方式较好，如图4-31（c）所示。

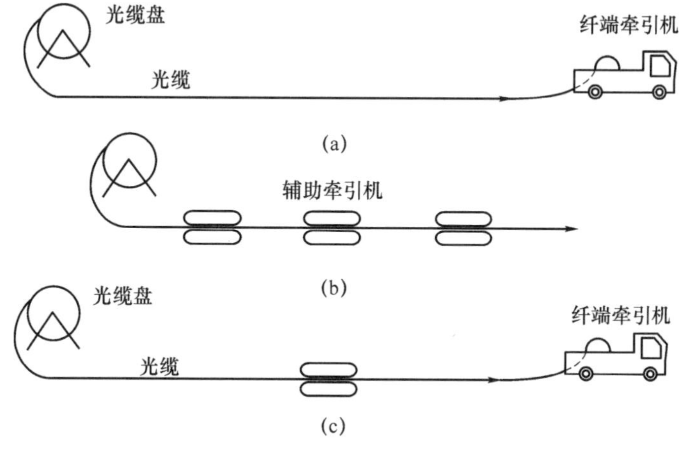

图4-31 机械牵引法三种方式示意
（a）集中牵引方式；（b）分散牵引方式；（c）中间辅助牵引方式

（2）人工牵引法。

由于光缆具有轻、细、软等特点，故在没有牵引机的情况下，可采用人工牵引法来完成光缆的敷设。

人工牵引方法的要点是在良好的指挥下尽量同步牵引。牵引时一般为集中牵引与分散牵引相结合，即有一部分人在前边牵引索（穿管器或铁丝），每个人孔中有 1～2 人帮助拉。前边集中拉的人员应考虑牵引力的允许值，尤其在光缆引出口处，应考虑光缆牵引力和侧压力。人工牵引布放长度不宜过长，常用的办法是采用倒“8”法即牵引出几个人孔后，将光缆引出盘，然后再向前敷设，如距离长还可继续将光缆引出盘，直至整盘光缆布放完毕。人工牵引导引装置，不像机械牵引要求那么严格，但拐弯和引出口处还是应安装导引管，如图 4-32所示。

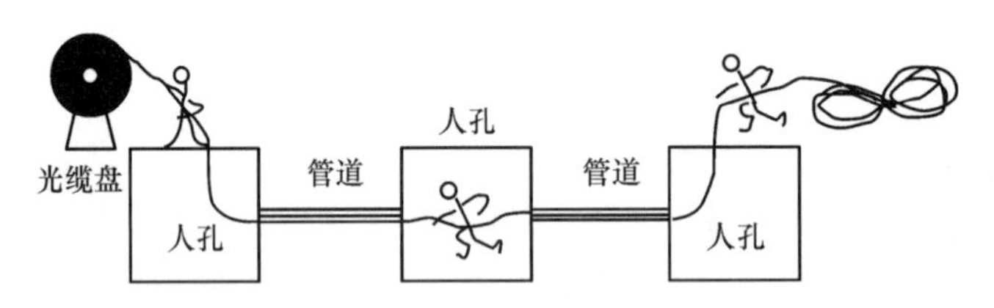

图 4-32　人工牵引法示意

6）管道光缆的敷设步骤

现以机械牵引法中的中间辅助牵引方式为例，介绍管道光缆的敷设步骤。

（1）估算牵引张力、制订敷设计划。

为避免盲目施工，必须根据路由调查结果和施工单位敷设机具的条件制定切实可行的敷设计划。

（2）人力组合和指挥系统。

为了敷设的安全和提高生产效率，应合理安排、统一指挥，有条不紊地工作。

（3）拉入钢丝绳。

管道或子管一般已有牵引索，若没有牵引索应及时预放好，一般用铁丝或尼龙绳。机械牵引敷设时，首先在缆盘处将牵引钢丝绳与管孔内预放牵引索连好，另一端由端头牵引机牵引管孔内预放的牵引索，将钢丝绳引至牵引机位置，并作好牵引准备。

（4）光缆牵引。

光缆端头按规定方法制作合格并接至钢丝绳；按牵引张力、速度要求开启终端牵引机；值守人员应注意按计算的牵引力操作；光缆引至辅助牵引机位置后，将光缆按规定安装后，使辅助牵引机与终端牵引机以同样的速度运转；光缆牵引至牵引人孔时，应留足供接续及测试用的长度；若需将更多的光缆引出人孔，必须注意引出人孔处内导轮及人孔口壁摩擦点的侧压力，要避免光缆受压变形。

7）人孔内光缆的安装

（1）直通人孔内光缆的固定和保护。

光缆牵引完毕，由人工将每个人孔中的预留光缆沿人孔壁放至规定的托架上，一般尽量置于上层。为了光缆今后的安全，一般采用蛇皮软管保护，并用扎线绑扎使之固定。其固定和保护方法如图 4-33 所示。

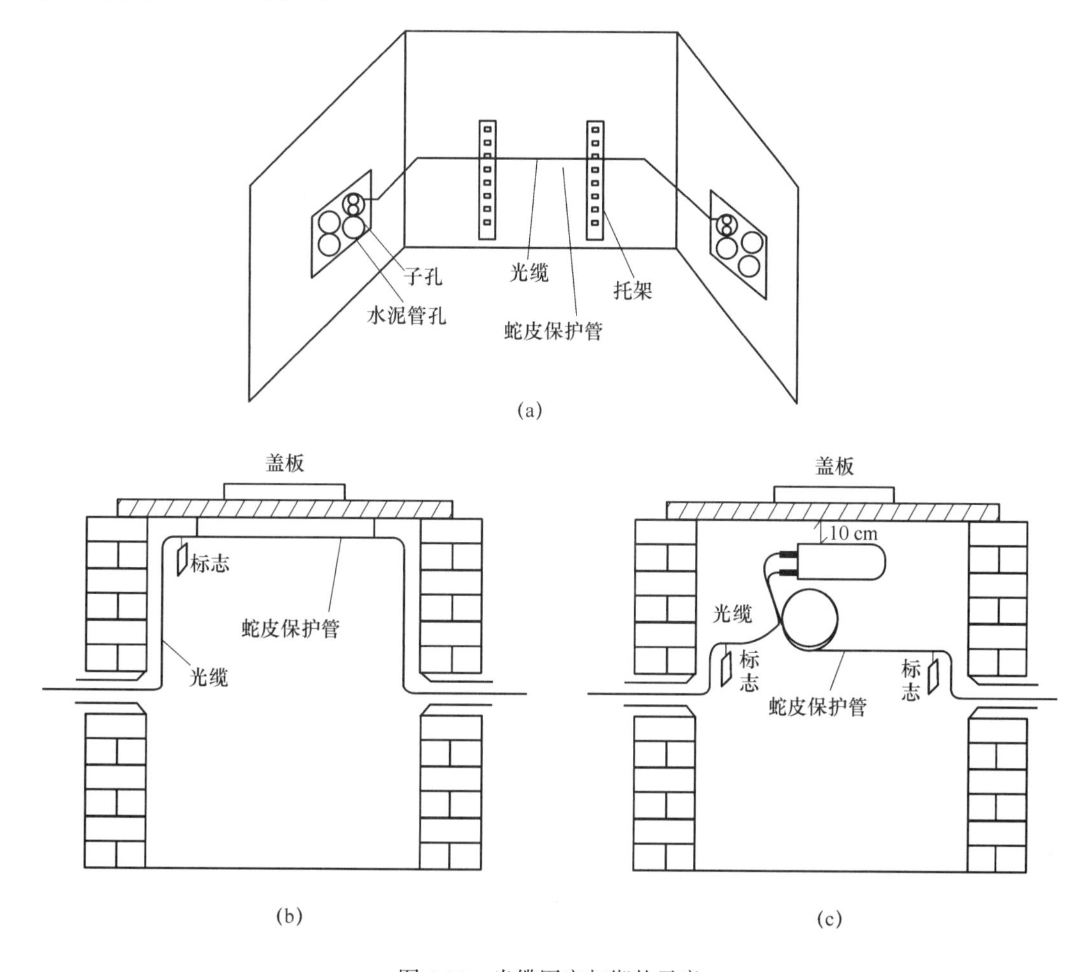

图 4-33　光缆固定与绑扎示意

（2）接续用预留光缆在人孔中的固定。

人孔内，供接续用光缆作预留长度一般不少于 7 m，由于接续工作往往要过几天或更长的时间才开始，因此预留光缆应妥善地盘留于人孔内。具体要求如下：①为防止光缆端头进水，光缆端头应作好密封处理，最好采用热缩密封方式。②预留光缆应按弯曲的要求盘留固定，盘圈后挂在人孔壁上或系在人孔内盖上，注意端头不要浸泡于水中。

（3）管道光缆的保护措施。

人孔内的光缆可采用蛇形软管或者软塑料管保护。管口应采取堵口措施，以防止污垢杂物流入管道，也可防止老鼠在管孔跑窜啃咬从而伤害光缆。人孔内的光缆应有明显的识别标志，以示区别。在严寒地区应采防冻措施，防止光缆损伤。管道路面不得堆放易燃、易爆、腐蚀性物品。靠近人（手）孔壁四周的回填土，不应有直径大于 10 cm 的砾石、碎砖等坚硬物，回填土严禁高出人（手）孔口圈。铁盖与口圈应吻合，盖合后应平稳、不翘动，应高于口圈 3 mm，铁盖的外缘与口圈的内缘间隙应不大于 3 mm。手孔的水泥盖板必须完好无损。

任务实施

1. 任务器材

空白图纸、抽纸、相机和笔、光缆传缆器、光缆、滑车、挂钩、安全帽、安全带、梯子。

2. 任务

各团队分组完成架空光缆敷设和管道光缆敷设，各团队分工要详细，分别完成1档架空光缆敷设和2段管道光缆敷设（管道敷设需要完成2个倒“8”），各团队需要在关键点拍照片并打印贴在报告上。

1）架空光缆敷设

（1）拉吊线。

为了实训的安全，在3 m的高处安装拉线，使用抱箍和夹板，固定和拉紧吊线，待拉紧后再上杆工作。

（2）安全措施。

小组各人员戴安全帽，坐滑车的人必须戴安全帽和系安全带，组长将各成员分工，上交分工明细和责任，设计施工步骤。

（3）挂缆。

应注意光缆弯曲的曲率半径必须大于光缆外径的15倍。光缆架设后，两端应留1.5 ~ 2 m的重叠长度，以便接续。挂光缆挂钩时，要求距离均匀整齐，挂钩的间隔距离为50 cm，电杆两旁的挂钩应距吊线夹板中心各25 cm，挂钩必须卡紧在吊线上，托板不得脱落。

（4）“5S”管理及评分。

小组完成挂缆后，安全放下滑车人员，拆除光缆和吊线，整理现场，做到“5S”管理。小组根据现场完成情况打分，并在实训过程中注意保存数据和记录，例如工艺照片。

2）管道光缆敷设

小组各人员戴安全帽，组长将各成员分工，上交分工明细和责任，设计施工步骤。

管道内缆线复杂，一般采用人工牵引方法敷设光缆。在每个人孔内安排2 ~ 3人进行人工牵引，牵引应统一指挥，中间人孔不得发生光缆扭曲现象。牵引沿线的人员应保证联络畅通。

敷设步骤：①检查管道，疏通管道；② 6 ~ 3人布放穿缆器；③固定接头；④收穿缆器（注意速度）；⑤倒“8”放置光纤。

教师根据光缆敷设的情况，结合组员的表现现场完成打分，并在实训过程中注意保存数据和记录，例如工艺照片。

任务总结（拓展）

水底、海底或直埋光缆敷设的要求及方法。

任务4-6　光纤熔接

教学内容

(1) 光纤接续；

(2) 光纤熔接机。

技能要求

(1) 会操作光纤熔接机；

(2) 能完成光纤熔接；

(3) 会判断熔接质量。

任务描述

团队（4~6人）操作光纤熔接机，完成光纤熔接（成环、成长龙）。

任务分析

学生完成光纤对接，熟悉光纤熔接机的操作；每位学生完成单根光纤熔接成环（联系），分组完成团队内光纤的接续（竞赛，将每个人的光纤接续成龙）。

知识准备

光缆接续见视频4-1，带状光纤接续见视频4-2。

光纤熔接法是光纤连接方法中使用较广泛的方法。它是采用电弧焊接的方法，即利用电弧放电产生高温，使连接的光纤熔化而焊接成为一体。具体见动画4-4。成功的熔接接头在显微镜下观察，找不到任何痕迹，熔接是实现光纤真正连接的唯一有效的方法。

视频4-1　光缆接续

视频4-2　带状光纤接续

动画4-4　光纤熔接（电弧放电）

光纤熔接机主要由高压电源、光纤调节装置、放电电极、控制器及显微镜（或显示屏幕）等组成。

目前，国际上基本都是采取预放电熔接方式来对光纤进行熔接。1977年日本NTT公司首先改进成的预放电方式，通过预熔（0.1~0.3 s）将光纤端面的毛刺、残留物等清除，使端面趋于清洁、平整，使熔接质量、成功率有了明显提高。

采用空气预放电熔接的装置、设备，称为光纤熔接机。就熔接机的种类来说，按一次熔接光纤数量来分，可分为单纤（芯）熔接机和多纤（芯）熔接机两种。单纤（芯）熔接机是目前使用最广泛的一种常用机型，多纤（芯）熔接机主要用于带状光缆的连接。按光纤类别来分又可分为多模熔接机、单模熔接机和多模/单模熔接机三种。一般多模熔接机不能用于单模熔接，单模熔接机可用于多模熔接，但不经济。多模/单模熔接机可通过转换控制机构来实现多模或单模光纤的熔接。

光纤（单芯）熔接过程及其工艺流程示意如图 4-34 所示。工艺流程是确保连接质量的操作规程，需严格掌握各道工艺的操作要领。

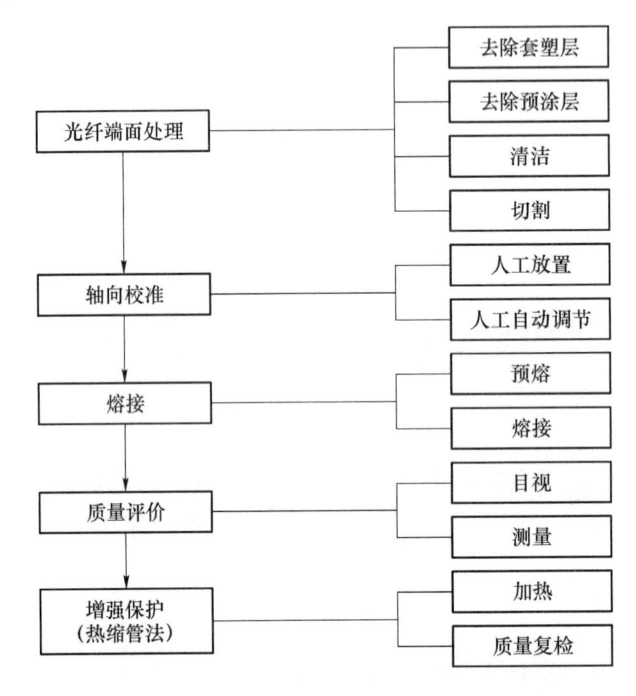

图 4-34　光纤（单芯）熔接过程及其工艺流程示意

1. 光纤端面处理

光纤端面处理习惯上又称端面制备。这是光纤连接技术中的一项关键工序，尤其对于熔接法连接光纤来说极为重要。光纤端面处理包括去除套塑层、清洁、去除预覆层、切割制备端面。

（1）去除套塑层。松套光纤去除套塑层，是将松套切割钳在离端头规定长度（视光缆护套规定）处卡住套塑层，用力拨，力度要到位适中，不能伤及光纤，再轻轻从光纤上退下工具。一次去除长度一般不超过 30 cm，当需要去除较长长度时，可分段去除。去除时应操作得当，以避免损伤光纤。可以使用裁纸刀在套塑管上下割、上下折套塑管数下，用力拉套塑管即可。这种方法利用套塑管的脆性，可长距离去除套塑管。

（2）去除一次涂层。一次涂层又称预涂层，去除时，应干净、不留残余物，否则，在放置于微调整架“V”形槽后会影响光纤的准直性。这一步骤主要是针对松套管光纤而言，需用光纤涂层剥离钳去除，方便迅速，如图 4-35（a）所示。

拨纤时应掌握“平、稳、快”三字剥纤法。“平”即持纤要平。左手拇指和食指捏紧光纤，使之成水平状，所露长度以 5 cm 为宜，余纤在无名指、小拇指之间自然打弯，以增加力度，防止打滑。“稳”即剥纤钳要握得稳。“快”即剥纤要快。剥纤钳应与光纤垂直，上方向内倾斜一定角度，然后用钳口轻轻卡住光纤，右手随之用力，顺光纤轴向平推出去，整个过程要自然流畅，一气呵成。对不易剥除的，应用“蚕食法”，即对光纤分小段用剥纤钳“零敲碎打”，对零星残留可用酒精棉浸渍擦除。冬季施工，纤脆易断时，还可用电暖器“烘烤法”，以使预涂层膨胀、软化，使纤芯的韧性增加。

（3）清洁裸光纤。裸光纤需选择使用优质医用脱脂棉或纱布，工业用优质无水乙醇来进行清洁。应用“两次”清洁法，即剥纤前对所有光纤用干棉捋擦，并用酒精棉对纤尾 3.9～4.0 cm 处重点清洁；剥纤后，将棉花撕成层面平整的长条形小块，洒少许酒精（以两指相捏无溢出为宜），折成“V”形，夹住已剥覆的光纤，顺光纤轴向擦拭 1～2 次，直到发出“吱吱”声为止，力争一次成功。每次要使用棉花的不同部位和层面，一块棉花使用 2～3 次后需更换，这样既可提高棉花的利用率，又防止了裸纤的二次污染。注意与切、熔操作的衔接，清洁后勿久置空气中，谨防二次污染。

（4）切割。在连接技术中，制备端面是一项共同的关键工序，尤其是熔接法，对于单模光纤来说，实在太重要了，它是低损耗连接的首要条件。光纤端面制作的好坏将直接影响接续质量，所以在熔接前一定要做好合格的端面。用专用的剥纤钳剥去预涂层，再用蘸酒精的清洁棉在裸纤上擦拭几次，用力要适度，然后用精密光纤切割刀切割光纤，对 0.25 mm（外涂层）光纤，切割长度为 8～16 mm，对 0.9 mm（外涂层）光纤，切割长度只能是 16 mm，如图 4-35（b）所示。

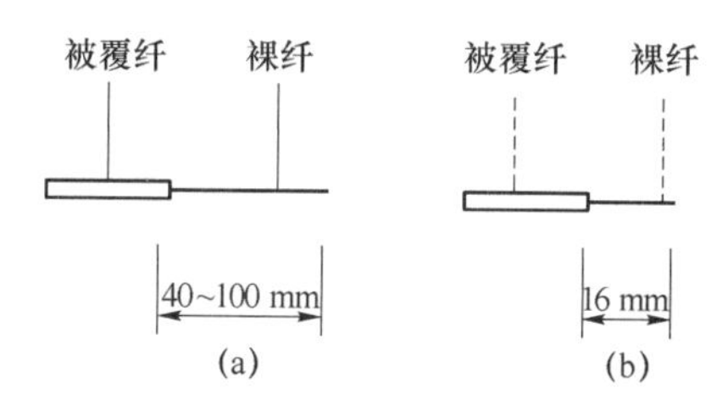

图 4-35 光纤端面开拨、切割尺寸

为了完成一个合格的接头，要求端面为平整镜面，且端面需垂直于光纤轴，对于单模光纤要求误差小于 0.9°～1°；同时要整齐，无缺损，无毛刺，如图 4-36 所示。

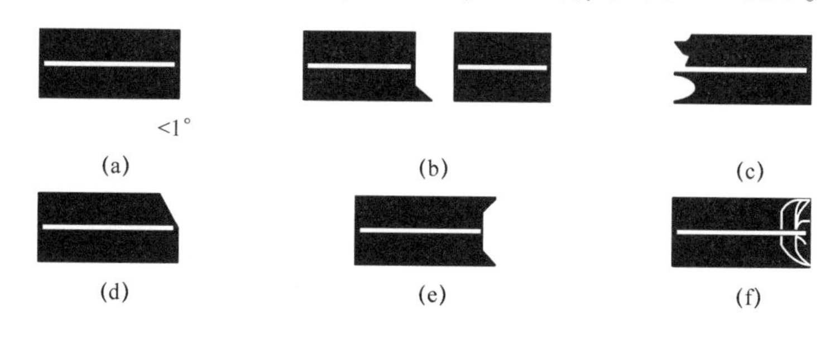

图 4-36 端面示意

（a）好端面；（b）凸尖；（c）锯齿；（d）缺角；（e）凹心；（f）龟纹

切割是光纤端面制备中最为关键的步骤。操作规范（以手动为例）：光纤的放置，应讲究“前抵后掀、先进后撤”，即手持光纤，稍超前于刻度，要求平放于导槽中，后部稍向上抬起，使光纤前半部紧抵导槽底部，然后向后撤至要求刻度，从而确保光纤吻合“V”形导槽并与刀刃垂直。切割时，动作要自然、平稳，勿重、勿急，避免断纤、斜角、毛刺、裂痕等不良端面的产生。另外，应学会“弹钢琴”，即合理分配和使用自己的右手手指，使之与切刀的具体部件相对应，并同时注意清洁且切、熔协调配合，整个操作过程中放、夹、盖、推、压、掀、取、传，一套动作应如行云流水般和谐流畅。注意，已制备的端面切勿放在空气中，谨防污染，移动时要轻拿轻放，防止与其他物件擦碰。

2. 开机

打开熔接机电源，如没有特殊情况，一般都选用自动熔接程序。放置光纤，将光纤放在熔接机的“V”形槽中，小心压上光纤压板和光纤夹具，需根据光纤切割长度设置光纤在压板中的位置。

3. 自动熔接

动画 4-5　光纤连接点不连续现象

关上防风罩，要求两光纤径向距离小于光纤半径，以便左右两光纤调整对齐。如果左右光纤径向距离过大，超出熔接机的调整范围，机器将不能正常熔接。此时，应重放光纤或用专用工具清除“V”形槽内的异物。自动熔接只需几秒钟时间。熔接过程中会出现很多情况，如轴心不准、倾斜、空隙等问题。光纤连接点不连续现象见动画 4-5。

4. 损耗估算

熔接机自动计算熔接损耗，该值一般有误差，可以通过外观目测检查、熔接机估测、张力测试、接续损耗测试，比较精确的测试方法是 OTDR 测试法。

5. 移出光纤用加热炉加热热缩套管

打开防风罩，把光纤从熔接机上取出，再将热缩套管放在裸纤中心，并放到加热炉中加热，加热需 30 ~ 60 s。加热前后如图 4-37 所示。

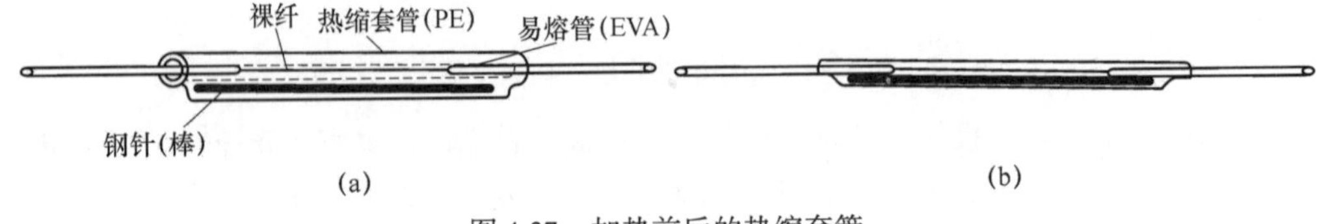

图 4-37　加热前后的热缩套管

(a) 加热前；(b) 加热后

任务实施

1. 任务器材

相机（或手机）和笔、光纤熔接机一套（含切割刀）、光纤若根（1 m 左右，每人 1 根）、酒精棉、热缩套管、尾纤若干（测试使用）等。

2. 任务

各位同学完成自己光纤的成环，练习熔接的步骤并规范熔接工艺。团队将组成员的光纤重新熔接为长龙，每组将长龙的 1 头与尾纤熔接。各团队需要在关键点拍照片并打印贴在报告上，团队需要完成长龙的测试，并说明熔接质量的好坏及分析原因。具体见动画 4-6。

动画 4-6　光纤熔接

1）熔接步骤

（1）开机。打开熔接机电源，如没有特殊情况，一般都选用自动熔接程序。可以适当提前开机。

（2）穿热缩套管，如图4-38所示。

（3）制作光纤端面。使用米勒钳的后口去除预涂层40~100 mm，如图4-39所示；使用蘸有酒精的酒精棉清洁2~3次，如图4-40所示。注意更换酒精棉的清洁面；将光纤预涂层和纤芯界面放在刻度的16 mm位置处，推动滑块，注意光纤需要跨越割刀的固定模块，如图4-41所示。

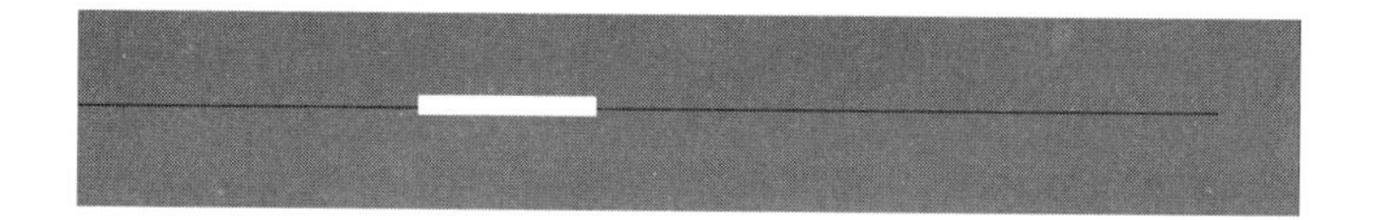

图4-38　穿热缩套管示意

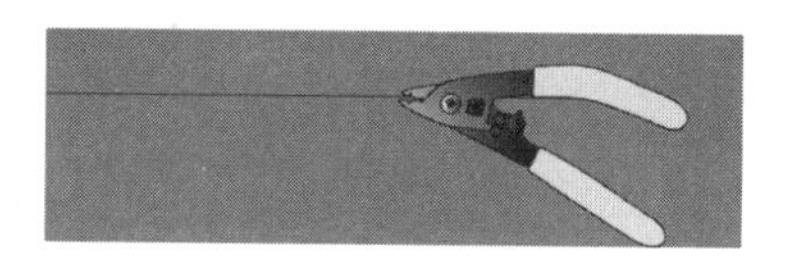

图4-39　去除预涂层

图4-40　清洁

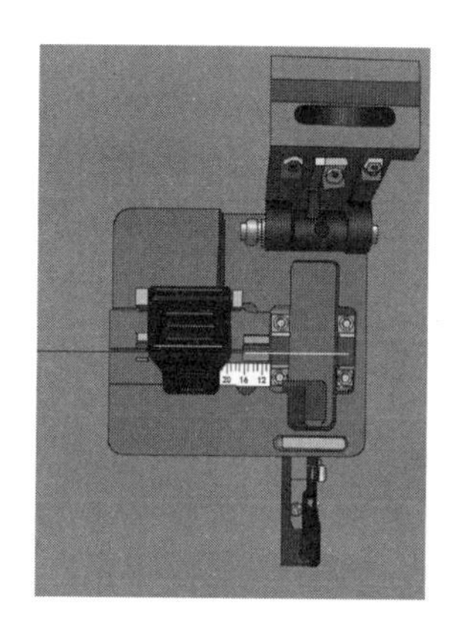

图4-41　切割

（4）放置光纤。将切割好的光纤放在熔接机里面。注意光纤端面不能碰到任何物体。打开压板，将光纤端面越过“V”形槽，尽量靠近电极但不超越电极，如图4-42所示。完成光纤放置，盖好防风罩。

（5）熔接及损耗估算。根据显示屏的显示结果观察光纤切割和放置位置的好坏。按RUN键，设置间隙，调芯，放电熔接，显示熔接估算，如图4-43所示。

（6）移出光纤，用加热器加热热缩套管。将光纤放置在加热器中加热。注意使熔点在热缩套管的正中间，如图4-44所示。先压左侧，再压右侧，按HEAT键，指示灯亮（红色），此过程需30~60 s。

（7）将熔接好的光纤热缩套管放在冷却盘中进行冷却，以防止误断光纤。

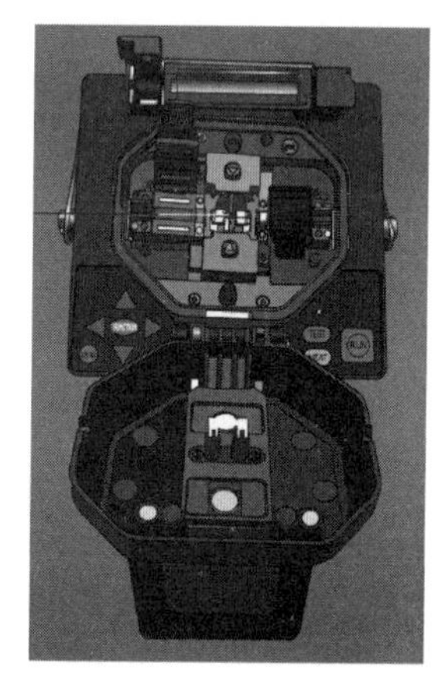

图4-42　放置光纤

各组的每位成员完成1芯接续（自己的光纤成圆环对

接）；每组成员完成光纤的接续（成线，其中线一端与尾纤对接）、芯的接续，记录熔接损耗及单位（手机拍照）。将光纤颜色和熔接损耗值填入表格4-14。

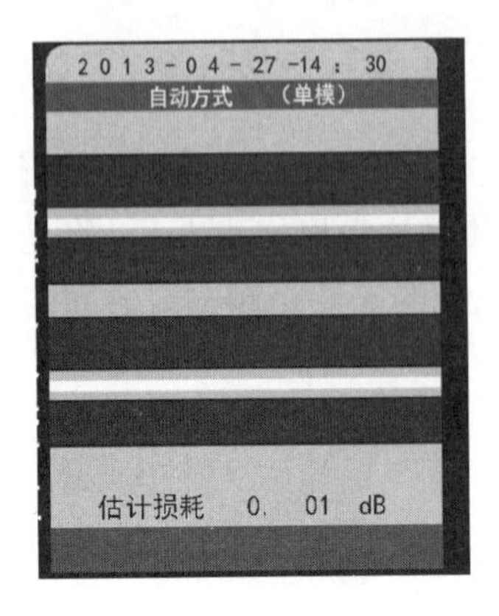

图4-43 熔接估算

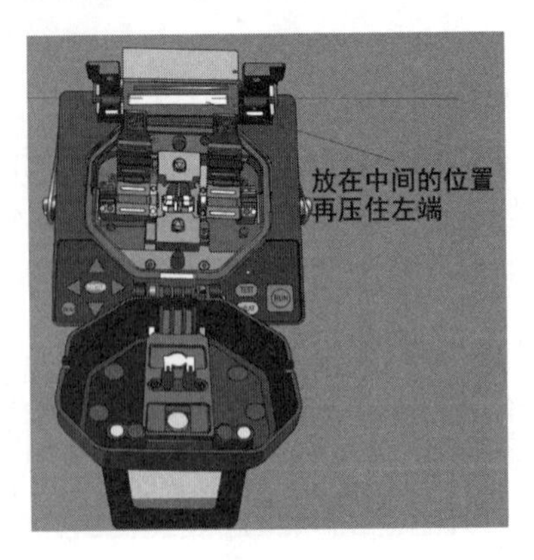

图4-44 热缩套管放置示意

表4-14 光纤熔接表

名称	光纤颜色	损耗	名称	光纤颜色	损耗

2）测试

各组使用可视红光源测试熔接质量并目测光纤接续质量（熔点位置）。各小组将熔接的长龙（光纤）与尾纤熔接，使用可视红光源进行测试，观看熔接点和光纤末端的亮度，各小组判断团队熔接效果并说明产生错误的原因。

任务总结（拓展）

如何检测光纤熔接点？如何判断接续质量的好坏？如何提高接续质量？

任务4－7 光缆接头盒的制作

教学内容

（1）光缆接续；

（2）光缆接头盒的制作；

(3) 光缆与尾纤接续。

技能要求

(1) 会操作光纤熔接机；

(2) 能完成光缆接头盒的制作（接续及盘纤）。

任务描述

团队（4~6人）成员操作光纤熔接机，完成光缆接头盒的制作（接续与盘纤）。

任务分析

学生完成光纤对接，熟悉光纤熔接机的操作，分组完成12芯光缆接头盒的安装、接续、盘纤和封装。

知识准备

1. 光缆接头盒

光缆的接续分为光纤接续和光缆护套的接续两部分。

光纤接续一般分为端面处理、接续安装、熔接、接头保护、余纤收容五个步骤。光缆接头盒的功能是防止光纤和光纤接头受振动、张力、冲压力、弯曲等机械外力的影响，避免水、潮气、有害气体的侵袭。因此，光缆接头盒应具有适应性、气闭性与防水性、一定的机械性能、耐腐蚀老化性、操作的优越性等。

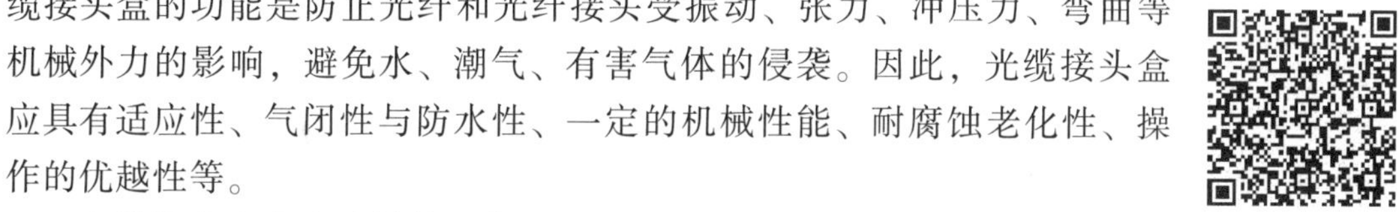

视频4-3　光缆接头盒制作微课

光缆接头盒有多种结构，如一进一出、二进二出、三进三出等。但其结构都有共同性，都有光纤接续槽放置熔接好的光纤，都有固定加强芯夹具，用于密封的密封带，如图4-45所示。光缆接头盒的制作微课见视频4-3。

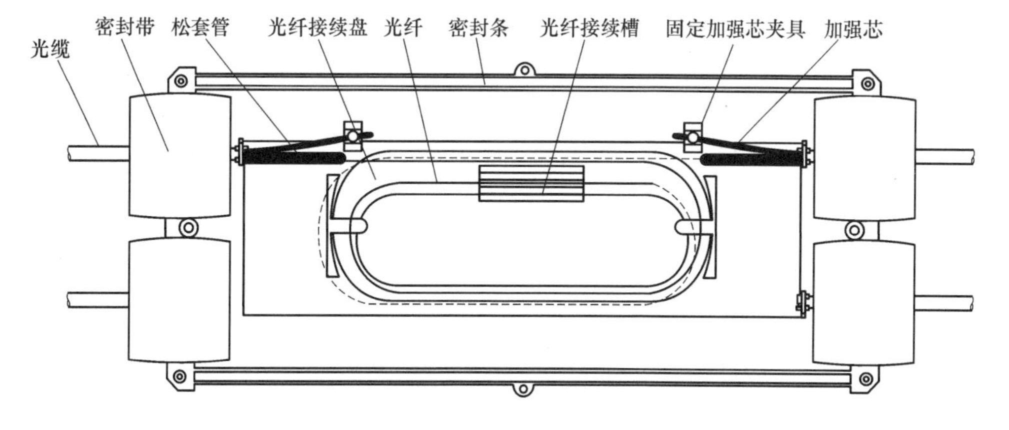

图4-45　光缆接头盒结构示意

2. 光缆接续

1）光缆接续的原则和工艺

光缆接续应遵循的原则是，芯数相等时，要同束管（纤芯要对应）内的对应色光纤对接，芯数不同时，按顺序先接芯数大的，再接芯数小的。其目的是将需要接续的纤芯按顺序分配并接续好。光缆接头盒接续工艺如图 4-46 所示。

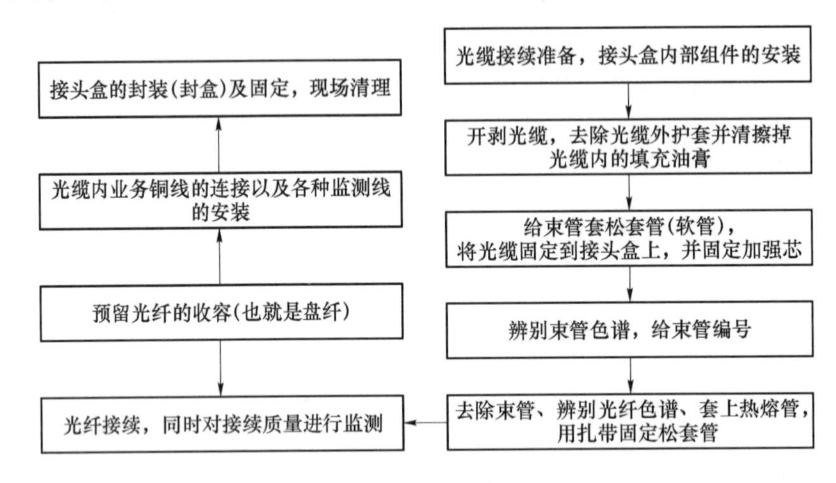

图 4-46　光缆接头盒接续工艺

光缆接头盒的位置选择非常重要，光缆接续位置选择的原则性要求是：架空线路的接头落在直线杆旁 2 m 以内（抢修的时候除外）；埋式光缆的接头应避开水源、障碍物以及坚石地段；管道光缆的接头应避开交通要道，尤其是交通繁忙的路口。

光缆接续前，核对程式、端别；光缆接头盒必须经过鉴定，应具有良好的防水、防潮性能；操作人员应熟悉接头盒的使用方法；各种附属构件必须完备，光纤热缩套管还应有一定数量的备用品；光缆应保持良好状态；束管及光纤的序号需作永久性标记；光缆的接续方法和工序标准应符合工艺要求；创造良好的工作环境；光缆预留；单个接头应在单个工作日内完成，无条件结束的接头，应采取措施；连接损耗应低于内控指标；绝缘应符合规定值，加强件、金属护层的连接应符合设计规定方式。

2）接续步骤

（1）开剥光缆。开剥光缆长度为 1 ~ 1. 2 m，注意不要伤到束管，需去除杂物（纤维、加强件、填充物等），将光纤束套上松套管，判别松套管的顺序，用标签进行标示，并用胶带将松套管和光缆外护套缠牢在一起（松套管的长度根据加强件和托盘固定点的位置来决定）。将要对接的两段光缆分别固定到接续盒内。用卫生纸将油膏擦拭干净，将光缆穿入接续盒，固定钢丝时一定要压紧，不能有松动，注意 A、B 端面的辨别。否则，有可能造成光缆打滚而折断纤芯。用扎带固定松套管，在扎带后 1 cm 处去除束管，清洁光纤油膏。

（2）装入热缩套管。将不同束管、不同颜色的光纤分开，穿过热缩套管。

（3）接续。在接续前，光纤先进行预盘，这有利于盘纤对半径的要求和盘纤的美观，按照光纤的色谱顺序熔接，注意熔接光纤加热后放入冷却盘，防止光纤被搞乱。

（4）盘纤固定。将接续好的光纤盘到光纤收容盘上，在盘纤时，盘圈的半径越大，弧度越大，整个线路的损耗越小。所以一定要保持一定的半径，使激光在纤芯里传输时，避免产生一些不必要的损耗。

光纤由接头护套内引出到熔接机或机械连接的工作台时，需要一定的长度，一般最短长度为 60 cm，以便在施工中对光纤接头重新连接。维护中发生故障时需拆开光缆接头护套，利用原有的余纤进行重新接续，以便在较短的时间内排除故障，保证通信畅通。由于传输性能的需要，光纤在接头内盘留，对弯曲半径、放置位置都有严格的要求，过小的曲率半径和光纤受挤压，都将产生附加损耗。因此，必须保证光纤有一定的长度才能按规定要求妥善地放置于光纤预留盘内。即使在遇到压力时，也由于余纤具有缓冲作用，避免了光纤损耗增加或长期受力产生疲劳以及可能受外力而产生的损伤。

无论何种方式的光缆接头盒，其都有一个共同的特点：具有光纤预留长度的收容位置，如盘纤盒、余纤板、收容仓等。根据不同结构的护套设计不同的盘纤方式。虽然盘纤收容方式较多，但一般可归纳为图 4-47 所示的几种收容方式。

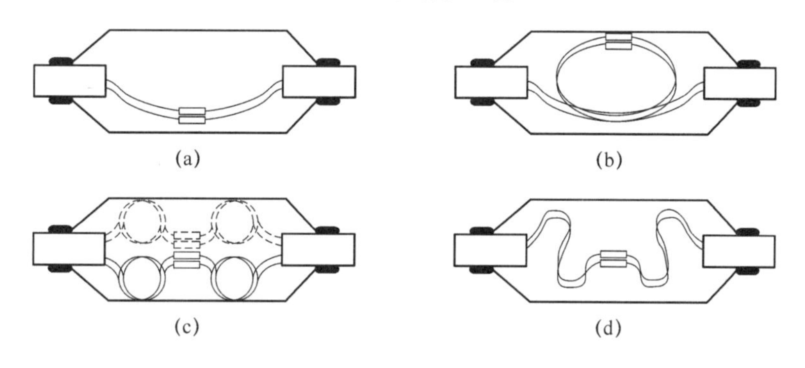

图 4-47　接头盒盘纤收容方式

（a）不作盘留的近似直接法；（b）平板式盘绕法；（c）绕筒式收容法；（d）存储袋筒形卷绕法

图 4-47（a）所示是在接头护套内不作盘留的近似直接法。显然这种方式不适合室外光缆的预留放置要求。采用这种方式的场合较少，一般是在无振动、无温度变化的位置以及室内不再进行重新连接的场所。图 4-47（b）所示的收容方式为平板式盘绕法，它是使用最为广泛的收容方式，如盘纤盒、余纤板等都属于这一方法。在收容平面上以最大的弯曲半径，采用单一圆圈或“∞”双圈盘绕方法。这种方法盘绕较方便，但对于在同一板上预留多根光纤时，容易混乱。解决的方法是，采用单元式立体分置方式，即根据光缆中光纤的数量，设计多块盘纤板（盒），采取层叠式放置。图 4-47（c）所示是绕筒式收容法，它是光纤预留长度沿绕纤骨架放置的。将光纤分组盘绕，接头安排在绕纤骨架的四周；铜导线接头等可放于骨架中。这种方式比较适合紧套光纤使用。图 4-47（d）所示方式为存储袋筒形卷绕法，它是采用一只塑料薄膜存储袋，光纤盛入袋后沿绕纤筒垂直方向盘绕并用透明胶纸固定；然后按同样的方法盘留其他光纤。这种方式彼此不交叉、不混纤、查找修理方便，比较适合紧套光纤。

（5）密封和挂起。在野外，接续盒一定要密封好，防止进水。接续盒进水后，由于光纤及光纤熔接点长期浸泡在水中，可能会先出现部分光纤衰减增加。可将之套上不锈钢挂钩并挂在吊线上。至此，光纤接续完成。

任务实施

1. 任务器材

抽纸、相机和笔、光纤熔接机、光缆、开缆刀、热缩套管、酒精棉、扎带、软管、标签、安全帽、手套。

2. 任务步骤

1）光缆接头盒的制作

光缆接头盒的制作（企业视频）见视频4-4。

视频4-4　光缆接头盒制作（企业视频）

光纤接续应遵循的原则是，芯数相等时，要同束管内的对应色光纤对接，芯数不同时，按顺序先接芯数大的，再接芯数小的。A端面向局方，B端面向用户方。

（1）安装密封圈及色带。根据光缆外径选择并安装两个合适孔径的密封圈，同时扎上色带，以防止密封圈大范围滑动。接头盒光缆入端扎蓝色带，出端扎绿色带，分歧缆扎白色带。光纤掏缆时，可将密封圈沿槽口剪断后再套入光缆。

（2）开剥光缆和束管。开剥长度取1.2 m左右，用卫生纸将油膏擦拭干净。将填充物、加强件等处理好。使用胶带扎好束管。将光缆固定在接头盒中，注意A、B端面的辨别，固定加强件，使用扎带固定束管。提醒：注意接头盒光缆输入和输出处的密封。

（3）打磨。在光缆外皮端口处打磨光缆6 cm，缠绕一层80T胶带后再去掉，以清除碎屑。

（4）安装密封胶带。

①距离光缆开缆口4.5 cm处缠绕宽带型密封胶带（位置根据接头盒形状确定）。胶带两侧为密封圈，胶带勿拉伸。缠绕厚度与密封圈直径相同。然后，为防止胶带沾上灰尘，先在胶带外侧缠绕一层保护纸，如图4-48所示。

②胶带的剪切采用双斜角法，在横向和厚向均为斜切，如图4-49所示。

图4-48　密封胶带

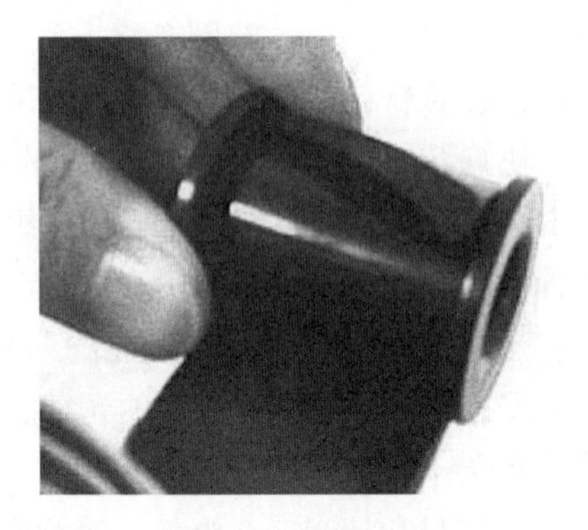

图4-49　双斜角示意

（5）清洁光纤和穿热缩套管。将不同束管、不同颜色的光纤分开，做好标签，使用酒精或卫生纸清洁光纤，穿过热缩套管，然后按照光纤的色谱顺序接续。

（6）开机。打开熔接机电源，如没有特殊情况，一般都选用自动熔接程序。

（7）端面制备，即制作光纤端面。用专用的剥线钳剥去预涂层，再用蘸有酒精的清洁棉在裸纤上擦拭几次，用力要适度，然后用精密光纤切割刀切割光纤，切割长度只能是 16 mm 或 8 mm，需根据热缩套管的长度进行切割。

（8）放置光纤。将光纤放在熔接机的“V”形槽中，小心压上光纤压板和光纤夹具，要根据光纤切割长度设置光纤在压板中的位置。

（9）自动熔接及损耗估算。关上防风罩，自动熔接只需几秒时间。熔接机自动计算熔接损耗，该值一般有误差，比较精确的测试方法是 OTDR 测试法。

（10）移出光纤，用加热炉加热热缩套管。打开防风罩，把光纤从熔接机上取出，再将热缩套管放在裸纤中心，放到加热炉中加热，加热需 30～60 s。

（11）盘纤。将接续好的光纤盘到光纤收容盘上，在盘纤时，按光纤色谱顺序进行排列，盘圈的半径越大，弧度越大，整个线路的损耗越小。光纤在盒体接续盘内逆时针方向盘绕后进入接续盘。带状光缆及中心束管式散芯光缆为裸纤盘纤形式，不要有任何附加物。层绞式散芯光缆可带子管进行盘纤，可适当使用扎带，但不能过于用力。光纤进入接续盘时通过带状或散芯载纤管在接续盘入口处固定。对于带状光缆，采用带状光纤载纤管，层绞式散芯光缆载纤管长度由托盘扎带位置决定。中心束管式光缆采用中心束管光缆保护件，如图 4-50 所示。

（12）密封和挂起。将盒体表面擦干净，将密封胶带外侧的保护纸去除。在盒体密封槽内部放入密封胶条，两个光缆入口端口之间按“T”字形布放。有方向性地安放上盖（否则上盖不能盖上）。按照上盖图示的数字，分别由中间向两边，且以对角线形式顺序紧固螺栓。在野外，接续盒一定要密封好，防止进水。套上不锈钢挂钩并将之挂在吊线上。至此，光纤接续完成，如图 4-51 所示。

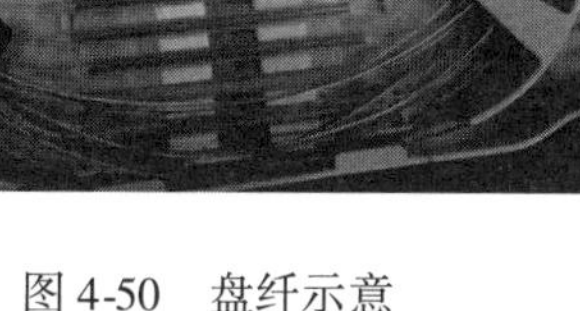

图 4-50　盘纤示意

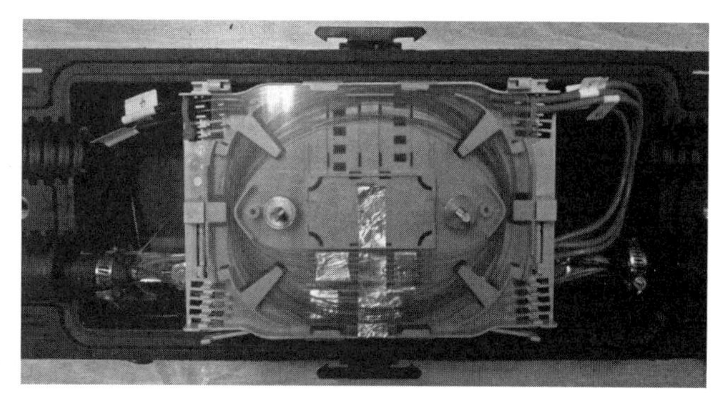

图 4-51　密封示意

（13）填写线序表。学生根据光纤线序及对接色谱填写表 4-15。

表 4-15　接头盒纤序对应表

上收容盘			下收容盘		
序号	光纤颜色	熔接损耗	序号	光纤颜色	熔接损耗
1			1		
2			2		
3			3		
4			4		
5			5		
6			6		

2）考核要求

（1）观察光缆接续工艺及团队组员的参与度并给予综合打分。

（2）利用 OTDR 或可视红光源检测光纤接续质量。

3）评分标准（见表 4-16）

表 4-16　光缆接续评分标准

接续考核内容	质量要求	时间要求及评分标准
1. 光纤预涂层剥除； 2. 端面制作； 3. 接续操作； 4. 接头保护	1. 每人熔接 3 芯； 2. 切割后预涂层剥除长度为 16 ~ 18 mm，允许偏差 ±1 mm； 3. 端面制作平整，无毛刺，洁净； 4. 接头要求良好； 5. 热熔后，接头应缩在套管内居中，无断纤或漏缩现象	1. 不居中超过 5 mm 扣 2 分； 2. 接头不良（气泡、凹陷、轴芯错位），每纤扣 2 ~ 4 分； 3. 裸纤漏缩，每纤扣 2 分，热缩断纤扣 10 分； 4. 在接续过程中断纤引起纤芯过短，小于 30 cm 时，扣 10 分； 5. 接续完毕，发现断纤扣 10 分； 6. 每延迟 1 min 扣 1 分，超时 5 min 以上不计分； 7. 其他现象视情况酌情扣分； 8. 违反安全操作规程每次扣 2 分

4）实训报告

各组完成 12 芯或 24 芯接头盒的接续、盘纤和封装，每位学员完成 2 ~ 4 芯的接续，记录熔接损耗及单位，使用 OTDR 测试接续质量或通过可视红光源测试接续质量。教师综合项目时间、工艺和团队合作情况进行打分。各团队对光缆接头盒关键点拍照并打印贴在实训或实验报告上。

任务总结（拓展）

光缆接头盒制作中需要注意哪些内容，以保障接续质量？

任务4-8　光缆ODF成端

教学内容

（1）ODF的结构；

（2）光缆ODF成端；

（3）光缆ODF盘纤。

技能要求

（1）会操作光纤熔接机；

（2）能完成ODF制作（接续及盘纤）。

任务描述

团队（4~6人）成员操作光纤熔接机，完成光缆ODF的相关操作（接续与盘纤）。

任务分析

让学生完成光纤对接，熟悉光纤熔接机的操作，分组完成12芯光缆ODF的安装、接续、盘纤和封装。

知识准备

光纤配线架（Optical Distribution Frame，ODF）是专为光纤通信机房设计的光纤配线设备，具有光缆固定和保护功能，以及光缆的终接功能、调线功能。ODF可以对光缆纤芯和尾纤起到保护作用。既可单独装配成光纤配线架，也可与数字配线单元、音频配线单元同装在一个机柜/架内，构成综合配线架。该设备配置灵活、安装使用简单、容易维护、便于管理，是光纤通信光缆网络终端或中继点实现排纤、跳纤光缆熔接及接入必不可少的设备。它是光传输系统中一个重要的配套设备，主要用于光缆终端的光纤熔接、光连接器安装、光路的调接、多余尾纤的存储及光缆的保护等，它对于光纤通信网络安全运行和灵活使用有着重要的作用。过去，光纤通信工程建设中使用的光缆通常为几芯至几十芯，ODF的容量一般都在100芯以下，这些ODF越来越表现出尾纤存储容量较小、调配连接操作不便、功能较少、结构简单等缺点。现在光通信已经在长途干线和本地网中继传输中得到广泛应用，光纤化也已成为接入网的发展方向。各地在新的光纤网建设中，都尽量选用大芯数光缆，这样就对ODF的容量、功能和结构等提出了更高的要求。

1. ODF

ODF的结构示意如图4-52所示。

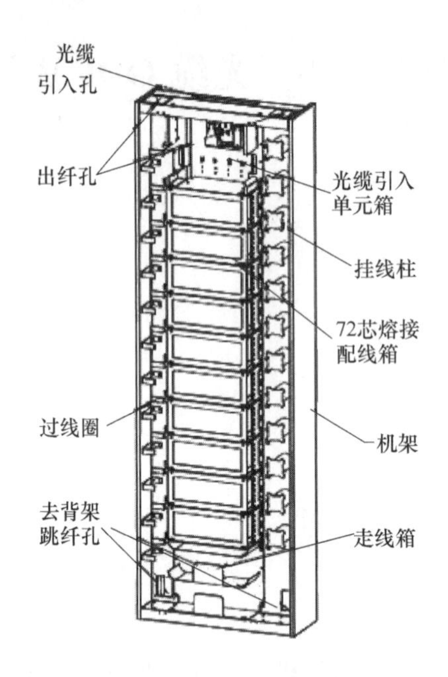

图 4-52　ODF 的结构示意

2. 光缆 ODF

光缆 ODF 如图 4-53 和图 4-54 所示，其为 12 芯微缆，色谱分别为蓝、橙、绿、棕、灰、白、红、黑、黄、紫、粉红和天蓝；12 芯固定盘；两层托盘；12 芯法兰盘（免跳线）。

图 4-53　微缆托盘示意（跳线）

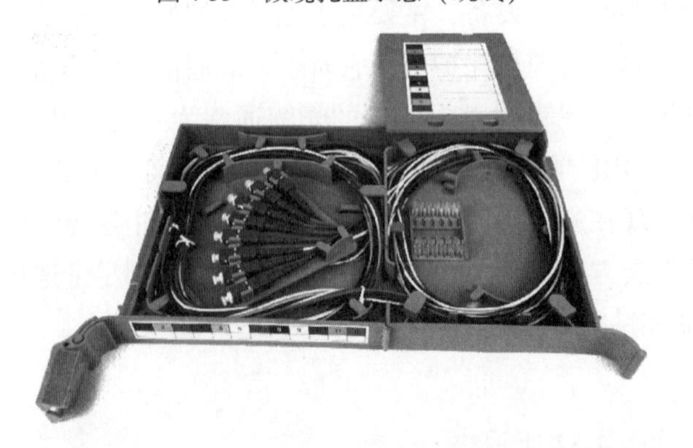

图 4-54　12 芯 SC 一体化托盘（免跳线）示意

任务实施

1. 任务器材

抽纸、相机和笔、光纤熔接机、光缆、开缆刀、热缩套管、酒精棉、扎带、软管、标签、安全帽、手套、光缆 ODF 托盘、ODF。

2. 任务步骤

1）光缆 ODF 成端

光缆 ODF 成端见视频 4-5。

视频 4-5　光缆 ODF 成端微课

（1）光缆的开剥与固定。机架安装固定后，若机房小，可卸下机架前后门（门上转轴为弹簧式拉销）进行施工。将光缆从机架后侧底部（或顶部）的光缆孔中引入机架，并将光缆端部去除 1.6 m。光缆开剥长度根据光纤配线箱的安装高度确定，计算公式为开剥长度 =（220 × N 个配线箱 + 1 600）mm。将填充物和加强件处理好。

（2）束管的保护。开剥完光缆后将束管上的油膏擦拭干净。根据光纤配线箱的安装高度，将进入箱体部分的束管剥离出光纤，套上相应长度的 PVC 保护软管，并在靠近光缆开剥处用扎带将 PVC 软管扎紧。

（3）束管初固定。将用 PVC 软管保护好的束管初固定在光缆固定板上。

（4）光纤配线箱的安装。将光纤配线箱由上至下安装于机架上。将尾纤安装到位，做好标签（光纤熔接顺序），做好尾纤或微缆的端面处理，并做好标签，微缆外层有颜色，1 ~ 12颜色已经按顺序排列好，注意检查纤序和颜色对应关系，微缆和光缆走向示意如图 4-55所示。

（5）光纤接续。光纤接续的详细步骤请参阅相关光纤配线箱的使用说明。

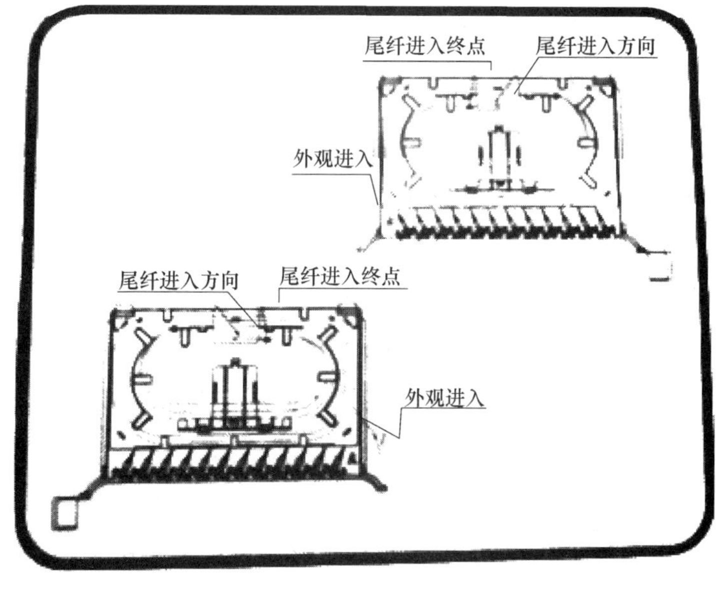

图 4-55　微缆和光缆走线示意

（6）束管最终固定。光纤接续结束后，将束管按进入光纤配线箱的相应位置固定在机架的束管固定板上，将余纤收容于光纤配接箱内。

（7）光缆固定及接地。将光缆用喉箍固定在光缆固定座（板）上，并将光缆加强芯固定在钢丝座上（如需护层接地，则应预先在光缆端部插入接地夹，将接地线连接在固定板上）。

（8）填写表4-17。

表4-17　熔接路由标记（48芯ODF单元）

熔接路由标记													
盘号		1	2	3	4	5	6	7	8	9	10	11	12
A	色谱												
	束管												
	路由												
B	色谱												
	束管												
	路由												
C	色谱												
	束管												
	路由												
D	色谱												
	束管												
	路由												

2）跳线方式

（1）本架跳线。取适当长度的光纤连接器（跳线），将光纤连接器两头插入预定适配器后，从配线箱左面单侧引出，经过垂直走线槽向下，经过底部水平走线槽，根据余纤的长短，挂入合适的挂线环。

（2）跨架跳线。对于多架相拼的ODF，其前、后、左、右侧板可脱卸。跳线不需从架外走纤，直接在架间通过顶底水平走线槽走纤。

（3）粘贴标签。ODF尾纤标签示意如图4-56所示。标签含义是上排表示6楼B01机柜3808交换机GE－1/1端口的收光尾纤；TO表示去向；下排表示6楼A列03柜（03柜是ODF柜）第4个ODF子框的A汇接盘的03芯。各小组根据自己尾纤的走向来制作标签。标签粘贴在尾纤两端，距接头3～6 cm处，颜色主要有红、黄、蓝、绿和白等；标签内容包含网线本端与对端，网元名称、电路方向、端口IP地址，尾纤信息收发和机架位置编号等信息。

6F-B-01-3808-1-GE-1/1-S
TO
6F-A-03-4-A-03

图4-56　ODF尾纤标签示意

任务总结（拓展）

（1）每位学员完成2芯的接续，各组完成12芯ODF的成端，并将这些内容写入实训报告。

（2）对于光缆ODF需要注意哪些方面内容，以保障接续质量？

任务4-9　光缆线路竣工

教学内容

（1）光缆接续；

（2）光缆接头盒的制作；

（3）光缆与尾纤接续。

技能要求

（1）会操作光纤熔接机；

（2）能完成光缆接头盒的制作（接续及盘纤）。

任务描述

团队（4~6人）成员操作光纤熔接机，能完成光缆接头盒的制作（熔接与盘纤）。

任务分析

让学生完成光纤对接，熟悉光纤熔接机的操作，分组完成12芯光缆接头盒的安装、接续、盘纤和封装。

知识准备

1. 技术资料

1）竣工技术资料（一）

在光缆线路工程初步验收前，由施工单位负责编制竣工技术资料一式5份（长途光缆工程一式5份，其他一式3份），交监理单位、建设单位或验收小组审查。工程资料的编制以一个中继段为单位。

2）竣工技术资料（二）

（1）竣工图纸可利用原有施工设计图改绘，其中变更部分应用红笔修改并标注清楚接头、障碍物等的位置以及防护地段等，变动较大且更改后不清楚的部分，应重新绘制。

（2）竣工测试记录，包括光缆配盘图，详见任务总结（拓展）中的表格。

（3）全部工程中的隐蔽工程签证。

（4）其他资料：设计变更通知，开、停、复、竣工报告，工程洽商纪要，已安装的设备清单，工余料交接清单等有关工程方面的资料。

2. 监理检验和竣工验收

光缆线路工程的监理检验应按表4-18所列的项目及内容进行。除隐蔽工程经监理验收外一般可不再重复验收，其余项目应按表4-19所列的项目及内容进行检查验收。

光缆线路工程在完成一个市话中继段、长途数字段或转接段工程后，应进行交工验收。竣工验收时应检查工程是否完成设计要求的全部工程量、竣工资料是否符合要求。除隐蔽工程随工验收外一般不再重复验收，其余项目按表4-19所列的项目及内容进行检查验收。

表4-18　光缆工程监理随工检验项目内容

序号	项目	内容及规定	检验方式
1	主杆	（1）电杆的位置及洞深；（2）电杆的垂直度；（3）角杆的位置；（4）杆根装置的规格、质量；（5）杆洞的回土夯实；（6）杆号	监理随工检验
2	拉线与撑杆	（1）拉线程式、规格、质量；（2）拉线方位与缠扎或夹固规格；（3）地锚质量（含埋深与制作）；（4）地锚出土及位移；（5）拉线坑回土；（6）拉线及撑杆距、高比；（7）撑杆规格、质量；（8）撑杆与电杆结合部位的规格、质量；（9）电杆是否进根；（10）撑杆洞回土等	监理随工检验
3	架空吊线	（1）吊线规格；（2）架设位置；（3）装设规格；（4）吊线终结及接续质量；（5）吊线附属的辅助装置质量；（6）吊线垂度等	监理随工检验
4	架空光缆	（1）光缆的规格、程式；（2）挂钩卡挂间隔；（3）光缆布放质量；（4）光缆接续质量；（5）光缆接头安装质量及保护；（6）光缆引上规格、质量（包括地下部分）；（7）预留盘放质量及弯曲半径；（8）光缆垂度；（9）与其他设施的间隔及防护措施	监理随工检验
5	管道光缆	（1）塑料子管规格；（2）占用管孔位置；（3）子管在人孔中的留长及标志；（4）子管敷设质量；（5）子管堵头及塞子的安装；（6）光缆规格；（7）光缆管孔位置；（8）管口堵塞情况；（9）光缆敷设质量；（10）人孔内光缆的走向、安放，托板的衬垫；（11）预留光缆长度及盘放；（12）光缆接续质量及接头安装、保护；（13）人孔内光缆的保护措施；（14）护缆膨胀塞安装质量	监理随工检验
6	埋式光缆	（1）光缆规格；（2）埋深及沟底处理；（3）光缆接头坑的位置及规格；（4）光缆敷设位置；（5）敷设质量；（6）预留长度及盘放质量；（7）光缆接续及接头安放质量；（8）保护设施的规格、质量；（9）防护设施的安装质量；（10）光缆与其他地下设施的间距；（11）引上管、引上光缆设置质量；（12）回填土夯实质量；（13）长途光缆护层对地绝缘测试	隐蔽工程签证
7	水底光缆	（1）光缆规格；（2）敷设位置；（3）埋深；（4）光缆敷设质量；（5）两岸光缆预留长度及固定措施、安装质量；（6）沟坎加固等保护措施的规格、质量	隐蔽工程签证

表 4-19　光缆工程竣工验收项目内容

序号	项目	内容及规定
1	安装工艺	（1）管道光缆抽查的人孔数应不少于人孔总数的 10%，检查光缆及接头的安装质量、保护措施，预留光缆的盘放，以及管口堵塞、光缆及子管标志。人孔内：光缆盘留绑扎、挂放标识牌、接头盒固定、使用护缆塞、光缆保护等； （2）架空光缆抽查的长度应不少于光缆全长的 10%；沿线检查杆路与其他设施间隔（含垂直与水平）、光缆及接头的安装质量、预留光缆盘放、与其他线路交越、靠近地段的防护措施； （3）埋式光缆应全部沿线检查其路由及标石的位置、规格、数量、埋深、面向； （4）水底光缆应沿线全部检查其路由，标识牌的规格、位置、数量、埋深、面向以及加固保护措施； （5）局内光缆应全部检查路由、预留长度、爬梯和走线架绑扎、进线孔封堵、挂放标识牌等。光缆成端：盘留、标识、接地、保护，满足尾纤安全要求等
2	光缆的主要传输特性	（1）基站接入段光纤线路衰减竣工时应每根光纤都进行测试；验收时抽测应不少于光纤芯数的 25%； （2）基站接入段光纤后向散射信号曲线竣工时应每根光纤都进行检查，验收时抽查应不少于光纤芯数的 25%； （3）接头损耗的核实，应根据测试结果结合光纤衰减检验； （4）PMD 链路值竣工时应该每根光纤都进行测试，验收时抽测应不少于光纤芯数的 25%
3	护层对地绝缘	直埋光缆竣工及验收时应测试并作记录

任务实施

1. 任务器材

某光缆工程中继段。

2. 任务步骤

针对具体光缆线路工程进行随工验收、初步验收和竣工验收，编写验收报告。

根据光缆工程监理随工检验项目内容表和光缆工程竣工验收项目内容验收项目，并完成表 4-20 ~ 表 4-24 的填写和报告的撰写。

任务总结（拓展）

光缆工程竣工验收注意事项（表 4-20 ~ 表 4-24）。

表 4-20　光缆线路工程竣工验收总表

项目代码	
工程名称	
工程规模	（基站接入　　段）（总长　　km）
建设单位	
维护单位	
设计单位	
监理单位	
施工单位	
开工日期：　　年　　月　　日　　　竣工日期：　　年　　月　　日	

验收结论：
时间：　　年　　月　　日

表 4-21　＿＿＿＿＿＿（分支）接入段竣工验收汇总表

项目	检查内容	检查比例	检查结果	检查时间
竣工资料审查				
安装工艺检查				
结论				

建设单位：＿＿＿＿＿＿　　维护单位：＿＿＿＿＿＿

监理单位：＿＿＿＿＿＿　　施工单位：＿＿＿＿＿＿

表 4-22 ________（分支）接入段光缆安装工艺检验表

序号	检查项目	技术要求	检查结果
一	一般检查		
1	光缆端别	××A 端、××B 端	
2	光缆曲率半径	施工中≥20×光缆外径	
二	管道光缆		
1	布缆后端头处理	密封防潮，不得浸水	
2	接头预留		
3	人（手）孔内光缆保护	直通人（手）孔内用波纹管	
4	硅芯塑料管口封堵	护缆膨胀塞密封	
5	塑料子管封堵	缠绕 PVC 胶带密封	
6	挂放标识牌	进出方向各一块	
三	直埋光缆		
1	埋深	应符合部颁布的规定及设计要求	
2	与其他设施的间隔	应符合部颁布的相关标准	
3	对地绝缘电阻	应满足部颁布的相关标准及设计要求	
4	回填土	应满足部颁布的相关标准及设计要求	
5	防雷措施	应满足部颁布的相关标准及设计要求	
6	防蚁措施	应满足部颁布的相关标准及设计要求	
7	防机械损伤	应满足部颁布的相关标准及设计要求	
8	普通标石埋设	埋设及编号应满足部颁布的相关标准及设计要求	
9	监测装置	安装、埋设及编号应满足部颁布的相关标准及设计要求	
四	架空光缆		
1	垂度	在最大负载时应能保证光缆的伸长率不超过 0.2%	
2	光缆预留及保护	应满足部颁布的相关标准及设计要求	
3	光缆挂钩安装	卡挂方向一致，托板齐全，间隔为（50±3）cm	
4	引上光缆安装	应满足部颁布的相关标准及设计要求	
5	防强电、防雷	应符合设计规定	
6	防机械损伤	与树木等接触部位，用胶管或蛇形管保护	
7	接头盒安装及保护	应满足部颁布的相关标准及设计要求	
8	拉线及撑杆	应满足部颁布的相关标准及设计要求	
五	局内光缆		
1	标识牌	已挂	

续表

序号	检查项目	技术要求	检查结果
2	光缆布放位置	安全	
3	布放工艺	整齐美观	
4	绑扎点及间距	走线架、拐弯点前后，间距≤50 cm	
5	光缆预留位置及长度	进线室或机房、设备每侧 10～20 m	
6	进线孔堵塞	不渗水、漏水	
六	光缆成端		
1	终端接头安装位置	稳定安全、远离热源	
2	成端光缆及软光纤布放	符合 ODF 说明书的要求，并绑扎	
3	软光纤连接器	插入光分配盘，盖上防尘帽	
4	光缆金属构成接地	用铜芯聚氯乙烯护套电缆引出，连至保护地线	
5	软光纤标识	在醒目位置标明方向和序号	
七	光缆接续与接头盒安装		
1	光纤接头保护方法	热可缩管法	
2	预留光纤长度	每方向带松套管和不带松套管光纤各 0.8 m	
3	余纤盘放	盘在收容盘上，盘绕方向一致	
4	光纤盘绕曲率半径	符合厂家规定，接头部位光纤不受力	
5	光缆加强芯固定	按接头盒安装说明书和设计要求，电气断开	
6	光缆接头盒		
7	接头盒安装位置	固定在人（手）孔壁或电缆托架上	
8	接头盒进出缆方式	按各省的维护习惯和设计要求	

注："检查结果"栏填写"全部合格""×%合格"或"不合格"

监理人员：____________　　施工单位：____________

建设单位：____________　　维护单位：____________　　检查日期：____________

表 4-23 ______________（分支）接入段光缆配盘图

站名
端别

地面长度：----------- ----------- ----------- -----------

光纤长度：----------- ----------- ----------- -----------

标石号： 标石号： 标石号： 标石号：

# # # #

敷设长度：----------- ----------- ----------- -----------

地面长度：----------- ----------- ----------- -----------

光纤长度：----------- ----------- ----------- -----------

标石号： 标石号： 标石号： 标石号：

# # # #

敷设长度：----------- ----------- ----------- -----------

地面长度：----------- ----------- ----------- -----------

光纤长度：----------- ----------- ----------- -----------

标石号： 标石号： 标石号： 标石号：

# # # #

敷设长度：----------- ----------- ----------- -----------

地面长度：----------- ----------- ----------- -----------

光纤长度：----------- ----------- ----------- -----------

标石号： 标石号： 标石号： 标石号：

# # # #

敷设长度：----------- ----------- ----------- -----------

图例：————直埋敷设 ∿∿水下敷设

/ / / 管道敷设 ———— 架空敷设

说明：1. 按图例符号标出光缆敷设方式和接头情况。

2. 标出地面长度、光纤长度、敷设长度及标石号。

施工单位： 监理单位： 日期：

表 4-24　光缆单盘检验测试记录表

光缆型号		出厂盘号		新盘编号	
光缆芯数		光缆长度		出厂长度	
尺码带		测试仪表及型号		外观	

技术指标	1 310 m		≤0. 36 dB/km	
	1 550 m		≤0. 22 dB/km	
纤芯序号	1 310 m		1 550 m	
	折射率:		折射率:	
	测试衰耗值	测试光纤长度	测试衰耗值	测试光纤长度
1				
2				
3				
4				
5				
6				
7				
8				
9				
10				
11				
12				
结论				

测试人员：__________　　　　　　　　监理人员：__________

日期：　　年　　月　　日　　　　　　日期：　　年　　月　　日

项目 4-1　光缆接入工程项目

教学内容

（1）ODF、光交接箱和光分线盒；

（2）光缆接头盒；

（3）光缆线路测试（OTDR）。

技能要求

（1）会操作光纤熔接机和OTDR；

（2）能完成ODF、光交接箱和光分线盒的成端，光缆接头盒的制作，光缆线路的测试。

项目描述

团队（4～6人）成员操作光纤熔接机和使用OTDR，完成某光缆工程项目。

项目分析

让学生团队完成某小型光缆工程项目。工程需要12芯光缆ODF成端、光缆接续（接头盒的制作）、光交接箱成端及跳纤、光分线盒的成端，并完成光端机（PDH）的监控电话的通信。

知识准备

如图4-57所示，各团队需要完成光缆为12芯的接入工程，各团队成员都需要完成。分光器可以根据需要来确定是否增加。

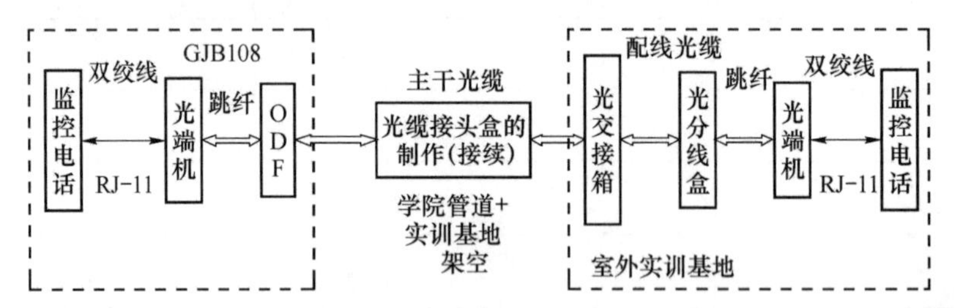

图4-57　光缆通信工程示意

项目实施

光缆工程研发平台及专利授权

1. 项目器材

抽纸、相机、笔、PDH设备（点到点）或SDH设备（3点组网）、光纤配线架（ODF）、光交接箱、12芯光缆接头盒、12芯光缆分线盒、若干3 m或5 m跳线（SC）、3段12芯2～5 km光缆、可视红光源（测试使用）、OTDR、2部普通电话、熔接机和耗材若干（酒精、棉花、热缩套管等）。若不具备上述条件，则方案可以简化，例如，设备可以共享，具体根据实践环境确定。

2. 项目步骤

1）撰写方案

学习团队撰写某学校学生宿舍光缆工程项目方案。某学生宿舍情况如下：8栋楼，每栋4单元，每单元6层，每层2户，要求为每户安装1芯光缆。方案主要包括学习团队成员分工、施工流程及规范标准、施工测试及施工安全等内容。

2）完成相关节点的任务

ODF、光缆接头盒、光交接箱（含分光器）、光分线盒的制作及成端，并完成整个系统的光路测试（OTDR），并完成相应的表格填写。

3）故障设置

教师根据学生掌握的情况，进行故障设置。学生完成故障处理并撰写报告。

项目总结（拓展）

思考分光器可以放置在哪里，能否实现多级分光，分光器最大比是多少。

习　题

一、填空题

1. 某中继段长50 km，今测得其中某根光纤在1 550 nm的平均损耗为0.2 dB/km，如发端光功率为0 dBm，波长为1 550 nm，则经此光纤传输后，接收端信号功率变为____ dBm。

2. 光缆静态弯曲半径应不小于光缆外径的________倍，施工过程中应不小于______倍。

3. 光缆线路发生障碍时，用________仪表进行测试，来判断障碍的具体位置。

4. 五类线RJ45水晶头制作有两种标准，即T568A和T568B。如果五类线的两端均采用同一标准，则称这根五类线为________。如果五类线的两端采用不同的连接标准，则称这根五类线为________。

5. 光缆的制造长度较长。一般光缆的标准制造长度为________盘长，部分工程超长中继段的光缆盘长可达4 km。

6. 直埋光缆标石的编号以一个________为独立编制单位，由________方向编排，或按设计文件、竣工资料的规定编排。

7. 管孔试通抽查规则，每个多孔管试通对角线________孔，单孔管全部试通。

8. 俗称圆头尾纤的是________系列的光纤连接器。

9. 交接箱（间）必须设置地线，接地电阻不得大于________Ω。

10. 水线两侧各________m内禁止抛锚、捕鱼、炸鱼、挖沙，及建设有碍水线安全的设施。

11. OTDR的折射率设置与________的测试精度有关。

12. 目前光纤通信使用的波长范围可分为短波长段和长波长段，长波长一般是指_____、________。

13. 无源光网络（PON），是指在________和________之间的光分配网络（ODN）没有任何有源电子设备。

14. 由________、________、光网路单元（ONU）组成的信号传输系统，简称PON系统。

15. EPON系统中，下行采用________方式传送，并通过LLID（数据链路标识）来区分各ONU的数据，上行通过________方式，由OLT统筹管理ONU发送上行信号的时刻，发出时隙分配帧。

16. EPON系统中，下行使用________波长，上行使用________波长，对于CATV业务，采用1 550 nm波长实现下行广播传输。

17. 光缆ODF托盘模块一般为________芯。

18. 光纤接续使用的仪器是______________。

二、判断题

1. 直埋光缆的一次牵引最大长度一般为1 km，对于2 km的盘长，可由中间向两侧敷设。（　　）

2. 光缆单盘检验必须是光缆运到分屯点后再进行。（　　）

3. 光缆穿越公路、铁道时一般采用预埋钢管和塑料管的方式，预埋钢管时，对于钢管的直径要满足能够穿放2 ~3根塑料子管。（　　）

4. 光纤裸纤由纤芯和包层构成，而光纤包括裸纤加上涂覆层。（　　）

5. 架空光缆的接头应落在杆上或杆旁1 m左右。（　　）

6. 在光缆牵引过程中，终端牵引机放置在路由终点，辅助牵引机放置在中间部位，起辅助作用。（　　）

三、选择题

1. 光缆弯曲半径不小于光缆外径的15倍，施工过程中应不小于（　　）倍。

A. 5　　B. 10　　C. 15　　D. 20

2. 架空光缆电杆两侧的第一个挂钩距吊线在杆上的固定点边缘为（　　）cm左右，其他挂钩间距为50 cm。

A. 15　　B. 20　　C. 25　　D. 40

3. 光缆线路障碍点的测试一般是（　　）。

A. 由OTDR显示屏上出现的台阶的位置确定障碍点

B. 通过光缆线路自动监控系统发出的报警信息

C. 由OTDR显示屏上显示的波形确定障碍点

D. 由OTDR显示屏上出现的菲涅尔反射峰的位置确定障碍点

四、简答题

1. 某光纤通信系统中光源平均发送光功率为 -24 dBm，光纤线路传输距离为20 km，损耗系数为0.5 dB/km。

（1）试求接收端收到的光功率。

（2）若接收机灵敏度为 -40 dBm，试问该信号能否被正常接收？

2. 叙述架空光缆的敷设步骤。

学习单元5

工程测试

任务5-1 OTDR测试

教学内容

（1）OTDR原理及测试步骤；

（2）光线路测试。

技能要求

（1）能操作OTDR；

（2）会分析OTDR测试曲线，会参数设置、测试项目分析等。

课件 第五章

任务描述

学生操作OTDR，以团队形式开展学习，完成光缆线路项目测试。

任务分析

让学生理解OTDR的工作原理，完成OTDR参数设置，分析OTDR测试曲线和光线路。

任务准备

1. 一般规定

1）光时域反射仪

光时域反射仪的英文全称为Optical Time Domain Reflectmeter（OTDR）。OTDR用到的光

视频 5-1　OTDR原理

学理论主要有瑞利散射（Rayleigh backscattering）和菲涅尔反射（Fresnel reflection）。它被广泛应用于光缆线路的维护、施工之中，可进行光纤长度，光纤的传输衰减、接头衰减和故障定位等的测量。具体内容见视频 5-1。

OTDR 主要由激光器、探测器、控制系统、显示器、耦合器/分路器组成，如图 5-1 所示。

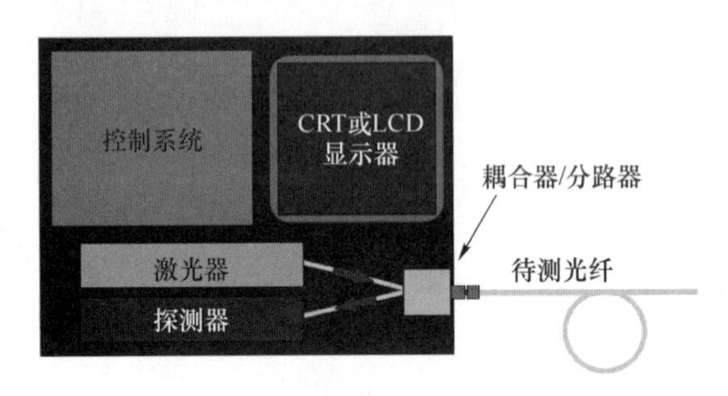

图 5-1　OTDR 的结构示意

2）OTDR 的参数

OTDR 的参数如下：

（1）测试距离。其是指从发射脉冲到接收到反射脉冲所用的时间，再确定光在光纤中的传播速度，就可以计算出距离。其测量距离可用公式表示为：

$$d = (c \times t)/2\mathrm{IOR}$$

其中，c 为光在真空中的速度，t 为脉冲从发射到接收的总体时间（双程），IOR 为光纤的折射率。

（2）脉冲宽度。其可以用时间表示，也可以用长度表示。很明显，在光功率大小恒定的情况下，脉冲宽度的大小直接影响光的能量的大小，光脉冲越长，光的能量就越大，传输距离也就越远。同时脉冲宽度的大小也直接影响测试死区的大小，也就决定了两个可辨别事件之间的最短距离，即分辨率。显然，脉冲宽度越小，分辨率越高，脉冲宽度越大，分辨率越低。

（3）折射率。折射率就是待测光纤实际的折射率，这个数值由待测光纤的生产厂家给出，单模石英光纤的折射率为 1.4～1.6。折射率越精确，对提高测量距离的精度越有帮助。这个问题对配置光路由也有实际的指导意义，实际上，在配置光路由的时候应该选取折射率相同或相近的光纤进行配置，尽量减少不同折射率的光纤芯连接在一起形成一条非单一折射率的光路。

（4）测试光波长。其是指 OTDR 激光器发射的激光的波长，波长越短，瑞利散射的光功率就越强，在 OTDR 的接收段产生的轨迹图就越高，所以 1 310 nm 的脉冲产生的瑞利散射的轨迹图样就要比 1 550 nm 的脉冲产生的图样要高。但是在长距离测试时，由于 1 310 nm的脉冲衰耗较大，激光器发出的激光脉冲在待测光纤的末端就会变得很微弱，这样受噪声影响也较大，从而形成的轨迹图就不理想，宜采用 1 550 nm 作为测试波长。在高波长区（1 500 nm 以上），由于瑞利散射持续减少，红外线衰减（或吸收）就会产生，因此

1 550 nm就是一个衰减最小的波长，且适合长距离通信。所以在长距离测试的时候适合选取 1 550 nm 作为测试波长，而普通的短距离测试则选取 1 310 nm 作为测试波长，视具体情况而定。

（5）平均值。为了在 OTDR 中形成良好的显示图样，根据用户需要动态的或非动态的显示光纤状况而设定参数。由于测试中受噪声的影响，光纤中某一点的瑞利散射功率是一个随机过程，要确知该点的一般情况，减少接收器固有的随机噪声的影响，需要其在某一段测试时间的平均值。根据需要设定该值，如果要求实时掌握光纤的情况，那么就需要设定平均值时间为 0，而一条永久光路，则可以用无限时间。

（6）动态范围。其指后向散射开始与噪声峰值间的功率损耗比。它决定了 OTDR 所能测得的最长光纤距离。如果 OTDR 的动态范围较小，而待测光纤具有较高的损耗，则远端可能会消失在噪声中。

（7）后向散射系数。如果连接的两条光纤的后向散射系数不同，就很有可能在 OTDR 上出现被测光纤是一个增益器的现象，这是由于连接点的后端散射系数大于前端散射系数，导致连接点后端反射回来的光功率反而高于前面反射回来的光功率。遇到这种情况，建议用双向测试平均值的办法来对该光纤进行测量。

⑧平均时间。由于后向散射光信号极其微弱，一般采用统计平均的方法来提高信噪比，平均时间越长，信噪比越高。例如，3 min 的获取时间将比 1 min 的获取时间提高 0.8 dB 的动态。但超过 10 min 的获取时间对信噪比的改善并不大。一般平均时间不超过 3 min。

（9）死区。死区的产生由反射淹没散射并且使接收器饱和引起的，通常分为衰减死区和事件死区两种情况。其中衰减死区是指从反射点开始到接收点回复到后向散射电平约 0.5 dB 范围内的这段距离。这是 OTDR 能够再次测试衰减和损耗的点。

（10）鬼影。它是由于光在较短的光纤中，到达光纤末端 B 产生反射，反射光功率仍然很强，在回程中遇到第一个活动接头 A，一部分光重新反射回 B，这部分光到达 B 点以后，在 B 点再次反射回 OTDR，这样在 OTDR 形成的轨迹图中会发现在噪声区域出现了一个反射现象，如图 5-2 所示（红色为一次反射，绿色为二次反射）：

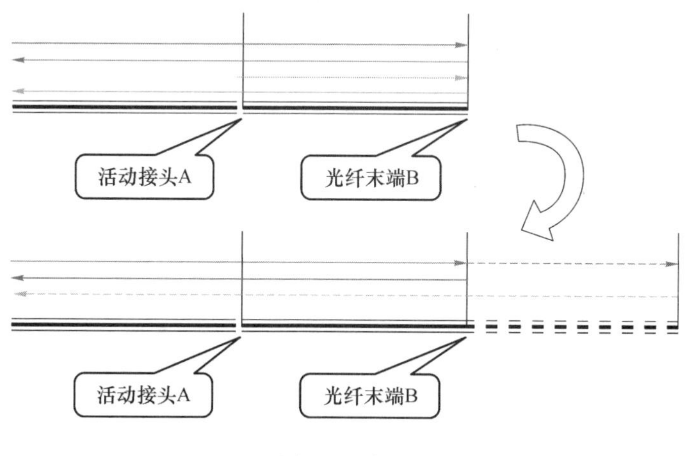

图 5-2　鬼影

3）OTDR 测试方式

（1）OTDR 监测和测量方式。采用 OTDR 进行光纤连接的现场监测和连接损耗测量评价，是目前最为有效的方式。这种方法直观、可信并能打印光纤后向散射信号曲线。另外，在监测的同时可以比较精确地测出由局内至各接头的光纤实际传输距离，这对今后在维护中查找故障是十分必要的。

OTDR 监测根据工程情况的要求，可以采用远端监测、近端监测和远端环回监测等方式。

①远端监测方式。这是一种比较理想的监测方式。所谓远端监测，是将 OTDR 放在局内，被测光缆的全部光纤接上带连接器的尾纤。光纤接续点不断向前移动，OTDR 始终在局内作远端监测和对正在连接的接头进行损耗测量，测量人员与接续人员用联络话机及时报出接头损耗值和发出是否重新接续的指令。

②近端监测方式。所谓近端监测，是指 OTDR 始终在连接点的前边（一个盘长），一般离熔接机 2 km 左右，目前长途干线施工多采用这种方式。

③远端环回监测方式。这种方式一般也同近端监测方式一样，仪表在连接位置前边进行监测，但它的不同点是在始端将缆内光纤作环接，即 1 号与 2 号连接……，测量时分别由 1 号、2 号纤测出接头的两个方向的损耗，当时算出其连接损耗，以确定是否需要重接。

这种监测方式从理论上讲是科学的、合理的。目前由于光纤的几何特性、光学参数等的一致性较好，单向监测完全可以获得满意的效果。因此，一般可不采用远端环回监测方式。

（2）OTDR 测试。

①光纤质量的简单判别。在正常情况下，OTDR 测试的光纤曲线主体（单盘或几盘光缆）斜率基本一致，若某一段斜率较大，则表明此段衰减较大；若曲线主体为不规则形状，斜率起伏较大、弯曲或呈弧状，则表明光纤质量严重劣化，不符合通信要求。

②波长的选择和单双向测试。1 550 nm 波长测试距离更远，1 550 nm 比 1 310 nm 光纤对弯曲更敏感，1 550 nm 比 1 310 nm 单位长度衰减更小，1 310 nm 比 1 550 nm 测得熔接或连接器损耗更高。在实际的光缆维护工作中，一般对两种波长都进行测试、比较。对于正增益现象和超过距离线路均需进行双向测试分析计算，才能获得良好的测试结论。

③接头清洁。光纤活接头接入 OTDR 前，必须认真清洗，包括 OTDR 的输出接头和被测活接头，否则插入损耗太大、测量不可靠、曲线多噪声，甚至测量不能进行，它还可能损坏 OTDR。避免用酒精以外的其他清洗剂或折射率匹配液，因为它们可使光纤连接器内的黏合剂溶解。

④折射率与散射系数的校正。就光纤长度测量而言，折射系数每 0.01 的偏差会引起 7 m/km 之多的误差，对于较长的光线段，应采用光缆制造商提供的折射率值。

⑤鬼影的识别与处理。在 OTDR 曲线上的尖峰，有时是由于离入射端较近且强的反射引起的回音，这种尖峰被称为鬼影。

• 识别鬼影：曲线上鬼影处未引起明显损耗；沿曲线鬼影与始端的距离是强反射事件与始端距离的倍数，呈对称状。

• 消除鬼影：选择短脉冲宽度、在强反射前端（如 OTDR 输出端）中增加衰减。若引起鬼影的事件位于光纤终结，则可“打小弯”以衰减反射回始端的光。

⑥正增益现象处理。在 OTDR 曲线上可能会产生正增益现象。正增益的形成是由于在

熔接点之后的光纤比熔接点之前的光纤产生更多的后向散光。事实上，光纤在这一熔接点上是熔接损耗的，常出现在不同模场直径或不同后向散射系数的光纤的熔接过程中，因此，需要在两个方向测量并对结果取平均作为该熔接损耗。在实际的光缆维护中，也可采用不大于0.08 dB即合格的简单原则。

2. 测试曲线

动画5-1　OTDR测量光纤时的典型曲线

OTDR横坐标是距离（长度km），纵坐标是损耗（衰减dB），OTDR测试的对象主要是长度、衰减系数、平均损耗、总损耗、接头损耗、熔点损耗、任意两点的损耗及平均损耗、弯曲损耗、裂痕和故障点等，如图5-3所示。典型测试曲线见动画5-1。

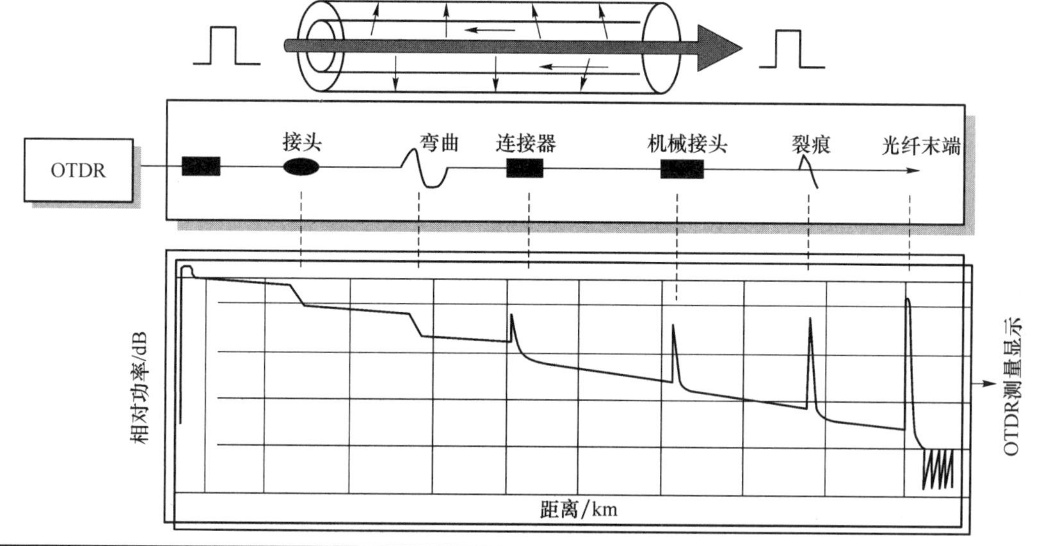

<table>
<tr><th rowspan="2">序号</th><th rowspan="2">测试项目</th><th colspan="2">数据1（A端）</th><th colspan="2">数据2（B端）</th><th colspan="2">结果（平均值）</th><th rowspan="2" colspan="2">显示图标/
A端位置</th></tr>
<tr><th>数值</th><th>单位</th><th>数值</th><th>单位</th><th>数值</th><th>单位</th></tr>
<tr><td>1</td><td>光纤长度(链长)</td><td></td><td></td><td></td><td></td><td></td><td></td><td></td><td></td></tr>
<tr><td>2</td><td>链损耗(总损耗)</td><td></td><td></td><td></td><td></td><td></td><td></td><td colspan="2"></td></tr>
<tr><td>3</td><td>链衰减系数</td><td></td><td></td><td></td><td></td><td></td><td></td><td colspan="2"></td></tr>
<tr><td>4</td><td>接头(插入) 损耗</td><td></td><td></td><td></td><td></td><td></td><td></td><td></td><td>m</td></tr>
<tr><td>5</td><td>熔点(插入) 损耗</td><td></td><td></td><td></td><td></td><td></td><td></td><td></td><td>m</td></tr>
<tr><td>6</td><td>AB点损耗</td><td>A－B距离</td><td>A－B损耗</td><td>A－B距离</td><td>A－B损耗</td><td>A－B距离</td><td>A－B损耗</td><td colspan="2"></td></tr>
</table>

图5-3　OTDR曲线

任务实施

1. 任务器材

4盘48芯光缆（长度不一样，可以使用裸纤代替），在终端进行熔接，光缆熔接点（熔点要大点）和尾纤接续（法兰盘）。分别为每条光缆设置熔点1个、法兰盘1个、弯曲点1

个（教师根据实训室提供条件准备实训）。

2. 任务

OTDR 测试步骤如下，具体 OTDR 操作步骤见视频 5-2。

视频 5-2 OTDR 操作

（1）打开 OTDR 电源。

（2）OTDR 连接光纤（或尾纤）。使用酒精棉擦洗尾纤接头并连接好 OTDR 的法兰。

（3）OTDR 参数设置（表 5-1）。根据教师提供的数据（波长、折射率），设置 OTDR 的模式、波长、距离（先自动设置，后根据距离设置）、脉冲、分辨率和时间。

表 5-1 OTDR 参数设置

序号	OTDR 参数设置			
1	折射率（n），提高测量精度			
2	波长		单位	
3	距离（设置横坐标是被测距离的 1.5 ~ 2 倍，至少大于被测距离）		单位	
4	脉冲（脉冲越宽，传输距离越远，分辨率低）		单位	
5	时间（时间越长，轨迹越清晰）		单位	
6	单模光纤 □		多模光纤 □	
7	高分辨率 □			

（4）启动。启动 OTDR 后，接头不能拔插且末端不能用眼睛直视，因为激光对眼睛有伤害。

（5）数据处理。根据不同的光缆，测试光缆长度、衰减系数、平均损耗、总损耗、任意两点的损耗及衰减系数、活动接头损耗和熔点损耗等，记录测量数据并计算，为减小误差，可进行双向测量。

（6）测试曲线的打印。将测试曲线打印出来（贴在报告上），并对曲线进行数据分析，学生根据测试曲线分析光缆线路的主要事件产生的原因。

任务总结（拓展）

如何实现 OTDR 在线自动测试？（写出测试思路、方案或方法）

任务5－2 光缆线路测试

教学内容

（1）光缆线路测试类型；

（2）光缆线路测试项目。

技能要求

能完成光缆线路测试。

任务描述

团队（4～6人）成员完成光缆线路测试。

任务分析

让学生操作OTDR，完成光缆线路测试。

知识准备

1. 光缆线路测试的类型

光缆线路工程测试及光缆线路维护测试是光缆线路测试的两大类型。

1）光缆线路工程测试

光缆线路工程测试又称工程测试。工程测试是指在工程建设阶段对单盘光缆和中继段光缆进行性能指标检测。在光纤通信工程建设中，工程测试是工程技术人员随时了解光缆线路技术特性的唯一手段。工程测试同时也是施工单位向建设单位交付通信工程的技术凭证。

工程测试一般包括单盘测试和竣工测试两部分，其分别代表了工程施工的两个重要阶段。

（1）单盘测试。单盘测试是单盘检验的组成部分。单盘测试是对运输到现场的光缆的传输、技术特性进行检验，以确定运输到分屯点上的光缆是否达到设计文件的要求。光缆的单盘测试对确保工程的工期、施工质量以及对今后保证通信质量、提高通信工程经济效益和维护使用寿命有着重大影响。单盘测试还是光缆配盘的主要依据。

单盘测试必须按规范要求和设计文件（或合同书）规定的指标进行严格的检测，即使工期十分紧迫，也不能草率进行，而必须以科学的态度和高度的责任心以及正确的检验方法，并按相关的技术规定对光缆实施测试检验。

（2）竣工测试（中继段测试）。光缆线路工程竣工测试又称光缆的中继段测试，这是光缆线路施工过程中较为关键的一道工序。竣工测试是从光电特性方面全面地测量、检查线路的传输指标。这不仅是对工程质量的自我鉴定过程，同时也是通过竣工测量为建设单位提供光缆线路光电特性的完整数据，供日后维护参考。竣工测试以一个中继段为单位。竣工测量应在光缆线路工程全面完工的前提下进行。

竣工测试还应包括光缆线路工程的竣工验收。竣工测试是光缆线路施工的最后一道工序。验收前，应由施工单位负责编制竣工技术资料，交建设单位或验收小组审查。一般来说，竣工资料应包括光缆单盘复测记录；光缆配盘图；中继段光纤全程衰减测试表和全程固定接头衰减表；中继段 OTDR 测试的全程后向散射曲线，如光缆中附有铜导线，还应有中继段铜导线参数测试表。此外，还应有全部工程中的隐蔽工程签证及设计变更通知，开、停、复、竣工报告，工程洽商纪要，已安装的设备清单，工程余料交接清单等有关工程方面的资料。

光缆线路工程的验收分随工检验和交工验收两个程序进行。随工检验是由建设单位委派工地代表组织随工检查验收（如光缆的位置、布放、防护措施、光缆接续安装等）。若发现工程中的质量问题，可随时向施工单位指出，由施工单位及时处理。当一个中继段或一个省（市）区段的工程完工后，即可进行交工验收。交工验收前，施工单位应按工程设计及验收规范对工程进行严格的质量检查，并认真核对光电性能测试记录及竣工资料。验收时应检查工程是否完成设计要求的全部工程量，竣工资料是否符合要求，并要求对光缆的主要传输特性、护层对地绝缘和接地电阻及铜导线的导电特性等进行检查和抽查。如果验收小组已派代表参加中继段光纤总衰减等参数的测试，交工验收时可不专门进行测量。属随工验收的内容一般不再重验。

2）光缆线路维护测试

光缆线路维护测试简称维护测试。维护测试是光缆线路技术维护的重要组成部分，是判断光缆线路工作状态的主要手段。通过对光缆线路的光、电特性进行测试，可以了解光缆的工作状态，掌握光缆线路的实际运行状况，正确判断可能发生障碍的位置和时间，为光缆线路维护提供可靠的技术资料。

2. 测试项目

1）工程测试项目

光缆线路的竣工测试主要包括光纤特性的测量、电特性的测量和绝缘特性的测量，具体内容见表 5-2。

表 5-2　工程测试项目的内容

单盘测试项目		竣工测试项目	
光特性	电特性	光特性	电特性
单盘光缆衰减	单盘直流特性	中继段光缆衰减	中继段直流特性
单盘光缆长度	单盘绝缘特性	中继段光缆长度	中继段绝缘特性
单盘光缆背向曲线	单盘耐压特性	中继段光缆背向曲线	中继段耐压特性、 中继段接地特性

2）维护测试项目

光缆线路维护测试主要有光纤线路衰减测试、光纤后向散射曲线测试、接地电阻测试（光缆接地装置）、金属护套对地绝缘测试、光缆故障点的测试等项目，见表 5-3。

表 5-3 维护测试项目

项目	周期	备注
接地装置和接地电阻测试	每年一次	雨季前
金属护套对地绝缘测试	全线每年一次	
光纤线路衰减测试	按需	备用系统一年一次
光纤后向散射曲线测试	按需	备用系统一年一次
光缆内铜导线电特性测试	每年一次	远供铜线根据需要确定
光缆线路的故障测试	按需	发生故障立即测试

3. 中继段测试

光缆线路衰减测试

（1）光缆线路衰减定义。如图 5-4 所示，可将一个单元光缆段中的总衰减定义为

$$A = \sum_{n=1}^{m} a_n L_n + a_s X + a_c Y$$

式中，a_n为中继段中第 n 根光纤的衰减系数（dB/km）；L_n为中继段中第 n 根光纤的长度（km）；a_s为固定接头的平均衰减（dB）；X 为中继段中固定接头的数量；a_c为连接器的平均插入衰减（dB）；Y 为中继段中连接器的数量（光发送机至光接收机 ODF 间的活接头）。

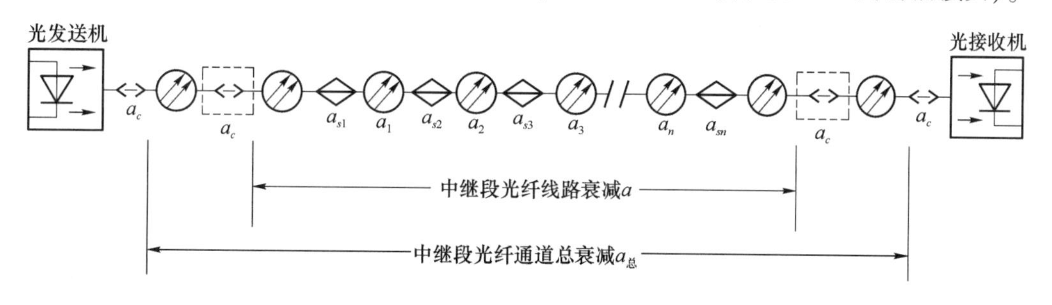

图 5-4 中继段光纤线路衰减构成示意

（2）光缆线路的测量方法。其主要有插入法和后向散射法。

①插入法。核心网光缆线路应采用插入法测量。从中继段光缆线路衰减要求在已成端的连接插件状态下进行测量来说，插入法是唯一能够反映带连接插件线路衰减的方法。插入法可以采用光纤衰减测试仪（分多模和单模），也可以用光源和功率计进行测量。

插入法的测量偏差主要来自仪表本身，以及被测线路连接器插件的质量，如某个长途光缆工程，据 3 个中继段光缆线路的衰减测量统计，平均偏差为 0.3 dB。

②后向散射法。后向散射法虽然也可以测量带连接插件的光缆线路衰减，但由于一般的 OTDR 都有盲区，使近端光纤连接器插入损耗、成端连接点接头损耗无法反映在测量值中；同样对成端的连接器尾纤的连接损耗由于离尾部太近也无法定量显示，因此，用 OTDR 所得到的测量值实际上是未包括连接器在内的光缆线路衰减。为了按光缆线路衰减的定义测量，可以通过假纤测量或采用对比性方法来检查局内成端质量。

在采用插入法进行测量时，若偏差较大，则可用后向散射法作辅助测量。

（3）光缆线路衰减曲线测量。光缆线路衰减曲线测量指的是对光缆中光纤进行后向散射曲线的测量。衰减曲线波形的观察、分析很重要。

光缆线路衰减曲线测量仪器采用的是 OTDR。

任务实施

1. 任务器材

OTDR、光连接器、活动接头、光缆中继线路（30 ~ 50 km，可以借助已有的光缆线路）。

2. 任务

各团队分别用插入法和后向散射法测试某中继段光纤线路的衰减，绘制衰减曲线并分析曲线（熔点、活动接头和线路等损耗）。

（1）双向测试。利用 OTDR 分别在光缆线路中 A – B 和 B – A 两个方向测量，要求每个方向的衰减曲线应包括光纤全线上的完整曲线。

（2）测量记录。检测结果包括测量数据、测试条件，应记入竣工测试记录的“中继段光纤后向散射曲线检测记录”。

（3）光缆线路衰减的计算。在光缆线路衰减的计算过程中，多模光纤应加上盲区光纤的衰减和成端固定连接点的衰减；单模光纤可以忽略，可能会有 ±0.1dB 的偏差。为了减少误差，应采用双向平均衰减计算，在计算得出单向线路衰减的基础上，计算出光纤双向平均衰减值，即

$$\alpha = \frac{\alpha_{(A-B)} + \alpha_{(B-A)}}{2} \quad (dB)$$

任务总结（拓展）

（1）光缆线路工程测试项目报告应如何撰写？

（2）超长中继段的光缆线路衰减测试如何开展（光缆线路长度超出 OTDR 衰减测量的动态范围）？

学习单元6

PTN 技术

任务6-1　PTN技术认知

教学内容

（1）PTN组网应用；

（2）几种PTN典型业务原理。

技能要求

（1）能理解PTN组网应用；

（2）会识别几种PTN典型业务使用场合。

任务描述

团队（4~6人）完成PTN组网识别和分析。

任务分析

学生能完成PTN组网识别和分析。

知识准备

1. PTN的基本概念

1）PTN的定义

分组传送网（PTN）是指这样一种传送网络架构和具体技术：

（1）在IP业务和底层光传输媒质之间设置了一个层面，该层面针对分组业务流量的突发性和统计复用传送的要求而设计；

（2）以分组为内核，实现多业务承载；

（3）具有更低的总体使用成本（TCO）；

（4）秉承光传输的传统优势，包括：

①高可用性和可靠性；

②高效的带宽管理机制和流量工程；

③便捷的OAM和网管；

④可扩展性；

⑤较高的安全性。

2）PTN的发展背景

随着新兴数据业务的迅速发展和带宽的不断增长、无线业务的IP（Internet Protocol）化演进、商业客户的VPN（Virtual Private Network）业务应用，对承载网的带宽、调度、活性、成本和质量等综合要求越来越高。传统的以电路交叉为核心的SDH（Synchronous Digital Hierarchy）网络存在成本过高、带宽利用低、不够灵活的弊端，运营商陷入占用大量带宽的数据业务的微薄收入与高昂的网络建设维护成本的矛盾之中。同时，传统的非连接特性的IP网络和产品又难以严格保证重要业务的传送质量和性能，已不适应电信级业务的承载。现有传送网的弊端如下：

（1）TDM（Time Division Multiplex）业务的应用范围正在逐渐减小。

（2）随着数据业务的不断增加，基于MSTP（Multi－Service Transport Platform）的设备的数据交换能力难以满足需求。

（3）业务的突发特性加大，MSTP设备的刚性传送管道将导致承载效率的降低。

（4）随着对业务电信级要求的不断提高，传统的基于以太网、MPLS（Multi Protocol Label Switching）、ATM（Asynchronous Transfer Mode）等技术的网络不能同时满足网络在QoS（Quality of Service）、可靠性、可扩展性、OAM（Operation，Administration and Maintenance）和时钟同步方面的需求。

综上所述，运营商亟需一种可融合传统语音业务和电信级业务要求、低OPEX（Operating Expenditure）和CAPEX（Capital Expenditure）的IP传送网，构建智能化、融合、宽带、综合的面向未来和可持续发展的电信级网络。

3）PTN的产生

在电信业务IP化趋势的推动下，传送网承载的业务从以TDM为主向以IP为主转变，这些业务不但有固网数据，更包括近几年发展起来的3G业务。目前的传送网现状是SDH/MSTP、以太网交换机、路由器等多个网络分别承载不同业务，各自维护，难以满足多业务统一承载和降低运营成本的发展需求。因此，传送网需要采用灵活、高效和低成本的分组传送平台来实现全业务统一承载和网络融合，分组传送平台（PTN）由此应运而生。

以MPLS－TP（Multi－Protocol Label Switching－Transport Profile）为代表的PTN设备，作为IP/MPLS或以太网承载技术和传送网技术相结合的产物，是目前电信级以太网

（Carrier Ethernet，CE）的最佳实现技术之一，它具有以下特征：

（1）面向连接。

（2）利用分组交换核心实现分组业务的高效传送。

（3）可以较好地实现电信级以太网（CE）业务的五个基本属性：

①标准化的业务；

②可扩展性；

③可靠性；

④严格的 QoS；

⑤运营级别的 OAM。

4）PTN 的特点

PTN 网络是 IP/MPLS、以太网和传送网三种技术相结合的产物，具有面向连接的传送特征，适用于承载电信运营商的无线回传网络、以太网专线、L2 VPN 以及 IPTV（Internet Protocol Television）等高品质的多媒体数据业务。

PTN 网络具有以下特点：

（1）基于全 IP 分组内核。

（2）秉承 SDH 的端到端连接、高性能、高可靠、易部署和维护的传送理念。

（3）保持传统 SDH 优异的网络管理能力和良好的体验。

（4）融合 IP 业务的灵活性和统计复用、高带宽、高性能、可扩展的特性。

（5）具有分层的网络体系架构。

（6）传送层划分为段、通道和电路各个层面，每一层的功能定义完善，各层之间的相互接口关系明确清晰，使网络具有较强的扩展性，适合大规模组网。

（7）采用优化的面向连接的增强以太网、IP/MPLS 传送技术，通过 PWE3 仿真适配多业务承载，包括以太网帧、MPLS（IP）、ATM、PDH、FR（Frame Relay）等。

（8）为 L3（Layer 3）/L2（Layer 2）乃至 L1（Layer 1）用户提供符合 IP 流量特征而优化的传送层服务，可以构建在各种光网络/L1/以太网物理层之上。

（9）具有电信级的 OAM 能力，支持多层次的 OAM 及其嵌套，为业务提供故障管理和性能管理。

（10）提供完善的 QoS 保障能力，将 SDH、ATM 和 IP 技术中的带宽保证、优先级划分、同步等技术结合起来，实现承载在 IP 之上的 QoS 敏感业务的有效传送。

（11）提供端到端（跨环）业务的保护。

5）PTN 的网络定位

PTN 技术主要定位于城域的汇聚接入层，其在网络中的定位主要满足以下需求：

（1）多业务承载。

要求承载无线基站回传的 TDM/ATM 以及今后的以太网业务、企事业单位和家庭用户的以太网业务。

（2）业务模型。

城域的业务流向大多是从业务接入节点到核心/汇聚层的业务控制和交换节点，为点到点（P2P）和点到多点（P2MP）汇聚模型，业务路由相对确定，因此中间节点不需要路由功能。

（3）严格的QoS。

TDM/ATM和高等级数据业务需要低时延、低抖动和高带宽保证，而宽带数据业务峰值流量大且突发性强，要求具有流分类、带宽管理、优先级调度和拥塞控制等QoS能力。

（4）电信级可靠性。

需要可靠的、面向连接的电信级承载，提供端到端的OAM能力和网络快速保护能力。

（5）网络扩展性。

在城域范围内业务分布密集且广泛，要求具有较强的网络扩展性。

（6）网络成本控制。

大中型城市现有的传送网都具有几千个业务接入点和上百个业务汇聚节点，因此要求网络具有低成本、可统一管理和易维护的优势。

6）PTN的组网应用

PTN主要用于城域接入汇聚和核心网的高速转发。

PTN针对移动2G/3G业务，提供丰富的业务接口（TDM/ATM/IMA 1/STMn/POS/FE/GE），通过PWE3伪线仿真接入TDM、ATM、Ethernet业务，并将业务传送至移动核心网一侧，如图6-1所示。

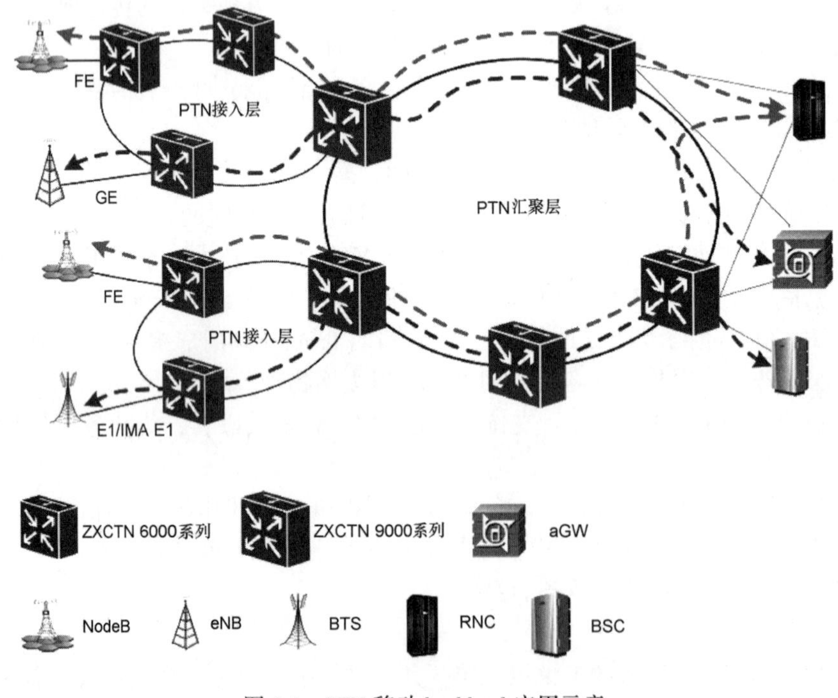

图6-1　PTN移动backhaul应用示意

PTN在核心网高速转发的应用示意如图6-2所示。

核心网由IP/MPLS路由器组成，对于中间路由器（Label Switched Router，LSR），其完成的功能是对IP包进行转发，其转发是基于三层的，协议处理复杂，可以用PTN来完成LSR分组转发的功能，由于PTN是基于二层进行转发的，协议处理层次低，转发效率高。基于IP/MPLS的承载网对带宽和光缆消耗严重，其面临着路由器不断扩容、网络保护、故障定位、故障快速恢复、操作维护等方面的压力；而PTN网络能够很好地解决这些问题，提高链路的利用率，显著降低网络建设成本。

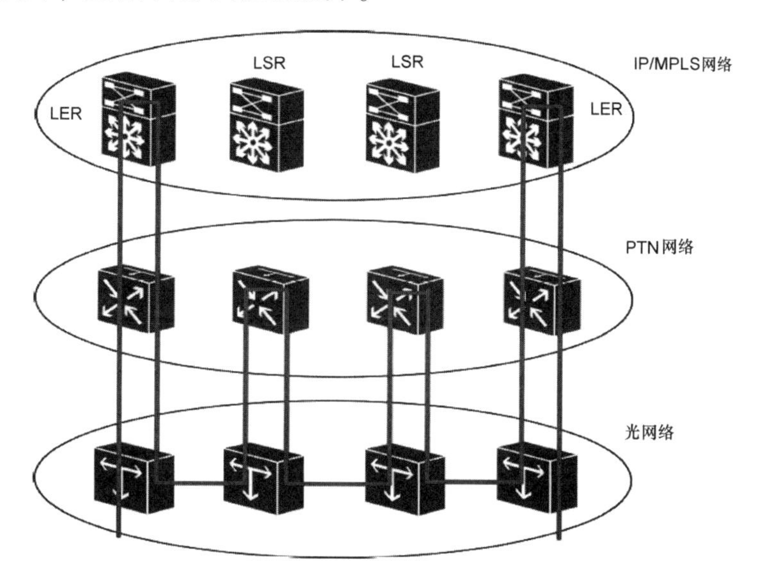

图 6-2 PTN 在核心网高速转发的应用示意

2. PWE3 技术

1）PWE3 概述

端到端的伪线仿真（Pseudo Wire Edge to Edge Emulation，PWE3）是一种端到端的二层业务承载技术。

PWE3 在 PTN 网络中可以真实地模仿 ATM、帧中继、以太网、低速 TDM 电路和 SONET/SDH 等业务的基本行为和特征。

PWE3 以 LDP（Label Distribution Protocol）为信令协议，通过隧道（如 MPLS 隧道）模拟 CE（Customer Edge）端的各种二层业务，如各种二层数据报文、比特流等，使 CE 端的二层数据在网络中透明传递。

PWE3 可以将传统的网络与分组交换网络连接起来，实现资源共享和网络的拓展。

2）PWE3 原理

PW 是一种通过分组交换网（PSN）把一个承载业务的关键要素从一个 PE 运载到另一个或多个 PE 的机制。通过 PSN 网络上的一个隧道（IP/L2TP/MPLS）对多种业务（ATM、FR、HDLC、PPP、TDM、Ethernet）进行仿真，PSN 可以传输多种业务的数据净荷，这种方案里使用的隧道定义为伪线（Pseudo Wires）。

PW 所承载的内部数据业务对核心网络是不可见的，从用户的角度来看，可以认为 PWE3 模拟的虚拟线是一种专用的链路或电路。PE1 接入 TDM/IMA/FE 业务，将各业务进行 PWE3 封装，以 PSN 网络的隧道作为传送通道传送到对端 PE2，PE2 将各业务进行 PWE3 解封装，还原出 TDM/IMA/FE 业务。封装过程如图 6-3 所示。

PWE3 业务网络的基本传输构件包括：接入链路（Attachment Circuit，AC）、伪线（Pseudo Wire，PW）、转发器（Forwarder）、隧道（Tunnel）、封装（Encapsulation）、PW 信令协议（Pseudowire Signaling）、服务质量（Quality of Service）。

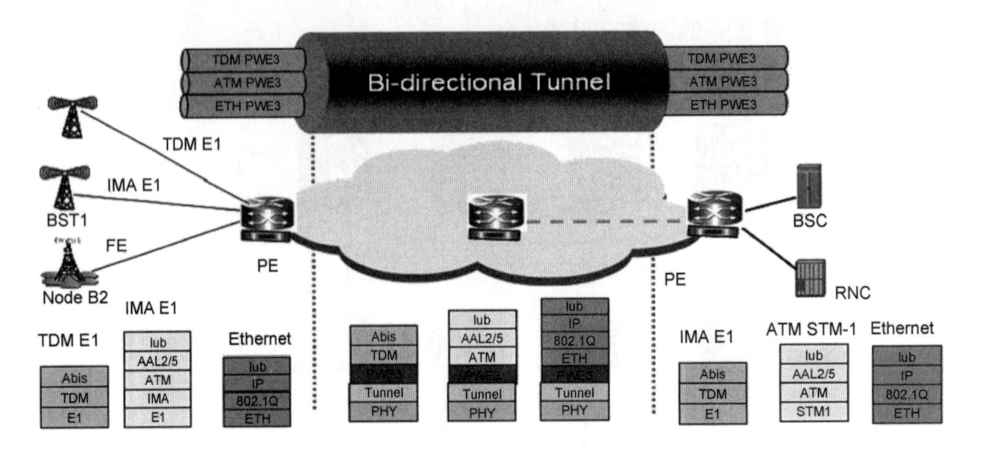

图 6-3　PWE3 的数据封装

下面详细解释 PWE3 业务网络基本传输构件的含义及作用。

（1）接入链路（Attachment Circuit，AC）。

接入链路是指终端设备到承载接入设备之间的链路，或 CE 到 PE 之间的链路。在 AC 上的用户数据可根据需要透传到对端 AC（透传模式），有时也需要在 PE 上进行解封装处理，将净荷（payload）解出再进行封装后传输（终结模式）。

（2）伪线（Pseudo Wire，PW）。

伪线也可以称为虚连接。简单地说，它就是 VC 加隧道，隧道可以是 LSP、L2TP 隧道、GRE 或者 TE。虚连接是有方向的，PWE3 中虚连接的建立是需要通过信令（LDP 或者 RSVP）来传递 VC 信息，将 VC 信息和隧道管理形成一个 PW。PW 对于 PWE3 系统来说，就像本地 AC 到对端 AC 之间的一条直连通道，完成用户的二层数据透传。

（3）转发器（Forwarder）。

PE 收到 AC 上传送的用户数据，由转发器选定转发报文使用的 PW，转发器事实上就是 PWE3 的转发表。

（4）隧道（Tunnel）。

隧道用于承载 PW，一条隧道上可以承载一条 PW，也可以承载多条 PW。隧道是一条本地 PE 与对端 PE 之间的直连通道，完成 PE 之间的数据透传。

（5）封装（Encapsulation）。

PW 上传输的报文使用标准的 PW 封装格式和技术。PW 上的 PWE3 报文封装有多种，在“draft - ietf - pwe3 - iana - allocation - x”中有具体的定义。

（6）PW 信令协议（Pseudowire Signaling）。

PW 信令协议是 PWE3 的实现基础，用于创建和维护 PW。目前，PW 信令协议主要有 LDP 和 RSVP。

（7）服务质量（Quality of Service）。

根据用户二层报文头的优先级信息，映射成在公用网络上传输的 QoS 优先级来转发。

3）报文转发

PWE3 建立的是一个点到点通道，通道之间互相隔离，用户二层报文在 PW 间透传。

（1）对于 PE 设备，PW 连接建立后，用户接入接口（AC）和虚链路（PW）的映射关系就已经完全确定了。

（2）对于 PE 设备，只需要依据 MPLS 标签进行 MPLS 转发，不关心 MPLS 报文内部封装的二层用户报文。

下面以 CE1 到 CE2 的 VPN1 报文流向为例，说明基本数据流走向。如图 6-4 所示，CE1 上送二层报文，通过 AC 接入 PE1，PE1 收到报文后，由转发器选定转发报文的 PW，系统再根据 PW 的转发表项加入 PW 标签，并送到外层隧道，经公网隧道到达 PE2 后，PE2 利用 PW 标签转发报文到相应的 AC，将报文最终送达 CE2。

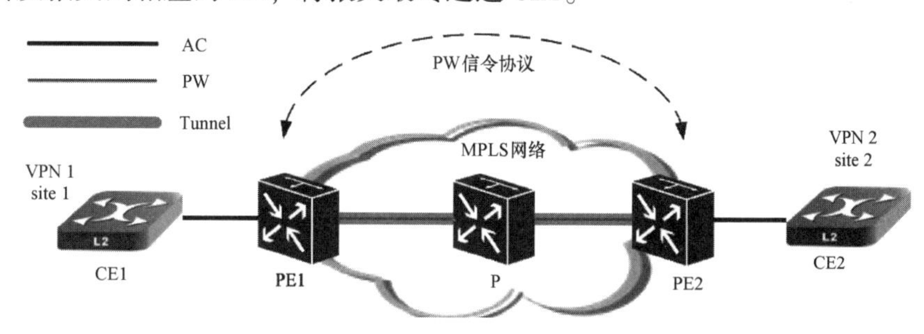

图 6-4　报文转发示意

3. 业务仿真

1）TDM 业务仿真

TDM 业务仿真的基本思想就是在分组交换网络上搭建一个“通道”，在其中实现 TDM 电路（如 E1 或 T1），从而使网络任一端的 TDM 设备不必关心其所连接的网络是否一个 TDM 网络。分组交换网络被用来仿真 TDM 电路的行为称为“电路仿真”。

TDM 业务仿真示意如图 6-5 所示。

图 6-5　TDM 业务仿真示意

TDM 业务仿真的技术标准包括：

（1）SATOP（Structured agnostic TDM－over－packet）。

该方式不关心 TDM 信号（E1、E3 等）采用的具体结构，而是把数据看作给定速率的纯比特流，这些比特流被封装成数据包后在伪线上传送。

（2）结构化的基于分组的 TDM（structure－aware TDM－over－packet）。

这种方式提供了 $N\times$DS0 TDM 信令封装结构有关的分组网络在伪线传送的方法，支持 DS0（64K）级的疏导和交叉连接应用。这种方式降低了分组网上丢包对数据的影响。

（3）TDM over IP，即所谓“AALx”模式

这种模式利用基于 ATM 技术的方法将 TDM 数据封装到数据包中。

（1）结构化与非结构化。

下面以 TDM 业务应用最常见的 E1 业务来说明，E1 业务分为非结构化业务和结构化业务。

对于非结构化业务，整个E1被作为一个整体来对待，不对E1的时隙进行解析，把整个E1的2M比特流作为需要传输的净荷，以256 bit（32Byte）为一个基本净荷单元的业务处理，即必须以E1帧长的整数倍来处理，净荷加上VC、隧道封装，经过承载网络传送到对端，去掉VC、隧道封装，将2M比特流还原，映射到相应的E1通道上，就完成了传送过程，如图6-6所示。

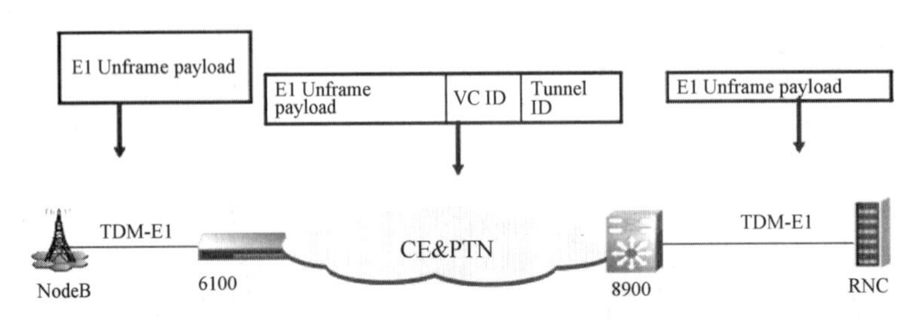

图6-6　TDM非结构化传送示意

对于结构化E1业务，需要对时隙进行解析，只需要对有业务数据流的时隙进行传送，实际可以看成$n\times64$K业务，对于没有业务数据流的时隙可以不传送，这样可以节省带宽。此时是从时隙映射到隧道，可以多个E1的时隙映射到一条PW上，可以一个E1的时隙映射到一条PW上，也可以一个E1上的不同时隙映射到不同的多个PW上，这需要根据时隙的业务需要进行灵活配置，如图6-7所示。

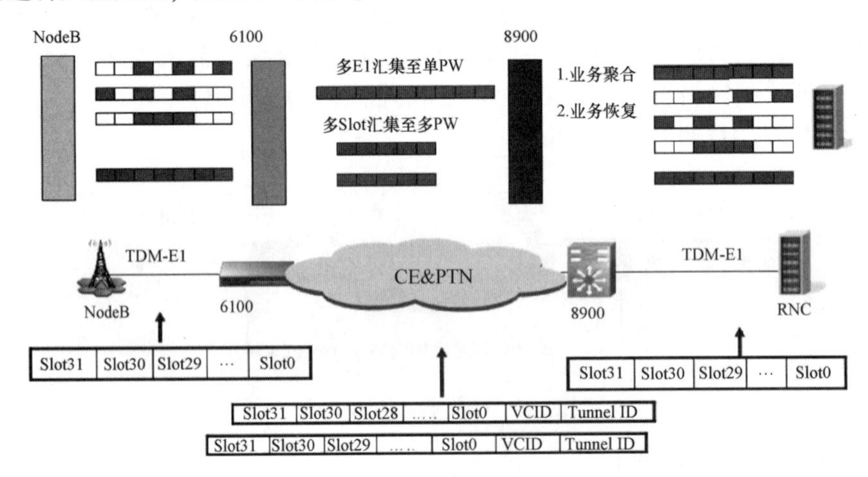

图6-7　TDM结构化传送示意

（2）时钟同步。

TDM业务对于时钟同步有严格要求，如果时钟同步无法保障，那么传输质量就会下降，从而影响业务质量。一般来说，时钟同步的实现有以下几种方式：

①自适应时钟。

采用自适应包恢复算法在PW报文出口通过时间窗平滑和自适应算法来提取同步定时信息，使重建的TDM业务数据流获得一个与发送端大致同步的业务数据流，该方法的同步精度比较低，尤其在网络动荡比较多的情况下，难以满足高精度时钟同步要求的业务需求。

②包交换网同步技术。

该方法采用同步以太网、IEEE1588等时钟技术来传输时钟，目前在精度方面已经有很大的提高，在全网支持的情况下可以满足时钟精度要求，目前标准在进一步发展，重点是在穿越原有网络的情况下如何保证时钟精度。

③外时钟同步技术。

PWE3 TDM 电路仿真通道只负责传送业务数据，同步定时信息依靠另外的同步定时系统来传送，例如用 GPS 系统传送时钟或者用同步时钟网传送时钟，两端用户/网络设备分别锁定外同步时钟。

（3）时延与抖动。

TDM 业务对于数据流的时延与抖动有严格的要求，而 TDM 业务流采用 PWE3 方式穿越 PSN 网络时，不可避免地会引入时延与抖动。时延主要有：封装延时、业务处理延时、网络传送延时。

①封装延时是 TDM 数据流被封装为 PW 报文引入的延时，这是 TDM 电路仿真技术特有的延时。以 E1 为例：E1 的速率是 2.048 Mb/s，每帧包含 32 个时隙共 256 bit，每秒传输 8 000帧，每帧的持续时间为 0.125 ms，如果采用结构化的封装方式，每 4 帧封装为 1 个 PW 数据包，封装 1 个 PW 数据包需要的封装延时是 4×0.125 ms $= 0.5$ ms。PW 内封装数据帧的数量越多的帧，封装延时就越大，但是封装数据帧的数量少又要增加带宽开销，这需要根据网络情况和业务要求综合平衡。

②业务处理延时是设备进行报文处理的时间，包括报文合法性检查、报文过滤、校验和计算、报文封装和收发。这部分延时与设备业务处理能力有关，对于某个设备是基本固定不变的。

③网络传送延时是指 PW 报文从入口 PE 经过包交换网络到达出口 PE 所经历的延时，这部分随网络拓扑结构以及网络业务流量的不同变化很大，而且这部分延时也是引入业务抖动的主要原因。目前采用抖动缓存技术可以吸收抖动，但是吸收抖动又会造成延时加大。T 缓存深度与延时也是一个平衡的关系，同样需要根据网络状况和业务需求综合考量。

2）ATM 业务仿真

ATM 业务仿真通过在分组传送网 PE 节点上提供 ATM 接口接入 ATM 业务流量，然后将 ATM 业务进行 PWE3 封装，最后映射到隧道中进行传输。节点利用外层隧道标签转发到目的节点，从而实现 ATM 业务流量的透明传输。

对于 ATM 业务在 IP 承载网上有两种处理方式：

（1）隧道透传模式。

隧道透传模式类似于非结构化 E1 的处理，将 ATM 业务整体作为净荷，不解析内容，加上 VC、隧道封装后，通过承载网传送到对端，再对点进行解 VC/隧道封装，还原出完整的 ATM 数据流，交由对端设备处理。

隧道透传可以区分为：基于 VP 的隧道透传（ATM VP 连接作为整体净荷）、基于 VC 的隧道透传（ATM VC 连接作为整体净荷）、基于端口的隧道透传（ATM 端口作为整体净荷）。

在隧道透传模式下，ATM 数据到伪线的映射有两类不同的方式：

①*N*：1 映射。

N：1 映射支持多个 VCC 或者 VPC 映射到单一的伪线，即允许多个不同的 ATM 虚连接

的信元封装到同一个 PW 中去。

这种方式可以避免建立大量的 PW，节省接入设备与对端设备的资源，同时，通过信元的串接封装，提高了分组网络带宽利用率。

②1：1 映射。

1：1 映射支持单一的 VCC 或者 VPC 数据封装到单一的伪线中去。

采用这种方式，建立了伪线和 VCC 或者 VPC 之间一一对应的关系，在对接入的 ATM 信元进行封装时，可以不添加信元的 VCI、VPI 字段或者 VPI 字段，在对端根据伪线和 VCC 或者 VPC 的对应关系恢复出封装前的信元，完成 ATM 数据的透传。这样，再辅以多个信元串接封装可以进一步节省分组网络的带宽。

（2）终结模式。

AAL5，即 ATM 适配层 5，支持面向连接的、VBR 业务。

它主要用于在 ATM 网及 LANE 上传输标准的 IP 业务，将应用层的数据帧分段重组形成适合在 ATM 网络上传送的 ATM 信元。

AAL5 采用了 SEAL 技术，并且是目前 AAL 推荐中最简单的一个。AAL5 提供低带宽开销和更为简单的处理需求以获得简化的带宽性能和错误恢复能力。

ATM PWE3 处理的终结模式对应于 AAL5 净荷虚通道连接（VCC）业务，它是把一条 AAL5 VCC 的净荷映射到一条 PW 的业务。

3）以太网业务仿真

PWE3 对以太网业务的仿真与 TDM 业务和 ATM 业务类似，下面分别按上行业务方向和下行业务方向介绍 PWE3 对以太网业务的仿真。

（1）上行业务方向。

在上行业务方向，按照以下顺序处理接入的以太网数据信号：

①物理接口接收到以太网数据信号，提取以太网帧，区分以太网业务类型，并将帧信号发送到业务处理层的以太网交换模块进行处理。

②业务处理层根据客户层标签确定封装方式，如果客户层标签是 PW，将由伪线处理层完成 PWE3 封装，如果客户层标签是 SVLAN，将由业务处理层完成 SVLAN 标签的处理。

③伪线处理层对客户报文业务进行伪线封装（包括控制字）后上传至隧道处理层。

④隧道处理层对 PW 进行隧道封装，完成 PW 到隧道的映射。

⑤链路传送层为隧道报文封装上段层封装后发送出去。

（2）下行业务方向。

在下行业务方向，按照以下顺序处理接入的网络信号：

①链路传送层接收到网络侧信号，识别端口进来的隧道报文或以太网帧。

②隧道处理层剥离隧道标签，恢复出 PWE3 报文。

③伪线处理层剥离伪线标签，恢复出客户业务，下行至业务处理层。

④业务处理层根据 UNI 或 UNI + CEVLAN 确定最小 MFDFR 并进行时钟、OAM 和 QoS 的处理。

⑤物理接口层接收由业务处理层的以太网交换模块送来的以太网帧，通过对应的物理接口发往用户设备。

任务实施

1. PTN 任务 1

各团队学习 PTN 知识，各小组分别到 PTN 机房参观，完成组网网络拓扑图的连接，团队内部制作课件或文档进行汇报。

2. PTN 任务 2

各团队研究 PTN 接入层、汇聚层、核心层网络设备有何不同，团队内部制作课件进行汇报。

任务总结（拓展）

查找资料并说明三大运营商的 PTN 组网技术有何不同。

任务 6－2　PTN 基础配置

教学内容

（1）PTN 开局；

（2）PTN 基础配置。

技能要求

（1）掌握 PTN 开局；

（2）会 PTN 基础配置。

任务描述

团队（4～6 人）完成 PTN 开局和基础配置，通过参观 PTN 机房，实操完成或以 PPT 汇报 PTN 基础配置。

任务分析

学生能完成 PTN 开局配置和基础配置。

知识准备

1. 基础配置概述

设备组网时，需要划分 IP（Internet Protocol，因特网协议）地址、网管监控 VLAN（Virtual Local Area Network，虚拟局域网）和封装 VLAN。

为使由设备组成的网络正常运行，设备需要配置的 IP 地址见表 6-1。

表 6-1　IP 地址类型说明

IP 地址类型	说明
网元 IP	网元 IP 地址
业务接口 IP	三层接口 IP
环回 IP	设备的环回 IP 地址，唯一标识设备
网管主机 IP	网管服务器的 IP 地址
网管接口 IP	设备上的、与网管服务器直连的接口 IP 地址

1）监控拓扑

监控拓扑用于传送监控信息，实现网管对网络的管理。监控拓扑如图 6-8 所示。

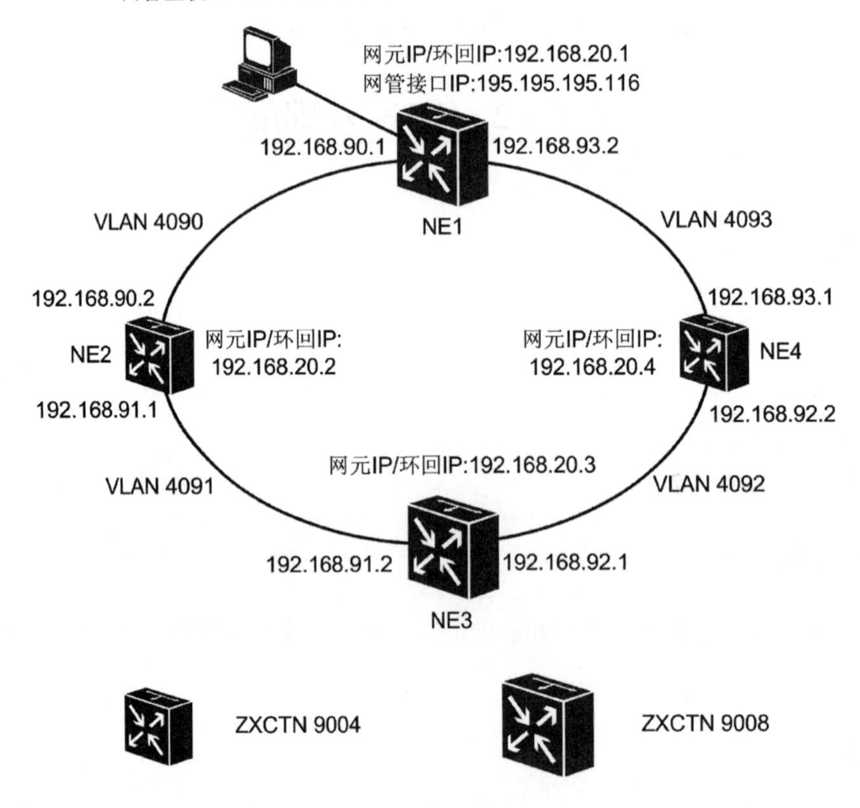

图 6-8　监控拓扑

2）业务拓扑

业务拓扑用于传送业务信息，用来承载业务流的信息。业务拓扑如图 6-9 所示。

3）单板配置需求

网元 NE1 和 NE3 的单板配置如图 6-10 所示。

网元 NE2 和 NE4 的单板配置如图 6-11 所示。

网元 NE1、NE2、NE3 和 NE4 都配置有母板 P90S1－LPC24，母板上可以配置相应的子卡。母板上配置的子卡如图 6-12 所示。

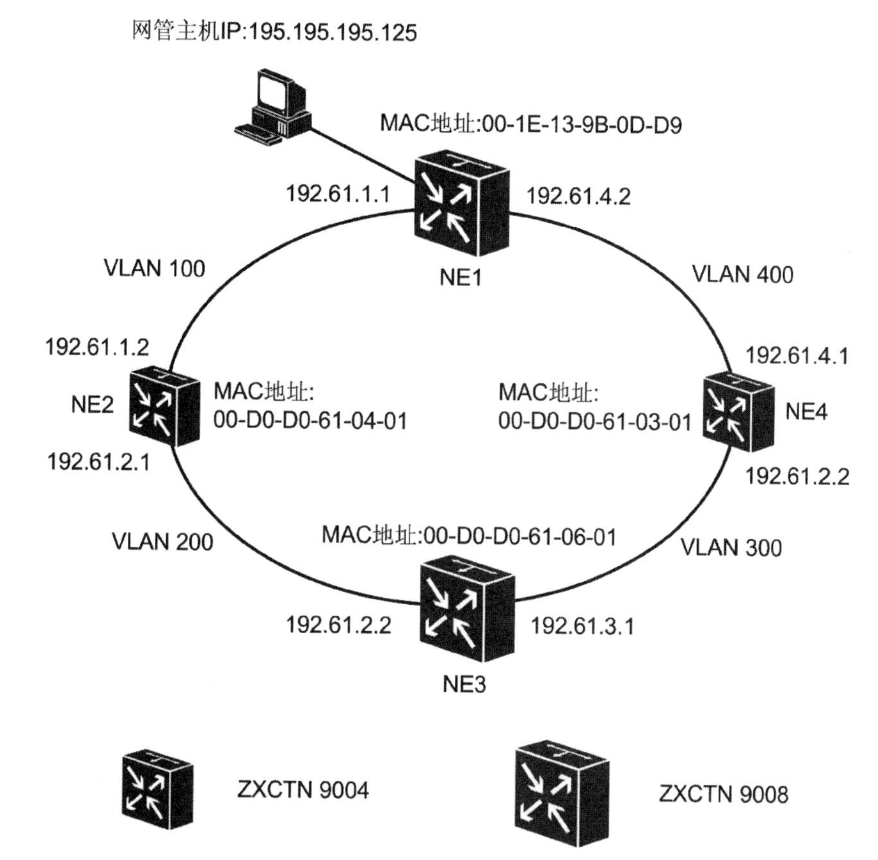

图 6-9 业务拓扑

FAN 16										
FAN 17										
1	2	3	4	9	11	10	5	6	7	8
S1-48GE-RJ			S1-4XGET-XFP	MSCT	SC / 12 SC	MSCT				S1-LPC24
过滤网										
13 PWA			14 PWA				15 PWA			

图 6-10 网元 NE1 和 NE3 的单板配置

10	1	S1-48GE-RJ	
	2	S1-4XGET-XFP	
	5	MSCT	
FAN	6	MSCT	
	3		
	4	S1-LPC24	
	7 PWA	8 PWA	9 PWA

图 6-11　网元 NE2 和 NE4 的单板配置

1	4COC3-SFP	2	24E1-CX
3	4OC3-SFP	4	

图 6-12　母板的子卡配置

4）监控 VLAN

网络中各网元的管理信息即 MCC（Management Communication Channel，管理通信通道）信息，需要绑定一个 VLAN，这个 VLAN 称为监控 VLAN。网络中各网元间的 MCC 信息均借助监控 VLAN 进行传送。监控 VLAN 的取值范围为 3 001 ~4 093。

5）封装 VLAN

网络中各业务接口需要绑定一个 VLAN，这个 VLAN 称为封装 VLAN。为使业务能够在网元之间传递，直连的两个业务接口需绑定在同一个封装 VLAN 下，即每个封装 VLAN 上绑定的业务接口会成对出现。封装 VLAN 的取值范围为 2 ~3 000，工程现场一般使用 17 ~3 000。

2. PTN 基础配置

1）网元初始化

（1）启动超级终端。

启动超级终端后，用户可在超级终端中输入初始化命令，对设备进行初始化。

①用串口线连接网管主机串行口与设备的 CONSOLE 口。

②在网管主机上，选择“开始”→“程序”→“附件”→“通讯”→“超级终端”命令，弹出“连接描述”对话框，如图 6-13 所示。

③在“名称”文本框中输入新建连接的名称，如“ZXCTN”。

④在“图标”栏中任选一个图标。

⑤单击“确定”按钮，弹出“连接到”对话框，如图 6-14 所示。

⑥根据网管主机串行口编号，在“连接时使用”下拉列表框中选择相应的串行口，如“COM1”。

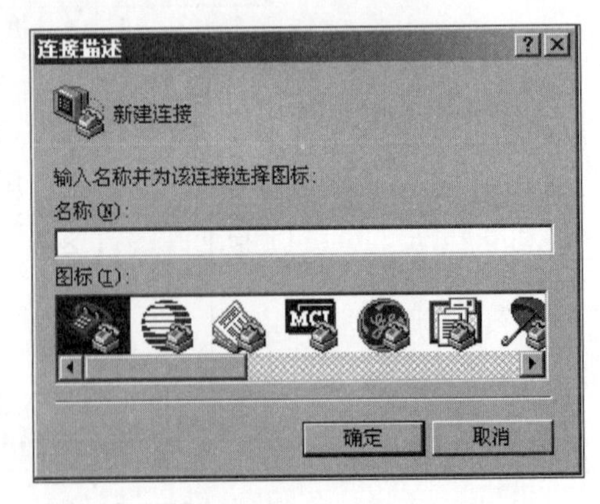

图 6-13　“连接描述”对话框

⑦单击“确定”按钮，弹出“COM1 属性”对话框，如图 6-15 所示。

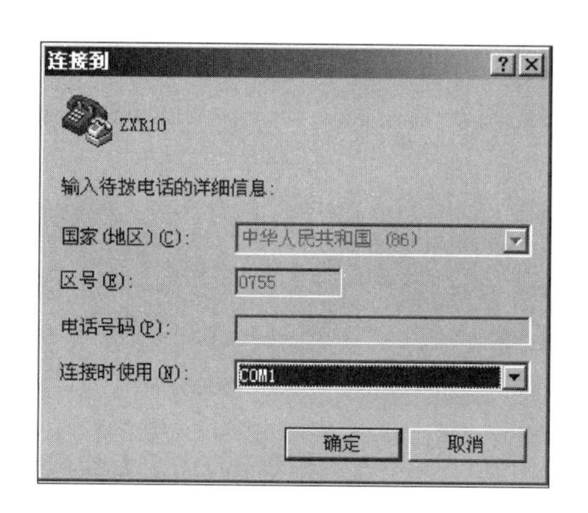

图 6-14 “连接到”对话框

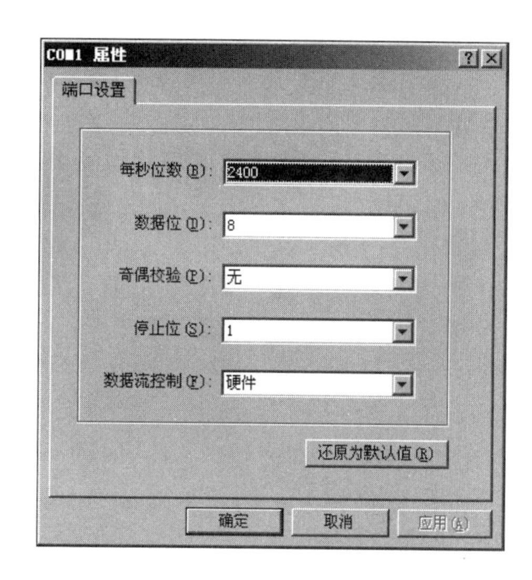

图 6-15 “COM1 属性”对话框

⑧参考表 6-2，设置所选串行口的属性。

表 6-2 串行口属性

参数	值
每秒位数（B）	9 600
数据位（D）	8
奇偶校验（P）	无
停止位（S）	1
数据流控制（F）	无

⑨单击“确定”按钮，进入“超级终端”窗口，如图 6-16 所示。

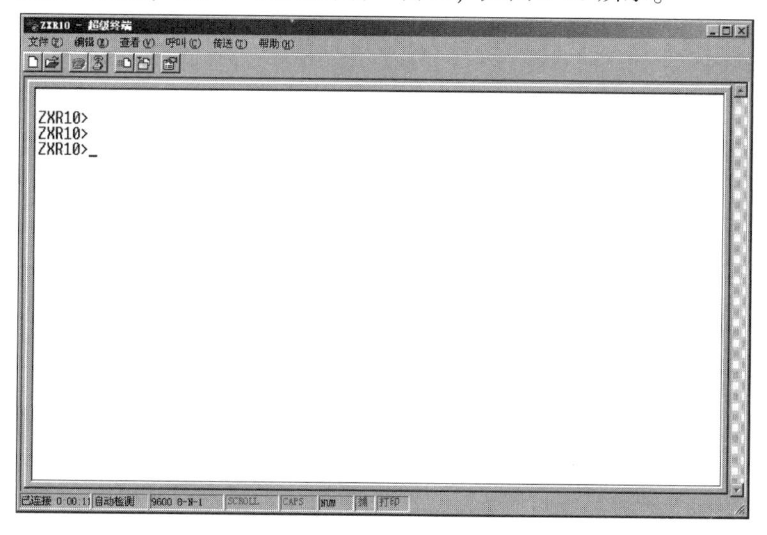

图 6-16 “超级终端”窗口

结果：在“超级终端”窗口中出现“ZXR10 >”提示符，表示网管主机已经成功连接到设备。

（2）初始化网元。

对设备进行初始化是为了创建设备的管理通道。初始化设备后，网管可通过管理通道对设备进行管理。初始化网元的前提是：网管主机的超级终端已经启动。以网元 NE1 为例，网元初始化命令如下：

①进入“超级终端”窗口，在提示符“ZXR10 >”后输入“enable”，按 Enter 键。

②输入密码“zxr10”（出厂默认），按 Enter 键，进入特权模式：

```
ZXR10 > en
Password:
ZXR10#_
```

③在特权模式下，输入“config terminal”，按 Enter 键，进入提示符为“ZXR10（config）#”的全局配置模式：

```
ZXR10#config terminal
Enter configuration commands, one per line. End with CTRL/Z. ZXR10 (config) #
con0 (0.0.0.0) has entered the configure mode, must avoid conflict.
ZXR10 (config) #
```

④在全局配置模式下，完成 NE1 的初始化配置，初始化命令和说明见表 6-3。

表 6-3　初始化命令和说明

初始化命令	说明
username who password who privilege 15	设置 telnet 登录的用户名、密码和权限等级，权限级别范围为 1 ~ 15，权限级别数值越大，权限级别越高
username zte password ecc privilege 15; username ptn password ptn privilege multi - user configure	允许其他的 telnet 用户进入配置模式
snmp - server view AllView Internet include	定义 SNMP 的视图
snmp - server community public view AllView ro	设置 SNMP 报文团体串，“ro”表示对 MIB 对象进行只读访问
snmp - server community private view AllView rw	设置 SNMP 报文团体串，“rw”表示对 MIB 对象进行读写访问
snmp - server host 195.195.195.125 trap version 2c public udp - port 162	当网元产生告警时，该网元主动捕获告警并将告警转发给拥有这个 IP 地址的设备（这里是网管服务器的 IP 地址：195.195.195.125），以及指定 SNMP 版本号和通信端口号
snmp - server enable trap SNMP snmp - server enable trap VPN snmp - server enable trap BGP snmp - server enable trap OSPF snmp - server enable trap RMON snmp - server enable trap STALARM	打开代理发送陷阱的开关并设置代理能发送的陷阱类型。陷阱类型包括 BGP、OSPF、RMON、SNMP、Stalarm、VPN

续表

初始化命令	说明
logging on logging trap - enable informational	开启告警功能，并上报 informational 及以上级别的日志告警
interface qx_9/2 ip address 195. 195. 195. 116 255. 255. 255. 0 exit	配置网元 Qx 口的 IP 地址，IP 地址需要与 Qx 口相连的网管服务器的 IP 地址处于同一个网段
interface loopback1 ip address 192. 168. 20. 1255. 255. 255. 255 exit	设置设备的环回 IP 地址为 192. 168. 20. 1
vlan 4090 exit interface vlan 4090 ip address 192. 168. 90. 1 255. 255. 255. 0 exit	配置 MCC 接口：创建 MCC VLAN 4090，并配置 VLAN 的 IP 地址为 192. 168. 90. 1
vlan 4093 exit interface vlan 4093 ip address 192. 168. 93. 2 255. 255. 255. 0 exit	配置 MCC 接口：创建 MCC VLAN 4093，并配置 VLAN 的 IP 地址为 192. 168. 93. 2
interface xgei_4/1 mcc - vlan 4090 mcc - bandwidth 10 switchport mode trunk switch-port trunk vlan 4090 exit	进入 xgei_4/1 端口模式，设置网管 MCC 管理通道的 VLAN 和通道带宽，配置端口的 VLAN 链路工作在 trunk 模式，并将端口 xgei_4/1 绑定到 VLAN 4090
interface xgei_4/2 mcc - vlan 4093 mcc - bandwidth 10 switchport mode trunk switch-port trunk vlan 4093 exit	进入 xgei_4/2 端口模式，设置网管 MCC 管理通道的 VLAN 和通道带宽，配置端口的 VLAN 链路工作在 trunk 模式，并将端口 xgei_4/2 绑定到 VLAN 4093
router ospf 1 network 192. 168. 20. 1 0. 0. 0. 0 area 0. 0. 0. 0 network 192. 168. 90. 0 0. 0. 0. 255area 0. 0. 0. 0 network 192. 168. 93. 0 0. 0. 0. 255 area 0. 0. 0. 0 network 195. 195. 195. 116 0. 0. 0. 255area 0. 0. 0. 0 exit	配置所有 IP 地址网段的路由通告，使不同网段可以互通
tmpls lsr - id loopback1	使能 loopback1，以便后续能进行隧道的创建

⑤初始化完成后，输入“exit”并按 Enter 键，退出全局配置模式，进入特权模式。

⑥输入“write”并按 Enter 键，保存配置信息：

```
ZXR10 (config) #exit
ZXR10#write
Building configuration...
[OK] ZXR10#
```

⑦重复步骤①~⑥，为网元 NE2、NE3 和 NE4 进行初始化。

说明：

网元 NE2、NE3 和 NE4 的初始化命令与网元 NE1 相似，不同之处如下：

（1）网元 NE2、NE3 和 NE4 作为非接入网元，初始化命令中不需要设置 Qx 端口的 IP 地址。

（2）网元 NE2、NE3 和 NE4 需要配置本网元的网元 IP、环回 IP 和向网管发送 PDU 报文的源地址。

结果：如果网元初始化数据保存成功，在特权模式下，进入“cfg”目录，能够查询到“startrun. dat”文件：

```
ZXR10#cd cfg
ZXR10#dir
Directory of flash: /cfg
```

2）启动并登录网管

启动网管服务器端和客户端软件后，可在网管客户端上进行配置操作。

启动并登录网管前，应确认完成以下操作：

（1）NetNumen U31 网管软件已经正确安装在网管主机上；

（2）客户端拥有登录服务器的权限，即客户端拥有服务器给分配的用户名和密码，以及服务器的 IP 地址。

具体步骤如下：

（1）启动 NetNumen U31 服务器端。在网管主机中，选择“开始”→“程序”→“NetNumen 统一网管系统”→“NetNumen 统一网管系统控制台”命令，弹出“NetNumen 统一网管系统 - 控制台”窗口。

说明：

当控制台的进程图标全部显示为时，说明网管服务器启动成功。

（2）登录 NetNumen U31 客户端。

①在网管主机中，选择“开始”→“程序”→“NetNumen 统一网管系统”→“NetNumen 统一网管系统客户端”命令，弹出“登录”窗口。

②输入服务器地址、用户名和密码，单击“确定”按钮，进入网管客户端的拓扑管理视图。

说明：缺省用户名为“admin”，无密码。

3）创建网元

创建网元是指在网管上创建逻辑网元，逻辑网元是物理网元在网管上的逻辑映射。网管通过管理和维护逻辑网元，可实现对物理网元的管理和维护。根据“网络拓扑图”，需要创建4个网元。4个网元的参数设置见表6-4。

表6-4 网元的参数设置

参数	NE1	NE2	NE3	NE4
网元名称	NE1	NE2	NE3	NE4
网元类型	NA	NA	NA	NA
IP 地址	192. 168. 20. 1	192. 168. 20. 2	192. 168. 20. 3	192. 168. 20. 4
子网掩码	255. 255. 255. 0	255. 255. 255. 0	255. 255. 255. 0	255. 255. 255. 0
在线离线	在线	在线	在线	在线
硬件版本	V2. 08. 33R1	V2. 08. 33R1	V2. 08. 33R1	V2. 08. 33R1
软件版本	V2. 20	V2. 20	V2. 20	V2. 20
设备层次	不关心	不关心	不关心	不关心

创建网元的步骤如下：

(1) 在拓扑管理视图中，选择“配置”→“承载传输网元配置”→“创建网元”命令，弹出“创建承载传输网元”对话框。

(2) 在对话框左侧的 CTN 设备导航树中，选择［ZXCTN 9008］节点（或［ZXCTN 9004］节点）。

提示：

①创建 NE1、NE3 时，选择［ZXCTN 9008］。

②创建 NE2、NE4 时，选择［ZXCTN 9004］。

(3) 参考表6-4，设置网元 NE1 的参数。

(4) 单击“应用”按钮，弹出提示对话框，单击“确定”按钮，完成网元 NE1 的创建。

(5) 重复步骤 (2) ~ (4)，参考表6-4，创建网元 NE2、NE3 和 NE4。

(6) 单击“关闭”按钮，返回拓扑管理视图。

结果：创建网元成功后，拓扑管理视图中显示创建的网元图标，如图6-17所示。

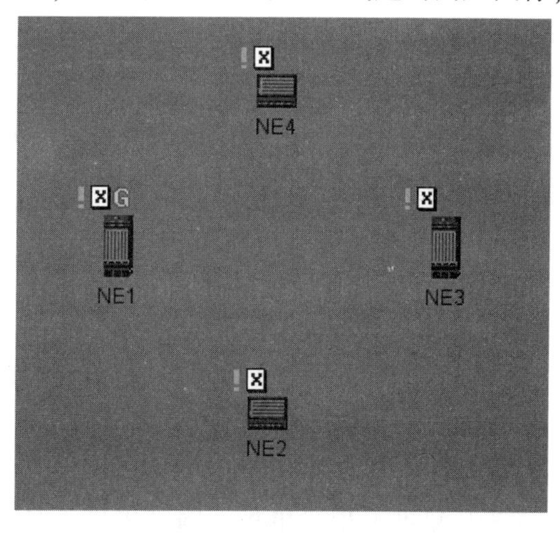

图6-17 网元创建成功

4）配置单板

配置单板是指在网管上为网元配置逻辑单板，逻辑单板是物理单板在网管上的逻辑映射。配置单板的前提是：

（1）配置单板前，应了解各网元对应的物理设备的单板配置信息。

（2）网管操作人员必须具有“系统操作员”及以上的网管用户权限。

具体配置步骤如下：

（1）在拓扑管理视图中，双击网元NE1，弹出单板视图窗口。

（2）单击按钮，在单板视图窗口中显示插板类型页面。

（3）在插板类型页面中，单击待配置的单板按钮。

说明：

单击所要插入的单板按钮后，在单板视图窗口内的模拟子架中，可安装该单板的槽位以黄色显示，提醒操作人员所选单板只能插入黄色槽位。在网管上，默认电源板和风扇已经安装完成。

（4）单击对应黄色槽位，添加单板。

（5）参考“单板配置需求”，安装所有单板。

（6）在单板视图窗口内，用鼠标右键单击S1－LPC24单板，选择快捷菜单中的“子板管理”命令，弹出“子板管理”对话框。

（7）参考“单板配置需求”，安装所有子板。

（8）单击“关闭”按钮，返回单板视图窗口。

（9）单击“关闭”按钮，退出单板视图窗口。

（10）重复步骤（1）～（9），参考“单板配置需求”，为网元NE2、NE3和NE4配置单板。

5）上载数据库

上载数据库是指将设备上保存的各种数据上载到网管数据库中，保证设备与网管的数据一致。

上载数据库的步骤如下：

（1）在拓扑管理视图中，用鼠标右键单击网元NE1，选择快捷菜单中的“数据同步”命令，弹出“数据同步”对话框。

（2）在“上载入库”页面里，选择“上载数据项”区域框内的“NE1”。

（3）单击“上载入库”按钮，弹出确认对话框。

（4）单击“是”按钮，弹出提示对话框，单击“确定”按钮，完成网元NE1的上载数据库操作。

（5）单击“关闭”按钮，退出“数据同步”对话框。

（6）重复步骤（1）～（5），上载网元NE2、NE3和NE4的数据。

6）创建纤缆连接

创建纤缆连接是在网管上为物理网元之间的纤缆连接创建对应的逻辑纤缆连接。纤缆连接的前提是：网元已经在网管上配置了相关单板，网管操作人员必须具有“系统操作员”及以上的网管用户权限。纤缆连接的参数说明见表6-5。

表 6-5 纤缆连接配置参数说明

参数	值域	说明
网元	例如：NE1	选择需创建纤缆连接的网元
单板	例如：S1 -4XGET - XFP［0 -1 -4］	选择需创建纤缆连接的单板
端口	例如：S1 -4XGET - XFP［0 -1 -4］-用户以太网端口：1	选择需创建纤缆连接的端口

网元 NE1、NE2、NE3、NE4 通过 P90S1 -4XGET - XFP 相连。4 个网元间的纤缆连接关系见表 6-6。

表 6-6 网元纤缆连接配置

A 端口			Z 端口		
网元	单板	端口	网元	单板	端口
NE1	S1 - 4XGET - XFP［0 -1 -4］	S1 - 4XGET - XFP［0 -1 -4］-用户以太网端口：1	NE2	S1 -4XGET - XFP［0 -1 -2］	S1 - 4XGET - XFP［0 -1 -2］-用户以太网端口：1
NE2	S1 - 4XGET - XFP［0 -1 -2］	S1 - 4XGET - XFP［0 -1 -2］-用户以太网端口：2	NE3	S1 -4XGET - XFP［0 -1 -4］	S1 - 4XGET - XFP［0 -1 -4］-用户以太网端口：2
NE3	S1 - 4XGET - XFP［0 -1 -4］	S1 - 4XGET - XFP［0 -1 -4］-用户以太网端口：1	NE4	S1 -4XGET - XFP［0 -1 -2］	S1 - 4XGET - XFP［0 -1 -2］-用户以太网端口：1
NE4	S1 - 4XGET - XFP［0 -1 -2］	S1 - 4XGET - XFP［0 -1 -2］-用户以太网端口：2	NE1	S1 -4XGET - XFP［0 -1 -4］	S1 - 4XGET - XFP［0 -1 -4］-用户以太网端口：2

创建纤缆连接的步骤如下：

（1）在拓扑管理视图中，选择待创建纤缆连接的所有网元，用鼠标右键单击任一选中的网元，选择快捷菜单中的“纤缆连接”命令，弹出“纤缆连接”窗口。

（2）参考表 6-6，配置网元 NE1 和 NE2 之间的纤缆连接。

在 A 端口中，选择网元 NE1、单板 S1 -4XGET - XFP［0 -1 -4］及端口 S1 -4XGET - XFP［0 -1 -4］-用户以太网端口：1。

在 Z 端口中，选择网元 NE2、单板 S1 -4XGET - XFP［0 -1 -2］及端口 S1 -4XGET - XFP［0 -1 -2］-用户以太网端口：1。

（3）单击“应用”按钮，完成一条纤缆连接的创建。提示：纤缆连接创建成功后，端口将处于占用的状态，用户不能再次选择该端口。只有将占用该端口的纤缆连接删除，用户才能选择该端口。

（4）重复步骤（1）~（3），参考表6-6，建立网元NE2和NE3、NE3和NE4、NE4和NE1之间的纤缆连接。

（5）单击“关闭按钮”，退出“纤缆连接”窗口。

结果：在拓扑管理视图中，成功建立纤缆连接的网元图标间有连线相连，如图6-18所示。

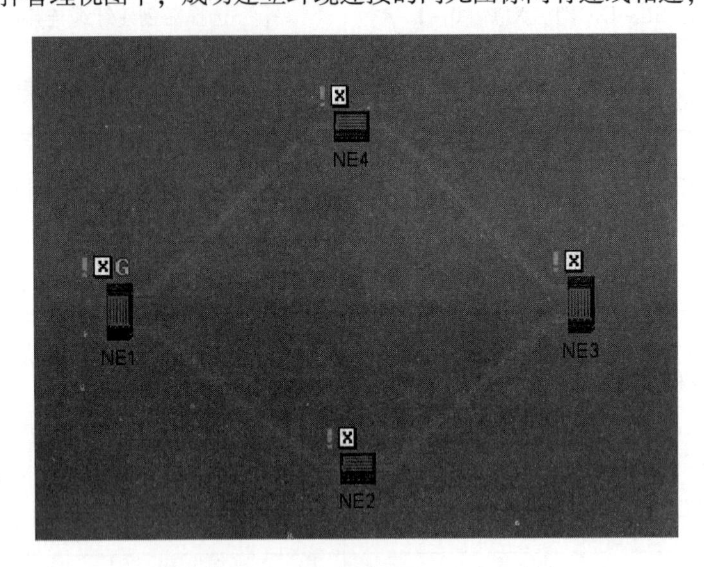

图6-18 纤缆连接创建成功示意

7）配置基础数据——配置端口VLAN模式

用户需要根据端口的应用场景来设置端口的VLAN模式，以保证端口能正常工作。

通过网管可将业务端口的VLAN模式设置为下列三种模式，见表6-7。

表6-7 业务端口的VLAN模式

模式	端口对数据帧的处理方式（接收方向）	端口对数据帧的处理方式（发送方向）
接入	数据帧携带VLAN标签时，端口直接丢弃数据帧。 数据帧不携带VLAN标签时，端口为该数据帧添加PVID并转发	端口会剥离数据帧的VLAN标签并转发
干线	数据帧携带的VLAN标签允许进入端口时，端口直接转发数据帧，否则丢弃。 数据帧不携带VLAN标签时，端口为该数据帧添加PVID并转发	数据帧携带的VLAN标签值与端口的PVID值相等时，端口会剥离数据帧的VLAN标签并转发。 数据帧携带的VLAN标签值与端口的PVID值不相等时，端口直接转发数据帧
混合干线	数据帧携带的VLAN标签允许进入端口时，端口直接转发数据帧，否则丢弃。 数据帧不携带VLAN标签时，端口为该数据帧添加PVID并转发	数据帧携带的VLAN标签值的属性为untag时，端口会剥离数据帧的VLAN标签并转发。 数据帧携带的VLAN标签值的属性为tag时，端口直接转发数据帧

端口 VLAN 模式的参数说明见表 6-8。

表 6-8　VLAN 模式的参数说明

参数	值域	说明
选择单板	例如：S1－4XGET－XFP［0－1－4］	选择需要设置 VLAN 模式的单板
端口	例如：用户以太网端口：1	选择单板上的端口
VLAN 模式	接入； 干线； 混合干线	“接入”模式用于 UNI 端口； “干线”模式用于 NNI 端口； “混合干线”模式既可用于 NNI 端口，也可用于 UNI 端口，端口默认的 VLAN 模式为“接入”

网元 NE1、NE2、NE3、NE4 上的以太网端口用于 NNI 侧时，需将这些端口的“VLAN 模式”设置为“干线”。以太网端口用于 UNI 侧时，需将这些端口设置为“接入”模式。4 个网元的 VLAN 模式配置见表 6-9。

表 6-9　VLAN 模式配置参数

网元	选择单板	端口	VLAN 模式
NE1	S1－4XGET－XFP［0－1－4］	用户以太网端口：1	干线
		用户以太网端口：2	干线
NE2	S1－4XGET－XFP［0－1－2］	用户以太网端口：1	干线
		用户以太网端口：2	干线
NE3	S1－4XGET－XFP［0－1－4］	用户以太网端口：1	干线
		用户以太网端口：2	干线
NE4	S1－4XGET－XFP［0－1－2］	用户以太网端口：1	干线
		用户以太网端口：2	干线

配置端口 VLAN 模式的步骤如下：

（1）在拓扑管理视图中，用鼠标右键单击网元 NE1，选择快捷菜单中的“网元管理”命令，弹出“网元管理”窗口。

（2）在窗口左侧的网元操作导航树中，选择“接口配置”→“以太网端口基本属性配置”节点，进入“以太网端口基本属性配置”窗口。

（3）参考表 6-9，配置网元 NE1 的端口 VLAN 模式。

（4）单击“应用”按钮，弹出提示对话框，单击“确定”按钮，返回“以太网端口基本属性配置”窗口。

（5）单击“关闭”按钮，退出“以太网端口基本属性配置”窗口。

（6）重复步骤（1）~（5），参考表 6-9，配置网元 NE2、NE3、NE4 的端口 VLAN 模式。

8）配置基础数据——配置 VLAN

本任务中配置的 VLAN 为封装 VLAN，通过同一段纤缆相连的两个以太网端口需配置相同的 VLAN。

网元 NE1、NE2、NE3、NE4 间需创建 4 个 VLAN，并将相应的 NNI 端口加入 VLAN 中。4 个网元的 VLAN 配置见表 6-10。

表 6-10　网元 VLAN 接口配置说明

网元	接口 ID	端口组
NE1	100	4XGET－XFP［0－1－4］－用户以太网端口：1
	400	4XGET－XFP［0－1－4］－用户以太网端口：2
NE2	200	4XGET－XFP［0－1－2］－用户以太网端口：2
	100	4XGET－XFP［0－1－2］－用户以太网端口：1
NE3	300	4XGET－XFP［0－1－4］－用户以太网端口：1
	200	4XGET－XFP［0－1－4］－用户以太网端口：2
NE4	400	4XGET－XFP［0－1－2］－用户以太网端口：2
	300	4XGET－XFP［0－1－2］－用户以太网端口：1

配置 VLAN 的步骤如下：

（1）在拓扑管理视图中，用鼠标右键单击网元 NE1，选择快捷菜单中的“网元管理”命令，弹出“网元管理”窗口。

（2）在窗口左侧的网元操作导航树中，选择“接口配置”→“VLAN 接口配置”节点，进入“VLAN 接口配置”窗口。

（3）单击“增加”按钮，弹出“创建 VLAN 接口”对话框。

（4）参考表 6-10，配置网元 NE1 的 VLAN 接口。

（5）在“接口 ID”文本框中输入“100”，单击“确定”按钮，生成一个 VLAN 接口。

（6）在“接口 ID”文本框中输入“400”，单击“确定”按钮，生成一另个 VLAN 接口。

（7）单击“取消”按钮，返回“VLAN 接口配置”窗口。

（8）选择新增加的 VLAN，参考表 6-10，选择右侧端口列表中待添加的端口，单击按钮，将端口添加到 VLAN 中。

（9）单击“应用”按钮，弹出提示对话框，单击“确定”按钮，返回“VLAN 接口配置”窗口。

（10）单击“关闭”按钮，退出“VLAN 接口配置”窗口。

（11）重复步骤（1）~（10），参考表 6-10，配置网元 NE2、NE3 和 NE4 的 VLAN 接口。

9）配置基础数据——配置 IP 接口

本任务配置的 IP 地址为业务 IP 地址，直连且绑定同一个 VLAN 的两个 IP 接口需配置相同网段的 IP 地址。

连接网元 NE1、NE2、NE3、NE4 的数据链路层是以太网，配置 IP 接口时，IP 接口需与

VLAN 端口绑定。4 个网元的 IP 接口配置见表 6-11。

表 6-11 IP 接口配置

网元	绑定端口类型	绑定端口	是否指定 IP 地址	主 IP 地址	主子网掩码
NE1	VLAN 端口	NE1 - VLAN 端口：100	√	192.61.1.1	255.255.255.0
	VLAN 端口	NE1 - VLAN 端口：400	√	192.61.4.2	255.255.255.0
NE2	VLAN 端口	NE2 - VLAN 端口：200	√	192.61.2.1	255.255.255.0
	VLAN 端口	NE2 - VLAN 端口：100	√	192.61.1.2	255.255.255.0
NE3	VLAN 端口	NE3 - VLAN 端口：300	√	192.61.3.1	255.255.255.0
	VLAN 端口	NE3 - VLAN 端口：200	√	192.61.2.2	255.255.255.0
NE4	VLAN 端口	NE4 - VLAN 端口：400	√	192.61.4.1	255.255.255.0
	VLAN 端口	NE4 - VLAN 端口：300	√	192.61.3.2	255.255.255.0

具体配置步骤如下：

（1）在拓扑管理视图中，用鼠标右键单击网元 NE1，选择快捷菜单中的“网元管理”命令，弹出“网元管理”窗口。

（2）在窗口左侧的网元操作导航树中，选择“接口配置”→“三层接口/子接口配置”节点，进入“三层接口/子接口配置”窗口。

（3）在“三层接口”页面中，单击“增加”按钮，弹出“增加”对话框。

（4）参考表 6-11，配置网元 NE1 的 IP 接口。

（5）单击“确定”按钮，返回“三层接口”页面。

（6）参考表 6-11，重复步骤（3）~（5），配置 NE1 的另一个 IP 接口。

（7）单击“应用”按钮，弹出提示对话框，单击“确定”按钮，返回“三层接口”页面。

（8）单击“关闭”按钮，退出“三层接口/子接口配置”窗口。

（9）重复步骤（1）~（8），参考表 6-11，配置网元 NE2、NE3 和 NE4 的 IP 接口。

10）配置基础数据——配置 ARP

配置 ARP 是为网元创建永久性 ARP 表项。ARP 的参数说明见表 6-12。

表 6-12 ARP 参数说明

参数	值域	说明
绑定端口	例如：NE1 - VLAN 端口：100 - （L3）	选择本网元已配置的 VLAN 端口
对端 IP 地址	例如：192.61.1.2	输入与本网元相连的对端网元的 VLAN 端口的 IP 地址
对端 MAC 地址	例如：00 - D0 - D0 - 61 - 04 - 01	输入与本网元相连的对端网元的 MAC 地址

表6-12中的对端MAC地址是指对端设备的系统MAC地址，用户可通过CLI方式登录到设备的全局模式下，使用命令“show lacp sys”查看。查询到的MAC地址加1为该设备的系统MAC地址，即如果查询到的MAC地址为“00d0. d0c0. 0100”，则该设备的系统MAC地址为“00d0. d0c0. 0101”。注意：在配置MAC地址时，需根据对端设备的系统MAC地址进行填写。4个网元的ARP配置见表6-13。

表6-13　ARP配置说明

网元	绑定端口	对端IP地址	对端MAC地址
NE1	NE1 - VLAN端口：100 - （L3）	192. 61. 1. 2	00 - D0 - D0 - 61 - 04 - 01
	NE1 - VLAN端口：400 - （L3）	192. 61. 4. 1	00 - D0 - D0 - 61 - 03 - 01
NE2	NE2 - VLAN端口：200 - （L3）	192. 61. 2. 2	00 - D0 - D0 - 61 - 06 - 01
	NE2 - VLAN端口：100 - （L3）	192. 61. 1. 1	00 - 1E - 13 - 9B - 0D - D9
NE3	NE3 - VLAN端口：300 - （L3）	192. 61. 3. 2	00 - D0 - D0 - 61 - 03 - 01
	NE3 - VLAN端口：200 - （L3）	192. 61. 2. 1	00 - D0 - D0 - 61 - 04 - 01
NE4	NE4 - VLAN端口：400 - （L3）	192. 61. 4. 2	00 - 1E - 13 - 9B - 0D - D9
	NE4 - VLAN端口：300 - （L3）	192. 61. 3. 1	00 - D0 - D0 - 61 - 06 - 01

具体配置步骤如下：

（1）在拓扑管理视图中，用鼠标右键单击网元NE1，选择快捷菜单中的“网元管理”命令，弹出“网元管理”窗口。

（2）在窗口左侧的网元操作导航树中，选择“协议配置”→“ARP配置”节点，进入“ARP配置”窗口。

（3）参考表6-13，在“ARP条目配置”页面中，从下拉列表框中选择绑定端口。

（4）单击“增加”按钮，弹出“增加”对话框。

（5）参考表6-13，配置网元NE1的ARP条目。

（6）单击“确定”按钮，ARP表中新增一条记录。

（7）单击“应用”按钮。

（8）重复步骤（3）~（7），配置网元NE1的另一条ARP条目。

（9）单击“关闭”按钮，退出“ARP配置”窗口。

（10）重复步骤（1）~（9），参考表6-13，配置NE2和NE3、NE4的ARP条目。

11）配置基础数据——配置静态MAC地址

配置静态MAC地址是为本端网元配置MAC地址转发条目，是为了将本端网元的VLAN端口、转发端口与对端网元的MAC地址关联起来。静态MAC地址的参数说明见表6-14。4个网元的静态MAC地址配置见表6-15。

表 6-14 静态 MAC 地址参数说明

参数	值域	说明
VLAN 接口	例如：VLAN 端口：100	选择 VLAN 端口
MAC 地址配置	例如：00－D0－D0－61－03－01	填写对端设备的系统 MAC 地址
转发端口类型	以太网物理端口 聚合端口	设置端口类型
转发端口	例如：S1－4XGET－XFP［0－1－4］－用户以太网端口：1	选择本网元的转发端口

表 6-15 静态 MAC 地址配置说明

网元	VLAN 接口	MAC 地址配置	转发端口类型	转发端口
NE1	VLAN 端口：400	00－D0－D0－61－03－01	以太网物理端口	4XGET－XFP［0－1－4］－用户以太网端口：2
	VLAN 端口：100	00－D0－D0－61－04－01		4XGET－XFP［0－1－4］－用户以太网端口：1
NE2	VLAN 端口：100	00－1E－13－9B－0D－D9		4XGET－XFP［0－1－2］－用户以太网端口：1
	VLAN 端口：200	00－D0－D0－61－06－01		4XGET－XFP［0－1－2］－用户以太网端口：2
NE3	VLAN 端口：200	00－D0－D0－61－04－01		4XGET－XFP［0－1－4］－用户以太网端口：2
	VLAN 端口：300	00－D0－D0－61－03－01		4XGET－XFP［0－1－4］－用户以太网端口：1
NE4	VLAN 端口：300	00－D0－D0－61－06－01		4XGET－XFP［0－1－2］－用户以太网端口：1
	VLAN 端口：400	00－1E－13－9B－0D－D9		4XGET－XFP［0－1－2］－用户以太网端口：2

具体配置步骤如下：

（1）在拓扑管理视图中，用鼠标右键单击网元 NE1，选择快捷菜单中的“网元管理”命令，弹出“网元管理”窗口。

（2）在窗口左侧的网元操作导航树中，选择“协议配置”→“静态 MAC 地址配置”节点，进入“静态 MAC 地址配置”窗口。

（3）在“MAC 地址转发条目”页面中，单击“增加”按钮，增加一条 MAC 地址转发条目。

（4）单击“增加”按钮，增加另一条 MAC 地址转发条目。

（5）参考表6-15，设置网元 NE1 的静态 MAC 地址。

（6）单击“应用”按钮，弹出提示对话框，单击“确定”按钮，返回“静态 MAC 地址配置”窗口。

（7）单击“关闭”按钮，退出“静态 MAC 地址配置”窗口。

（8）重复步骤（1）~（7），参考表6-15，配置网元 NE2、NE3 和 NE4 的静态 MAC 地址。

12）配置 MPLS－TP 静态隧道

采用端到端方式配置隧道时，仅需要在一个配置页面里设置隧道的源节点和宿节点的属性。采用端到端方式创建隧道时，隧道的参数说明见表6-16。

表6-16　隧道配置参数说明（端到端方式）

参数	值域	说明
创建方式	静态； 动态	选择隧道创建的方式； 创建 MPLS－TP 静态隧道时，需选择静态
组网类型	线型； 环型； 全连通； 树型	选择隧道的组网方式
保护类型	—	选择隧道的保护方式。根据组网类型的不同，可选择不同的保护类型
终结属性	—	选择隧道的终结方式。根据组网类型和保护类型的不同，可选择不同的终结属性
组网场景	—	选择隧道的使用场景，即隧道的类型。根据组网类型、保护类型和终结属性的不同，可选择不同的组网场景
A1 端点	例如：NE1－4XGET－XFP[0－1－4]－用户以太网端口：1	选择隧道源端口
Z1 端点	例如：NE2－4XGET－XFP[0－1－2]－用户以太网端口：1	选择隧道宿端口
用户标签	0~80 个字符	用于标识隧道，方便用户识别
配置 MEG	勾选； 不勾选	勾选时表示为隧道配置 OAM。当创建方式设置为静态时，该属性有效
带宽资源预留	勾选； 不勾选	勾选时表示为隧道预留带宽资源

续表

参数	值域	说明
隧道模式	管道； 短管道； 统一	管道：用户业务进入运营商的管道模式隧道后，用户业务按照运营商的 QoS 进行调度。用户业务出隧道后按照自己的 QoS 进行调度； 短管道：用户业务进入运营商的管道模式隧道后，从隧道头节点到倒数第二跳节点，用户业务按照运营商的 QoS 进行调度，从隧道倒数第二跳节点开始，用户业务按照自己的 QoS 进行调度； 统一：用户业务进入运营商的统一模式隧道后，用户业务根据自己的 QoS 进行调度

配置一条网元 NE1 到 NE2 的 MPLS – TP 静态隧道，MPLS – TP 静态隧道的参数设置见表 6-17。

表 6-17　MPLS – TP 静态隧道的参数设置（端到端方式）

参数	值
创建方式	静态
组网类型	线
保护类型	无保护
终结属性	终结
组网场景	普通线型无保护
A1 端点	NE1 – 4XGET – XFP [0 – 1 – 4] – 用户以太网端口：1
Z1 端点	NE2 – 4XGET – XFP [0 – 1 – 2] – 用户以太网端口：1
用户标签	Tunnel – E2E
配置 MEG	不勾选
带宽资源预留	不勾选
隧道模式	管道

具体配置步骤如下：

（1）在业务视图中，选择菜单中的“业务”→“新建”→“新建隧道”命令，进入“新建隧道”窗口。

（2）参考表 6-16，设置端到端隧道的属性。

（3）在“静态路由”页面中，单击“计算”按钮，完成路由计算和标签分配。

（4）单击“应用”按钮，弹出确认对话框，单击“否”按钮，完成端到端隧道的配置。

13）端到端方式配置伪线

采用端到端方式配置伪线时，仅需要在一个配置页面里设置伪线的源节点和宿节点的属性。端到端创建伪线时，伪线的参数说明见表6-18。

表6-18　伪线配置参数说明（端到端方式）

参数	值域	说明
创建方式	静态； 动态	选择伪线的创建方式
用户标签	0～80个字符	用于标识伪线，方便用户识别
隧道绑定策略	基于双向隧道； 基于单向隧道； 基于LDP隧道	基于双向隧道：将伪线与已存在的双向隧道绑定； 基于单向隧道：将伪线与已存在的单向隧道绑定； 基于LDP隧道：将伪线与LDP隧道绑定
A1端点	例如：NE1	选择伪线源节点
Z1端点	例如：NE2	选择伪线宿节点
配置MEG	勾选； 不勾选	勾选时表示为伪线配置OAM。当创建方式设置为静态时，该属性可设置
信令类型	PWE3； MARTINI	选择创建动态伪线时所使用的信令类型。当创建方式设置为动态时，该属性可设置
正向标签	16～1 048 575	设置伪线的本地标签值
反向标签	16～1 048 575	设置伪线的远端标签值
请选择使用的隧道	例如：E2E－Tunnel（双向）	选择与伪线绑定的隧道

配置一条网元NE1到NE2的伪线，伪线的参数设置见表6-19。

表6-19　伪线的参数设置（端到端方式）

参数		说明
创建方式		静态
用户标签		E2E－PW
隧道绑定策略		基于双向隧道
A1端点		NE1
Z1端点		NE2
配置MEG		不配置
隧道绑定页面	正向隧道	Tunnel－E2E（双向）
	控制字支持	不勾选

正向标签和反向标签可以不设置，在单击“应用”按钮后，系统会为该伪线自动生成标签。

具体步骤如下：

（1）在业务视图中，选择菜单中的“业务”→“新建”→“新建伪线”命令，进入“新建伪线”窗口。

（2）参考表6-19，配置端到端伪线。

（3）单击“应用”按钮，弹出确认对话框。

（4）单击“是”按钮，弹出确认对话框，单击“否”按钮，完成端到端伪线的创建。

任务实施

1. PTN 任务3

各团队学习 PTN 基础知识，各小组分别完成 PTN 开局及基础配置，团队内部制作课件或文档进行汇报。

2. PTN 任务4

配置完成之后，在网管服务器上分别 ping 4 台设备的主机 IP。如果能 ping 通，表明 MCC 通道配置成功，同时在网管服务器能够管理 4 台网元，且在网管上能够看到已经成功配置连通的隧道和伪线。

任务总结（拓展）

（1）如果单板安装错误，如何修改？

（2）拓扑连接完成后，如何查看光纤连接信息？

（3）如何修改不正确的网元间的连接关系？

（4）网元时间同步有几种方式？

任务6－3 PTN 业务配置——EPL

教学内容

（1）PTN EPL 业务原理；

（2）PTN EPL 业务配置。

技能要求

能掌握 PTN EPL 业务配置。

任务描述

位于 NE1 的银行 A 与位于 NE2 的银行 B 有业务往来，两家银行的交换机均与本地的 ZXCTN 设备连接。A、B 两家银行之间的业务均为数据业务，用户要求独占用户侧端口。业务需求见表6-20。

表 6-20　EPL 业务需求

用户	业务分类	业务节点（占端口数）	业务节点（占端口数）	带宽需求
银行 A、银行 B	数据业务	NE1（1）	NE2（1）	CIR = 50 Mb/s PIR = 100 Mb/s

任务分析

两银行之间的数据业务需要透明传送，经过分析，可通过 ZXCTN 设备搭建的点到点网络，配置 EPL 业务，实现以太网业务的传送。

知识准备

1. EPL 业务组网

EPL 业务组网如图 6-19 所示。

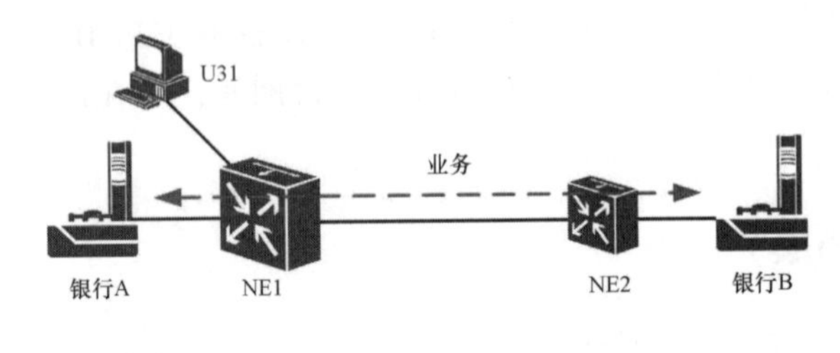

图 6-19　业务组网拓扑示意（EPL 业务）

根据业务组网拓扑，EPL 业务的网络规划如图 6-20 所示。

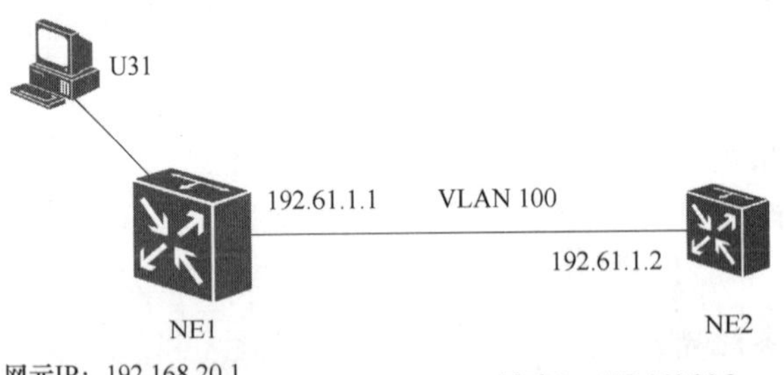

ZXCTN 9008

ZXCTN 9004

图 6-20　网络规划示意（EPL 业务）

根据业务类型和业务量，为网元配置单板。网元 NE1 的单板配置信息如图 6-21 所示，网元 NE2 的单板配置信息如图 6-22 所示。

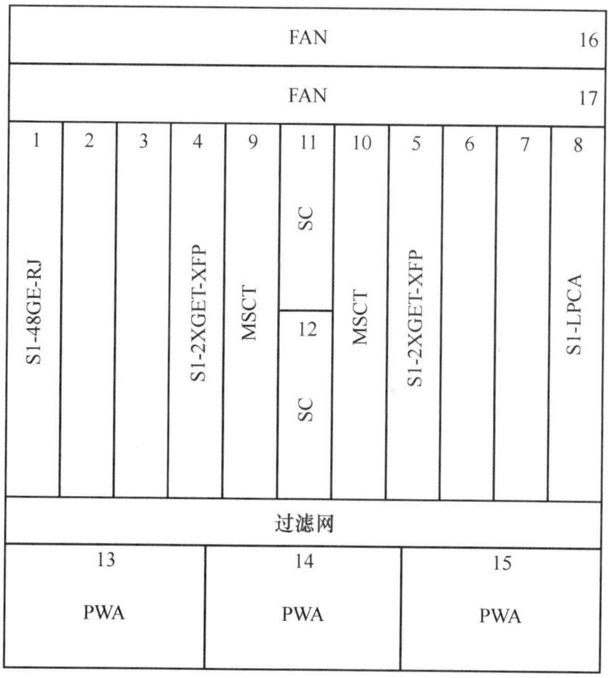

FAN 16										
FAN 17										
1	2	3	4	9	11	10	5	6	7	8
S1-48GE-RJ			S1-2XGET-XFP	MSCT	SC 12 SC	MSCT	S1-2XGET-XFP			S1-LPCA
过滤网										
13 PWA			14 PWA				15 PWA			

图 6-21　网元 NE1 的单板配置示意（EPL 业务）

10		
FAN	1	S1-48GE-RJ
	2	S1-2XGET-XFP
	5	MSCT
	6	MSCT
	3	S1-2XGET-XFP
	4	S1-LPCA
	7 PWA / 8 PWA / 9 PWA	

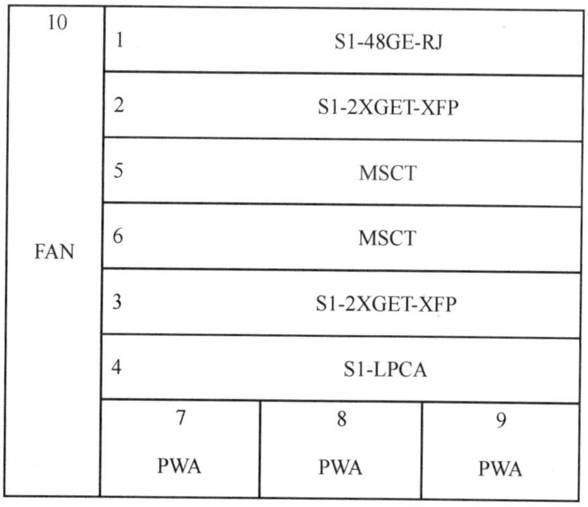

图 6-22　网元 NE2 的单板配置示意（EPL 业务）

由于两网元之间的银行业务只包含数据业务，业务规划如下：

（1）配置一条 PW 承载银行 A、银行 B 的数据业务。

（2）配置一条隧道承载该 PW。

（3）根据业务对带宽的需求，采用设置 PW 带宽的方式实现。

2. EPL 业务原理

EPL 业务如图6-23 所示，UNI 口不存在复用，PE 设备的一个 UNI 口只接入一个用户，也就是说不按 VLAN 区分 UNI 口接入的用户。

PE－PE 之间的连接有 QoS 保证，不同用户业务在 PE－PE 之间传送时，各业务的保证带宽都得到保障。

PE－PE 之间的以太网连通性为点到点（P-t-P）。

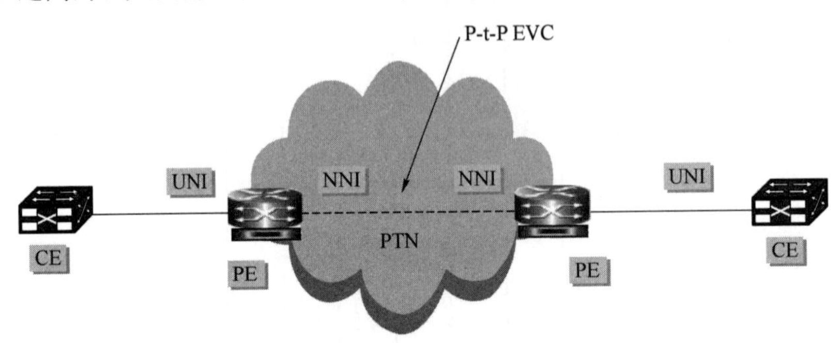

图 6-23　EPL 业务

3. EPL 业务实现

1）配置前提

配置 EPL 业务时，需要配置 EPL 业务的基本属性、用户侧端点和网络侧路由。

配置前提如下：

（1）已完成网元的基础数据配置；

（2）已完成承载业务的隧道的创建；

（3）网管操作人员必须具有“系统操作员”及以上的网管用户权限。

2）配置步骤

（1）在业务视图中，选择菜单中的“业务”→“新建”→“新建以太网业务”命令，进入“新建以太网业务”窗口。

（2）参考表6-21，设置 EPL 业务的基本属性。

表 6-21　EPL 业务的基本属性配置

参数	Service－EPL
业务类型	EPL
用户标签	Service－EPL

（3）参考表6-22，设置 EPL 业务的用户侧端点。

表 6-22　EPL 业务的用户侧端点配置

参数	Service－EPL
A 端点	NE1－S1－48GE－RJ［0－1－1］－用户以太网端口：1
工作业务 Z 端点	NE2－S1－48GE－RJ［0－1－1］－用户以太网端口：1

(4) 配置网络侧路由。

①在“网络侧路由配置”页面中，单击“添加”下拉列表按钮，选择“新建伪线”命令，弹出“伪线配置”对话框。

②参考表6-23，设置伪线的属性。

表6-23 伪线的属性

参数	Service - EPL
保护类型	无保护
A网元	NE1
工作Z网元	NE2

③单击“确定”按钮，弹出“伪线配置”对话框，参考表6-24，配置EPL业务的伪线。

表6-24 EPL业务的伪线

参数		Service - EPL
“伪线配置”页面	隧道策略	使用已有隧道
	隧道选择	Tunnel - EPL
	用户标签	PW - EPL
“带宽参数”页面	正向带宽限制	√
	正向CIR (kb/s)	限速，50 000
	正向CBS (KB)	1 000
	正向PIR (kb/s)	限速，100 000
	正向PBS (KB)	1 000
	反向带宽限制	√
	反向CIR (kb/s)	限速，50 000
	反向CBS (KB)	1 000
	反向PIR (kb/s)	限速，100 000
	反向PBS (KB)	1 000

④单击“确定”按钮，返回“网络侧路由配置”页面。

(5) 单击“应用”按钮，弹出确认对话框，单击“否”按钮，完成EPL业务的配置。

3) 结果

在网元NE1和网元NE2的以太网用户端口上各连接一台计算机，将两台计算机的IP地址设置在同一个网段内，通过在两台计算机上进行ping操作，验证EPL业务配置是否成功。

步骤如下：

(1) 使用直通或交叉网线，连接网元NE1的单板P90S1 - 48GE - RJ的端口1和计算机A。

（2）使用直通或交叉网线，连接网元NE2的单板P90S1－48GE－RJ的端口1和计算机B。

（3）设置计算机的IP地址，使计算机A和计算机B的IP地址处于同一个网段。

（4）在计算机A的cmd窗口中，输入“ping＋计算机B的IP地址”，计算机A应能够收到计算机B的响应数据包。

（5）在计算机B ping计算机A的IP地址，计算机B应能够收到计算机A的响应数据包。

任务实施

PTN EPL业务配置

各团队学习PTN知识，完成EPL业务配置，团队内部制作课件或文档进行汇报。

任务总结（拓展）

端口的“干线模式”与“接入模式”的区别是什么？

任务6－4　PTN保护

教学内容

（1）PTN保护原理与单板类型；

（2）PTN保护组网方式。

技能要求

（1）掌握PTN保护原理与单板类型；

（2）掌握PTN保护组网方式。

任务描述

团队（4～6人）完成PTN保护原理与单板类型，通过参观PTN机房，实操完成或用PPT汇报PTN保护组网方式。

任务分析

学生能讲解PTN保护原理与单板类型以及PTN保护组网方式。

知识准备

在电信级分组网络中，对于业务的中断和恢复时间有着相比传统数据网络更为严格的时间要求，通常情况下都要求达到50 ms的倒换时间要求。需满足下列网络目标：

（1）实现快速自愈（达到现有SDH网络保护的级别）；

（2）与客户层可能的机制协调共存，可以针对每个连接激活或禁止MPLS－TP保护机制；

（3）可抵抗单点失效；

(4) 在一定程度上可容忍多点失效；

(5) 避免对与失效无关的业务有影响；

(6) 尽量减少需要的保护带宽；

(7) 尽量减小信令复杂度；

(8) 支持优先通路验证；

(9) 需要考虑 MPLS－TP 环网的互通；

(10) 需要考虑 MPLS－TP 网状网及其互通。

这就对分组传送网的保护技术提出了更高的要求。在分组传送网中可用的保护技术种类繁多，按照保护方式来分类，常用的保护技术又分为以下方式：线性保护、环形保护、双归保护、FRR 保护等。

本任务要求给网络配置保护措施，选择合适的技术方案，并进行相应硬件连接与配置。本任务以线性保护为例进行配置。

1. PTN 保护场景

图6-24 所示是一个线性保护常见的应用场景，TUNNEL2（隧道2）对 TUNNEL1（隧道1）形成保护。当 TUNNEL1 路径上出现故障时，倒换至 TUNNEL2。此时 PW1（伪线1）并未中断，业务并未中断。

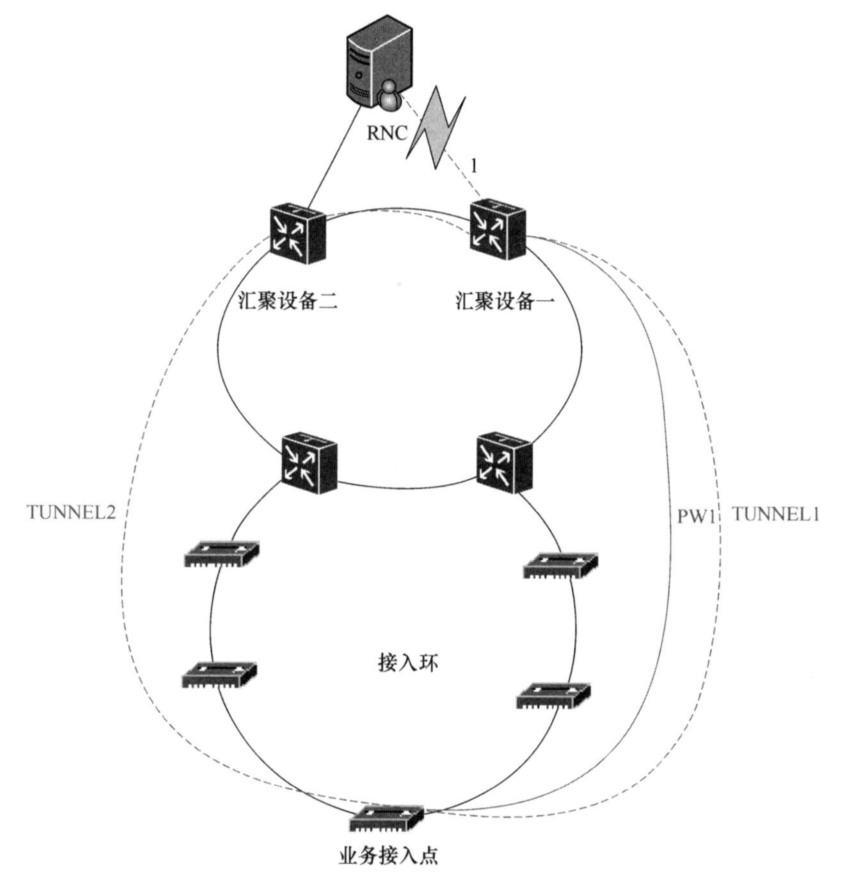

图6-24 线性保护应用场景

图6-24所示是端点到端点的全路径保护，用于工作路径发生故障时，业务直接倒换到保护路径传输。配置要点见表6-25。

表6-25　线性保护的配置顺序与要点

配置顺序	配置内容
1	端到端的配置 TUNNEL1、TUNNEL2
2	端到端的配置 PW1
3	端到端的配置“业务接入点”到“汇聚设备一”的业务
4	创建 TUNNEL1、TUNNEL2 保护组（此时会自动创建 TNP 的 OAM）

2. PTN 保护原理

1）线性保护倒换

MPLS－TP 线性保护倒换结构可以是 G. 8131 定义的路径保护和子网连接保护。

下面详细介绍线性保护倒换的网络目标。

（1）倒换时间。

用于路径保护和子网连接保护的 APS 算法应尽可能快。建议倒换时间不大于 50 ms。保护倒换时间不包括启动保护倒换必需的监测时间和拖延时间。

（2）传输时延。

传输时延依赖路径的物理长度和路径上的处理功能。对于双向保护倒换操作，应该考虑传输时延；对于单向保护倒换，由于不需要传送 APS 信令，不存在信令的传输时延。

（3）倒换类型。

1＋1 路径保护和 SNC 保护应该支持单向倒换；1:1 路径保护和 SNC 保护应该支持双向倒换。

（4）APS 协议和算法。

对于所有的网络应用，路径保护和 SNC 保护的 APS 协议应相同。若仅双向保护倒换，需要使用 APS 协议。

（5）操作方式。

1＋1 单向保护倒换应该支持返回操作和非返回操作。1:1 保护倒换应该支持返回操作。

（6）人工控制。

通过操作系统，可使用外部发起的命令人工控制保护倒换。支持的外部命令有：

①清除；

②保护锁定；

③强制倒换；

④人工倒换；

⑤练习倒换。

（7）倒换发起准则。

对于相同类型的路径保护和子网连接保护，倒换发起准则相同。

支持的自动发起倒换的命令包括：信号失效（工作和保护）、保护劣化（工作和保护）、返回请求、无请求。信号失效和/或信号劣化准则应该同 G. 8121 标准的定义一致。

2）MPLS－TP 路径保护

MPLS－TP 路径保护用于保护一条 MPLS－TP 连接，它是一种专用的端到端保护结构，可以用于不同的网络结构，如网状网、环网等。MPLS－TP 路径保护又具体分为 1＋1 和 1:1 两种类型。

（1）单向 1＋1 MPLS－TP 路径保护

在 1＋1 结构中，保护连接是每条工作连接专用的，工作连接与保护连接在保护域的源端进行桥接。业务在工作连接和保护连接上同时发向保护域的宿端。在宿端，基于某种预先确定的准则，例如缺陷指示，选择接收来自工作连接或保护连接上的业务。为了避免单点失效，工作连接和保护连接应该走分离的路由。

1＋1 MPLS－TP 路径保护的倒换类型是单向倒换，即只有受影响的连接方向倒换至保护路径，两端的选择器是独立的。1＋1 MPLS－TP 路径保护的操作类型可以是非返回的或返回的。

1＋1 MPLS－TP 路径保护倒换结构如图 6-25 所示。

在单向保护倒换操作模式下，保护倒换由保护域的宿端选择器完全基于本地（即保护宿端）信息来完成。工作业务在保护域的源端永久桥接到工作和保护连接上。若使用连接性检查包检测工作连接和保护连接故障，则它们同时在保护域的源端插入到工作连接和保护连接上，并在保护域宿端进行检测和提取。需注意无论连接是否被选择器所选择，连接性检查包都会在上面发送。

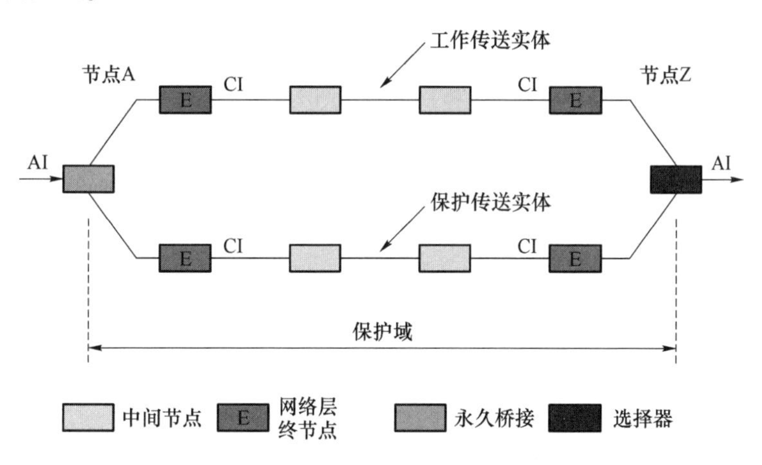

图 6-25　单向 1＋1 路径保护倒换结构

如果工作连接上发生单向故障（从节点 A 到节点 Z 的传输方向），此故障将在保护域宿端节点 Z 被检测到，然后节点 Z 选择器将倒换至保护连接，如图 6-26 所示。

如图 6-26 所示，如果工作连接上发生单向故障（从节点 A 到节点 Z 的传输方向），此故障将在保护域宿端节点 Z 被检测到，然后节点 Z 选择器将倒换至保护连接。

（2）双向 1:1 MPLS－TP 路径保护。

在 1:1 结构中，保护连接是每条工作连接专用的，被保护的工作业务由工作连接或保护连接进行传送。工作连接和保护连接的选择方法由某种机制决定。为了避免单点失效，工作连接和保护连接应该走分离路由。

1:1 MPLS－TP 路径保护的倒换类型是双向倒换，即受影响的和未受影响的连接方向均倒换至保护路径。双向倒换需要自动保护倒换协议（APS）用于协调连接的两端。双向1:1

MPLS－TP 路径保护的操作类型应该是可返回的。

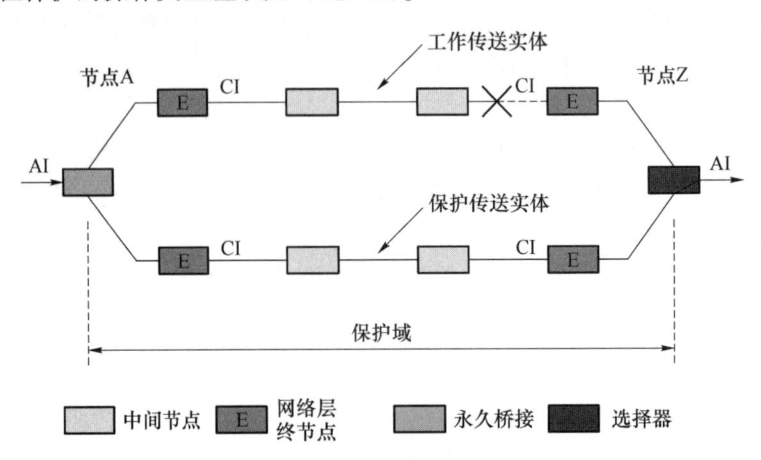

图 6-26　单向 1＋1 路径保护倒换（工作连接失效）

1:1 MPLS－TP 路径保护倒换结构如图 6-27 所示。在双向保护倒换模式下，基于本地或近端信息和来自另一端或远端的 APS 协议信息，保护倒换由保护域源端选择器桥接和宿端选择器共同来完成。

若使用连接性检查包检测工作连接和保护连接故障，则它们同时在保护域的源端插入工作连接和保护连接上，并在保护域宿端进行检测和提取。需要注意的是，无论连接是否被选择器选择，连接性检查包都会在上面发送。

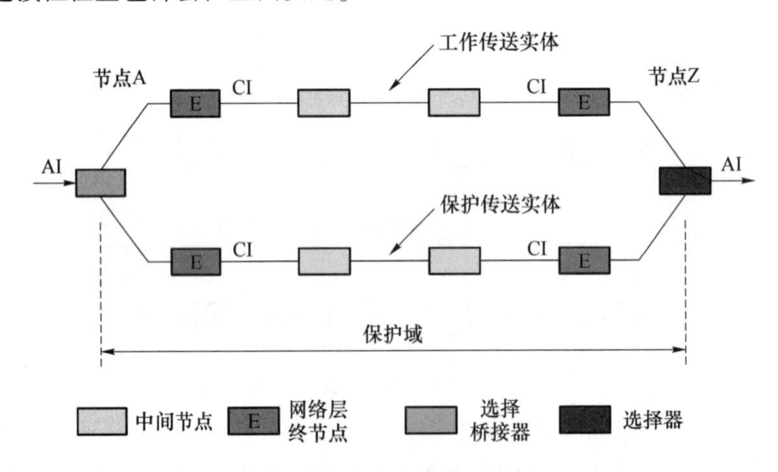

图 6-27　双向 1:1 路径保护倒换结构（单向表示）

若在工作连接 Z－A 方向上发生故障，则此故障将在节点 A 被检测到，然后使用 APS 协议触发保护倒换，如图 6-28 所示，协议流程如下：

①在节点 A 检测到故障；

②节点 A 选择器桥接倒换至保护连接 A－Z（即，在 A－Z 方向，工作业务同时在工作连接 A－Z 和保护连接 A－Z 上进行传送），并且节点 A 并入选择器倒换至保护连接 A－Z；

③从节点 A 到节点 Z 发送 APS 命令请求保护倒换；

④当节点 Z 确认了保护倒换请求的优先级有效之后，节点 Z 并入选择器倒换至保护连

接 A－Z（即在 Z－A 方向，工作业务同时在工作连接 Z－A 和保护连接 Z－A 上进行传送）；

⑤APS 命令从节点 Z 传送至节点 A，用于通知有关倒换的信息；

⑥最后，业务流在保护连接上进行传送。

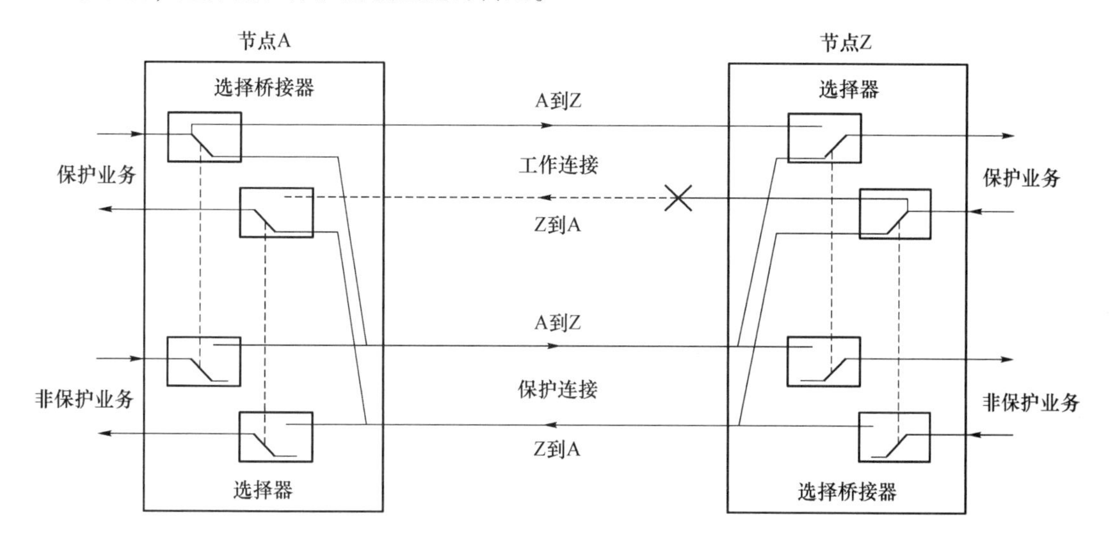

图 6-28　双向 1:1 路径保护倒换（工作连接 Z－A 故障）

3）环网保护

环网保护是一种链路保护技术，该保护的对象是链路层，在 MPLS－TP 技术中保护段层的失效和劣化。

（1）环网保护可保护以下事件（故障类型）：

①服务层失效；

②MPLS－TP 层失效或性能劣化（由 MPLS－TP 段的 OAM 检测）。

（2）环网保护中被保护的实体是点到点连接和点到多点连接。

（3）环网保护的倒换时间：

在拖延时间为 0 的情况下，对以上任何失效事件的保护倒换完成时间应小于 50 ms。

（4）环网保护中被保护和不被保护的业务类型如下：

①被保护的连接：在任何单点失效事件下正常的业务都应能被保护。

②不被保护的连接：对非预清空的无保护业务不进行任何保护操作，并且除非其通道发生故障，否则也不会被清空。

③CIR 和 EIR 业务类型：可以被保护或不被保护。

（5）拖延时间。

当使用了与 MPLS－TP 层保护机制相冲突的底层保护机制时，设置拖延时间的目的是避免在不同的网络层次之间出现保护倒换级联。

使用拖延定时器允许在 MPLS－TP 层激活其保护动作前先通过底层保护机制恢复工作业务。

（6）等待恢复时间。

设置等待恢复时间的目的是避免在不稳定的网络失效条件下发生保护倒换。

（7）保护的扩展。

①对于单点失效，环将恢复所有通过失效位置的被保护的业务；

②在多点失效条件下，环应尽量恢复所有被保护的业务。

（8）环网保护是通过运行在相应段层上的 APS 协议来完成保护倒换动作的，在 MPLS - TP 机制下运行的 APS 协议机制要求如下：

①保护倒换协议应支持一个环上至少 255 个节点；

②APS 协议和相关的 OAM 功能应具有支持环升级（插入/去除节点）的能力，并限制保护倒换对现有业务可能的影响和冲击；

③在多点失效的情况下，环上的所有跨段应具有相同的优先级；

④由于多个失效组合和人工/强制请求可能导致环被分为多个分离部分，因此 APS 协议应允许多个环倒换请求共存；

⑤APS 协议应具有足够的可靠性和可用性，以避免任何倒换请求丢失或对请求的错误解释。

（9）业务误连接。

MPLS - TP 共享保护的一个目标是避免与保护倒换相关的误连接。

（10）操作模式。

应提供可返回的倒换操作模式。

（11）保护倒换模式。

应支持双端倒换。

（12）人工控制，应支持下列外部触发命令：

①锁定到工作；

②锁定到保护；

③强制倒换；

④人工倒换；

⑤清除。

（13）倒换触发准则，应支持下列自动触发倒换的命令：

①信号失效（SF）；

②信号劣化（SD）；

③等待恢复；

④无请求。

（14）在多环情况下，应支持双节点互连来实现可靠的多环保护。

4）Wrapping 保护

当网络上节点检测到网络失效，故障侧相邻节点通过 APS 协议向相邻节点发出倒换请求。

当某个节点检测到失效或接收到倒换请求，转发至失效节点的普通业务将被倒换至另一个方向（远离失效节点）。当网络失效或 APS 协议请求消失时，业务将返回至原来路径。

正常情况下的业务传送如图 6-29 所示。信号失效情况下的业务传送如图 6-30 所示。

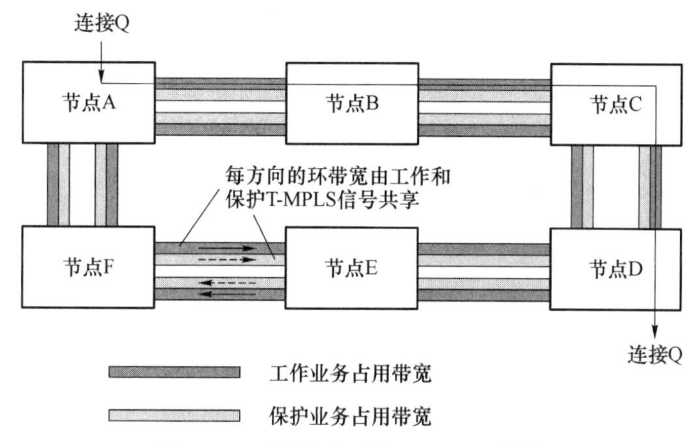

图6-29 正常状态下的 Wrapping 保护

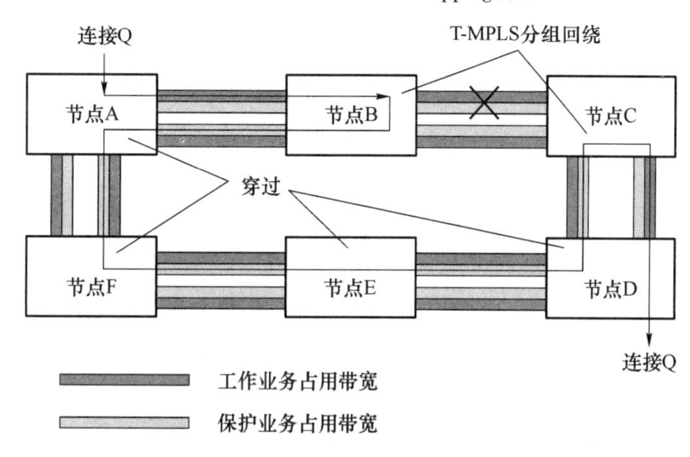

图6-30 故障状态下的 Wrapping 保护

5）Steering 保护

当网络上节点检测到网络失效时，通过 APS 协议向环上所有节点发送倒换请求。点到点连接的每个源节点执行倒换，所有受到网络失效影响的 MPLS－TP 连接从工作方向倒换到保护方向；当网络失效或 APS 协议请求消失后，所有受影响的业务恢复至原来路径。

正常状态下的 Steering 保护如图 6-31 所示。故障状态下的 Steering 保护如图 6-32 所示。

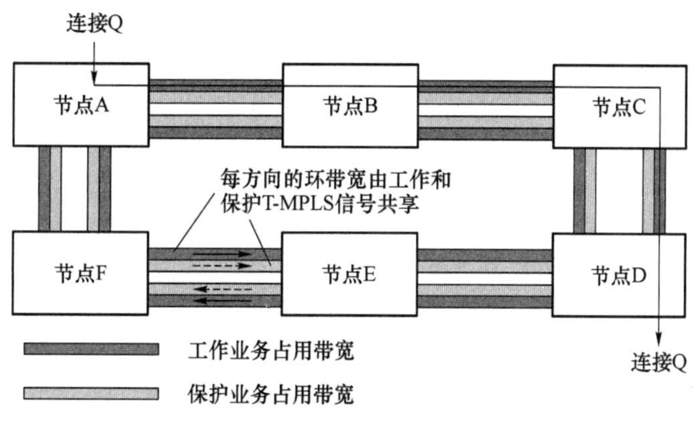

图6-31 正常状态下的 Steering 保护

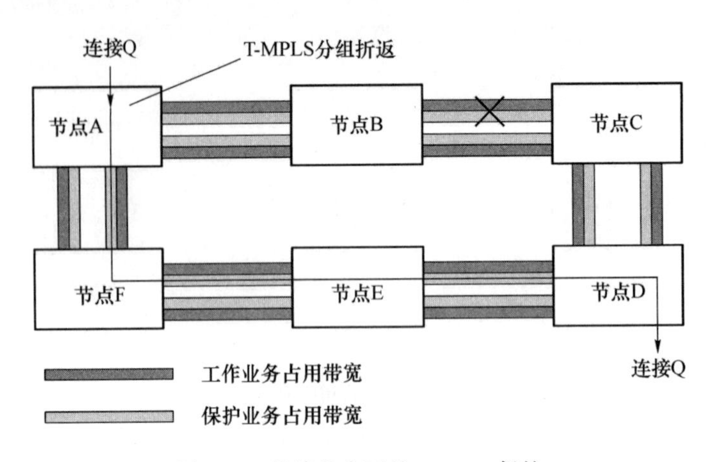

图 6-32　故障状态下的 Steering 保护

6）点到多点业务的 Wrapping 保护

正常状态下的点到多点业务的 Wrapping 保护如图 6-33 所示。故障状态下的点到多点业务的 Wrapping 保护如图 6-34 所示。

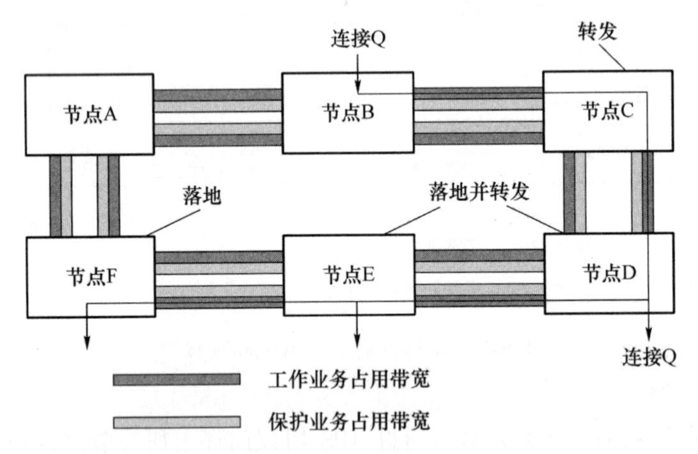

图 6-33　正常状态下的点到多点业务的 Wrapping 保护

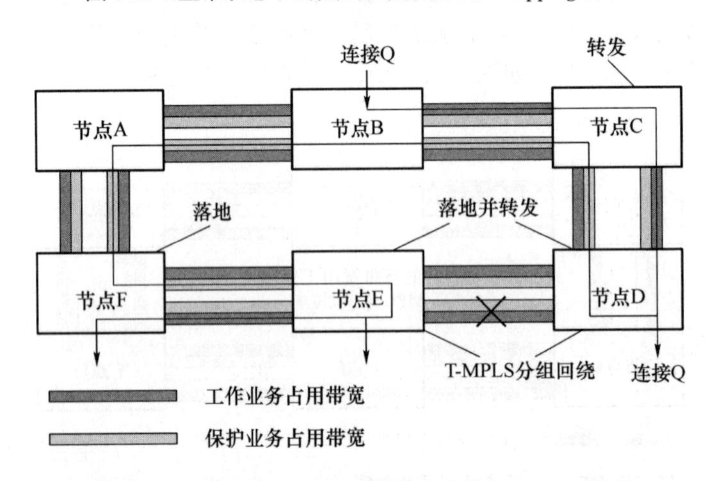

图 6-34　故障状态下的点到多点业务的 Wrapping 保护

7）端口保护

端口保护包括链路聚合（Trunk）保护和IMA保护。

（1）链路聚合保护。

链路聚合（Link Aggregation）又称Trunk，是指将多个物理端口捆绑在一起，成为一个逻辑端口，以实现增加带宽及出/入流量在各成员端口中的负荷分担，设备根据用户配置的端口负荷分担策略决定报文从哪一个成员端口发送到对端的设备。

链路聚合采用LACP（Link Aggregation Control Protocol）实现端口的Trunk功能，该协议是基于IEEE 802.3ad标准的实现链路动态汇聚的协议。LACP协议通过LACPDU（Link Aggregation Control Protocol Data Unit）与对端交互信息。

链路聚合的功能如下：

①控制端口到聚合组的添加、删除；

②增加链路带宽，实现链路双向保护；

③提高链路的故障容错能力。

设备支持的链路聚合保护如图6-35所示。

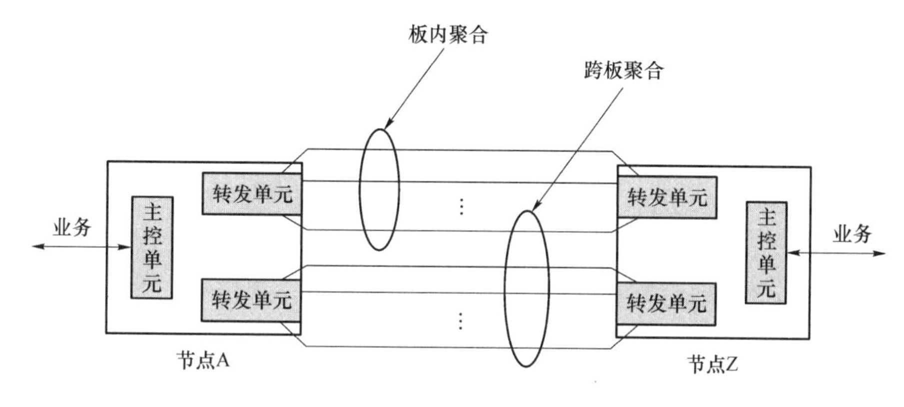

图6-35 链路聚合保护

当本地端口启用LACP协议后，端口将通过发送LACPDU向对端端口通告自己的系统优先级、系统MAC地址、端口优先级、端口号和操作Key。对端端口接收到这些信息后，将这些信息与其他端口所保存的信息比较以选择能够汇聚的端口，从而双方可以对端口加入或退出某个动态汇聚组达成一致。

（2）LCAS保护

链路容量调整机制（Link Capacity Adjustment Scheme，LCAS）是一种在虚级联技术基础上的调节机制。LCAS技术就是建立在源和目的之间双向往来的控制信息系统。这些控制信息可以根据需求，动态地调整虚容器组中成员的个数，以此实现对带宽的实时管理，从而在保证承载业务质量的同时提高网络利用率。

LCAS的功能如下：

①在不影响当前数据流的情况下通过增减虚级联组中级联的虚容器个数动态调整净负载容量；

②无须丢弃整个VCG，即可动态地替换VCG中失效的成员虚容器；

③允许单向控制VCG容量，支持非对称带宽；

④支持 LCAS 功能的收发设备可与旧的不支持 LCAS 功能的收发设备直接互连；

⑤支持多种用户服务等级。

设备支持的 LCAS 保护如图 6-36 所示。

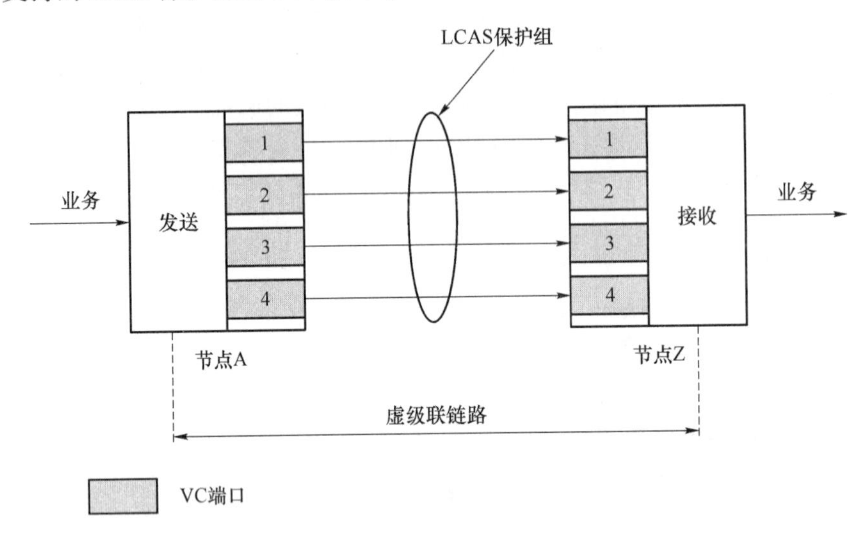

图 6-36　LCAS 保护

可以看出，LCAS 技术具有带宽灵活和动态调整等特点，当用户带宽发生变化时，可以调整虚级联组 VC－n 的数量，这一调整不会对用户的正常业务产生中断。此外，LCAS 技术还提供一种容错机制，可增强虚级联的健壮性。当虚级联组中有一个 VC－n 失效，不会使整个虚级联组失效，而是自动地将失效的 VC－n 从虚级联组中剔除，剩下的正常的 VC－n 继续传输业务；当失效 VC－n 恢复后，系统自动地又将该 VC－n 重新加入虚级联组。

8）IMA 保护

IMA（Inverse Multiplexing for ATM）技术是将 ATM 信元流以信元为基础，反向复用到多个低速链路上来传输，在远端再将多个低速链路的信元流复接在一起恢复出与原来顺序相同的 ATM 信元流。IMA 能够将多个低速链路复用起来，实现高速宽带 ATM 信元流的传输，并通过统计复用，提高链路的使用效率和传输的可靠性。

IMA 适用于在 E1 接口和通道化 VC12 链路上传送 ATM 信元，它只是提供一个通道，对业务类型和 ATM 信元不作处理，只为 ATM 业务提供透明传输。当用户接入设备后，反向复用技术把多个 E1 的连接复用成一个逻辑的高速率连接，这个高的速率值等于组成该反向复用的所有 E1 速率之和。ATM 反向复用技术包括复用和解复用 ATM 信元，完成反向复用和解复用的功能组称为 IMA 组。

IMA 保护是指，如果 IMA 组中一条链路失效，信元会被负载分担到其他正常链路上进行传送，从而达到保护业务的目的。

IMA 传输过程如图 6-37 所示。

IMA 组在每一个 IMA 虚连接的端点处终止。在发送方向上，从 ATM 层接收到的信元流以信元为基础，被分配到 IMA 组中的多个物理链路上。而在接收端，从不同物理链路上接收到的信元，以信元为基础，被重新组合成与初始信元流一样的信元流。

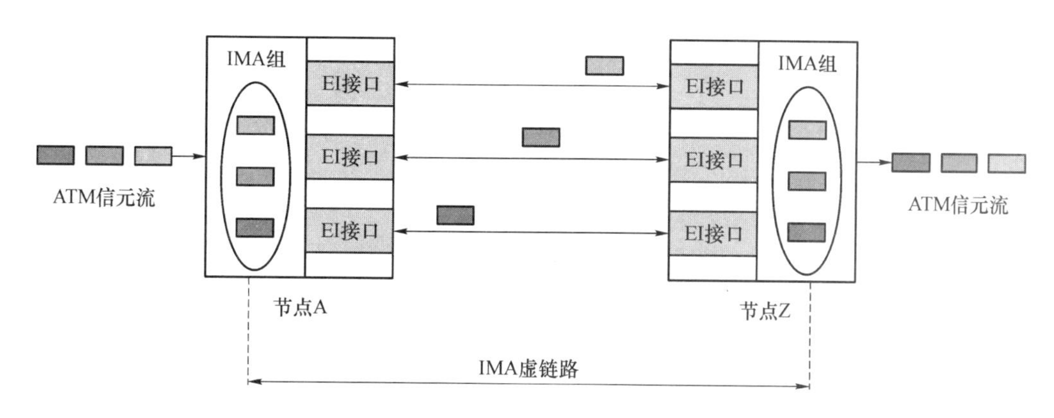

图 6-37 IMA 传输过程

3. 保护配置

该任务实施的前提是已经配置好工作隧道、保护隧道、伪线以及相应的业务。

1）线性保护的配置方法

（1）在业务视图中依次选择“业务管理”→“TNP 管理”命令，也可以在业务视图中单击鼠标右键，选择“TNP 管理”命令，如图 6-38 所示。

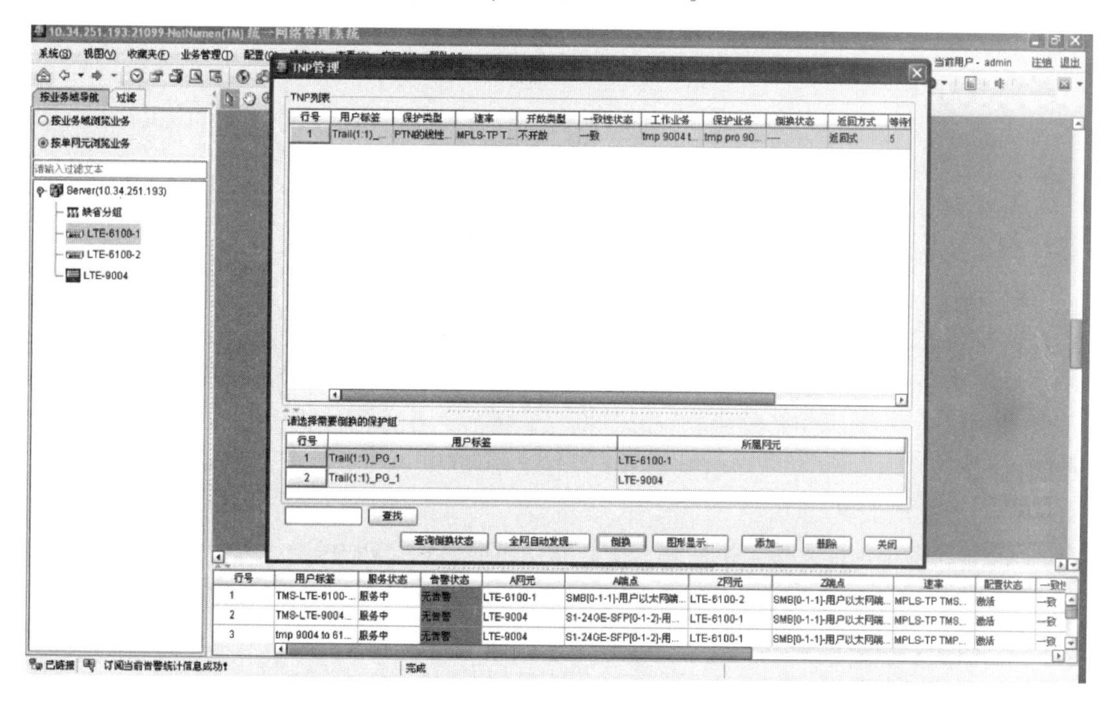

图 6-38 创建 TNP 保护组

（2）单击“添加”按钮，填写保护组的名称，选择事先创建好的两个隧道，一条为工作隧道，另一条为保护隧道，如图 6-39 所示。

具体参数说明如下：

（1）“开放类型”。

“开放”：当一条 TNP 配置中一端保护组不在管理域中的时候（工作业务的 A 端点和保

护业务的 A 端点组成一个保护组，同理，工作业务和保护业务的 Z 端点也组成一个保护组）。

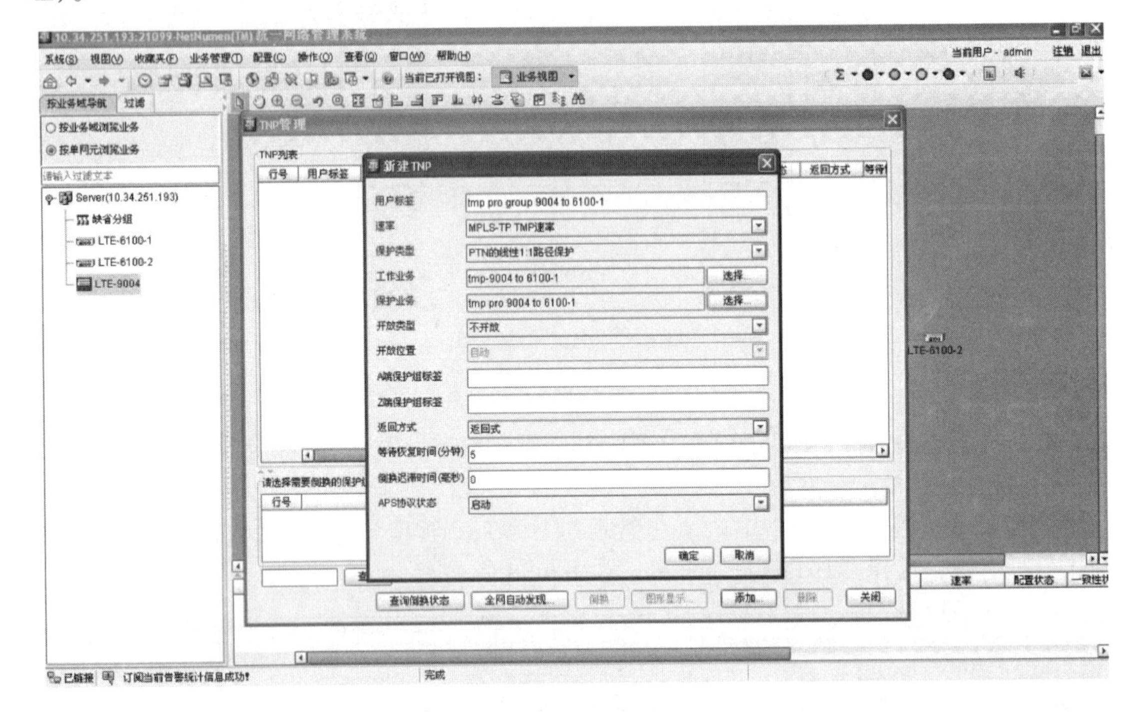

图 6-39　TNP 保护组配置

“不开放”：当一条 TNP 配置中的保护组都在管理域中的时候。

（2）“倒换迟滞时间”。

在出现 SF 或者 SD 条件到实施保护倒换算法初始化之间的时间，单位为毫秒。

（3）“返回方式”。

“返回式”：当工作路径从故障中恢复正常后，业务信号会从保护路径切换到工作路径。

“非返回式”：当工作路径从故障汇总恢复正常后，业务信号仍然在保护路径，不切换回工作路径。

2）自动发现 TNP

TNP 自动发现：将设备上存在的 TNP 保护信息收集到 TNP 中。

（1）选择“业务管理”→“TNP 管理”命令，在“TNP 管理”对话框中单击“全网自动发现”按钮，如图 6-40 所示。

（2）单击“策略”按钮，选择“保护子网策略”，选择策略后单击“确认”→“开始”按钮，如图 6-41 所示。

具体参数说明如下：

（1）“增量发现”：发现过程不清除当前 TNP 管理中存在的 TNP 配置信息，发现范围不包括在 TNP 管理中存在的路径保护数据。

（2）“全量发现”：发现过程清除当前 TNP 管理中存在的 TNP 配置信息，发现范围包括全网设备中的 TNP 配置数据。

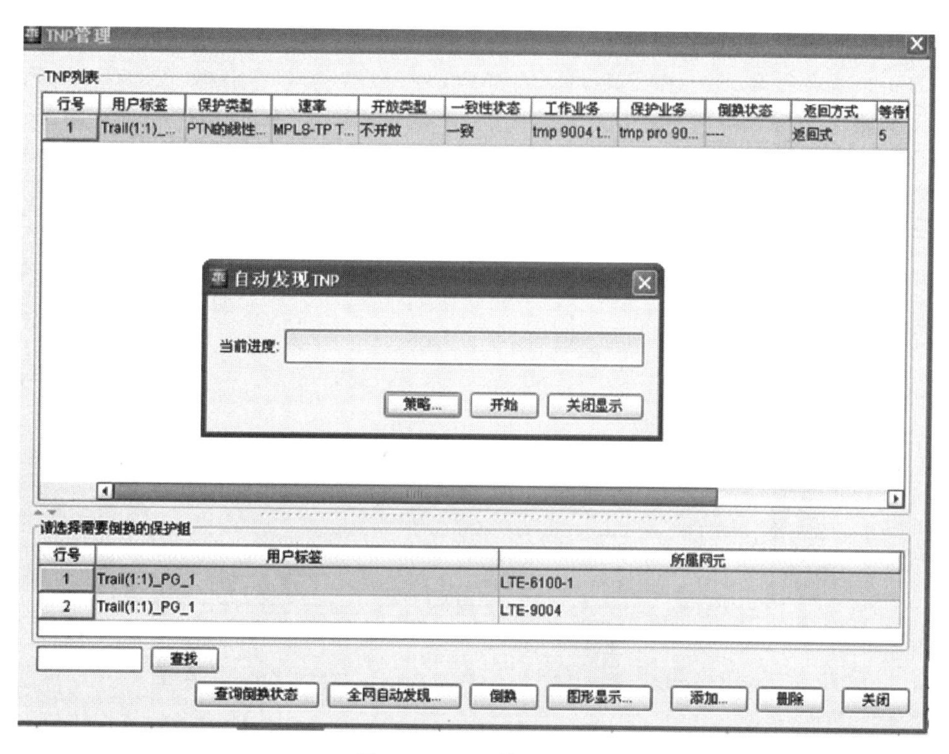

图 6-40 TNP 管理（1）

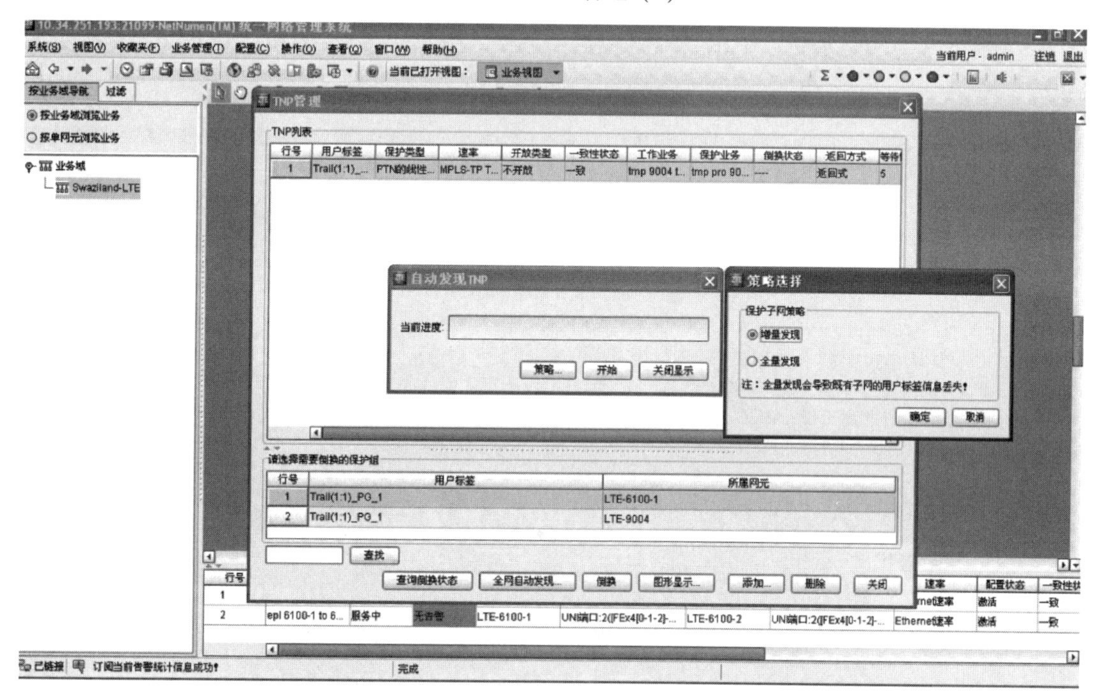

图 6-41 TNP 管理（2）

3）TNP 查询

通过 TNP 查询，可以查询到网络保护的工作路径和保护路径的图像显示。

（1）在业务视图中选择“业务管理”→“TNP 管理”命令，进入“TNP 管理”界面，如图 6-42 所示。

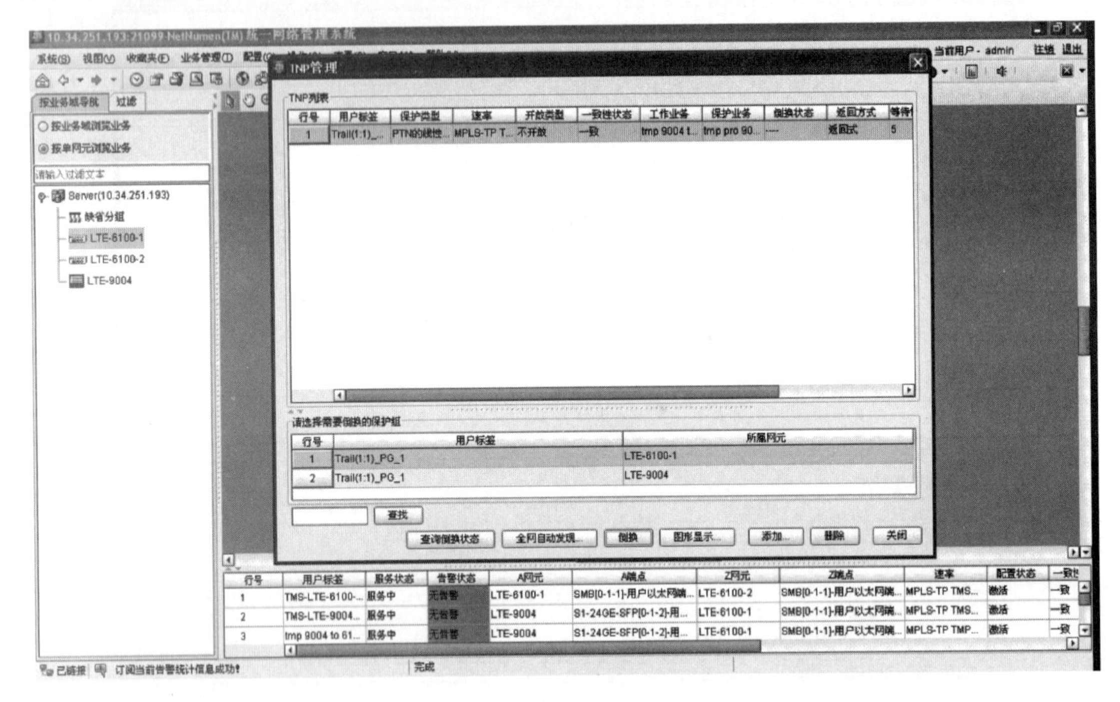

图 6-42　TNP 管理（3）

（2）选择“TNP 列表”中的 TNP 信息，单击“图形显示”按钮弹出图 6-43 所示对话框。

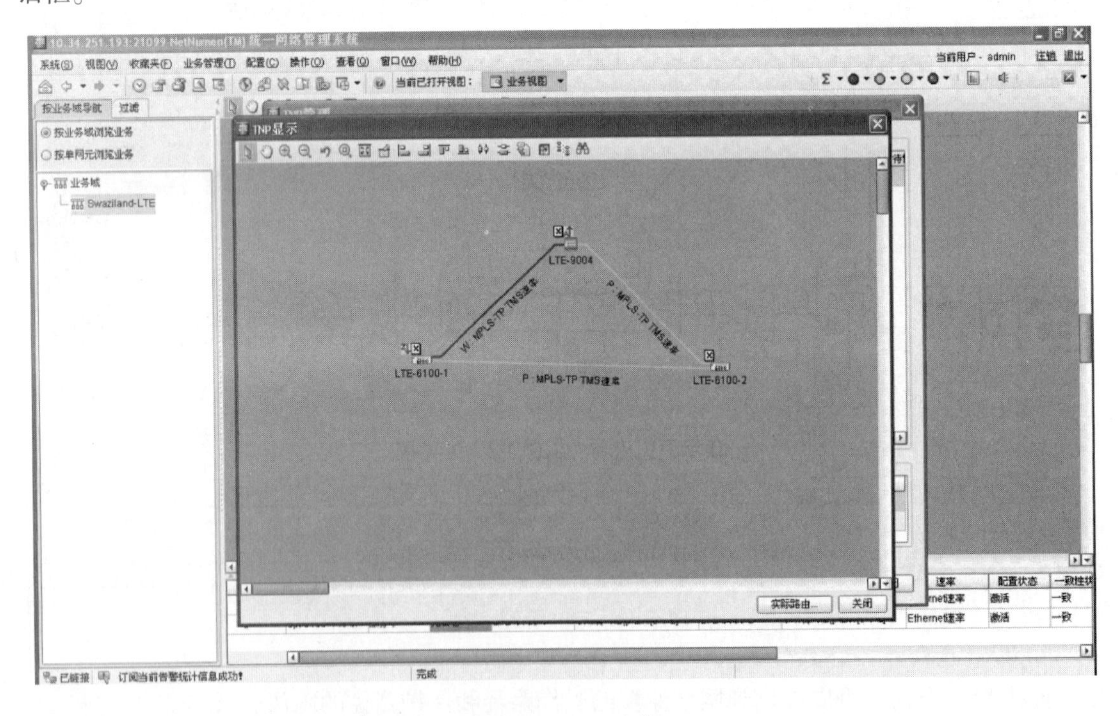

图 6-43　TNP 查询

如图 6-43 所示，蓝色路径表示配置的工作路径，橙色路径表示配置的保护业务。选择实际路由显示出当前倒换状态下对应的路由。根据当前倒换状态，用绿色路径标识当前有业务运行的路由。

4. 设置保护组的倒换

1）保护倒换操作

在工程现场做好保护组配置后，通常进行保护倒换操作，用来验证保护倒换是否正常，保护倒换操作还经常用于故障诊断。

（1）在业务视图中依次选择“业务管理”→“TNP 管理”命令。

（2）选择“TNP 列表”中的 TNP 信息，单击“倒换”按钮，选择“A 端倒换”或“Z 端倒换”，弹出“保护倒换设置”对话框，如图 6-44 所示。

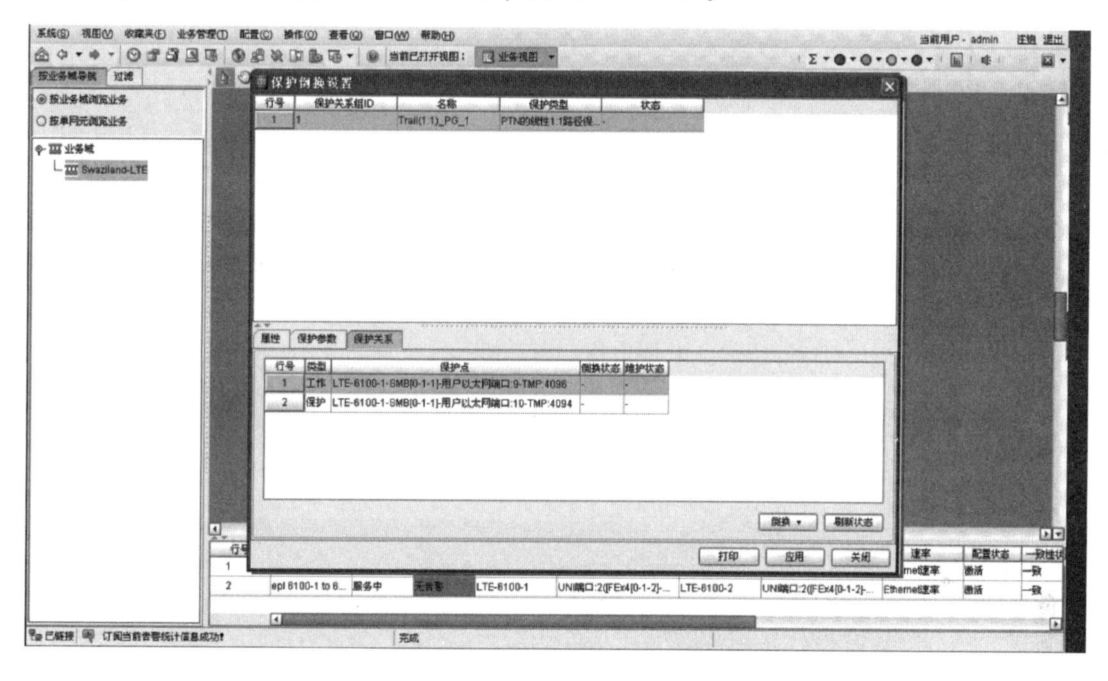

图 6-44 “保护倒换设置”对话框

（3）单击“倒换”按钮，可以进行保护倒换，如图 6-45 所示。

具体参数说明如下：

（1）“清除倒换”：将保护倒换设置重置为保护建立时的初始状态。

（2）“保护闭锁”：禁止进行工作业务和保护业务之间的保护倒换。

（3）“强制倒换”：当保护业务未被更高级别的请求占用时，执行工作到保护的业务倒换。

（4）“人工倒换”：当保护业务未被更高级别的请求占用且未出现信号劣化时，执行工作到保护的业务倒换。

（5）“倒换演习”：对设置的保护倒换进行连续，检查倒换相应情况，不影响实际的工作或保护业务。

2）校验 TNP

校验 TNP 是比较路径网络保护中保护倒换配置数据与网元上实际的保护倒换配置数据是否一致，为执行校正做准备。

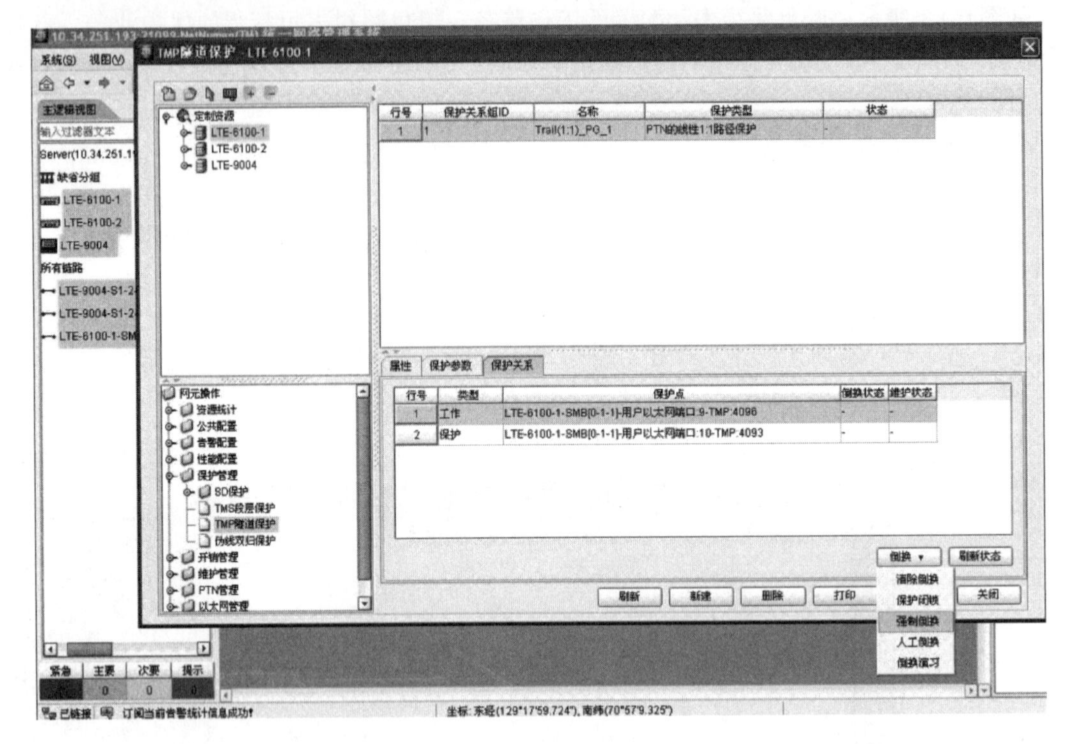

图 6-45　保护倒换

（1）在菜单中选择“业务管理”→“TNP 管理”命令，进入“TNP 管理”界面。

（2）在“TNP 列表”中选择待校验的记录，单击鼠标右键，选择“校验一致性”命令，弹出图 6-46 所示对话框。

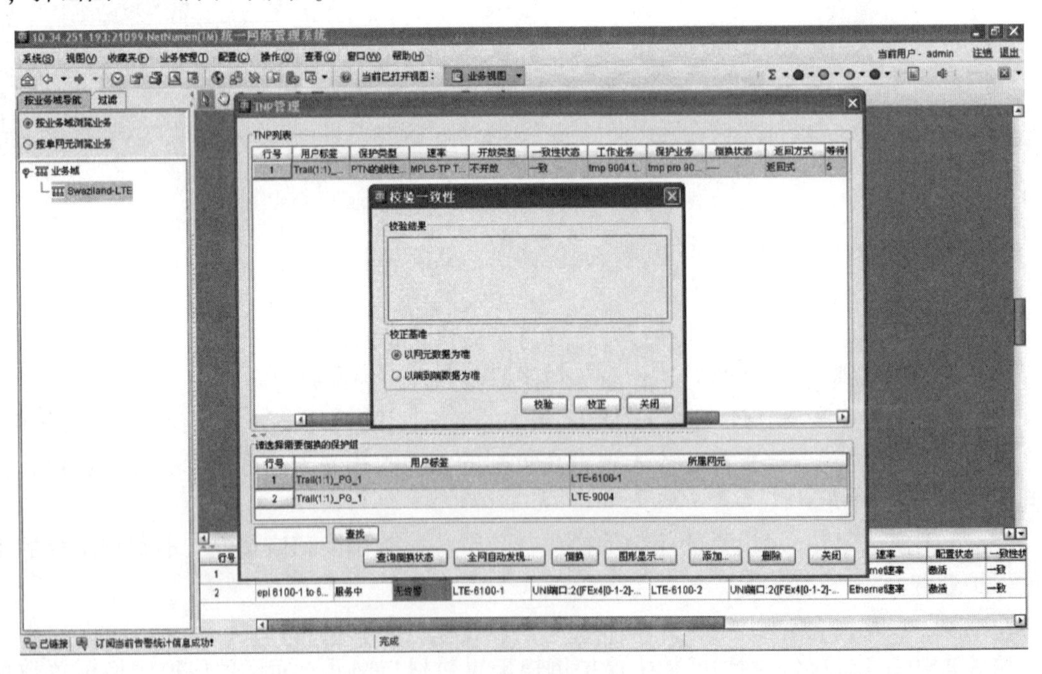

图 6-46　TNP 管理（4）

（3）单击“校验”按钮，得出校验结果，如图 6-47 所示。

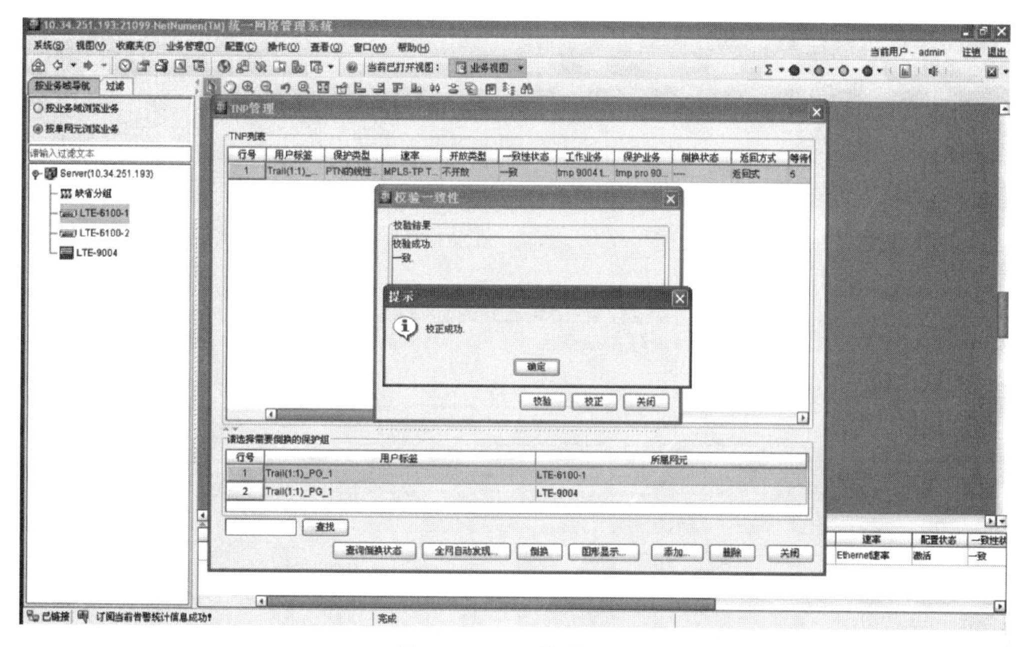

图 6-47　TNP 管理（5）

3）校正 TNP

对于执行完校验 TNP 的结果，按以实际网元数据为准或以 TNP 配置数据为准的原则进行数据校正。

（1）在菜单中选择“业务管理”→“TNP 管理”命令，进入“TNP 管理”界面。

（2）在“TNP 列表”中选择待校验的记录，单击鼠标右键，选择“校验一致性”命令，弹出图 6-48 所示对话框。

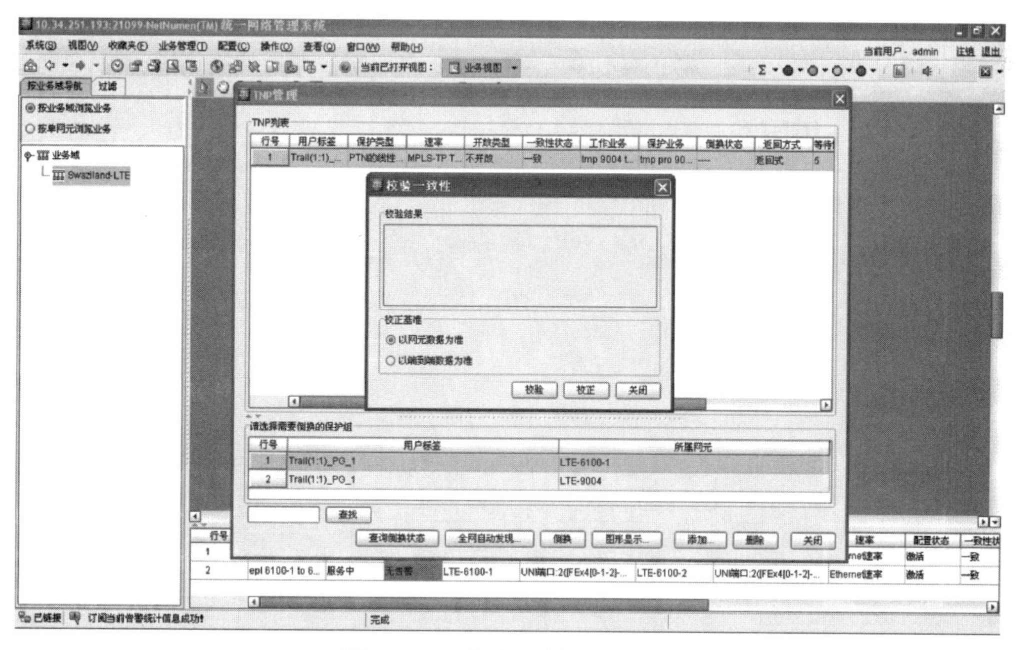

图 6-48　“校验一致性”对话框

（3）单击“校正”按钮，得出校正结果，如图6-49所示。

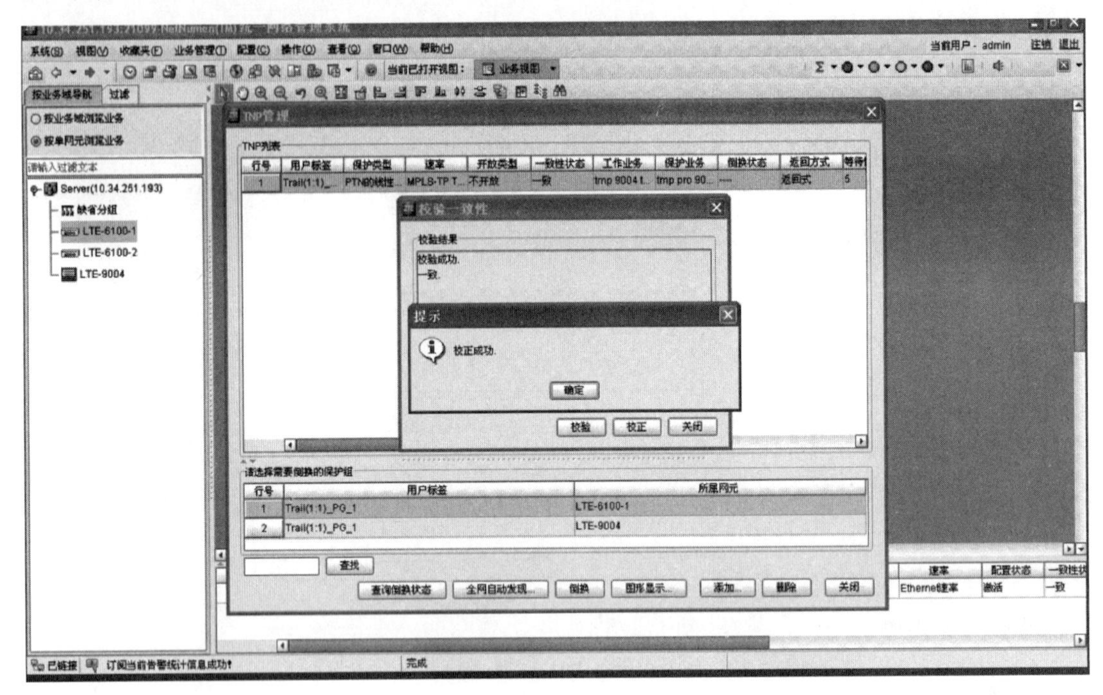

图6-49　校正结果显示

选择以网元数据为准，通过网元配置数据修正在网管TNP管理中配置的路径保护数据。

选择以端到端数据为准，通过网管配置的TNP数据修正网元中配置的路径保护数据。

任务实施

PTN保护组网

各团队学习PTN知识，完成PTN保护组网，团队内部制作课件或文档进行汇报。

任务总结（拓展）

隧道保护倒换的触发条件是什么？

任务7-1 常用OTN设备简介

教学内容

(1) OTN组网应用;

(2) ZXMP M820的板位资源。

技能要求

(1) 理解OTN组网应用;

(2) 会识别ZXMP M820机柜和子架结构;

(3) 会分析ZXMP M820的板位资源。

任务描述

团队(4~6人)完成ZXMP M820机柜、子架结构和板位资源的识别和分析。

任务分析

学生能完成ZXMP M820机柜、子架结构和板位资源的识别和分析。

知识准备

1. ZTE OTN产品概述

1) IP承载网现状

传统业务向IP转型。PSTN在全球范围内升级为NGN,实现VOIP;2G等传统基站在一些发达运营商中开始IP化;大客户专线业务IP化份额也越来越大,二层VPN业务盛行。

新型业务天然具备 IP 血统。3G/4G 等移动核心网、Backhaul 在 R5 版本后全面实现 IP 化；IPTV 等视频业务是天然的 IP 业务；Ethernet 商业应用和 IP 化存储类业务。

无论对固网还是移动网络，在 IP 骨干层和城域核心层，业务都承载在核心路由器上，通常采用 DWDM/MSTP/ASON 传送；在固网的接入汇聚层，业务通过边缘路由器、交换机、PON 承载，传送层面采用 CWDM、光纤直连的方式；在移动网络的接入汇聚层，即 Backhaul 层，传送网络主要采用 MSTP 组网。

2）传送平台需求

IP 承载网的现状和未来发展，要求传送平台要具备如下特性：

（1）面向全 IP 承载。

传送平台要顺应业务 IP 化，兼容传统 TDM 业务，新、旧业务的传送平台统一；顺应 IP 网络的演进，在现在和未来网络中有更多应用场景。

（2）智能化。

全面 OTN 化，实现传送层面更精细的网络管理；满足动态 IP 业务在各个层面、各种颗粒的智能化调度需求；加载控制平面，实现业务的快速开通、智能化的保护恢复。

（3）高度集成。

单板集成更多接口，子架集成更多槽位，在同等系统容量下，设备的紧凑度更高，占用空间更小；绿色环保、功耗低、辐射小、无毒、材料可再生。

3）多种业务统一传送模式

中兴通讯新一代 iOTN 系列产品支持多业务统一传送，具备以下特征：固网和移动网的大多数业务都是 IP 业务，iOTN 可以满足对 IP 业务的各种需求——带宽高速增长，透明传送，大颗粒灵活调度，光层保护等。iOTN 的 OTN 封装可以更透明高效地传送长距离的 SAN 业务；iOTN 可以对 FC 业务拉远 3 000 km；iOTN 为传统语音交换业务的 SDH/SONET/ASON 网络提供节约光纤、海量带宽的承载方案。

4）中兴通讯波分产品的发展历程

中兴通讯的波分产品具有悠久的历史，早期有点到点的 WDM 产品，后来较早研发生产了 OTN 产品，现在更是具有新一代智能化高集成度的 iOTN 产品。本书主要以目前广泛应用的 ZTE M820 产品为例进行介绍。

2. OTN 组网应用

色散是指集中的光能（光脉冲），经过光纤传输后在输出端发生能量分散，导致传输信号畸变的一种现象。色散会造成误码，进而影响传输速率。

光纤色散主要包括以下 4 种。

1）模式色散

模式色散是指多模光纤中，各导模之间群速度不同造成的模间色散。

2）色度色散

（1）材料色散。

材料色散是光纤材料的折射率随光频率呈非线性变化以及模式内部不同波长成分的光有不同的群速度导致的脉冲波形畸变。

（2）波导色散。

波导色散是某个导模在不同波长下的群速度不同引起的色散，它与光纤结构的波导效应有关，因此又称为结构色散。

3）偏振模色散

普通单模光纤实际上传输的是两个相互正交的模式，若光纤中存在不对称现象，两个偏振模的传输速度也会不同，从而导致各自的群时延不同，形成偏振模色散（PMD）。

3. ZXMP M820 的板位资源

1）分类

M820 设备统一采用标准化机柜，其具有优良的电磁屏蔽性能和散热性能。机柜外形、尺寸如图 7-1 所示。具体见表 7-1。

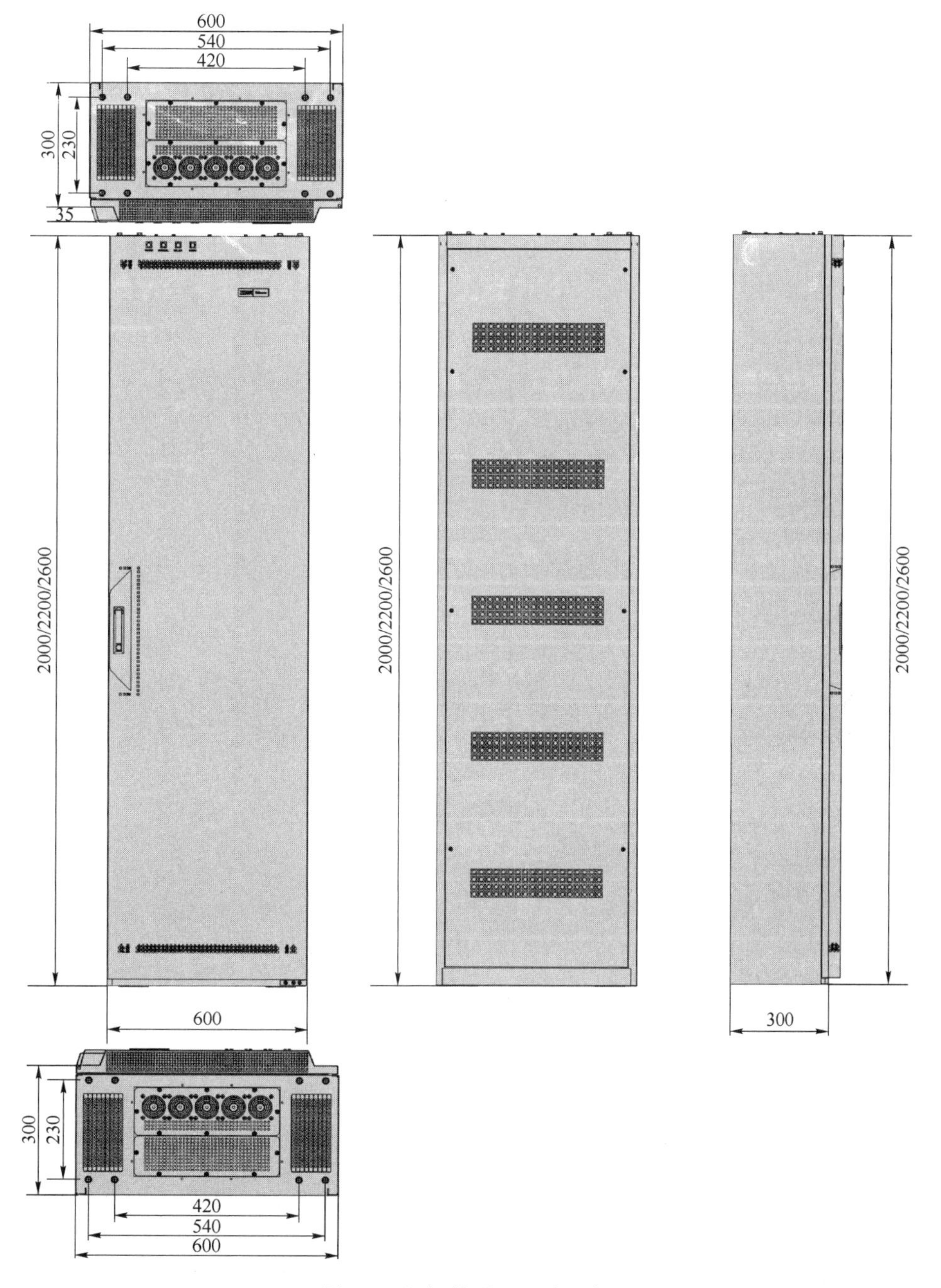

图 7-1 机柜外形、尺寸示意

表7-1　机柜外形、尺寸、重量

外形尺寸(高×宽×深)/(mm×mm×mm)	重量/kg
2 000×600×300	59.0
2 200×600×300	64.5
2 600×600×300	74.0

机柜结构如图7-2所示，各部分详细说明见表7-2。

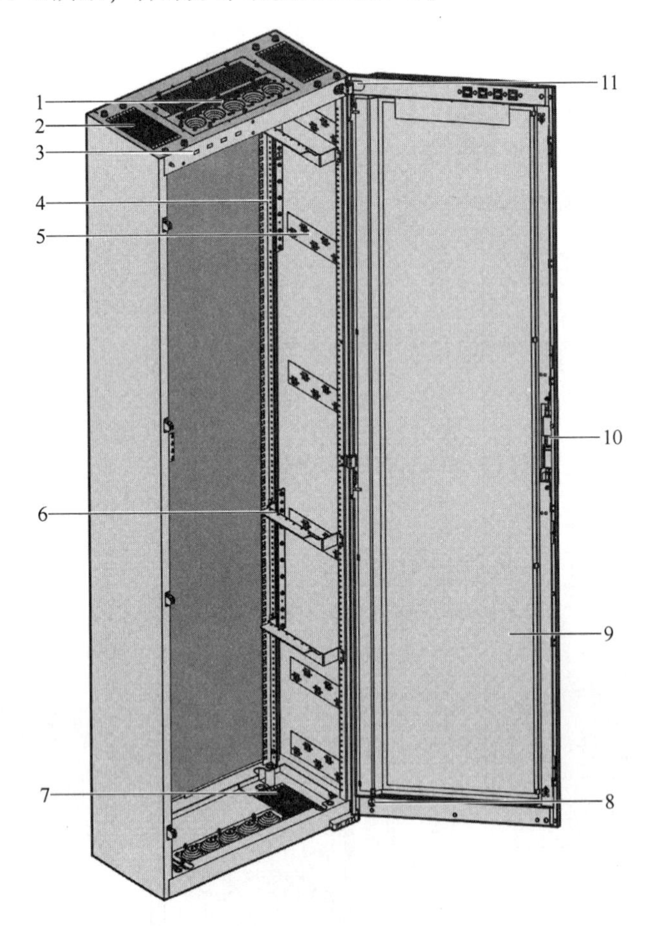

图7-2　机柜结构

1—电源线出线孔；2—顶部出线孔；3—机柜指示灯；4—后立柱；5—机柜走线区；6—安装托架；7—底部出线孔；8—机柜前门接地柱；9—前门；10—门锁；11—轴套

表7-2　机柜配件说明

序号	机柜配件	说明
1	电源线出线孔	在机柜顶部、底部均设有电源线出线孔，用于将外部电源线引入机柜
2	顶部出线孔	位于机柜顶部，通常在上走线方式时，采用该出线孔引出和引入机柜线缆
3	机柜指示灯	位于机柜上部，用于指示机柜内设备的工作状态

续表

序号	机柜配件	说明
4	后立柱	固定采用后支耳安装的设备子架，并具有接地排功能。机柜后立柱通过接地线缆与机柜侧门、前门、子架、电源告警箱等组件的接地端子相连，实现整个设备机柜外壳的良好电气连接
5	机柜走线区	机柜内紧贴侧门处为机柜走线区
6	安装托架	固定于机柜框架的任意位置，用于放置设备子架、电源分配箱等组件
7	底部出线孔	位于机柜底部，通常在下走线方式时，采用该出线孔引出或引入机柜线缆
8	机柜前门接地柱	实现整个设备机柜外壳的良好电气连接
9	前门	机柜前门带有门锁，前门右上方附有蓝底白字的设备标牌，标识设备类型
10	门锁	位于机柜前门左侧，用于锁定机柜门
11	轴套	与轴颈组成滑动轴承，连接机柜与前门

2）传输子架

ZXMP M820 的子架大致分为两类。一类是无交叉功能的，用于安装光复用解复用单元、光放大单元、光保护单元以及一些业务接入单板，例如 NX4 子架，如图 7-3 所示。

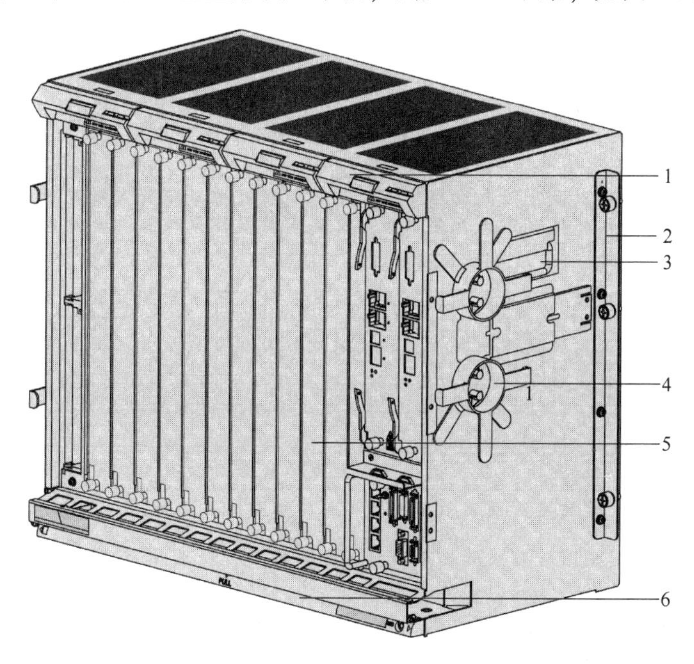

图 7-3　NX4 子架外形结构

1—风扇单元；2—安装支耳；3—把手；4—盘纤盘；5—处理板插板区；6—防尘网

NX4 子架结构说明见表 7-3。

表 7-3　NX4 子架结构说明

结构	说明
风扇单元	位于子架顶部，每个子架配置 4 个独立风扇单元，以确保子架的散热
安装支耳	分为左、右安装支耳，通过在这两个支耳上的松不脱螺钉将子架固定在机柜上。根据子架固定方式和安装支耳的位置有所不同分两种类型： （1）前固定方式，安装支耳位于子架侧面的前部； （2）后固定方式，安装支耳位于子架侧面的后部
把手	用于移动子架
盘纤盘	位于子架的左、右侧面，用于光纤的预留盘绕、连接和调度
处理板插板区	业务单板安装区域
防尘网	位于走线槽的下部，防止灰尘进入设备内部

NX4 子架板位资源如图 7-4 所示。

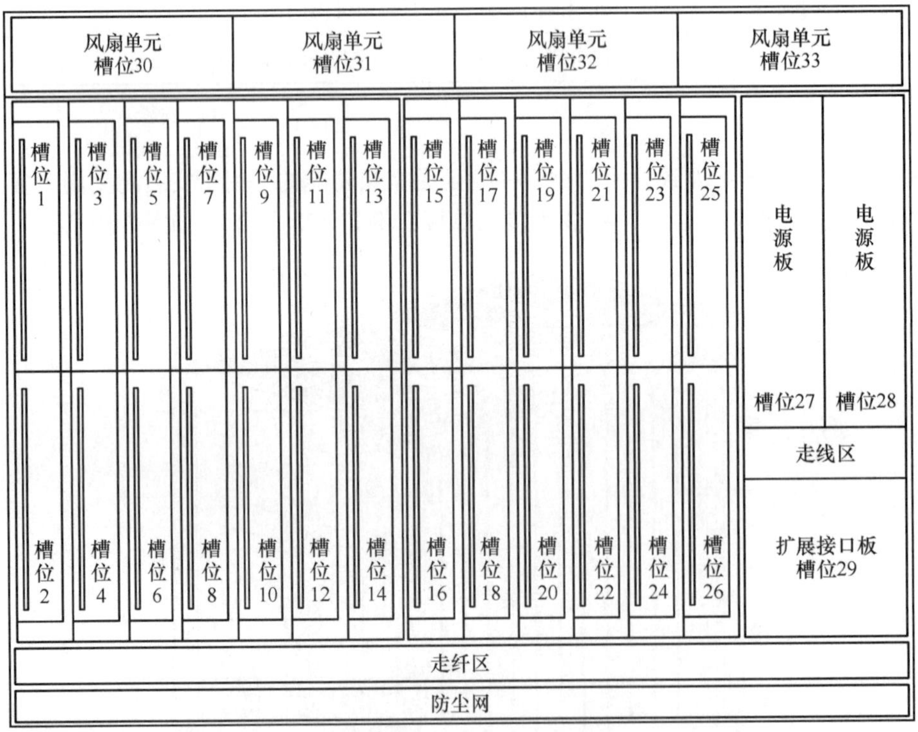

风扇单元 槽位30
风扇单元 槽位31
风扇单元 槽位32
风扇单元 槽位33
槽位1 槽位3 槽位5 槽位7 槽位9 槽位11 槽位13 槽位15 槽位17 槽位19 槽位21 槽位23 槽位25
电源板 槽位27
电源板 槽位28
走线区
槽位2 槽位4 槽位6 槽位8 槽位10 槽位12 槽位14 槽位16 槽位18 槽位20 槽位22 槽位24 槽位26
扩展接口板 槽位29
走纤区
防尘网

图 7-4　NX4 子架板位资源

3）集中交叉子架

当用到电交叉功能时，要用交叉子架。交叉子架又分为集中交叉子架和分布式交叉子架，其区别在于集中交叉子架通过交叉板来完成子架中所有业务单板的电交叉，而分布式交叉子架没有交叉板，而是把交叉功能做在子架背板中，如 CX4 子架。CX4 子架的外形结构示意如图 7-5 所示。CX4 子架结构说明见表 7-4。

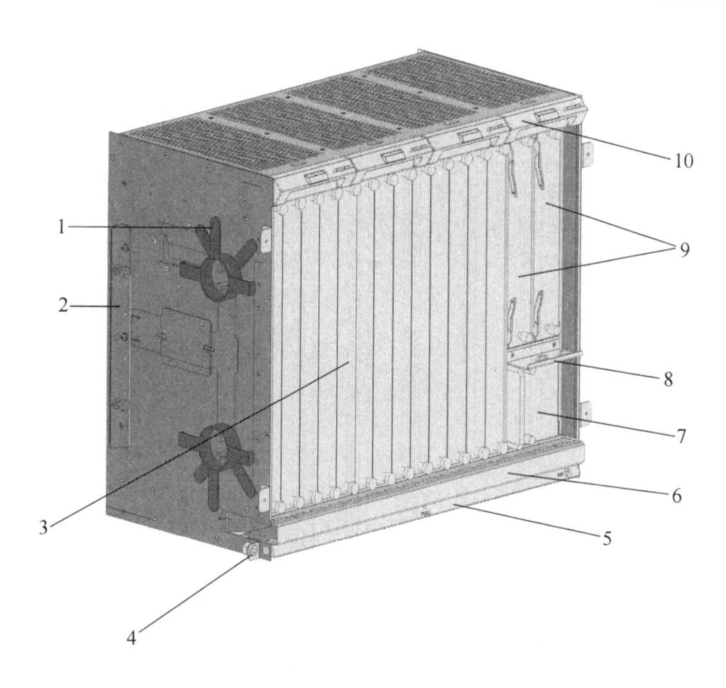

图 7-5 CX4 子架的外形结构示意

1—盘纤盘；2—安装支耳；3—业务板区；4—子架接地柱；5—防尘网；
6—走纤区；7—接口板区；8—走线槽；9—电源板区；10—风扇区

表 7-4 CX4 子架结构说明

结构	说明
盘纤盘	位于子架的左、右侧面，用于光纤的预留盘绕、连接和调度
安装支耳	分为左、右安装支耳，通过两个支耳上的松不脱螺钉将子架固定在机柜上
业务板区	用于插装各类功能单板
子架接地柱	位于传输子架左侧面的下部，用于连接子架接地线
防尘网	位于走线槽的下部，配合风扇单元形成子架内部的一个冷热空气循环系统
走纤区	位于处理板插板区的下部，用于布放进出单板面板的光纤
接口板区	用于安装扩展接口板，提供子架级联接口、网口、透明用户通道接口、告警输入接口、告警输出接口
走线槽	位于接口板上部，用于规范布放机架面板上的电缆
电源板区	位于子架右侧，提供 2 个电源板槽位，支持电源板的 1+1 热备份
风扇板区	用于插装子架的风扇单元，以确保子架的散热

CX4 子架板位资源如图 7-6 所示，数字表示槽位号。

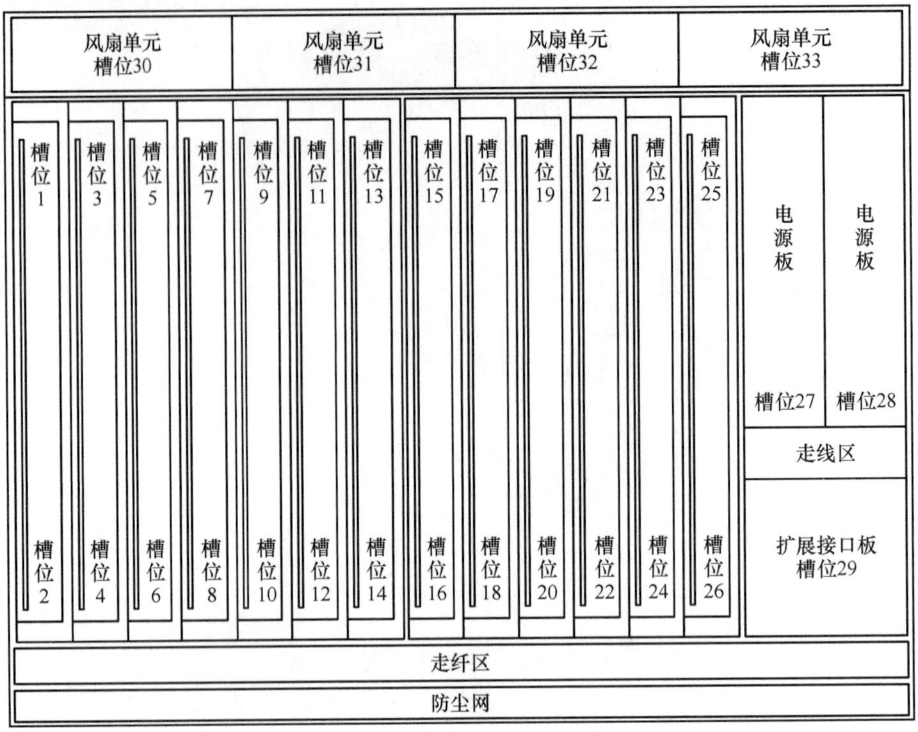

图 7-6　CX4 子架板位资源

CX4 子架单板与槽位的对应关系见表 7-5。

表 7-5　CX4 子架单板与槽位的对应关系

<table>
<tr><th>槽位号</th><th colspan="2">可插单板</th><th>备注</th></tr>
<tr><td>13、14，15、16</td><td colspan="2">CSU、CSUB（两槽位单板类型必须相同）</td><td>默认槽位 13、14，为主用插槽，槽位 15、16 为备用插槽</td></tr>
<tr><td rowspan="3">1～12，17～26</td><td rowspan="3">推荐配置汇聚类单板</td><td>DSAC、SMUB、SAUC、COM</td><td rowspan="2">无槽位限制，与 CSU 单板配合使用</td></tr>
<tr><td>SRM41、SRM42</td></tr>
<tr><td>COMB、LD2、CD2</td><td>无槽位限制，与 CSUB 单板配合使用</td></tr>
<tr><td>5～12，17～26</td><td colspan="2">LQ2，CQ2</td><td>与 CSUB 单板配合使用</td></tr>
</table>

4）风扇单元与防尘单元

（1）风扇单元。

风扇单元是子架的散热降温部件，位于子架的顶部。M820 采用独立风扇单元，如图 7-7所示。独立风扇单元各组件的功能见表 7-6。

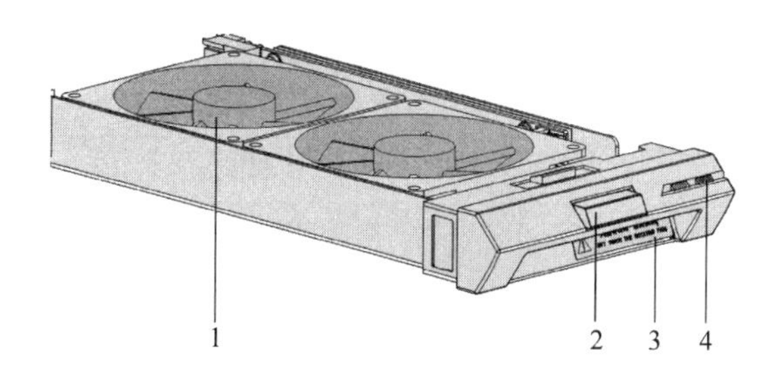

图 7-7 独立风扇单元结构

1—风扇；2—锁定按钮；3—警告标识；4—指示灯

表 7-6 独立风扇单元各组件的功能

序号	组件	功能
1	风扇	采用抽风方式工作
2	锁定按钮	用于将风扇单元锁紧在子架中
3	警告标识	提醒维护人员在风扇转动时，不可以触摸风扇
4	指示灯	指示风扇板的工作状态，详细描述参见表 7-7

表 7-7 风扇单元指示灯与面板状态对应关系

指示灯	指示灯颜色	指示灯状态	单板状态
运行指示灯 NOM	绿	正常闪烁	正常上电状态
		灭	单板未上电
故障指示灯 ALM	红	亮	单板业务有告警
		慢闪	单板硬件故障或硬件自检失败
		快闪	单板软件故障
		灭	单板无告警

- 正常闪烁（1 次/s）表示指示灯 0.5 s 亮，0.5 s 灭。
- 慢闪（1 次/2 s）表示指示灯 1 s 亮，1 s 灭。
- 快闪（5 次/s）表示指示灯 0.1 s 亮，0.1 s 灭。

（2）防尘单元。

防尘单元用于保证设备子架内的清洁，避免灰尘堆积影响设备散热。防尘单元示意如图 7-8所示。

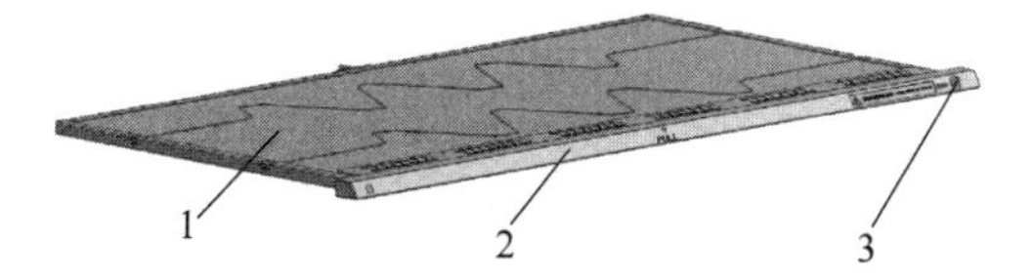

图 7-8 防尘单元示意

1—防尘网；2—面板；3—防静电手环插孔

防尘单元各组件的功能见表7-8。

表7-8　防尘单元各组件的功能

组件	功能
防尘网	用于阻止灰尘进入设备子架，防尘网中的海绵空气滤片可拆卸
面板	位于插箱正面，带有提示清洗标识
防静电手环插孔	用于安装防静电手环

任务实施

1. OTN任务1

各团队学习OTN知识（视频7-1），各小组分别到OTN机房参观，画出OTN机框、子架结构和板位信息，团队内部制作课件或文档进行汇报。

2. OTN任务2

各团队研究OTN风扇和防尘单元指示灯的意义，团队内部制作课件进行汇报。

任务总结（拓展）

OTN有哪两种子架？它们各有什么板位资源？

任务7-2　常用单板

教学内容

（1）常用的业务接入与汇聚单板；

（2）常用的合分波单板；

（3）光放大类单板；

（4）交叉子系统。

技能要求

（1）能说出波分系统硬件结构分类；

（2）能说出各子系统常用单板的功能；

（3）能正确分析单板在系统中的位置。

任务描述

团队（4~6人）进行OTN的单板功能描述或讲解，能正确分析其在系统中的位置。

任务分析

学生能完成OTN单板功能描述，能正确分析其在系统中的位置。

知识准备

1. 业务接入与汇聚子系统

1）简介

业务接入与汇聚子系统单板的主要功能是把客户侧业务接入封装到OTN帧中，并调制到符合波分系统要求的波长上，从线路侧接口输出。在接收侧，则把线路侧收到的OTN帧解复用成客户侧信号送到客户侧接口。

业务接入单板和汇聚子系统单板的重要区别在于，业务接入单板实现的是客户侧到线路侧的一对一转换，即一路客户侧业务转换成一路线路侧OTN帧信号。但对于低速业务，比如GE、2.5G的业务，一对一的转换到线路侧并占用一个波道，未免浪费波道，因此汇聚类单板把多路客户侧的业务汇聚到一路线路侧OTN帧，再调制到某一个波道上，实现多个客户业务共用一个波长，以此节省波道资源。汇聚类单板的客户侧和线路侧接口是多对一的关系。

2）SOTU10G业务接入单板

（1）单板功能。

SOTU10G单板采用光/电/光转换方式，完成信号之间的波长转换和数据再生，支持FEC或超强FEC（AFEC）编解码，支持G.709开销处理功能。SOTU10G包括单路双向终端SOTU10G和单路单向中继SOTU10G。

①实现STM－64（9.953 Gb/s）、OTU2（10.709 Gb/s）、10GE－LAN（10.312 5 Gb/s）速率光信号到OTU2（10.709 Gb/s）、OTU2e（11.1 Gb/s）、OTU2e（AFEC）（11.1 Gb/s）的波长转换。

②客户侧支持STM－64、OTU2或10GE光信号。

③线路侧光信号满足G.694.1的要求，支持FEC或AFEC功能。

（2）面板说明。

单路双向终端SOTU10G单板面板示意如图7-9所示。SOTU10G单板面板说明见表7-9。

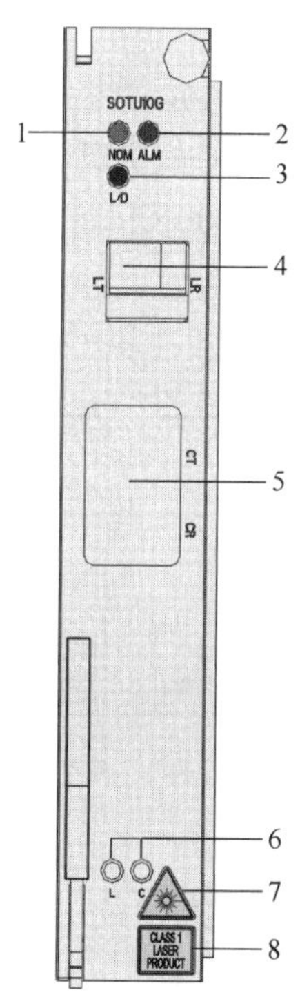

图7-9 SOTU10G单板面板示意

1、2—运行指示灯；3—单板内部通信指示灯；4—线路侧光接口；5—客户侧光接口；6—连接指示灯；7—激光警告标识；8—激光等级标识

表 7-9　SOTU10G 单板面板说明

项目		说明	
单板类型		单路双向终端 SOTU10G	单路单向中继 SOTU10G
面板标识		SOTU10G	
标签		T/R	G
指示灯	NOM	绿灯，正常运行指示灯	
	ALM	红灯，告警指示灯	
	L/D	绿灯，单板内部通信指示灯	
	L	绿灯，线路侧光接口接收状态指示灯	
	C	绿灯，客户侧光接口接收状态指示灯	—
光接口	CR	客户侧输入接口，LC/PC 接口	—
	CT	客户侧输出接口，LC/PC 接口	—
	LR/LT	线路侧输入/输出接口，LC/PC 接口	
激光警告标识		提示操作人员，插拔尾纤时，不要直视光接口，以免灼伤眼睛	
激光等级标识		指示 SOTU10G 板的激光等级为 CLASS 1	

（3）SOTU10G 单板应用。

SOTU10G 单板实现业务接入（终端型）和业务电再生（中继型）功能，在波分系统中的应用如图 7-10 所示。

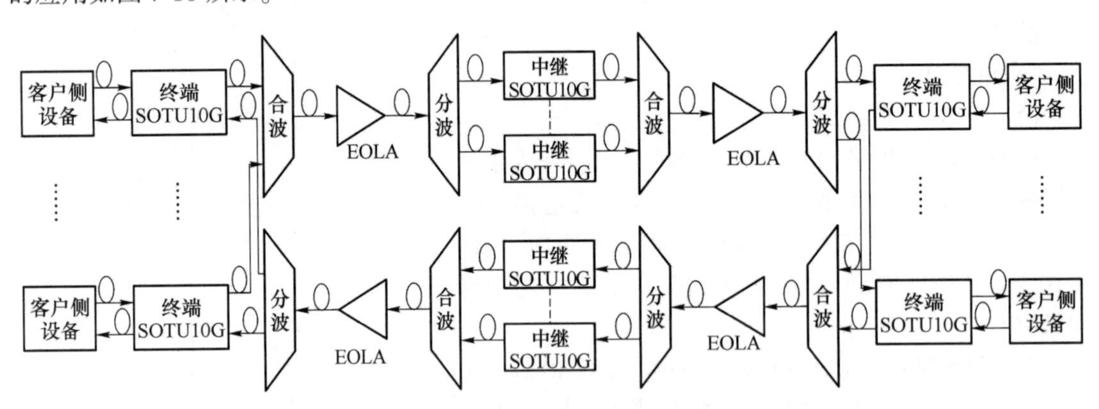

图 7-10　SOTU10G 单板应用示意

3）FCA 汇聚单板

（1）单板功能。

FCA 单板采用光/电/光的转换方式，实现 2 路 4GFC、4 路 2GFC、8 路 1GFC 或者 8 路 GE 业务的接入。完成 FC 信号与 OTU2 信号的复用和解复用功能。

支路侧功能如下：

①接入 2 路 4GFC、4 路 2GFC 或者 8 路 1GFC 光信号业务的接入；

②接入 8 路 GE 业务；

③支持 GFP 相关性能检测；

④支持 FC 拉远功能。

群路侧功能如下：

⑤光信号符合 G. 694. 1 和 G. 709 标准规定的 OTU2 信号结构；

⑥支持 G. 709 标准中定义的 OTU2 接口和相关性能检测，FEC 可设置为标准 FEC 或超强 FEC（AFEC）；

⑦支持 GFP－T 数据包封装功能，符合 G. 704. 1 的要求。

（2）面板说明。

FCA 单板面板示意如图 7-11 所示，面板说明见表 7-10。

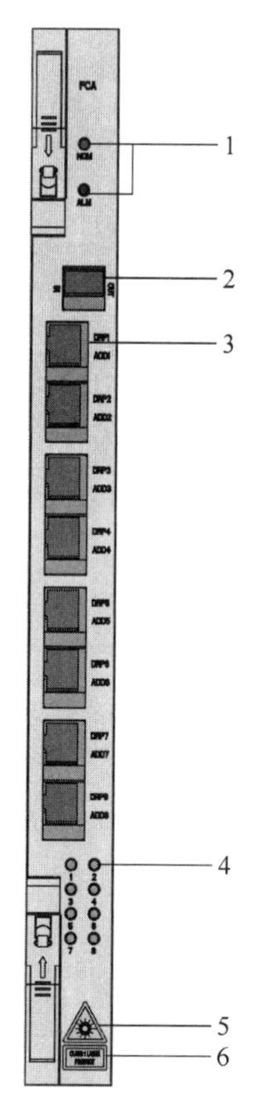

图 7-11 FCA 单板面板示意

1—单板运行指示灯；2—光接口；3—支路光接口；4—支路光口指示灯；5—激光警告标识；6—激光等级标识

表 7-10 FCA 单板面板说明

项目		说明
单板名称		FCA
面板标识		FCA
指示灯	NOM	绿灯，运行指示灯
	ALM	红灯，告警指示灯
	支路光口指示灯	绿灯，光接口区下方，与支路光接口一一对应
光接口	IN	线路侧输入接口，光纤连接器类型为 LC/PC
	OUT	线路侧输出接口，光纤连接器类型为 LC/PC
	DRPn	数据业务支路光输出接口，$n=1\sim8$，LC/PC 接头
	ADDn	数据业务支路光输入接口，$n=1\sim8$，LC/PC 接头
激光警告标识		提醒操作人员谨防激光灼伤人体
激光等级标识		指示单板的激光等级为 CLASS 1

（3）单板应用。

汇聚类单板的应用场景在终端与业务接入类单板相似，只是汇聚类单板有更多低速业务接口而已。

2. 合分波子系统

1）简介

合分波子系统是将多个单波业务合成一路合波信号或将一路合波信号分成多个单波信号。目前最常用的合分波单板主要是 OMU40 单板和 ODU40 单板。

2）OMU 单板

（1）单板功能。

OMU 单板实现合波功能并且提供合路光的在线监测口。OMU40 单板（C 波段）的主要功能指标如下：

①合波数量为 40 波；

②合波器类型为 AWG（阵列波导型）或 TFF（薄膜型）；

③工作波长为 192.10 ~ 196.05THz。

OMU 单板将不同波长的光信号通过合波器合到一根光纤中。在合路输出前，部分光送入光功率监测模块，由光功率监测模块提供在线监测口，并通过控制与通信单元向网管上报输出光总功率，如图 7-12 所示。

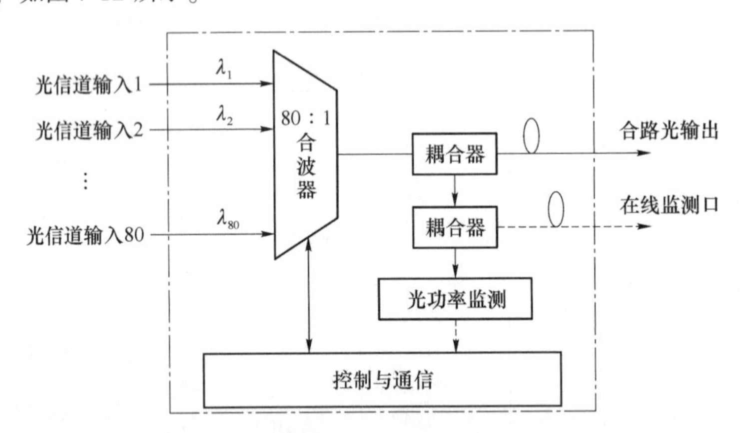

图 7-12　OMU 单板的工作原理（以 OMU80 单板为例）

（2）面板说明。

以 OMU40 单板为例，其面板示意如图 7-13 所示。

①面板标识：OMU40。

②指示灯：NOM，绿灯，正常运行指示灯；ALM，红灯，告警指示灯。

③光接口：CHn，光通道输入接口（n = 1 ~ 40），LC/PC 接口。

④激光警告标识（左下黄色三角形）：提示操作人员，插拔尾纤时不要直视光接口，以免灼伤眼睛。

⑤激光等级标识（左下黄色长方形）：指示 OMU 单板的激光等级为 CLASS 1。

（3）单板应用。

OMU 单板的 CHn 接口与 OTU 单板的线路侧接口、汇聚类单板（如 SRM/GEM/DSA 单板）的群路接口连接，接入符合 G. 694. 1 波长要求的光信号。

OMU 单板的 OUT 接口与 EOBA 单板的 IN 接口相连，OMU 单板的光纤连接关系如图 7-14所示。

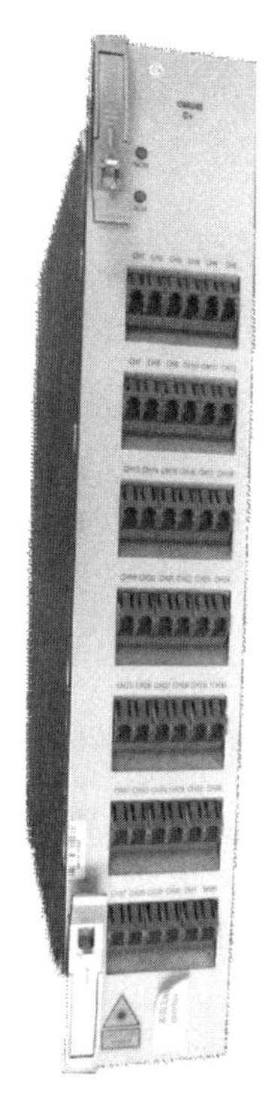

图 7-13 OMU40 单板面板示意

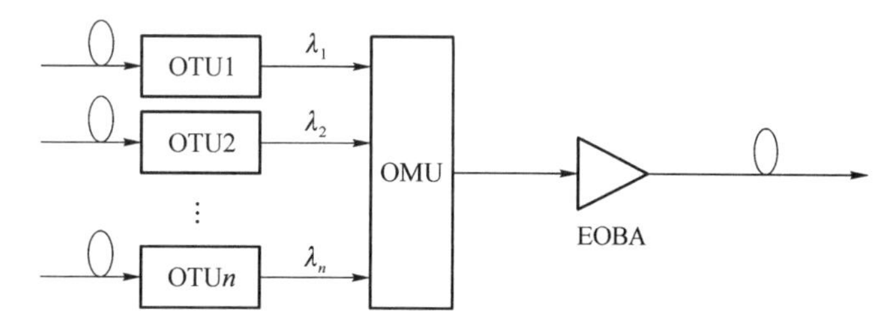

图 7-14 OMU 单板的光纤连接关系

3）ODU 单板

（1）单板功能。

ODU 单板与 OMU 单板在原理、结构和外形方面都很相似，不同的地方在于，ODU 单板实现的是分波功能，其方向与 OMU 单板相反，甚至本任务提到的 AWG 和 TFF 两种原理的合分波单板可以互换使用（当然，基于方便维护的考虑，一般不这么做）。

（2）面板说明。

ODU40 单板面板示意如图 7-15 所示。其与 ODU40 单板面板一致。

（3）单板应用。

ODU 单板的光纤连接关系如图 7-16 所示。

其仅光方向与 OMU 单板相反。EONA 为一种放大器，将在后面讲到。

3. 光放大子系统

1）简介

光放大子系统在整个波分系统中起到补偿线路损耗、放大光信号功率的作用。本任务主要介绍目前波分网络中常用的掺铒光纤放大器单板。掺铒光纤放大器（SEOA）根据输出光功率和接收灵敏度的不同，又分为常用于发送端的 SEOBA、常用于接收端的 SEOPA，以及常用于光中继或接收端的 EONA。值

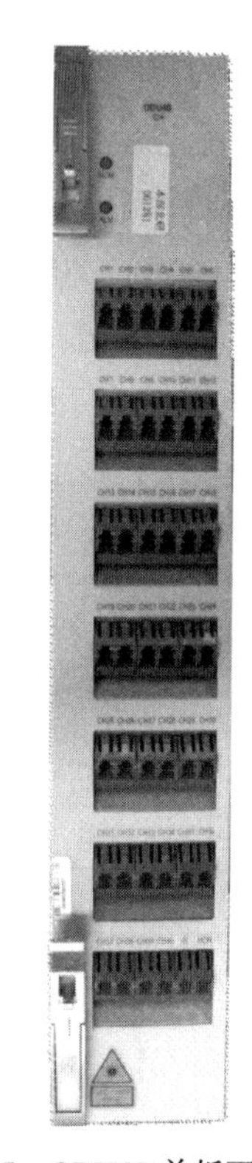

图 7-15 ODU40 单板面板示意

得一提的是中兴通讯的 OTN 设备中光放类单板集成了放大光信号和合/分监控光的功能。

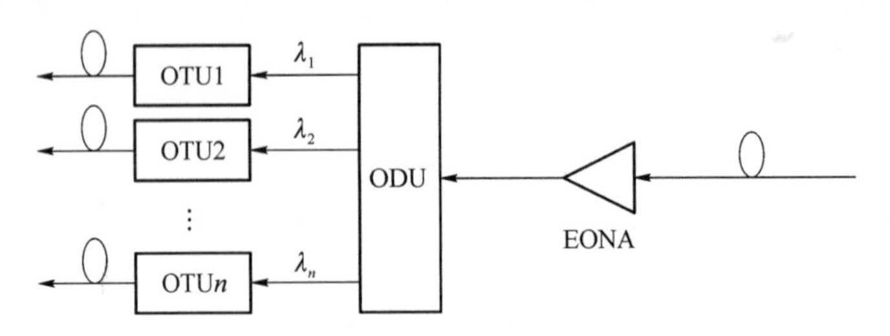

图 7-16　ODU 单板的光纤连接关系

2）光放大单板的功能

SEOA 单板的具体功能如下：

（1）SEOA 单板使用 C 波段的掺铒光纤放大器（EDFA）实现对光信号的全光放大，补偿 DWDM 系统中由于光器件插入产生的损耗或光纤线路的衰减损耗，延长系统的无电中继距离。

（2）具有高瞬态响应特性，满足大带宽和中长距的传输需求。

（3）具有自动功率减弱（APR）功能，即系统在探测到链路上输入无光时，自动减弱 SEOA 单板的输出光功率。信号恢复时，系统重新启动，恢复 SEOA 单板的工作，保证在线路光纤的检修过程中，光功率电平处于安全范围之内。

（4）APR 作用于一个光传输段（OTS）。当任何一个 OTS 出现故障时，不影响其他 OTS 段以及下游的告警。在处理过程中，每个接收端的 SEOA 放大器保证钳位输出，而发送端的 SEOA 放大器进行关断处理。

（5）单板内设有 1 510/1 550 合波器和分波器，实现监控通道波长（1 510 nm）光信号的上、下，但不对 1 510 nm 监控信号进行处理。

（6）具有性能监测和告警处理功能，检测 EDFA 光模块及驱动、制冷电路的相关光电性能，并上报网管。

（7）具有增益锁定和功率钳制功能。

（8）增益锁定：采用增益锁定的放大方式，增益锁定值可大范围调整，以适应不同中继距离的需求。在全输入和全工作温度范围内，增益调整的分辨率为 0. 1 dB。

3）工作原理

EONA（OLA）单板的工作原理如图 7-17 所示。它左半边相当于 SEOPA，右半边相当于 SEOBA。

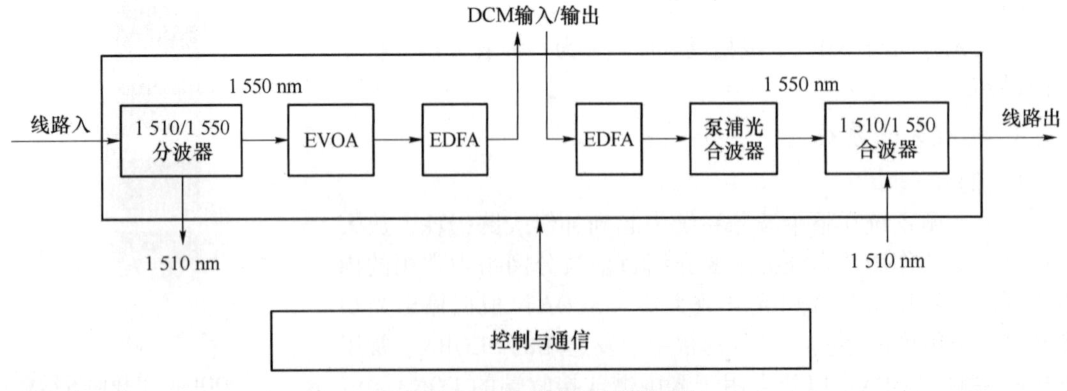

图 7-17　EONA 单板的工作原理

EONA 单板的各个功能单元说明见表 7-11。

表 7-11 EONA 单板的功能单元说明

功能单元	说明
分波器 合波器	位于 EONA 板的接收和发送端，完成监控通道（1 510 nm）与主光通道（1 550 nm）的分波和合波
EDFA	EDFA 完成 1 550 nm 光信号的放大功能，由 EDFA 驱动电路控制。EDFA 驱动电路具有增益调整、功率钳制、增益锁定、APSD、APR 等功能。EONA 单板增益调整范围高达 10 dB，即 ±5 dB，调整分辨率为 0.1 dB
EVOA	电可调光衰耗器，根据网管命令调整光路衰耗
泵浦光合波器	将信号光耦合进泵浦光，实现光信号放大功能
控制与通信	检测输入、输出光功率，上报网管，同时接收网管对单板的控制命令

EONA 单板的业务流向：

（1）光线路信号进入 EONA 单板后，由 1 510/1 550 分波器分离线路信号中的 1 510 nm 和 1 550nm 波长信号。

（2）将 1 550 nm 信号送入 EVOA 进行增益调整后，送入第 1 级 EDFA 模块进行放大，可接入 DCM 模块进行色散补偿。送入第 2 级 EDFA 模块进行放大，经泵浦光合波器耦合泵浦光，实现合波信号光放大，并在 1 510/1 550 合波器合入 1 510 nm 波长的监控信号后输出。

4）面板说明

SEOBA、SEOPA 单板面板示意如图 7-18 所示。光接口说明见表 7-12。

表 7-12 光接口说明

光接口	说明
IN	线路输入接口，LC/PC 接口
SIN	1 510 nm 输入接口，LC/PC 接口
SOUT	1 510 nm 输出接口，LC/PC 接口
MON1	本地前级监测输出接口，LC/PC 接口
MON2	本地后级监测输出接口，LC/PC 接口
OUT	线路输出接口，LC/PC 接口

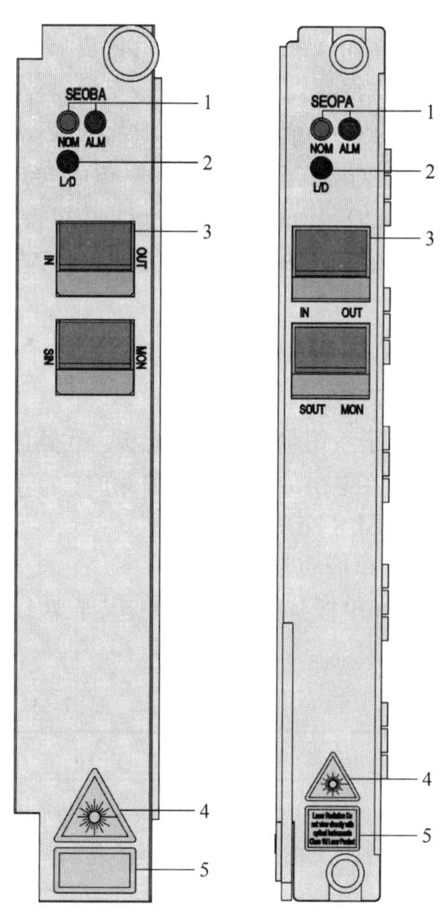

图 7-18 SEOBA、SEOPA 单板面板示意
1—单板运行指示灯；2—单板内部通信指示灯；
3—光接口；4—激光警告标识；
5—激光等级标识

5）单板应用

EONA 单板典型的光纤连接关系如图 7-19 所示。

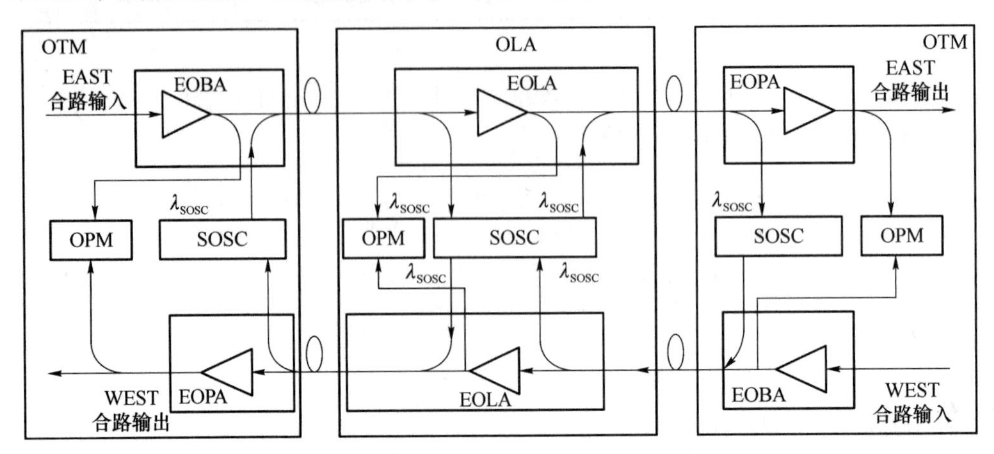

图 7-19　EONA 单板典型的光纤连接关系

（1）EOBA 单板的 IN 接口接入 OTM 设备的合波光信号，OUT 接口输出放大后的光信号，SIN 接口接入 SOSC 单板输出的监控信号，MON 接口与 OPM 单板连接。

（2）EOPA 单板的 IN 接口接入线路光信号，OUT 接口输出放大后的光信号，SOUT 接口输出监控信号至 SOSC 单板，MON 接口与 OPM 单板连接。

（3）EOLA/EONA 单板的 IN 接口接入放大前的线路光信号，OUT 接口输出放大后的线路光信号，SIN/SOUT 接口与 SOSC 单板的输出/输入接口连接，MON 接口与 OPM 单板连接。

4. 交叉子系统

1）简介

交叉子系统包括交叉单元板、线路侧业务板和支路侧业务板等，交叉子系统实现了各种业务颗粒在电层的灵活调度和保护。

2）CSUB 交叉单元板

（1）单板功能。

CSUB 单板是安装在集中交叉子架上的时钟和信号交叉处理单元，通常配置 2 块，其功能见表 7-13。

表 7-13　CSUB 单板功能说明

功能	说明
时钟功能	• 支持最多 6 个输入时钟源的优选功能，选择最优时钟作为系统时钟，并根据系统时钟生成输出时钟； • 支持时钟源设置
交叉功能	对 11 块业务板提供的 80 路、每路 5 G/s 的 ODUa 信号进行交叉处理，交叉颗粒度 ODU0/1/2，实现 ODUa 信号在所有时隙的任意调度

续表

功能项	说明
主备倒换功能	支持 CSUB 主从配置，并将主从标识提供给业务板
单板复位功能	支持硬件复位、软件复位、IC 复位
单板软件下载	支持单板软件在线下载
告警性能检测	• 支持背板信号质量检测； • 支持时钟告警检测； • 支持环境温度检测； • 支持单板失效告警检测
开销处理功能	支持 ODUa 的开销处理功能

（2）面板说明。

CSUB 单板面板示意如图 7-20 所示。

CSUB 单板指示灯与运行状态的对应关系见表 7-14。

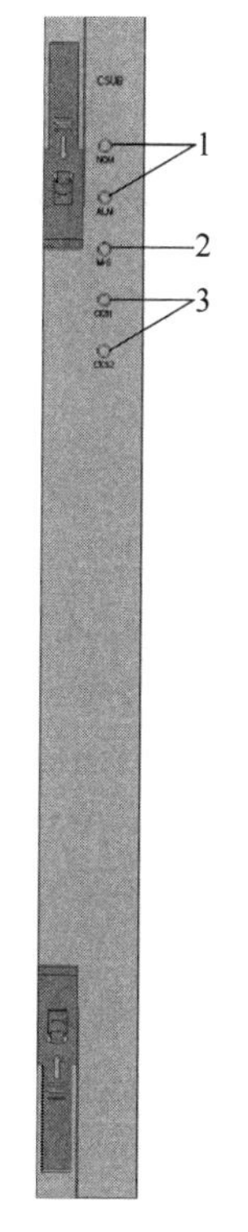

图 7-20　CSUB 单板面板示意

1—单板运行指示灯；2—主从时钟板指示灯；3—时钟状态指示灯

表 7-14　CSUB 单板指示灯与运行状态的对应关系

工作状态	指示灯	
	NOM 绿灯	ALM 红灯
等待配置	红、绿灯交替闪烁	
正常运行	规律慢闪	灭
单板告警	规律慢闪	长亮
APP 加载 FPGA	常亮	快闪
APP 初始化芯片	常亮	慢闪
自检不通过	常灭	快闪
单板进入下载状态	红、绿灯同时快闪	
正在下载状态	红、绿灯同时慢闪	

注：慢闪（1 次/s）表示指示灯 0.5 s 亮，0.5 s 灭；快闪（5 次/s）表示指示灯 0.1 s 亮，0.1 s 灭。

3）COMB 支路板

（1）单板功能。

COMB 单板作为集中交叉子系统的支路板，完成支路侧 8 路 GE 业务信号或 4 路

STM－16业务与背板侧 ODU1 信号的复用与解复用功能。GE 业务汇聚到 ODU0，STM－16 业务汇聚到 ODU1，与 COMB 单板配合使用的交叉板是 CSUB 单板。

①支路侧：

a. 提供8对光接口，每对光接口可以独立接入满足 IEEE 802.3 标准的 GE 光信号。每两个相邻端口为一组，即1－2、3－4、5－6、7－8 四组。

b. 提供4对光接口，每对光接口可以独立接入 STM－16 客户业务。

c. 支持 GFP 相关性能检测。

②背板侧：

a. 提供两个背板通道：通道 A（来自7槽位 CSUB 单板）和通道 B（来自8槽位 CSUB 单板）。每个通道承载4路双向的 ODU1 信号。

b. 支持 GFP 数据包封装功能，符合 G.704.1 的要求。

说明：

①一组端口或两个光口接入2个 GE 业务，全接入即端口1～8为 GE 业务。

②第一个光口接入一个 STM－16 业务，全接入即1、3、5、7 端口为 STM－16 业务。混合接入时，若3、7 端口接入了 STM－16，4、8 端口将不再使用。

（2）面板说明。

COMB 单板面板示意如图 7-21 所示。其中，ADD*n* 是以太网支路光输入接口，DRP*n* 以太网支路光输出接口。

4）LD2 单板

（1）单板功能。

LD2 单板实现双路 10G 业务下背板功能，作为线路侧业务板，采用光/电转换的方式将 10G 光信号转成电信号。

①线路侧：两个 10G 串行接口，支持速率 10.709～11.09Gb/s 的线路侧业务，将 10 Gb/s速率的线路侧 OTU2 信号下背板进行解复用。线路侧支持 AFEC。

②背板侧：用于实现 ODU0/ODU1/ODU2 业务下背板功能。

（2）面板说明。

LD2 单板面板示意如图 7-22 所示。其中，L1T～L2T 为线路侧光发送口，L1R～L2R 为线路侧光接收口。

5. 其他子系统

1）监控子系统

监控子系统实现网管对各网元的远程管理和控制功能，包括 SNP、SCCA、SOSC、SEIA 等单板。

（1）SNP 单板。SNP 单板作为节点控制处理器，采集和处理设备中各单板的告警和性能，并上报网管。管理和控制自动保护倒换（APS），提供告警输入/输出信号给 SEIA 单板，通过 SEIA 单板将告警输出至列头柜或其他用户告警设备。它提供多子架管理功能（最多每个网元可管理 127 个子架），提供大容量存储器如 SD 卡，存储网元历史数据。

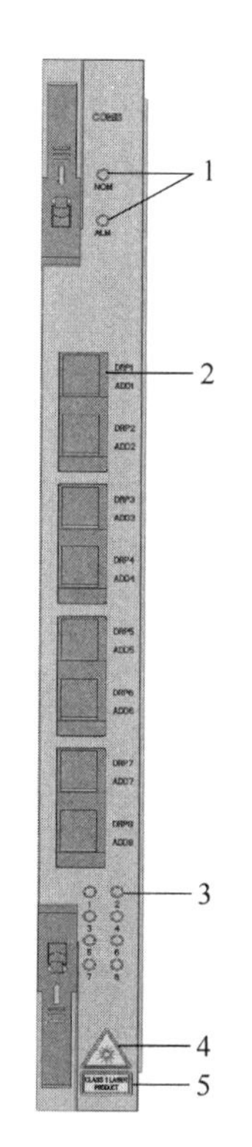

图 7-21 COMB 单板面板示意
1—单板运行指示灯；2—支路光接口；
3—以太网光口指示灯；4—激光告警标识；
5—激光等级标识

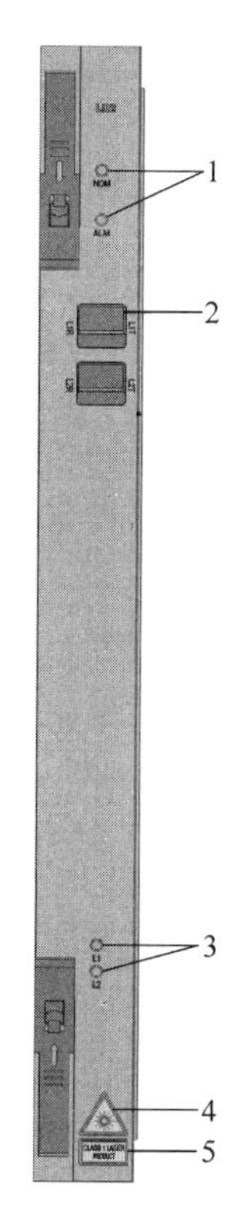

图 7-22 LD2 单板面板示意
1—单板运行指示灯；2—光接口；
3—光口指示灯；4—激光警告标识；
5—激光等级标识

（2）SCCA 单板。SCCA 单板负责单子架或者多子架的总线消息转发。主子架上的 SNP 单板通过 SCCA 单板管理从子架，与 SNP 单板紧密配合实现网元内部通信。

（3）SOSC 单板。SOSC 单板支持 100M 以太网业务速率和 OSPF 协议多域划分，主要通过二、三层交换实现对 ECC 信息、公务信息、用户信息（透明用户通道）和控制信息的传输。它可接入 4 个光方向光监控信道（OSC），通过同步以太网技术实现满足 IEEE 1588V2 标准要求的高精度时间传送。

（4）SEIA 单板。SEIA 单板用于提供以太网和总线信号的输入/输出接口。

2）光层管理子系统

光层管理子系统单板用于分析和管理波分主光通道中每一波的光功率、频率和信噪比。主要有光性能检测板 OPM 和光波长监控板 OWM，前者只能分析性能，无法自动反馈控制单波波长，而 OWM 不但可以分析出合波中每一波的波长，且能自动校正波长偏移。

3）电源子系统

电源子系统包括电源板 SPWA 和风扇板 SFANA。SPWA 单板外部电源设备输入到电源板的 -48 V 电源接口，支持 1+1 热备份功能。经过防反接、防雷击浪涌、滤波处理后，通过子架背板的电源插座为本子架内的各槽位单板提供 -48 V 电源。此外，SPWA 面板上还提供了子架级联的 GE 光接口（内部连接至监控子系统中的二层交换）。风扇板 SFANA 监控风扇的运转状况以及风扇插箱的温度，将风扇的转速和插箱的温度上报主控板。

任务实施

1. 单板任务1

各团队学习OTN知识（视频7-2），各小组分别到OTN机房参观，掌握波分系统硬件结构分类，讲解各子系统常用单板的功能，并识别其在系统中的位置。团队内部制作课件进行研讨并汇报。

2. 单板任务2

各团队学习分析监控子系统、光控管理子系统和电源子系统，团队内部制作课件进行汇报。

任务总结（拓展）

各团队讲解波分系统有哪些子系统。

任务7-3　信号流与光纤连接

教学内容

（1）波分系统M820设备信号流；

（2）波分系统M820设备光纤连接关系。

技能要求

（1）能讲述波分系统M820设备信号流；

（2）能完成（区分）波分系统M820设备光纤连接关系。

任务描述

团队（4~6人）完成波分系统M820设备信号流的讲述，借助M820设备完成波分系统M820设备光纤连接，画出波分系统M820设备光纤连接关系。

任务分析

学生能完成波分系统 M820 设备信号流的讲述，借助 M820 设备独立完成波分系统 M820 设备光纤连接，能独立画出波分系统 M820 设备光纤连接关系。

知识准备

1. 信号流

1）简单举例

图 7-23 所示是一个两个站点之间点到点的信号流示例。在 OTN 系统中，光纤连接通常采用双纤双向连接。红色箭头表示业务信号流向，可以看出，上、下两路信号流实现了业务的双向收发，每个方向的信号在 OTN 网络中都会依次经过 OTU 发、OMU、OBA、（ODF 架）、光缆、（ODF）、OPA、ODU、OTU 收，在中间主光通道光缆上只使用了一根纤芯。蓝色箭头表示监控光（1 510 nm）信号流，它虽然经过 OBA 和 OPA 放大单板，但并没有经过其中的 EDFA 放大器，只是借用了光通道，从而节省光纤资源的使用。

在进行光纤连接时，一定要始终以信号流的规划为依据，并且由于每个方向都有同样的一组单板设备，应该先连完一个方向，再连另一个方向，这样才不容易混淆。

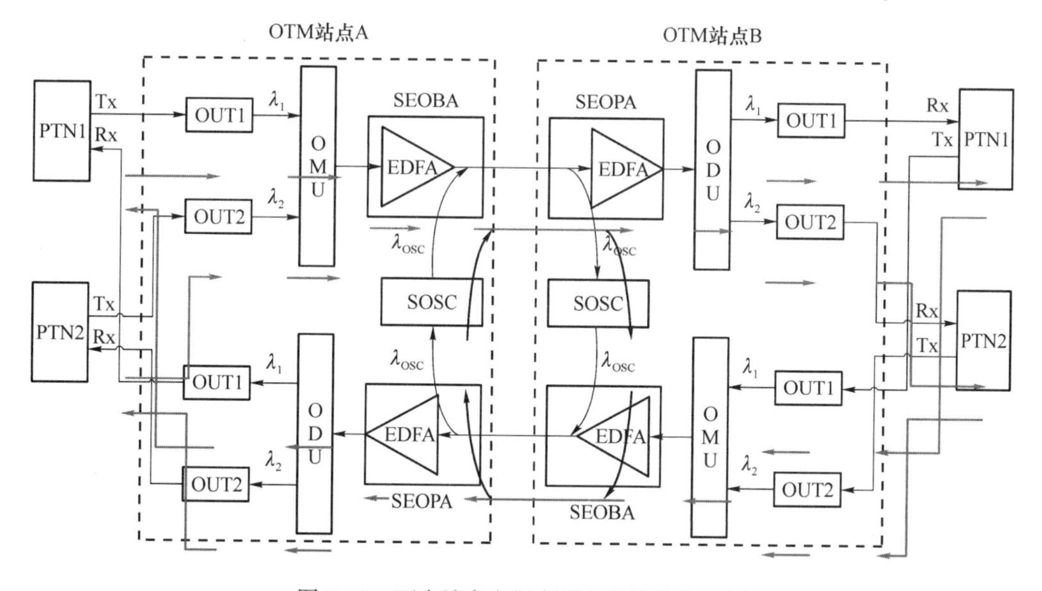

图 7-23　两个站点之间点到点的信号流示例

2）FOADM 光纤连接

从图 7-24 可以看出，OADM 站点中，一部分业务会落地，另一部分会穿通，并且同一方向上落地的业务在后续主光通道上可以被其他业务再次使用，前、后两个业务之间并没有任何联系，只是要注意光功率的调整。

3）OLA 站点

纯粹中继的站点本质上相当于两个 OLA 放大器，它的连纤和配置都很简单，如图 7-25 所示。

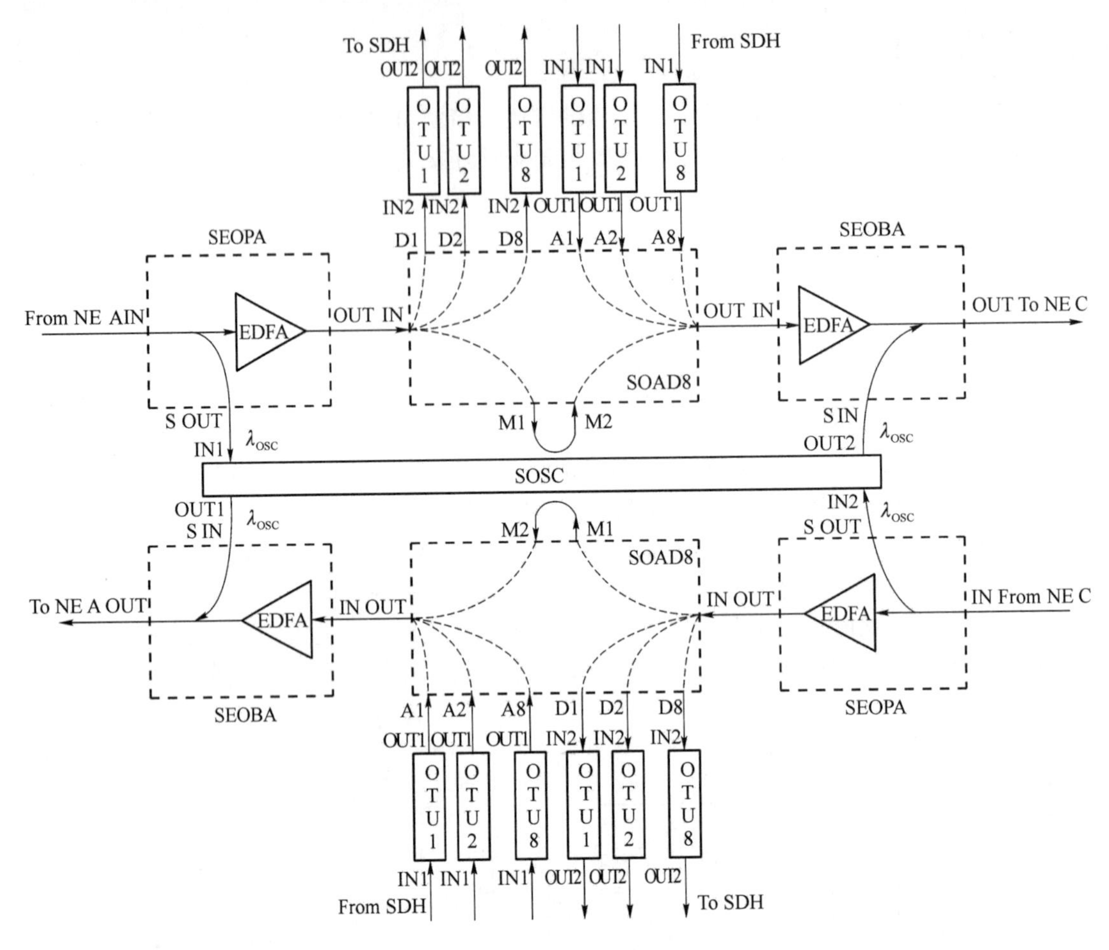

图 7-24　FOADM 光纤连接

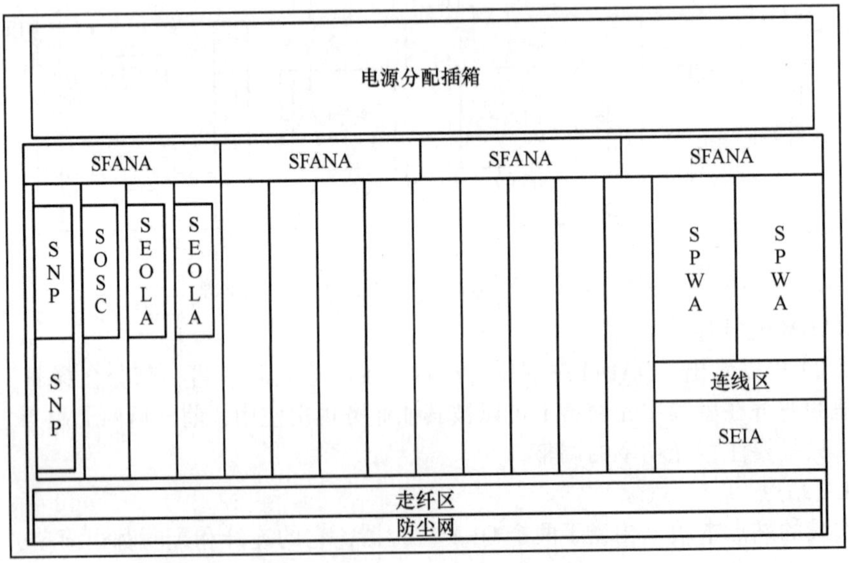

电源分配插箱

SFANA　SFANA　SFANA　SFANA

SNP　SOSC　SEOLA　SEOLA　SPWA　SPWA

SNP

连线区

SEIA

走纤区

防尘网

图 7-25　插位

2. 组网拓扑

前面已经介绍了 OTN 的组网拓扑，这里重复是为了强调拓扑是通过光纤连接来实现的，在连纤的过程中，要始终以光纤连接规划（信号流）为依据。

3. 光纤连接

现以一个链型组网来说明光纤连接，更复杂的网络拓扑都是由点到点和链型网络结构组成的。

1）网络拓扑

图 7-26 所示的链型组网包括 OTM、OLA 和 OADM 三种站点类型。

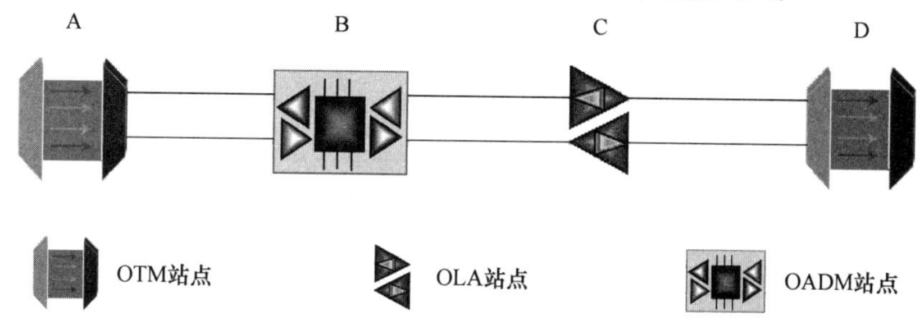

图 7-26 网络拓扑

2）波长分布

在现网规划中，业务波长分布通常是用表 7-15 所示的表格表示的，其中 λx 表示所用波长，实线表示主用，虚线表示备用，箭头表示波长所在光通道的落地站点。

表 7-15 业务波长分布

站点 波长	A	B	D
λ_1	←——	——→	
λ_2		←——	——→
λ_5	←——	————	——→

——→ 上/下业务

3）光纤连接

根据波长分布要求，要在 A、B 之间使用第 1 波，在 B、C、D 之间使用第 2 波，在 A、B、C、D 之间使用第 9 波。

首先，连接第 1 波，然后再连接第 2 波，光纤连接如图 7-27 所示。

从图 7-27 可以看出，站点 B 是 OADM 站点，它的业务要面向东、西（左、右）两个方向，每个方向都需要一组 OTU、OMU、OBA、ODU、OPA，不同方向是不能混用的，这需要特别注意。另外，在 OTN 系统中，合波光通道只需要连接一次。

最后，再来连接第 9 波。可以看到，第 9 波所要经过的主光通道已经连好了，只需要将第 9 波的 OTU 单板与相应的合分波连接好，然后在 B 站点做穿通就好了（B 站点在对第 1、2 波进行合分波时，也会将第 9 波进行合分波）。图 7-28 中的点画线、虚线就是在对第 9 波进行光纤连接时所要进行的操作。其余没有业务的光波长将端口空着即可。

根据 OTN 原理中提到的 OTN 网络结构进行对应，如图 7-29 所示，看看 OMS、OTS 和各波长 OCH 的对应范围。

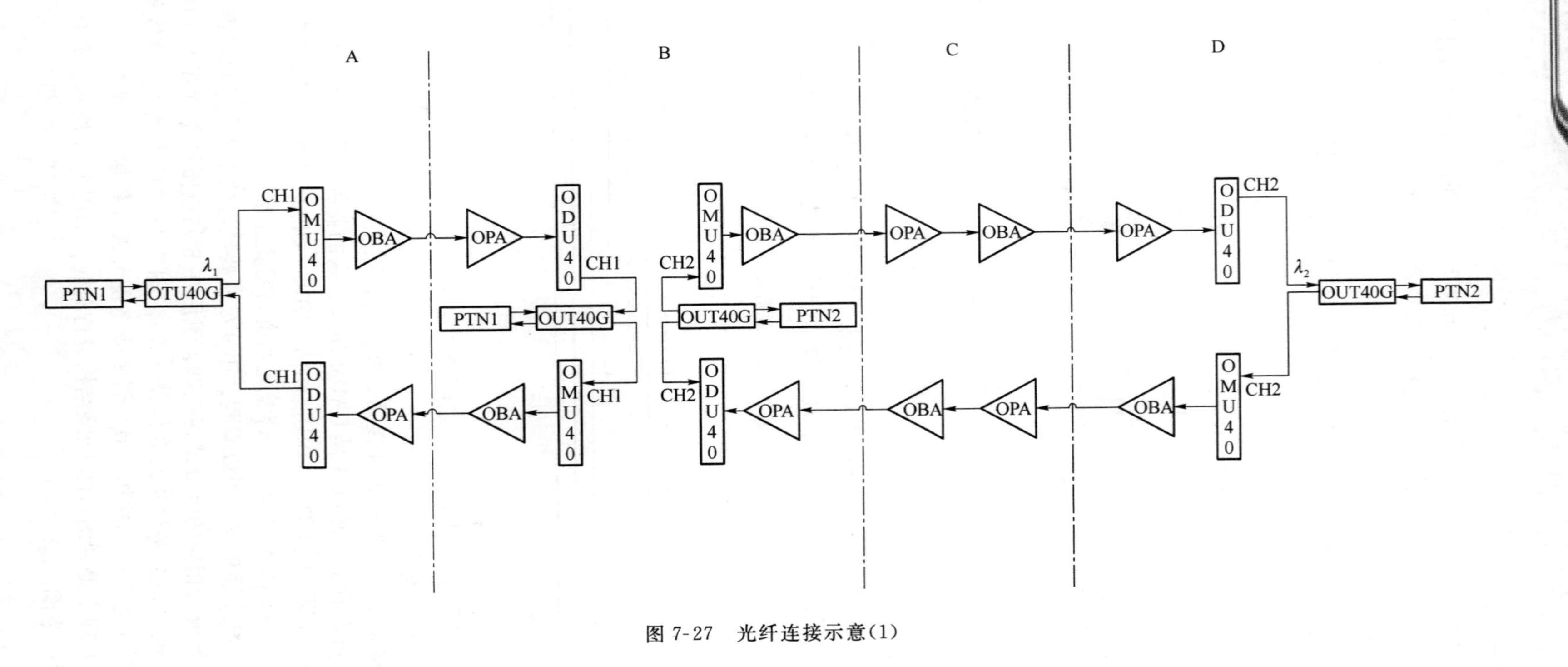

图 7-27　光纤连接示意(1)

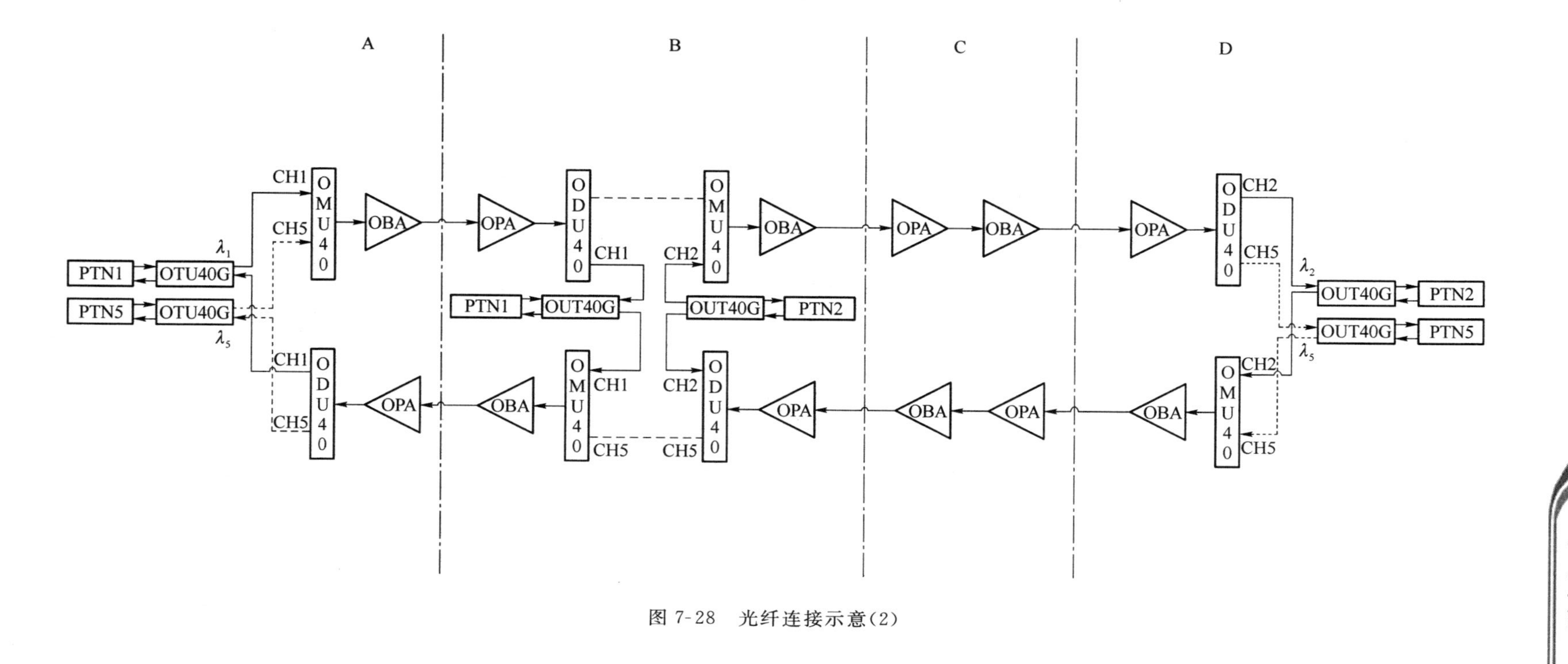

图 7-28 光纤连接示意(2)

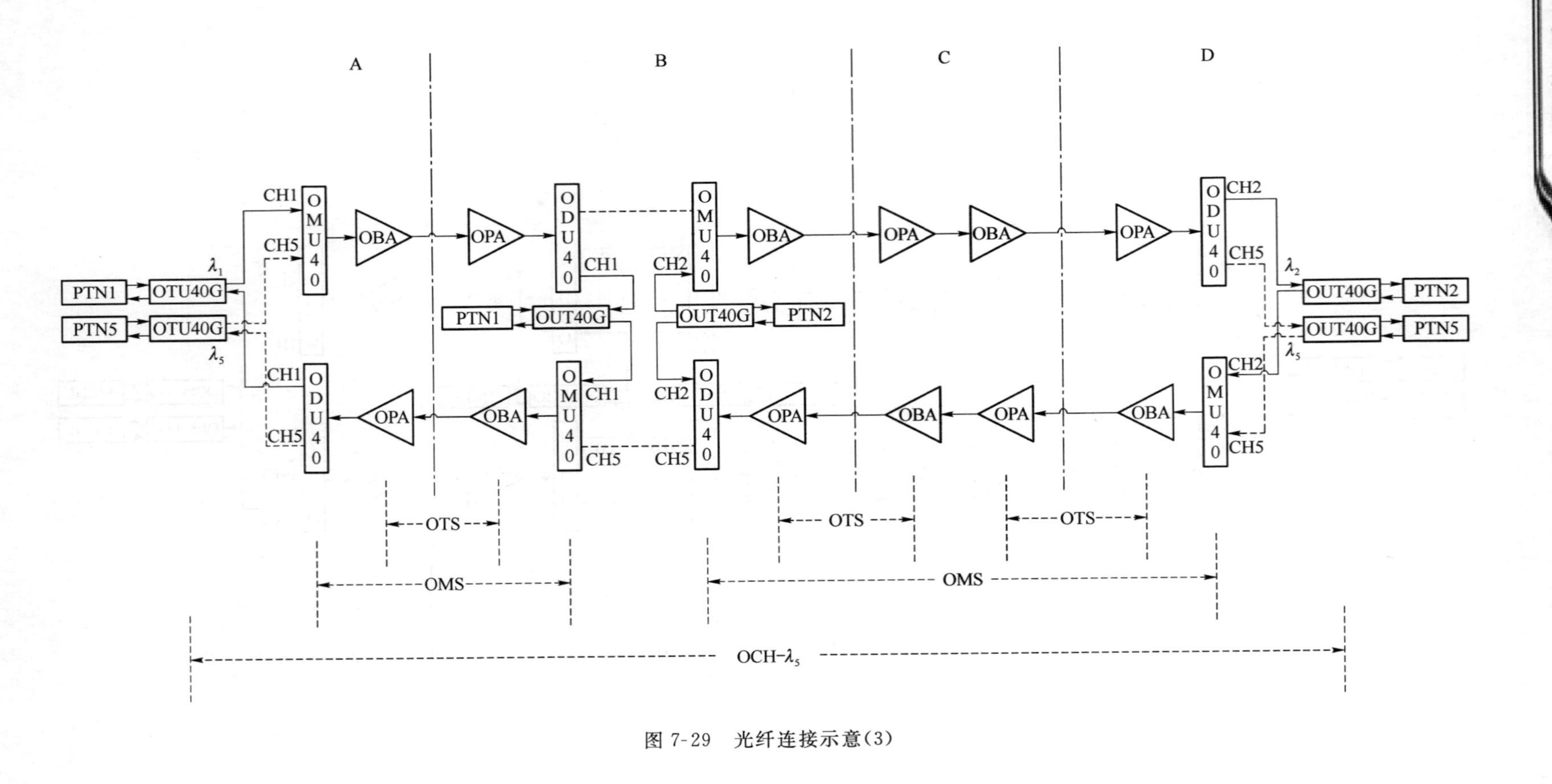

图 7-29　光纤连接示意(3)

任务实施

1. 信号流与光纤连接任务 1

各团队学习 M820 设备信号流知识（视频 7－3），各小组分别到 OTN 机房参观，画出 M820 组网拓扑，团队内部制作课件进行汇报。

2. 信号流与光纤连接任务 2

各团队讨论光纤连接原理及知识，各小组分别到 OTN 机房参观，小组完成波分系统 M820 设备光纤连接（现场操作），或画出 M820 设备光纤连接示意图，团队内部制作课件进行汇报和讲解。

任务总结（拓展）

画出三个站点之间的链型光纤连接图，团队可以研讨，独立完成连接图的制作。

任务 7－4　光功率调整基础

教学内容

（1）信号流与光功率；

（2）光功率常用电位。

技能要求

（1）能找出信号流中的光功率调试点；

（2）会光功率单位 dBm 和 dB 的运算。

任务描述

团队（4～6 人）完成波分系统 M820 设备信号流的讲述，借助 M820 设备完成波分系统 M820 设备光纤连接，找出各光功率调整点，或在流程图上标出各调整点，团队内部制作课件进行汇报。

任务分析

学生能完成波分系统 M820 设备信号流的讲述，借助 M820 设备独立完成波分系统 M820 设备光纤连接，找出各光功率调整点，或在流程图上标出各调整点，团队内部制作课件进行汇报。

知识准备

1. 光功率与信号流

知识回顾：系统组网和信号流如图 7-30 所示。

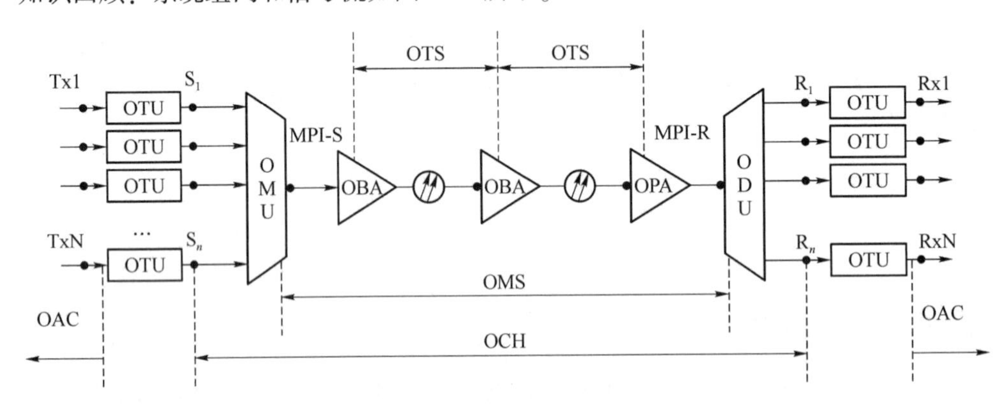

图 7-30　两个站点之间点到点的单向信号流示例

两个站点之间点到点的单向信号流示例中：OCH－光通道层，衡量单波信号在系统中的传输；OMS－光复用段层，衡量合波信号的特性；OTS－光传送层，衡量信号在光缆中传输的特性；OAC－光接入层，接入各种客户信号。黑点表示需要进行光功率调试的位置。可见，几乎每块单板前、后都要进行光功率的调试，这是一个复杂而重要的工作。光功率调试的前提，就是一定要掌握好信号流，熟练掌握它们之间的关系和各单板正常工作的光功率范围参数。

2. 光功率单位

光功率的常用单位有：毫瓦（mW）——光功率常用计量单位；毫瓦分贝（dBm）——为了便于计算而引入的光功率计量单位；分贝（dB）——光功率衰减或增益的比值。其中，dB 与比值相关。例如，同一量纲的参数 A/B 是一个比值，也就是倍数的关系。如果对这个比值作一个数学处理：$10\lg\frac{A}{B}$（dB），这时单位就是 dB，也就是分贝。

如果将单位为 mW 的一个功率值与 1 mW 相比，然后再作上面的数学处理，如：$p_{(\mathrm{dBm})}=10\lg\frac{p_{(\mathrm{mW})}}{1_{(\mathrm{mW})}}$，由于 1 mW 是确定值，与它相关的数学处理结果就可以用来衡量功率的大小，也就是用它表示光功率，所以它的单位不再是一个纯粹的比值或 dB，而是一个功率单位，即 dBm。

在波分系统中，经常会遇到如下合波器的模型计算，输入是 N 波功率相同的光波

（图 7-31），用毫瓦表示为：

$$p_{总(mW)}=p_{1(mW)}+p_2+\cdots+p_{N(mW)} \tag{7-1}$$

如果等式两边同时作取对数并乘 10 的数学处理，等式依然成立：

$$p_{总(dBm)}=10\lg\ (N\cdot p_{1(mW)})\ =p_{1(dBm)}+10\lg N \tag{7-2}$$

这个表达式使人联想到对数运算，如：

$$\lg\ (A\cdot B)\ =\lg A+\lg B,\ \lg\ (A/B)\ =\lg A-\lg B,\ \lg\ (A^N)\ =N\lg A \tag{7-3}$$

可以看到，取对数的处理会使以 mW 为单位的乘/除运算变成以 dB 和 dBm 为单位表示的加/减运算，使指数运算变为倍数运算。

所以，当光功率在光纤传输中产生损耗时，就可以进行如下运算（图 7-32）：

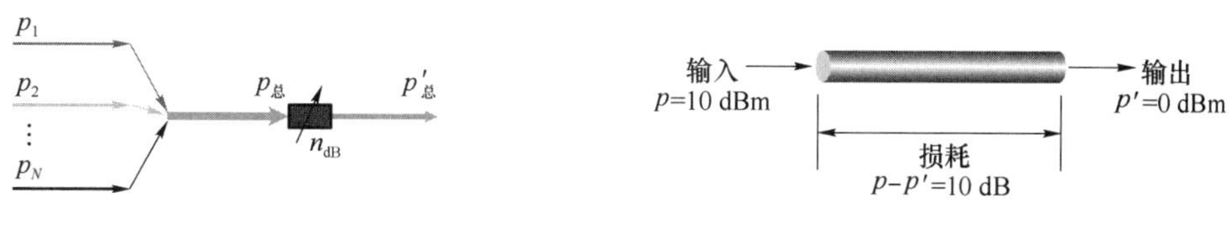

图 7-31　合波器模型计算　　　　图 7-32　计算示意

用 mW 描述时，这就相当于：输入为 10 mW，输出为 1 mW，衰减至 1/10。数学表达式为：

$$p'_{总(dBm)}=p_{总(dBm)}-n_{dB},$$

即

$$p'_{总(mW)}=p_{总(mW)}\cdot\frac{1}{10^{\frac{n}{10}}}$$

任务实施

光功率调整基础

各团队学习站点之间点到点的单向信号流知识（视频 7－4），各小组分别到 OTN 机房参观，找出各光功率调测点，或通过流程图标出各调测点，团队内部制作课件进行汇报。

任务总结（拓展）

用 dBm 表示的光功率值可以为负数吗？为什么？

任务 7－5　OTN 各单元的光功率调整

教学内容

（1）各单元光功率的工作范围；

（2）线路、合分波和放大器的增益指标。

技能要求

（1）熟悉各单元光功率的工作范围；

（2）能理解线路、合分波和放大器的增益指标。

任务描述

团队（4～6人）完成波分系统M820设备信号流的讲述，借助M820设备完成波分系统M820设备光纤连接，找出各光功率调整点，或在流程图上标出各调整点，团队内部制作课件进行汇报。

任务分析

学生能完成波分系统M820设备信号流的讲述，借助M820设备独立并能完成波分系统M820设备光纤连接，找出各光功率调整点，或在流程图上标出各调整点，团队内部制作课件进行汇报。

知识准备

1. 准备工作

1）单站调测

在进行光功率调试之前通常要做好单板输出光功率的检查、站内光纤的检查、网管监控、OMU和ODU单板的插损测试等准备工作。

2）OMU单板的插损测试

OMU单板是常用的无源单板，在使用之前，需要测试一下OMU单板的插损，如图7-33所示。首先测试接入的单波光功率；在OMU的OUT口测试输出的单波光功率；将两个测得的数值相减，差值即这一波在OMU的插损值；对多个通道，随机抽测几个通道，且通道差≤3 dB。

3）ODU单板的插损测试

ODU单板和OMU单板一样，属于无源单板，插损的测试方法和OMU单板基本相同，不过ODU单板是用在收端的，常用测试方法如图7-34所示。

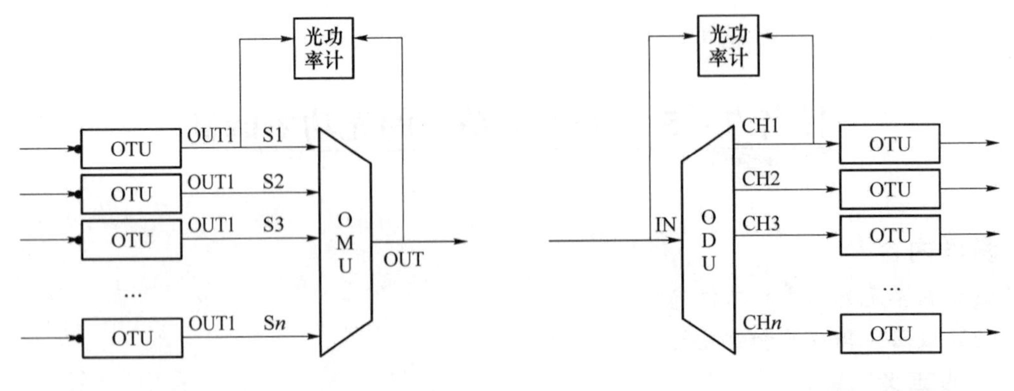

图7-33　OMU单板的插损测试示意

图7-34　ODU单板的插损测试示意

2. 功率调整的目的和步骤

1）光功率调整的目的

合波信号中各单波光功率均衡，光放大单元要求输入的合波信号中各单波光功率必须均衡，否则级联放大后，增益功率将只集中在某几个单波上，如图 7-35 所示。

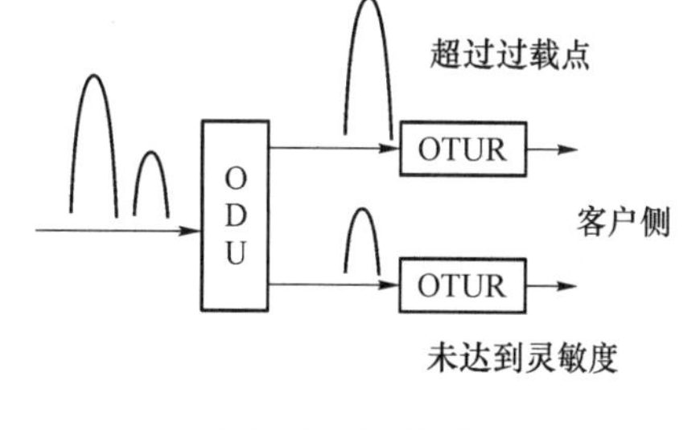

图 7-35 测试示意

合适的入纤光功率很重要，合波信号的光功率如果超过了光纤传输的阈值，则会引发非线性效应。合适的接收光功率也很重要，接收机的光电器件需要在标称的工作范围内才能正常工作。

2）光功率调整的步骤

（1）沿着信号传输的方向进行调试；

（2）调完一个方向，再反向调通另一个方向。

3. 各单元光功率调试

1）发端 OTU 调试

（1）CR 端口。

发端 OTU 用于客户侧信号的接入以及线路侧单波信号的发送。发端 OTU 的输入部分用于客户侧信号的光电转换，主要器件是光电转换器，如图 7-36 所示。发端 OTU 常用的光电转换器是 PIN 管。PIN 管的工作范围如图 7-37 所示。

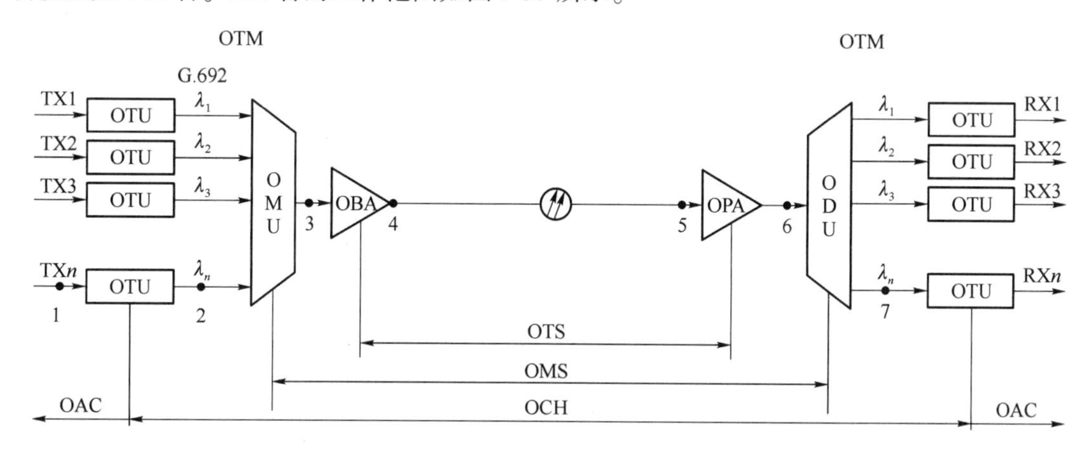

图 7-36 光调整示意

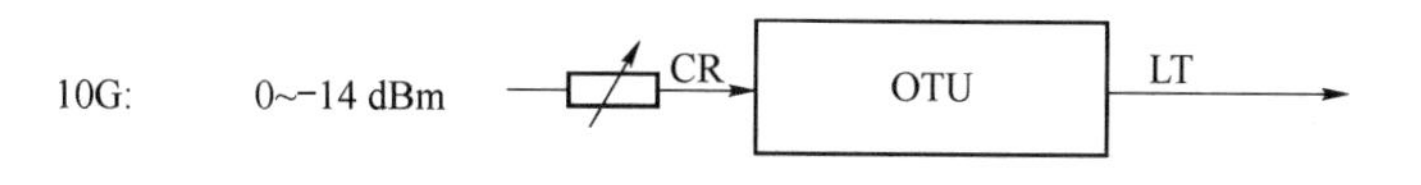

图 7-37 PIN 管的工作范围（1）

中兴通讯的工程规范通常把输入光功率调整在 −4 dBm 左右。

（2）LT 端口。

发端 OTU 的输出部分用于波分信号的电光转换，主要器件是半导体激光器。激光器的输出功率会有一定的差异，把各单波之间功率的差值称为通道功率差。其中最大一波和最小一波的差值称为最大通道功率差。在发端 OTU 的输出口调试时必须控制最大通道功率差小于 3 dB。保证各通道之间足够小的通道功率差是波分系统正常工作的基础，并且最大通道功率差越小越好，如图 7-38 所示。

发端 OTU 输出的光功率通常在 -3 dBm 左右，一般以 -3 dBm 为参考点调试 OTU 的输出光功率，可以容忍的输出功率范围在 -3 dBm ± 1.5 dB 之内。高出上限的可以在 OTU 的输出口添加光衰减器，低于下限的必须更换单板。为了控制最大通道功率差，通常是越接近 -3 dBm 越好。

2）OMU 的调试

OMU 的功能主要是将各个 OTU 输出的单波信号进行合波。为了下一步的调试，需要对 OMU 的合波信号进行测试，如图 7-39 所示。

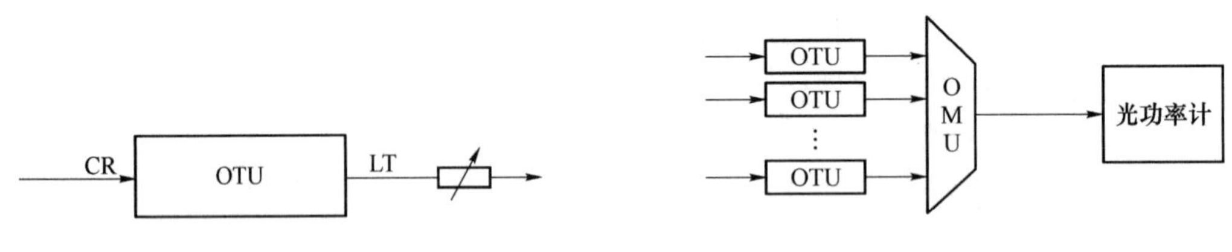

图 7-38　PIN 管的工作范围（2）　　图 7-39　OMU 的合波信号测试示意

光功率预算：合波输出光功率 = 单波输入光功率 + 10lg$N$ - 插损。

3）OBA 的调试

光放大单元的功能是给合波信号补充能量，进行全光放大。为了不让系统在满配置时输入光缆的合波信号引发非线性效应，需要通过计算控制光放大单元的合波输入光功率。中兴通讯波分设备的光放大单板都在面板上标注有单板的工作参数。如图 7-40 所示，“OBA 2220” 指的是放大板正常固定增益为 22 dB，满配时最大输出光功率为 20 dBm。

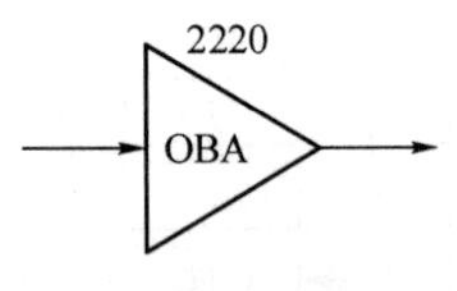

图 7-40　OBA 2220

例如：40 波系统当前使用了 3 波，光放大板参数为 2220。

（1）计算单波光功率：

$$P_{合40} = P_{单} + 10\ \lg 40，P_{合40} = 20\ \text{dBm}$$

$$P_{单} = P_{合40} - 10\ \lg 40 = 20\ \text{dBm} - 16\ \text{dBm} = 4\ \text{dBm}$$

（2）计算现有波数的合波光功率：

$$P_{合3} = P_{单} + 10\ \lg 3 = 4\ \text{dBm} + 5\ \text{dBm} = 9\ \text{dBm}$$

即 3 波输出时，最大饱和光功率为 9 dBm。

（3）放大板输入光功率：

$$P_{in} = 9\ \text{dBm} - 22\ \text{dBm} = -13\ \text{dBm}$$

4）OPA 的调试

对于光放大板的光功率计算，OBA、OPA 和 OLA 的思路和方法都是相同的，都是通过控制 OA 的输入光功率使 OA 的输出处于饱和状态，从而实现线路的光功率控制。

5）ODU 的调试

ODU 的功能主要是将合波信号中的各个光载波拆分出来输出到对应的 OTU，即进行分波。可以在图 7-41 所示 ODU 的各通道口测得各单波的光功率。

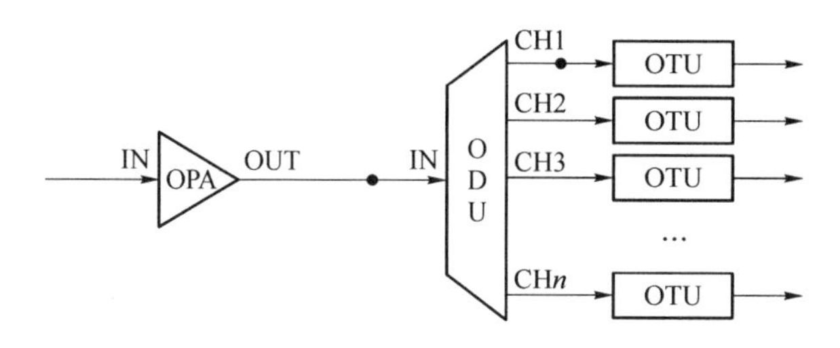

图 7-41　在各通道口测得各单波的光功率示意

合波输入光功率 - 10lg$N$ - 插损 = 单波输出光功率

6）收端 OTU 调试

收端 OTU 用于线路侧单波信号的接收及客户侧业务信号的发送。收端 OTU 常用的光电转换器是 PIN 管、APD 管。城域网一般采用 PIN 管接收。APD 管常用在省干以上，APD 管的工作范围如图 7-42 所示。

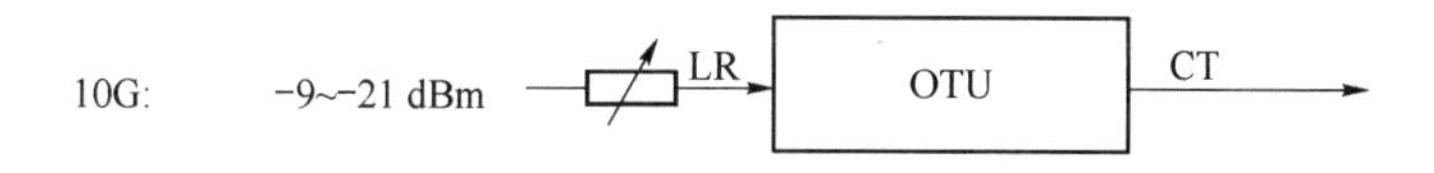

图 7-42　APD 管的工作范围

根据经验值，中兴通讯的工程规范通常是把输入光功率调整在 - 14 dBm。由于经 ODU 分波出来的各单波光功率基本一致，所以通常把所需的光衰统一加在 ODU 的输入口。

任务实施

OTN 各单元的光功率调整

各团队学习各单元光功率的工作范围及线路、合分波和放大器的增益指标（视频 7 - 5）。各小组分别到 OTN 机房参观，找出各光功率调整点，或通过流程图标出各调整点，团队内部制作课件进行汇报。

任务总结（拓展）

描述 OTN 信号流经过的每一个单元的特性。

任务 7 - 6　OTN 系统光功率联调

教学内容

（1）OTN 系统光功率联调；

（2）光功率计算。

技能要求

（1）会 OTN 系统光功率联调；

（2）会光功率计算；

（3）能进行色散补偿处理。

任务描述

团队（4~6人）完成OTN系统光功率联调，通过参观OTN机房，实操完成或PPT汇报联调过程。

任务分析

学生能完成OTN系统光功率联调和光功率计算。

知识准备

1. 问题的提出

某局甲、乙两地40×10G系统构成链型组网（图7-43），目前仅使用了4波。假设OMU和ODU的插损均为6 dB，OTU的输出均为−3 dBm，OTU的接收器使用PIN管，线路损耗为0.25 dB/km，其他器件损耗不计。

请计算：（1）各点光功率；（2）3、5两点应加入多大的光衰减器？

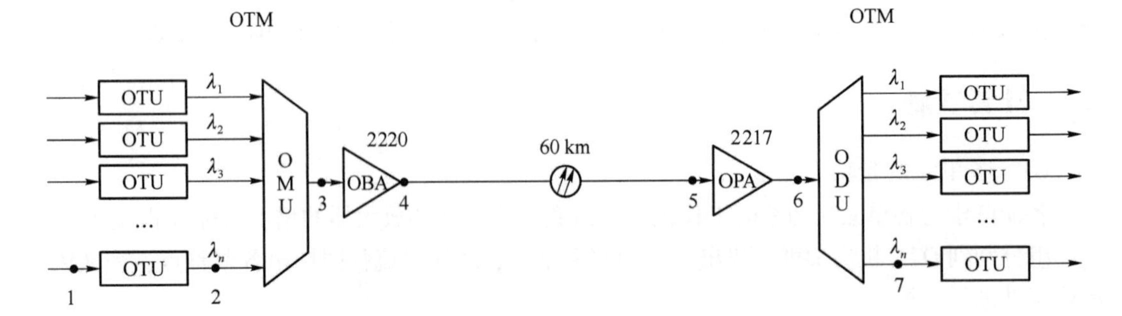

图7-43　40×10G系统构成链型组网

2. 计算

涉及波分系统光功率计算的问题，一般都是从假设系统满配开始，根据系统信号流方向逐点计算理论光功率，先把主干光通道调通。所以，这里要先计算问题（2）。

（1）计算满配40波合波光功率：

$$P_{合40}=P_{OMU-IN}=P_{OTU-LT}+10\lg 40=-3+16=13\ (dBm)$$

（2）计算40波OMU合波输出光功率：

$$P_{OMU-OUT}=P_{OMU-IN}-L_{OMU}=13-6=7\ (dBm)$$

（3）OBA输出光功率（满配，最佳工作点）：

$$P_{OBA-OUT}=20\ (dBm)$$

（4）OBA输入光功率（满配、放大前）：

$$P_{OBA-IN}=20-22=-2\ (dBm)$$

（5）3 点光衰：

$$L_3 = P_{OMU-OUT} - P_{OBA-IN} = 7 - (-2) = 9\ (dB)$$

（6）线路损耗：

$$L = 0.25\ dB/km \times 60 = 15\ (dB)$$

（7）OPA 输出光功率（满配，最佳工作点）：

$$P_{OPA-OUT} = 17\ (dBm)$$

（8）OPA 输入光功率：

$$P_{OPA-IN} = 17 - 22 = -5\ (dBm)$$

（9）5 点光衰：

$$L_5 = P_{OBA-OUT} - L - P_{OPA-IN} = 20 - 15 - (-5) = 10\ (dB)$$

（10）7 点单波光功率：

$$P_{ODU-IN} = P_{OPA-OUT}$$

$$P_{OTU-LR} = P_{ODU-IN} - 10\lg 40 - L_{ODU} = 17 - 16 - 6 = -5\ (dBm)$$

虽然 −7 dBm 是理想接收点，但之前提到过，PIN 管理接收在工程上通常为 −4 ~ −7 dBm就可以了，略高有利于抵消接续等维护操作带来的附加损耗。

对于（1），由于实际使用的是 4 波，合波通道上与满配 40 波相差 10 倍，即 10 dB，所以，把上面加好光衰的 OMS 段（即合波段 OMU < − − > ODU）的计算结果全部减 10 dB 就是本题结果。

3. 色散补偿的处理

之前介绍过光纤具有色散这个特性，比如 G.652 光纤的色散容限约为 40 km，所以实际系统中线路超过 40 km 里时需要加色散补偿 DCM 模块，使补偿后的色散残留在 10 ~ 30 km 的范围。但从光功率计算的角度看，DCM 模块仅相当于一块大光衰。比如，上题中进行理论计算时，乙地 OPA 接收时需要加 15 dB 光衰，如果加上一个条件“乙地用 DCM40 进行色散补偿（衰减 10 dB）”，则只需要把 DCM40 当成 10 dB 的光衰，另外再加 5 dB 光衰就可以了。

至此，已经完成了整个系统的连接，完成了系统的光功率调试，系统可以正常上电并联通运行了。

任务实施

OTN 系统光功率联调任务

各团队学习 OTN 知识（视频 7 −6），各小组分别到 OTN 机房参观，完成 OTN 系统光功率联调和光功率计算，团队内部制作课件或文档进行汇报。

任务总结（拓展）

某局甲、乙两地 40 × 10G 系统构成链型组网，目前仅使用了 4 波。假设 OMU 和 ODU 的插损均为 6 dB，OTU 的输出均为 −3 dBm，OTU 的接收器使用 PIN 管，线路损耗为 0.25 dB/km，乙地用 DCM40 进行色散补偿（衰减 10 dB），其他器件损耗不计，如果对题目中 4 个波长的光功率正常调试后，发现其中一波收光极低，应该检查哪里？为什么？

任务7-7 OTN光层保护

教学内容

（1）OP保护原理与单板类型；

（2）OP保护组网方式。

技能要求

（1）掌握OP保护原理与单板类型；

（2）会OP保护组网方式。

任务描述

团队（4~6人）完成OP保护原理与单板类型，通过参观OTN机房，实操完成或用PPT汇报OP保护组网方式。

任务分析

学生能完成OP保护原理与单板类型讲解并掌握OP保护组网方式。

知识准备

保护就是为了防止业务中断，保障通信安全。OTN的保护分为光层保护和电层保护。其中光层保护又分为普通的OP保护和复杂的OPCS/OPMS保护。虽然后者更能节省光纤的使用，但信号流和维护特别复杂。随着经济水平的提高，运营商基于方便维护的考虑，越来越多的OTN网络采用OP保护。本任务主要介绍OP保护。

1. OP保护原理

1）OP单板的工作原理

OP单板如图7-44所示。

从图7-44可以看出，OP保护的信号流非常简单，发送端通过耦合器实现双发，接收端根据输入光功率检测结果控制1×2光开关，选择接收的信号，即“并发优收”或“双发选收”。

2）OP单板保护原理——正常工作状态

OP单板保护原理——正常工作状态如图7-45所示。

如图7-45所示，在光纤容量满足需求的情况下，一般采用短路径或光纤线路稳定的路径作为主用工作通道。

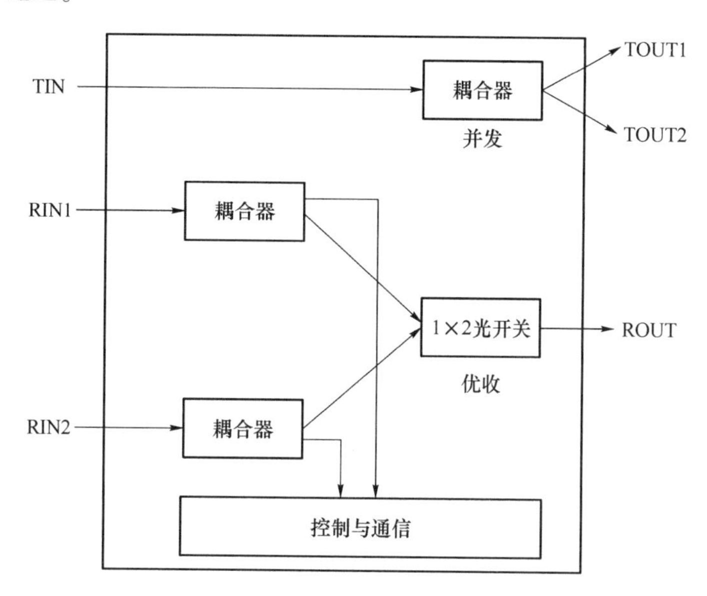

图 7-44 OP 单板

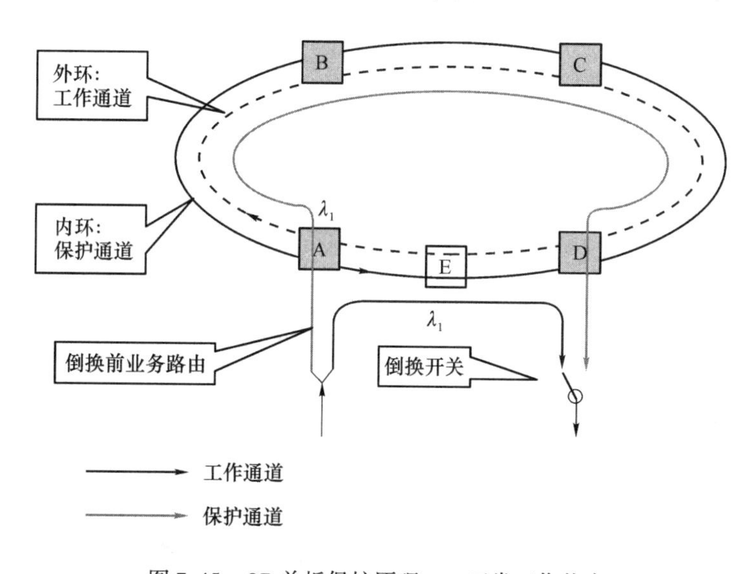

图 7-45 OP 单板保护原理——正常工作状态

3）OP 单板保护原理——保护状态

OP 单板保护原理——保护状态如图 7-46 所示。

如图 7-46 所示，当工作通道中的光纤路径或单板发生故障时，系统就会将业务倒换到备用的保护通道上，以保障通信业务不中断。

2. OP 保护的组网方式

OP 保护的组网方式，按 OP 保护单板放置位置的不同可以分为 5 种，分别是：光通道 1 +1保护 - OTU 冗余；光通道 1 +1 保护 - OTU 共享；光复用段 1 +1 保护 - OA 冗余；光复用段 1 +1 保护 - OA 共享；光传送段 OTS 层 1 +1 保护。

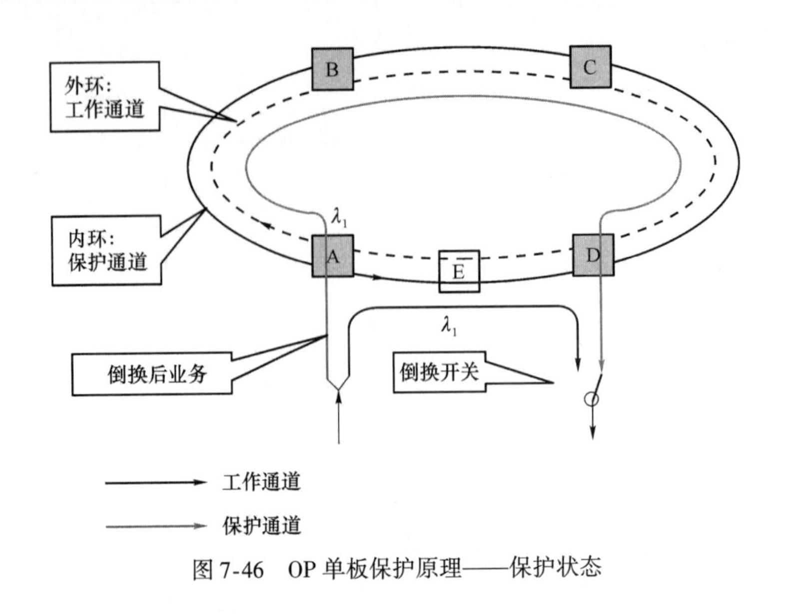

图 7-46　OP 单板保护原理——保护状态

1）光通道 1 +1 保护 - OTU 冗余

（1）如图 7-47 所示，OTU 冗余配置具有实现光通道和业务单板的保护，可以通过检测通道的信号质量和通道功率来达到保护的目的特点。

（2）OTU 冗余配置的倒换条件：

①业务单板启用 APSD 功能；

②当业务单板上报 LOS/LOF/误码越限时，客户侧激光器自动关断（OAC APSD），OP 单板接收无光触发倒换；

③中继单板不要开启 APSD 功能，否则可能倒换时间超标。

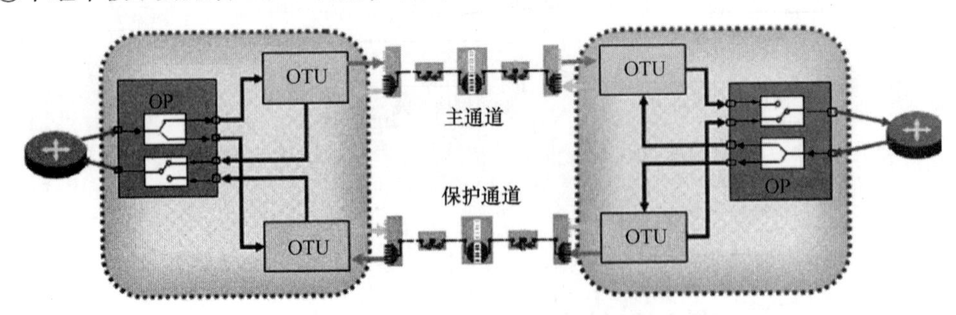

图 7-47　光通道 1 +1 保护 - OTU 冗余

2）光通道 1 +1 保护 - OTU 共享

（1）如图 7-48 所示，OTU 共享配置具有只对光通道失效进行保护，不保护业务单板故障的特点。

（2）倒换条件：OP 单板接收无光告警触发倒换。

OP 通道保护组网方式的区别如下：

（1）OTU 冗余保护。

其优点是可以实现通道的保护和单板保护，可以通过检测通道的信号质量和通道功率来达到保护的目的。其缺点是使用的 OTU 单板数量多，增加成本。

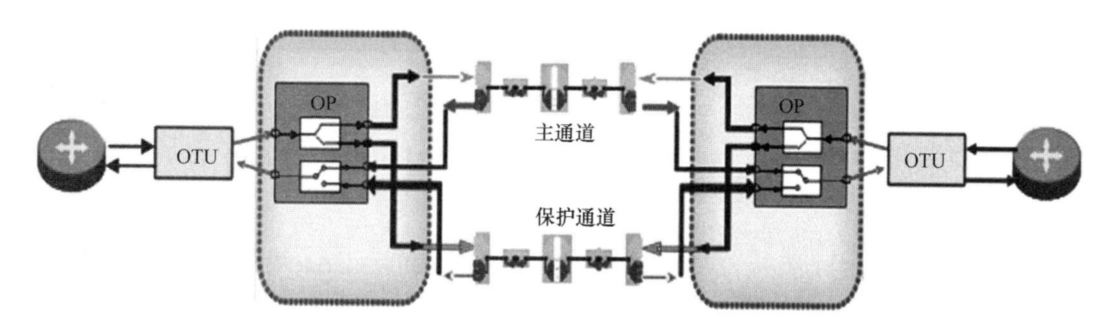

图 7-48 光通道 1+1 保护 - OTU 共享

（2）OTU 共享保护。

其优点是使用的 OTU 单板数量少，节约成本。其缺点是仅仅是通过检测通道功率来实现保护，无法检测通道质量。

3）光复用段 1+1 保护 - OA 冗余

图 7-49 所示是 OA（OBA、OPA）和 OP 单板组成的 OA 冗余保护的配置，接收端采用 OPA + DCM + OP + OBA，第二级放大的 OBA 单板共享，只配置 1 块。为了实现保护倒换，需要开启 OA 单板的 APSD 功能。

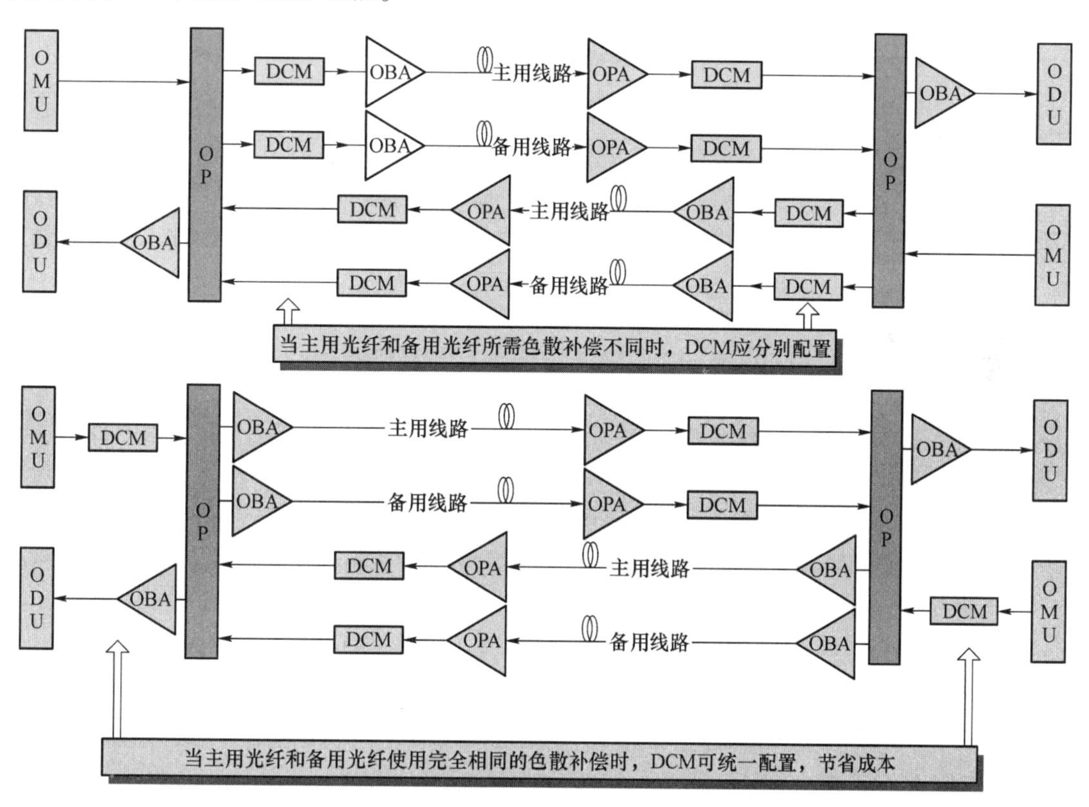

图 7-49 光复用段 1+1 保护 - OA 冗余（1）

图 7-50 所示是 EOA（EOBA、EOPA、EONA）、SEOA 和 SOP 单板组成的 OA 冗余保护的配置，接收端采用 EONA（DCM）+ SOP 的方式。为了实现保护倒换，需要开启 EOA 单板的 APSD 功能。

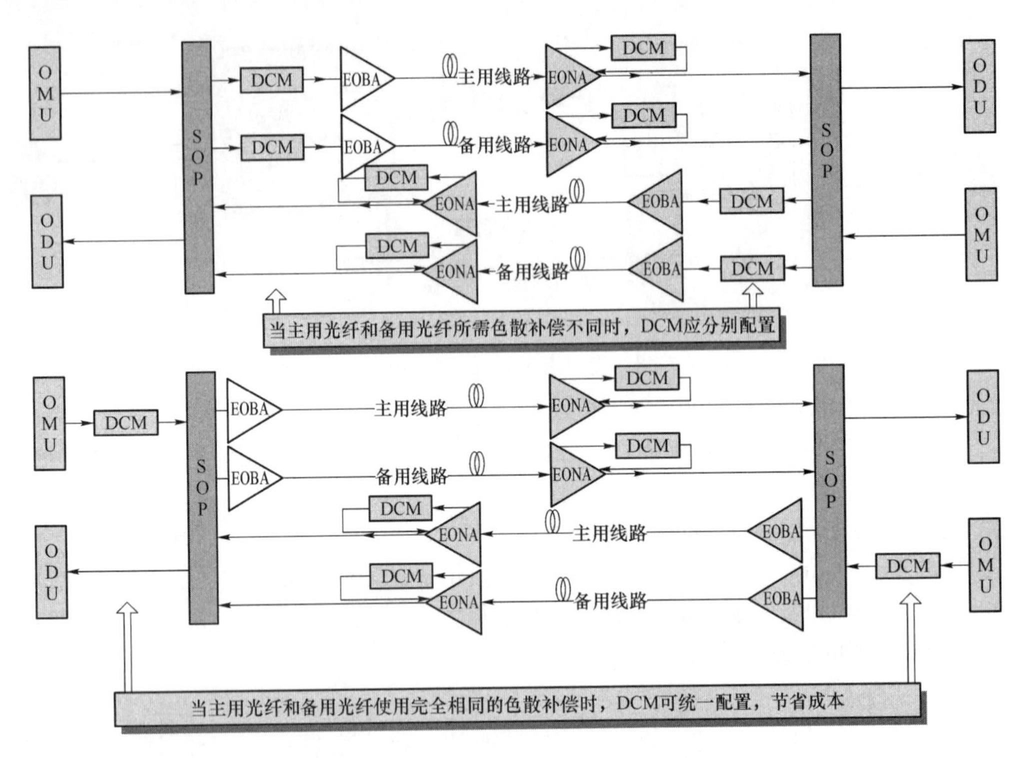

图 7-50　光复用段 1 +1 保护 - OA 冗余（2）

4）光复用段 1 +1 保护 - OA 共享

如图 7-51 所示，SOP 配置于线路中，即配置于放大单板的线路侧，插损计入线路损耗。需要注意，这种情况只适合主用、备用光纤色散补偿一致的情况，SOP 插损计入线路衰耗影响系统信噪比。

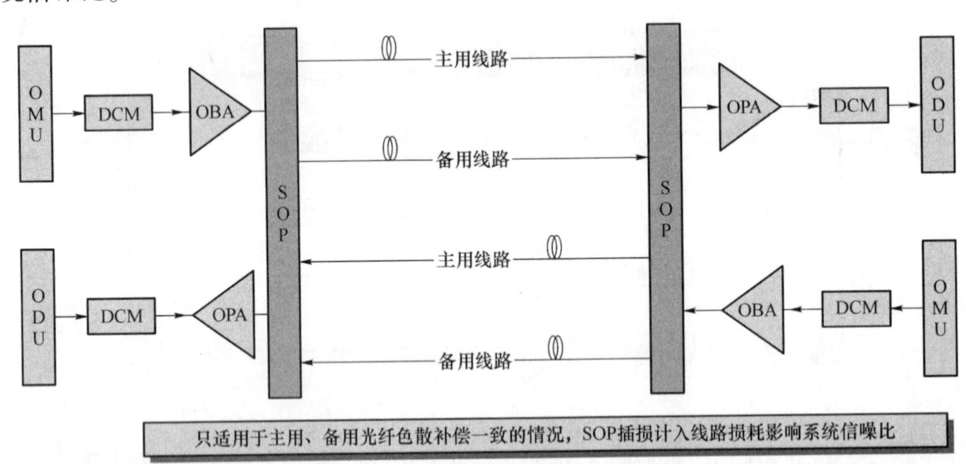

图 7-51　光复用段 1 +1 保护 - OA 共享

5）光传送段 OTS 层 1 +1 保护

如图 7-52 所示，OTS 层 1 +1 保护是指 SOP 单板配置在相邻站点（即单个 OTS 段）进行 SOP 单板的配置。分为 OA 冗余保护和 OA 共享保护，对应 OA 共享保护，需要考虑 SOP 加入会导致 OTS 层的线路衰耗加大 5 dB，从而影响系统的性能。这种配置方式成本高，但是能保证倒换时间。

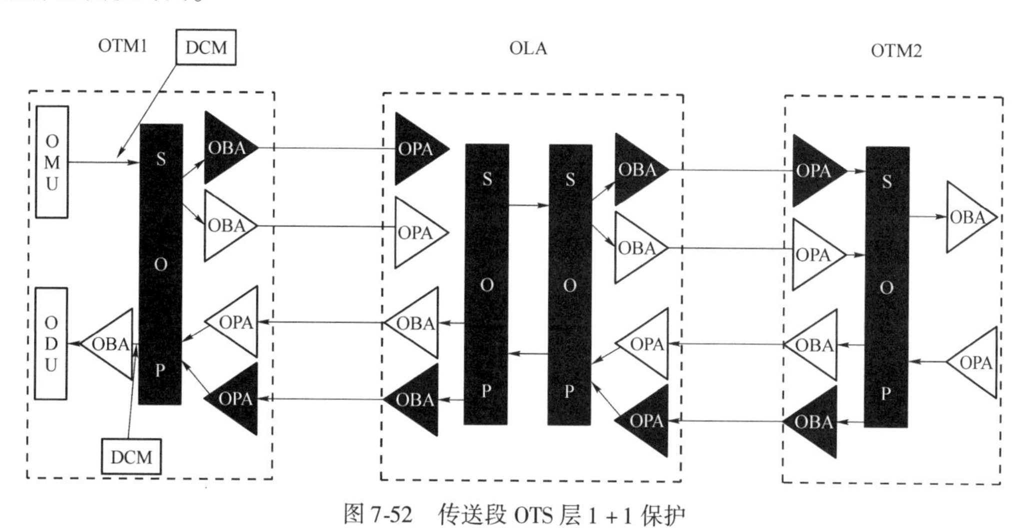

图 7-52 传送段 OTS 层 1+1 保护

3. OP 单板类型

1) SOP 单板

如图 7-53 和表 7-16 所示，SOP 单板是紧凑型光保护板（Optical Protect Board），支持通道和复用段 1+1 保护功能，SOP1 支持单通道 1+1 保护功能，SOP2 可提供两个通道 1+1 保护功能，相当于两个 SOP1。

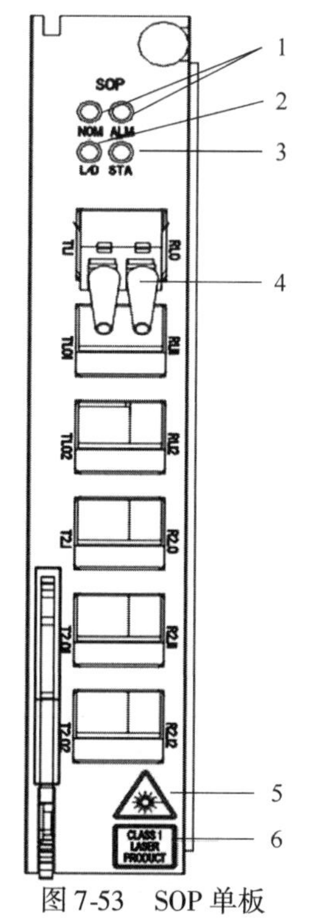

图 7-53 SOP 单板

1—单板运行指示灯；2—单板通信状态指示灯；3—光开关状态指示灯；4—光接口；5—激光警告标识；6—激光等级标识

表 7-16 指示灯描述

指示灯	描述
NOM	绿灯，正常运行指示灯
ALM	红灯，告警指示灯
STA	双色灯，光开关状态指示灯
L/D	通信状态指示灯：有连接则亮，有消息收发闪烁

2）SOP 单板类型

SOP 单板分为两类：SOP1/2（C，LC，1 550 nm）和 SOP1/2（C，LC，1 310 nm）。它们用于不同的保护方式。

SOP1/2（C，LC，1 550 nm）支持的保护包括：

（1）光复用段 OMS 1+1 保护；

（2）光传送段 OTS 1+1 保护；

（3）光通道 1+1 保护－OTU 共享；

（4）光通道 1+1 保护－OTU 冗余（如果客户侧光接口是 1 550 nm 窗口）。

SOP1/2（C，LC，1 310 nm）支持的保护包括：光通道 1+1 保护－OTU 冗余（如果客户侧光接口是 1 310 nm窗口）。

3）保护倒换判决模式

什么时候能够触发业务倒换呢？SOP 单板使用相对无光判决模式，设：

（1）RelTh：相对无光判决门限；

（2）P_w：工作通道光功率；

（3）P_p：保护通道光功率，

则倒换触发条件为：$|P_p - P_w| > \text{RelTh}$。

如果设 RelTh 为 5，当工作通道光功率比保护通道光功率低 5 dB 以上的时候，将执行倒换。

倒换恢复条件为 $|P_p - P_w| < \text{RelTh} - 3\ \text{dB}$。

以此为例，如果工作通道和保护通道的光功率差值小于 2 dB，业务将从保护通道恢复到工作通道。

这里要特别作一个说明，设置 3 dB 的迟滞是为了保证工作通道完全恢复正常后，业务再从保护通道恢复到工作通道。此外，还有一个称作返回时间的参数，网管配置范围为 1～12 min，其功能是在满足倒换恢复条件后，还要等一个“返回时间”业务才能真正从保护通道恢复到工作通道。这样做是为了避免通道不稳定造成业务反复倒换。

相对无光功率的判决门限可以在 5～10 dB 范围内，可在网管上调整。界面如图 7-54 所示。

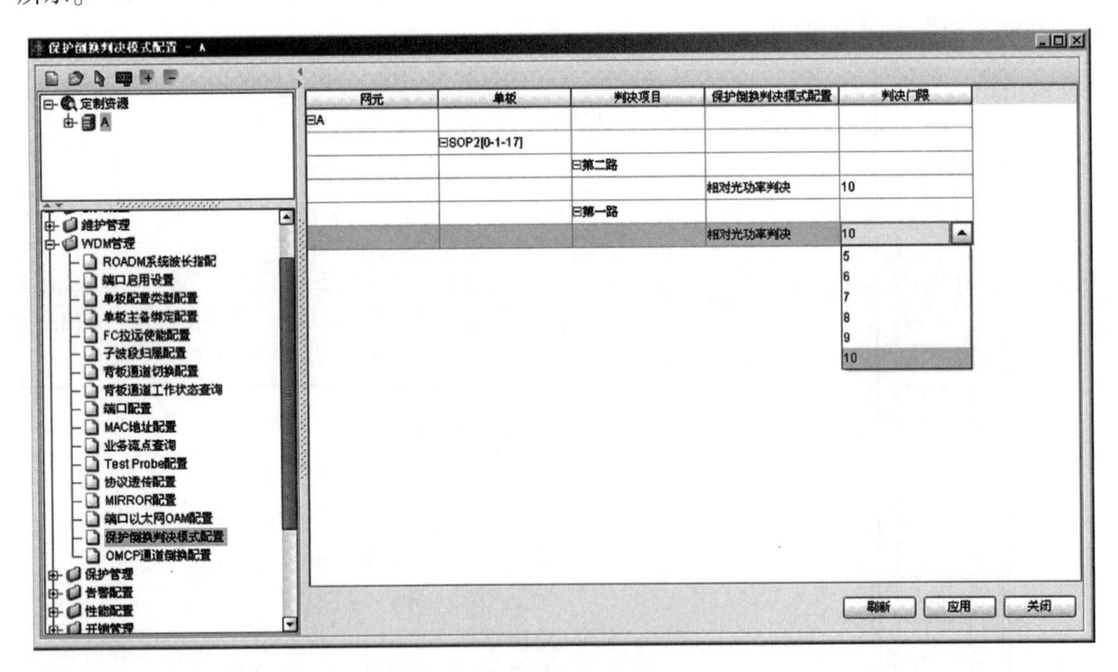

图 7-54　保护倒换判决模式配置

4）倒换状态管理

在网管上选中网元，依次单击“网元管理”→“WDM 管理”→“倒换板倒换状态管理”命令，可进行设置和查询各路保护工作状态。界面如图 7-55 所示。

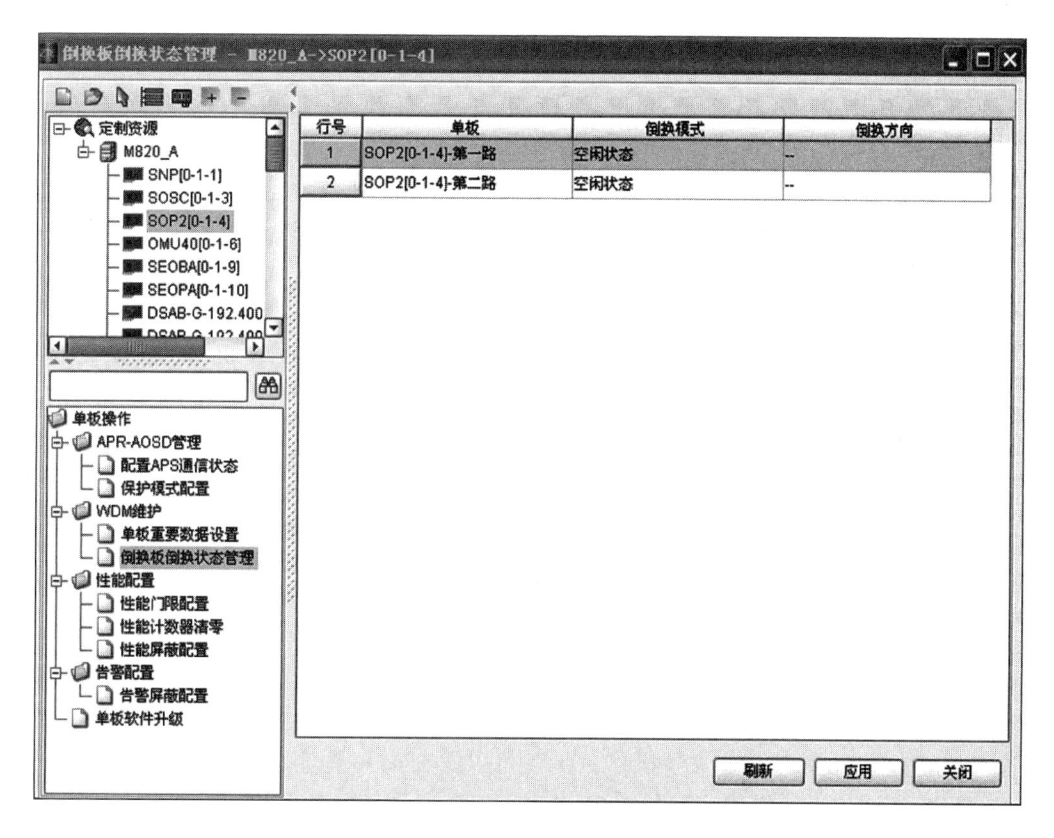

图 7-55　倒换板倒换状态管理

任务实施

光层保护

各团队学习 OTN 知识（视频 7－7），各小组分别到 OTN 机房参观，完成 OP 保护组网，团队内部制作课件或文档进行汇报。

任务总结（拓展）

OTN 还有其他的保护方式吗？若有，是什么？

任务 7－8　OTN 电层保护

教学内容

(1) OTN 电交叉子系统；

(2) 电层 1＋1 保护原理；

(3) 电层保护类型。

技能要求

(1) 能描述 OTN 电交叉子系统；

(2) 掌握电层 1 +1 保护原理；

(3) 能描述电层保护类型。

任务描述

团队（4 ~6 人）能完成 OTN 电层 1 +1 保护设置，通过参观 OTN 机房，实操完成或用 PPT 汇报联调过程。

任务分析

学生完成 OTN 电层 1 +1 保护设置，通过参观 OTN 机房，实操完成或用 PPT 汇报过程。

知识准备

OTN 网络中的波长携带的业务速率很高，目前大都在 10G 以上。在现网中，OTN 的下沉使其越来越多地承载 GPON、EPON 等相对低速的业务。OTN 学习了 SDH 的很多优点，包括电交叉。正是基于 OTN 的电交叉操作，OTN 可以像 SDH 一样实现电层调度和保护。电层保护既可以建立波长级的保护，比如 100G；也可以建立低速业务保护，比如 GE。这里形象地将低速业务称为其所在高速业务波长的子波长。

1. OTN 电交叉子系统

1）OTN 电交叉子系统介绍

OTN 电交叉子系统以时隙电路交换为核心，通过电路交叉配置功能，支持各类大颗粒用户业务的接入和承载，实现波长和子波长级别的灵活调度，支持任意节点、任意业务的处理，同时继承 OTN 网络监测、保护等各类技术，支持毫秒级的业务保护倒换。

如图 7-56 所示，电交叉子系统的核心是交叉板，主要根据管理配置实现业务的自由调度，完成基于 ODUk 颗粒的业务调度，同时完成业务板和交叉板之间告警开销和其他开销的传递功能。需要采用 O/E/O 转换。

其中，N1N2N3 为：

(1) N1：单板类型。

①C：客户侧单板；

②L：线路侧单板。

(2) N2：端口数量。

①Single：1 端口；

②Double：2 端口；

③Quarter：4 端口；

④Octal：8 端口；

⑤Hex：16 端口。

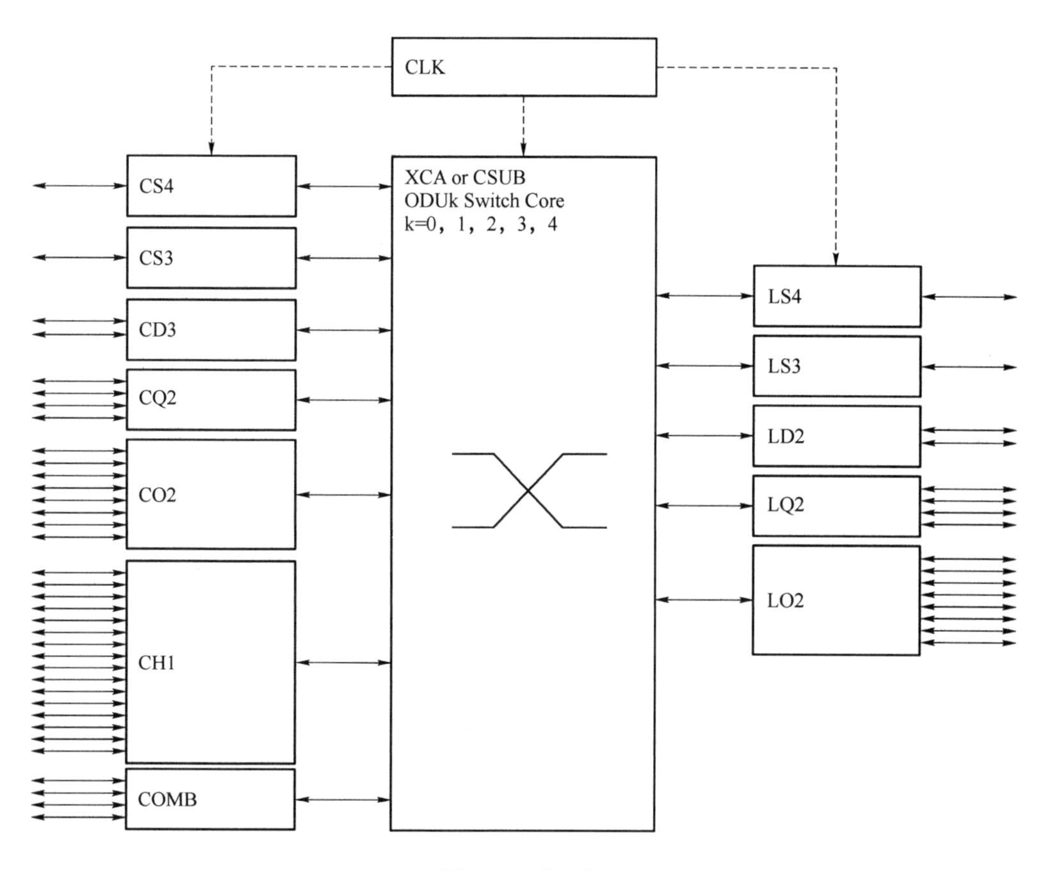

图 7-56 交叉板

（3）N3：速率级别。

①1：OTU1；

②2：OTU2；

③3：OTU3；

④4：OTU4。

2）配置交叉连接

在光纤容量满足需求的情况下，一般采用短路径或光纤线路稳定的路径作为主用工作通道，交叉只能在相同粒度的调度端口间进行。比如 ODU1 调度端口只能与 ODU1 调度端口互连，而不能与 ODU0、ODU2 级别的调度端口互连。

端口可以多发，即广播的形式，但是不能多收，即只能接收 1 个。用鼠标左键单击单板左侧的小圆点或者单击左下角的“全部展开”选项，可以展开单板的所有端口资源。

如图 7-57 所示，在右上角的“分组选择”中选择需要配置的交叉子架，在右侧的“编辑操作”的菜单列表中依次选择“编辑”“双向”和“工作”选项，按照业务配置规划在该界面依次用鼠标左键单击左侧的发送端口和右侧的接收端口，连接好交叉关系后单击“确认”按钮，最后单击“增量应用”按钮下发交叉关系即可。图 7-57 所示为客户侧到线路侧单板的双发单收交叉。

图 7-58 所示为线路侧单板到线路侧单板的双向交叉连接。

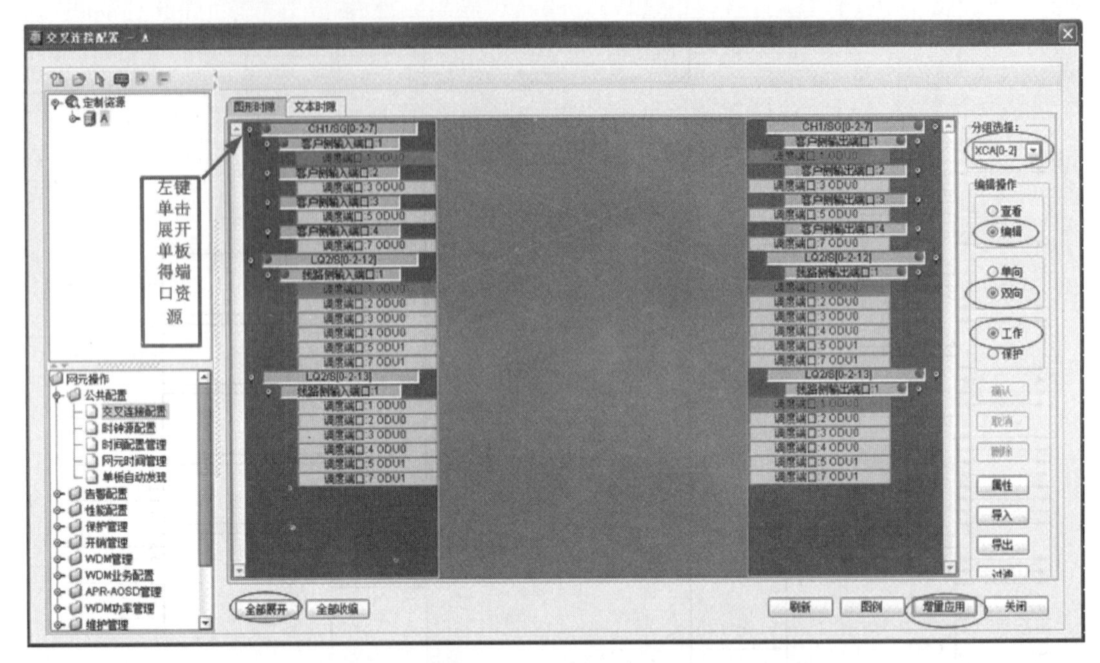

图 7-57　交叉板配置（1）

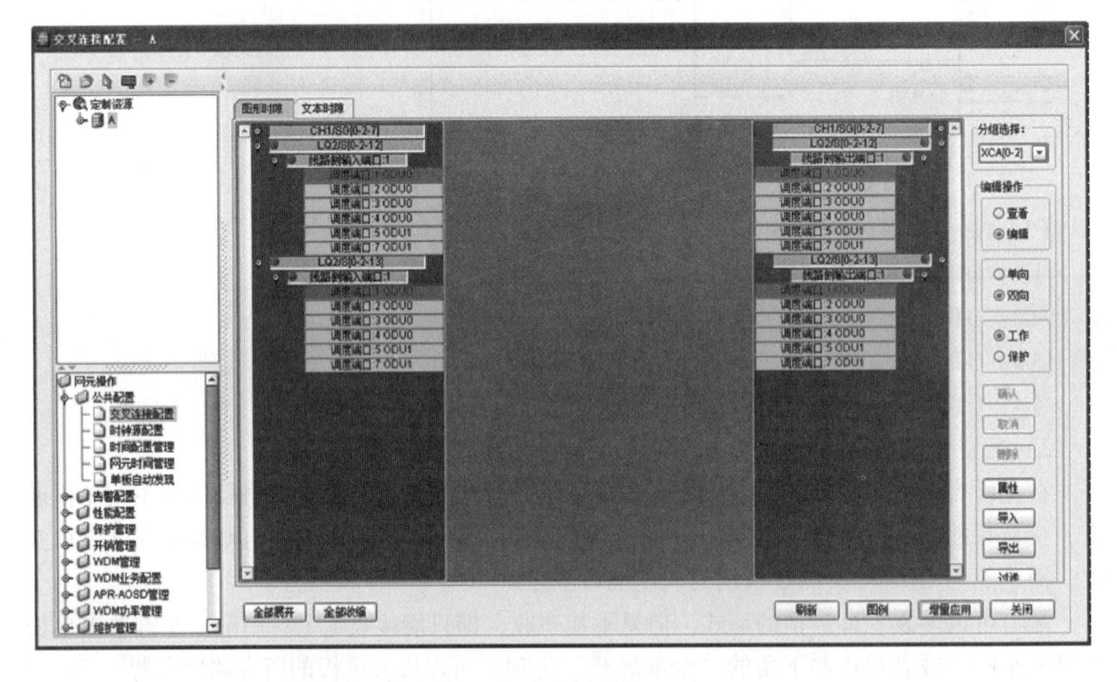

图 7-58　交叉板配置（2）

2. 电层 1 +1 保护原理

1）电层 1 +1 保护原理介绍

1 +1 保护的基本原理是“并发优收”。在 1 +1 保护结构中，一个工作通道有一个专用的保护通道。正常的业务信号在源端会同时发往工作通道与保护通道，在接收端，根据信号质量从两个通道中择优选择接收正常的业务信号。

2）单向保护倒换与双向保护倒换

（1）单向保护倒换［图7-59（a）］。

发生单向故障时（即故障只影响传输的一个方向），只有受影响的方向倒换到保护通道。不需要通过APS信令通道与业务源端进行APS信令交互，每个节点间完全独立。

（2）双向保护倒换［图7-59（b）］。

在单向故障（即只影响传输的一个方向的故障）的情况下，受影响和不受影响的两个方向（路径或子网连接）都倒换到保护通道。在保护倒换过程中，需要业务的接收端与发送端之间通过APS信令通道进行APS信令交互。因此，双向的1+1保护需要计算组播。

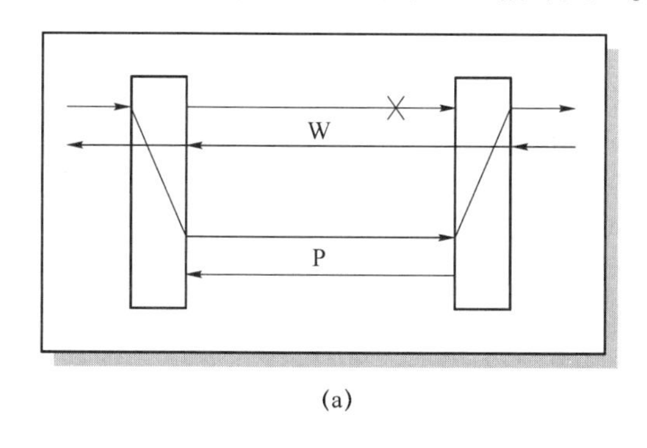

(a)

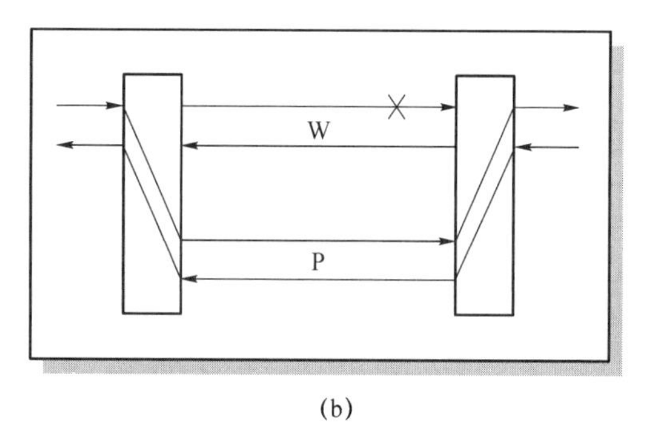

(b)

图7-59 1+1保护

（a）单向保护倒换；（b）双向保护倒换

3）返回式与非返回式

在“返回式”操作类型中，如果倒换请求被终结，即当工作通道已从缺陷中恢复或外部请求被清除时，业务信号总是返回到（或保持在）工作通道；在“非返回式”操作类型中，如果倒换请求被终结，则业务信号不返回到工作通道。

3. 电层保护类型

1）电层波长1+1保护

电层波长1+1保护如图7-60所示。

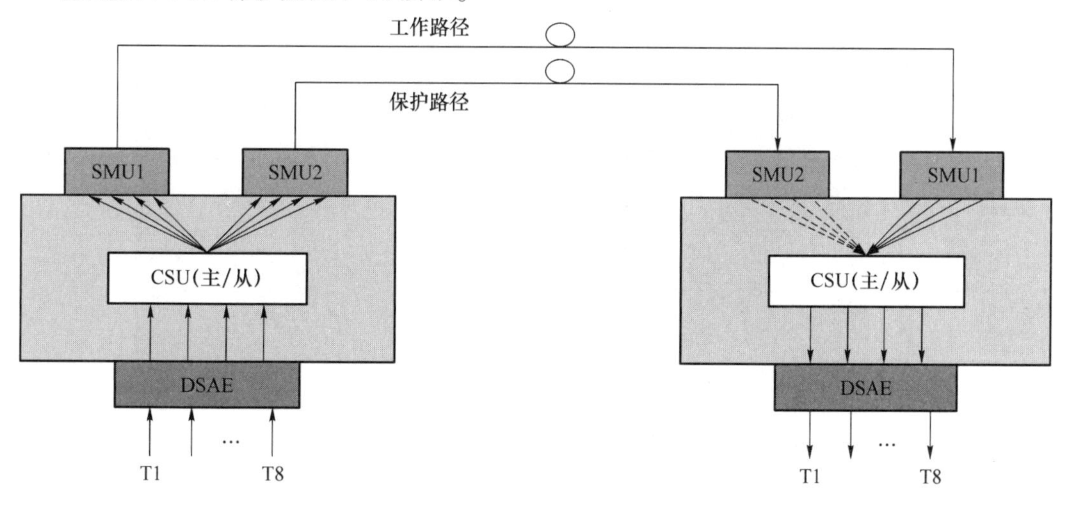

图7-60 电层波长1+1保护

电层波长保护是对整个波长进行保护，即客户侧业务速率经过交叉之后，在线路侧用同样速率的业务波长输出。此时线路侧波长仅承载一个客户侧业务。

2）电层子波长 1 +1 保护

所谓子波长，即客户侧业务速率经过交叉之后，汇聚到线路侧的高速业务波长中输出，如图 7-61 所示。这里用一个例子说明这种保护方式。

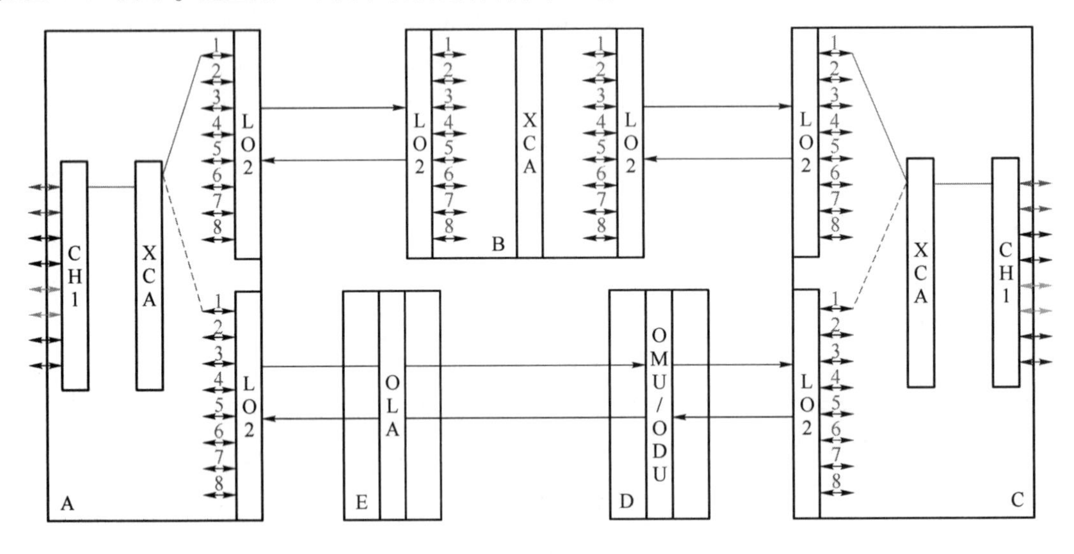

图 7-61　电层子波长 1 +1 保护

例：沿着顺时针方向，A 站线路侧业务单板 LO2 发，C 站线路侧单板 LO2 接收。其中 A 与 C 站点有业务上下，B 站点通过 LO2 背板穿通，D 站点是 OMU 与 ODU 穿通，E 站点为 OLA 站点。本例配置 A 到 C 的一个 GE 业务及保护，走 LO2 的第一波（192. 10THz），使用调度口 1。在 A、C 站点（业务上下站点）配置交叉连接，如图 7-62 所示。

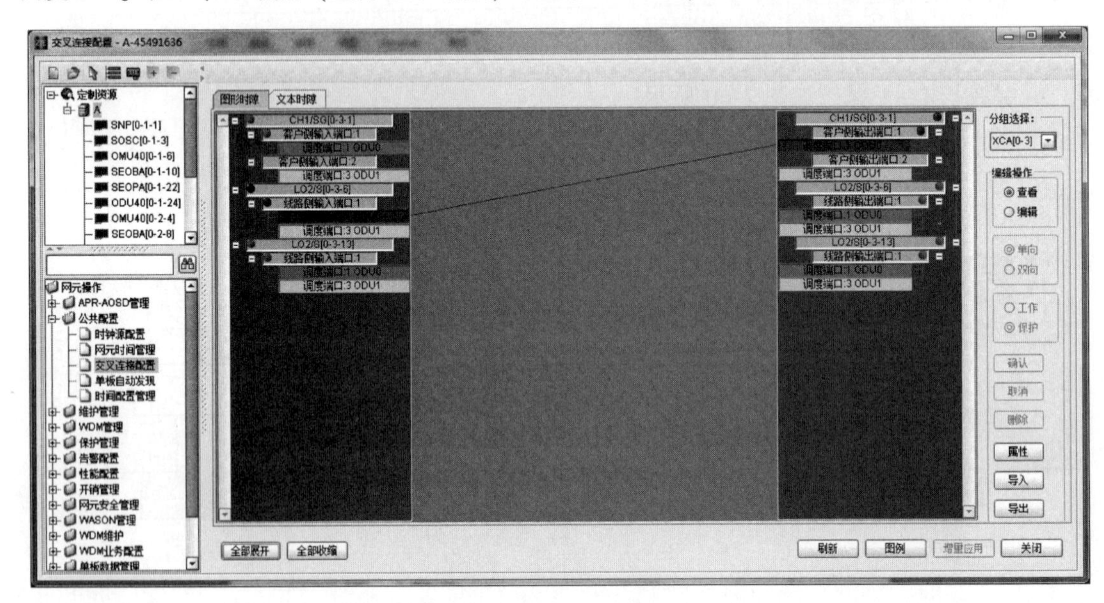

图 7-62　交叉配置

左侧是发送，右侧是接收，绿色线代表工作，蓝色代表保护（并发选收）。

例如：客户单板 CH1 在发送侧（左）并发出去，两条均为绿色的；CH1 单板在接收侧（右），一条是工作（绿色），一条是保护（蓝色）。在穿通（业务直通）站点配置交叉连接即可。

任务实施

OTN 电层保护

各团队学习 OTN 知识（视频7-8），各小组分别到 OTN 机房参观，完成 OTN 电层1+1保护设置，团队内部制作课件或文档进行汇报。

任务总结（拓展）

如果让你选择保护方式，你会用光层保护还是电层保护？为什么？

参 考 文 献

[1] 孙青华．光缆线务工程［M］．北京：人民邮电出版社，2011.
[2] 顾畹仪．光纤通信［M］.2 版．北京：人民邮电出版社，2011.
[3] 段智文，等．光纤通信技术与设备［M］．北京：机械工业出版社，2011.
[4] 杜庆波，等．光纤通信技术与设备［M］.2 版．西安：西安电子科技大学出版社，2012.
[5] 叶柏林．通信线路实训教程［M］．北京：人民邮电出版社，2006.
[6] 李立高．通信光缆工程［M］．北京：人民邮电出版社，2009.
[7] 赵梓森．光纤通信工程［M］．北京：人民邮电出版社，1994.
[8] 张引发．光缆线路工程设计、施工与维护［M］.2 版．北京：电子工业出版社，2007.
[9] 信息产业部通信行业职业技能鉴定指导中心．线务员.2011.
[10] 信息产业部电信传输研究所．通信技术标准汇编（通信光缆卷）YD－T 322－1996.
[11] ［美］Joseph C. Palais. 光纤通信［M］.5 版．王江平，刘杰，闻传花，等，译．北京：电子工业出版社，2006.
[12] 罗建标，陈岳武．通信线路工程设计、施工与维护［M］．北京：人民邮电出版社，2012.
[13] 中华人民共和国工业和信息化部．中华人民共和国通信行业标准 YD 5102—2009. 通信线路工程设计规范.2009.
[14] 中华人民共和国工业和信息化部．中华人民共和国通信行业标准 YD 5201—2011. 通信建设工程安全生产操作规范.2011.
[15] 中国联通．线务员（教材）.2012.
[16] 孙学康，张金菊．光纤通信技术［M］.3 版．北京：人民邮电出版社，2012.
[17] 敖发良，陈名松．现代光纤通信［M］．西安：西安电子科技大学出版社，2011.

光纤通信工程

（第 2 版）

工　单

主　编　曾庆珠

北京理工大学出版社
BEIJING INSTITUTE OF TECHNOLOGY PRESS

目　录

模块 1　工程基础

工单 1－1　通信网络

1. 任务目的
2. 任务仪表
3. 任务原理及步骤
（1）小组分工（可另附页）。 组名、logo、口号设计等。 （2）如果使用固定电话通信，从南京到上海通信信号经过的设备有哪些？ 画出固定电话系统框图，标明设备名称、线缆类型、业务类型、机柜类型及传输方向等信息。

续表

（3）光端机和交换机的输入线和输出线有哪些？它们分别传输什么信号？两种设备更替和技术发展有哪些变化？

（4）光纤通信工程的主要工程分类有哪些？

（5）参观实训基地或施工现场，画出管道工程、杆路工程结构框图。

4. 任务数据及处理（无数据可不填）

5. 任务结果（图片或框图）

工单1－2 管道工程和杆路工程

1. 任务目的
2. 任务仪表
3. 任务原理及步骤
1）撰写施工方案 教学团队撰写施工方案（施工流程及规范、施工安全、任务分工等）。 2）参观杆路工程和管道工程 主要组成和功能（照片放入“5. 任务结果”中）。

续表

3）通信管道工程全套施工流程   4）架空杆路工程全套施工流程
4. 任务数据及处理（无数据可不填）
5. 任务结果（图片或框图）

工单 1－3　接地

1. 任务目的

2. 任务仪表

3. 任务原理及步骤
1）撰写施工方案 教学团队撰写施工方案（施工流程及规范、施工安全、任务分工等）。 2）参观机房 学生分组参观大型实训机房，参看机房接地、防静电和防雷网络或系统。画出机房的接地、防雷、防静电网络或系统。 3）设计接地系统 设计传输机房（1 楼）、交换机房（2 楼）、数据机房（3 楼）和移动机房（5 楼）的接地网络。房间由教师指定，也可以在同一层楼。根据测量的结果和实训机房的情况进行走线布局。画出接地网络或系统的框图。列出所需要耗材数量。

续表

耗材清单

序号	耗材名称	型号	数量	备注
1				
2				
3				
4				
5				
6				
7				
8				

4）机房接地系统施工

4. 任务数据及处理（无数据可不填）

5. 任务结果（图片或框图）

工单1－4 接地电阻测试

1. 任务目的
2. 任务仪表
3. 任务原理及步骤
1）撰写施工方案 教学团队撰写施工方案（施工流程及规范、施工安全、任务分工等）。 2）地阻仪结构及原理

续表

3）地阻仪测试步骤
4. 任务数据及处理（无数据可不填）
设计表格将测试数据填写完整，两种测试方法取平均值。
5. 任务结果（图片或框图）

工单1－5 河宽测量

1. 任务目的
2. 任务仪表
3. 任务原理及步骤
1）撰写施工方案 教学团队撰写施工方案（施工流程及规范、施工安全、任务分工等）。 2）河宽测量（两种方法）

续表

3）激光测距仪

4. 任务数据及处理（无数据可不填）

（1）设计表格将测试数据填写完整，两种测试方法取平均值。

（2）将标杆测量值与激光测距仪测量数据进行比较，分析测量误差的原因和完善测量的原理或方法。

5. 任务结果（图片或框图）

工单1-6 角深测量

1. 任务目的
2. 任务仪表
3. 任务原理及步骤
1）撰写施工方案 教学团队撰写施工方案（施工流程及规范、施工安全、任务分工等）。 2）直线测量原理

续表

<table>
<tr><td>3）拉线定位

4）角深测量</td></tr>
<tr><td>4. 任务数据及处理（无数据可不填）</td></tr>
<tr><td>教师根据通信杆路线路情况，选择电杆线路由学生完成角深和拉线定位的测量。选择两种方法测量，同时计算平均值。计算两种误差，分析测量误差的原因和完善测量的原理或方法。</td></tr>
<tr><td>5. 任务结果（图片或框图）</td></tr>
<tr><td></td></tr>
</table>

模块 2　光缆工程

工单 2－1　光缆

1. 任务目的
2. 任务仪表
3. 任务原理及步骤
1）识别光缆型号 查看光缆厂家说明书、光缆盘标记或光缆外护层上的白色印记，将相关信息写在实训报告上，并说明其含义，例如型号、容量、长度和时间等内容。 2）光缆开拨及线缆编序（照片放在“5. 任务结果”里面）

续表

3）判断光缆端别（描述方法，画出判断光缆的界面）

4）正确识别套管顺序、芯线色谱及线序

达到熟练程度，并填写下列表格根据实验数据将处理结果画在表格中。

4. 任务数据及处理（无数据可不填）

将处理结果画在此处。

光纤线序	1	2	3	4	5	6	7	8	9	10	11	12	…	…	48
束管序号															
束管颜色															
束管内光纤线序															
光纤颜色															

注意：“束管序号”行填写数字，例如“1 号束管”“2 号束管”；“束管内光纤线序”行填写数字，注意与束管的对应关系。本表设计 1 ~48 芯光缆，请根据实际光缆的对数设备表格并填写数据。

5. 任务结果（图片或框图）

工单2－2 损耗及功率

1. 任务目的
2. 任务仪表
3. 任务原理及步骤
分组讨论光纤（光缆）损耗及功率计算方法及公式。 1）损耗

续表

2）功率
4. 任务数据及处理（无数据可不填）
（1）某光纤通信系统中光源平均发送光功率为 -30 dBm，光纤线路传输距离为 10 km，损耗系数为0.5 dB/km。试求接收端收到的光功率。若接收机灵敏度为 -38 dBm，试问该信号能否被正常接收？ （2）一光纤通信系统的接收机灵敏度为 -35 dBm，光纤损耗为0.34 dB/km，全程光纤平均接头损耗为0.05 dB/km。设计要求系统富余度为6 dB，无中继传输距离为80 km。求光发送机的平均发送光功率最小为多少（用 dBm 和 mW 两种单位表示计算结果）。
5. 任务结果（图片或框图）

工单2－3　光纤参数测量

1. 任务目的
2. 任务仪表
3. 任务原理及步骤

光源　Pi　光功率计
测试跳线

图1　光纤损耗测试1

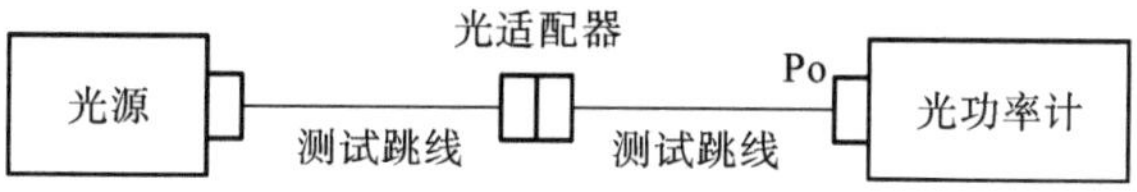

光适配器
光源　Po　光功率计
测试跳线　测试跳线

图2　光纤损耗测试1

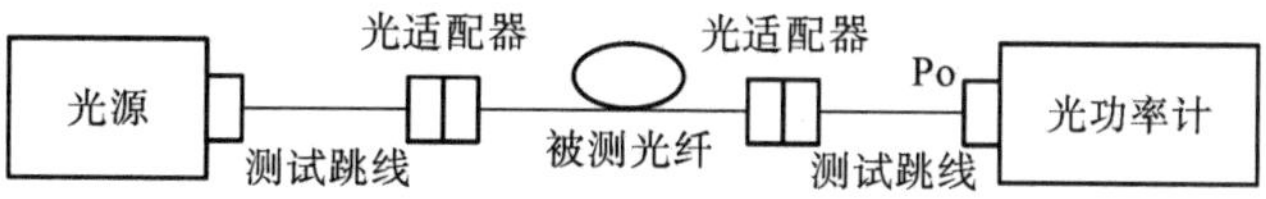

光适配器　光适配器
光源　Po　光功率计
测试跳线　被测光纤　测试跳线

图3　光纤损耗测试1

续表

4. 任务数据及处理（无数据可不填）

序号	测试 Pi	测试 Po	光适配器损耗	光纤长度	计算结果（单位）		备注
					损耗	衰减系数	
1							
2							
3							
4							
平均值							

5. 任务结果（图片或框图）

工单2-4 管道光缆敷设

1. 任务目的
2. 任务仪表
3. 任务原理及步骤
1）撰写施工方案 教学团队撰写施工方案（施工流程及规范、施工安全、任务分工等）。 2）光缆布放的施工流程

续表

3）管道光缆敷设
4. 任务数据及处理（无数据可不填）
5. 任务结果（图片或框图）

工单2－5 架空电缆敷设

1. 任务目的
2. 任务仪表
3. 任务原理及步骤
1）撰写施工方案 教学团队撰写施工方案（施工流程及规范、施工安全、任务分工等）。 2）光缆布放的施工流程

续表

3）架空光缆敷设（登杆、滑车挂缆）
4. 任务数据及处理（无数据可不填）
5. 任务结果（图片或框图）

工单2-6 光纤熔接

1. 任务目的
2. 任务仪表
3. 任务原理及步骤
1）撰写施工方案 教学团队撰写施工方案（熔接流程及规范、熔接安全、任务分工等）。

续表

2）光纤熔接（**损耗记录的数据处理、熔接图片放入“5. 任务结果”里面**）

4. 任务数据及处理（无数据可不填）

姓名	光纤颜色	损耗	姓名	光纤颜色	损耗

5. 任务结果（图片或框图）

工单2－7 光缆接头盒制作

1. 任务目的
2. 任务仪表
3. 任务原理及步骤
1）撰写施工方案 教学团队撰写施工方案（施工流程及规范、施工安全、任务分工等）。 2）接头盒熔接

续表

3）盘纤

4）封装

4. 任务数据及处理（无数据可不填）

上收容盘			下收容盘		
序号	光纤颜色	熔接损耗	序号	光纤颜色	熔接损耗
1			7		
2			8		
3			9		
4			10		
5			11		
6			12		

5. 任务结果（图片或框图）

工单2－8　ODF

1. 任务目的

2. 任务仪表

3. 任务原理及步骤

1）撰写施工方案

教学团队撰写施工方案（施工流程及规范、施工安全、任务分工等）。

2）ODF 熔接

3）盘纤

续表

4）安装及测试

4. 任务数据及处理（无数据可不填）

熔接路由标记													
盘号		1	2	3	4	5	6	7	8	9	10	11	12
A	色谱												
	束管												
	路由												
B	色谱												
	束管												
	路由												
C	色谱												
	束管												
	路由												
D	色谱												
	束管												
	路由												
注意：去向表格可根据光纤线序合并。													

5. 任务结果（图片或框图）

工单2－9 光缆交接箱和分线盒

1. 任务目的
2. 任务仪表
3. 任务原理及步骤
1）撰写施工方案 教学团队撰写施工方案（施工流程及规范、施工安全、任务分工等）。 2）无跳纤交接箱

续表

3）有跳纤交接箱
4. 任务数据及处理（无数据可不填）
设计光交接箱标签。
5. 任务结果（图片或框图）

工单2－10 光缆测试（OTDR）

1. 任务目的

2. 任务仪表

3. 任务原理及步骤

1）撰写施工方案

教学团队撰写施工方案（施工流程及规范、施工安全、任务分工等）。

序号	OTDR 参数设置			
1	折射率（n），提高测量精度			
2	波长		单位	
3	距离（设置横坐标是被测距离的 1.5～2 倍，至少大于被测距离）		单位	
4	脉冲（脉冲越宽传输距离越远，分辨率低）		单位	
5	时间（时间越长，轨迹越清晰）		单位	
6	单模光纤 □	多模光纤 □		
7	高分辨率 □			

2）OTDR 参数设计

续表

3）OTDR 测试步骤

4. 任务数据及处理（无数据可不填）

<table>
<tr><th rowspan="2">序号</th><th rowspan="2">测试项目</th><th colspan="2">数据 1（A 端）</th><th colspan="2">数据 2（B 端）</th><th colspan="2">结果（平均值）</th><th colspan="2" rowspan="2">示图标
及距离</th></tr>
<tr><th>数值</th><th>单位</th><th>数值</th><th>单位</th><th>数值</th><th>单位</th></tr>
<tr><td>1</td><td>光纤长度（链长）</td><td></td><td></td><td></td><td></td><td></td><td></td><td></td><td></td></tr>
<tr><td>2</td><td>接头（插入）损耗</td><td></td><td></td><td></td><td></td><td></td><td></td><td></td><td></td></tr>
<tr><td>3</td><td>熔点（插入）损耗</td><td></td><td></td><td></td><td></td><td></td><td></td><td></td><td></td></tr>
<tr><td>4</td><td rowspan="2">AB 点损耗</td><td>A-B 距离差</td><td>A-B 损耗差</td><td>A-B 距离差</td><td>A-B 损耗差</td><td>A-B 距离差</td><td>A-B 损耗差</td><td></td><td></td></tr>
<tr><td>5</td><td></td><td></td><td></td><td></td><td></td><td></td><td></td><td></td></tr>
<tr><td>6</td><td>AB 点衰减系数</td><td colspan="2"></td><td colspan="2"></td><td colspan="2"></td><td></td><td></td></tr>
<tr><td>7</td><td>链损耗（总损耗）</td><td></td><td></td><td></td><td></td><td></td><td></td><td></td><td></td></tr>
<tr><td>8</td><td>链衰减系数</td><td></td><td></td><td></td><td></td><td></td><td></td><td></td><td></td></tr>
<tr><td colspan="10">注意：OTDR 测试需要双向测试（A 端、B 端），打印测试曲线，标出事件的类型。</td></tr>
</table>

5. 任务结果（图片或测试曲线）

模块3　接入工程

工单3－1　网线制作

1. 任务目的
2. 任务仪表
3. 任务原理及步骤
1）撰写施工方案 组员分别撰写施工方案（施工流程及规范、施工安全、任务分工等）。 2）直连线（色谱、测试步骤及结果）

续表

3）交叉线（色谱、测试步骤及结果）   4）电话线制作（步骤、测试）
4. 任务数据及处理（无数据可不填）
5. 任务结果（图片或框图）

工单3－2 其他线缆制作

1. 任务目的
2. 任务仪表
3. 任务原理及步骤
1）撰写施工方案 组员分别撰写施工方案（施工流程及规范、施工安全、任务分工等）。 2）2M 线（测试步骤及结果）

续表

3）TV 线（测试步骤及结果）
4. 任务数据及处理（无数据可不填）
5. 任务结果（图片或框图）

工单3－3　皮缆接续

1. 任务目的
2. 任务仪表
3. 任务原理及步骤
1）撰写施工方案 组员分别撰写施工方案（施工流程及规范、施工安全、任务分工等）。 2）SC 冷接头制作（测试步骤及结果）

续表

3）皮缆热熔（测试步骤及结果）
4. 任务数据及处理（无数据可不填）
5. 任务结果（图片或框图）

模块4　工程项目

工单4－1　光缆工程项目（FTTH）

1. 项目目的

2. 项目仪表

3. 项目原理及步骤

1）撰写施工方案

教学团队撰写施工方案（施工流程及规范、施工安全、任务分工等）。

2）光缆工程

机房
双绞线
跳纤
监控电话
光端机
ODF
RJ-11
主干光缆
学院管道+实训基地架空
光交接箱
配线光缆
光缆接头盒制作（接续）
光分线盒
跳纤
双绞线
光端机
监控电话
室外实训基地
RJ-11

续表

（1）ODF 成端。   （2）光缆敷设、皮缆敷设。   （3）光缆交接箱成端及标签。   （4）光缆接续及封装。   （5）光分线盒（箱）成端及标签。   （6）跳纤。   （7）调试及故障处理。

续表

4. 任务数据及处理（无数据可不填）
设计 ODF、光交接箱标签、光分线盒的标签或表格。
5. 任务结果（图片或框图）

工单4－2　长途光缆工程

1. 项目目的
2. 项目仪表
3. 项目原理及步骤
1）撰写施工方案 教学团队撰写施工方案（施工流程及规范、施工安全、任务分工等）。 2）光缆敷设步骤

续表

3）接头盒制作 4）ODF 成端 5）测试
4. 任务数据及处理（无数据可不填）
路由表
5. 任务结果（图片或框图）

工单4－3　宽带接入工程项目

1. 项目目的

2. 项目仪表

3. 项目原理及步骤

1）撰写施工方案

教学团队撰写施工方案（施工流程及规范、施工安全、任务分工等）。

2）ADSL

具有ADSL业务的入户线
电源
电话接口RJ11
LINE
分离器
MOOEM
ADSL MODEM
RJ11
RJ45
PHONE

续表

3）机房网线设计及施工

机柜

电脑 —RJ45 RJ45 网线— 电脑桌网线面板 —卡接 卡接— 配线架（机柜底层） —RJ45 RJ45 跳线— 交换机（机柜中层） —RJ45 RJ45 跳线— 配线架（机柜底层） —卡接— Internet

4. 任务数据及处理（无数据可不填）

5. 任务结果（图片或框图）

课程总结（体会、教学模式、方法、实验环境、课程建议，约 500 字）